传承

——纪念"川农大精神"命名20周年

CHUANCHENG —— JINIAN "CHUANNONGDA JINGSHEN" MINGMING 20 ZHOUNIAN

《传承——纪念"川农大精神"命名20周年》编写组　编

四川大学出版社
SICHUAN UNIVERSITY PRESS

项目策划：孙滨蓉
责任编辑：孙滨蓉
责任校对：吴连英
封面设计：璞信文化
责任印制：王　炜

图书在版编目（CIP）数据

传承：纪念"川农大精神"命名 20 周年 / 《传承：纪念"川农大精神"命名 20 周年》编写组编．— 成都：四川大学出版社，2021.6

ISBN 978-7-5690-4760-8

Ⅰ．①传… Ⅱ．①传… Ⅲ．①四川农业大学－校史
Ⅳ．① S-40

中国版本图书馆 CIP 数据核字（2021）第 115682 号

书名　传承——纪念"川农大精神"命名 20 周年

编　　者	《传承——纪念"川农大精神"命名 20 周年》编写组
出　　版	四川大学出版社
地　　址	成都市一环路南一段 24 号（610065）
发　　行	四川大学出版社
书　　号	ISBN 978-7-5690-4760-8
印前制作	四川胜翔数码印务设计有限公司
印　　刷	成都东江印务有限公司
成品尺寸	185mm×260mm
印　　张	20.25
字　　数	488 千字
版　　次	2021 年 9 月第 1 版
印　　次	2021 年 9 月第 1 次印刷
定　　价	80.00 元

四川大学出版社
微信公众号

前　言

习近平总书记指出："人无精神则不立，国无精神则不强。"一国如是，一校亦如是。大学精神是大学文化的集中体现，是一所大学在自身发展过程中积淀而成的具有独特气质的精神形式和文化成果，包含着被其自身遵守、被社会认同的理想信念、价值观念、文化传统和行为准则。对于经历过110余年岁月洗礼的四川农业大学而言，"爱国敬业、艰苦奋斗、团结拼搏、求实创新"的"川农大精神"，无疑是学校发展的生命力、凝聚力、创造力的精神引领和动力源泉，不仅镌刻和记载着川农大艰苦创业的曲折历程与辉煌成就，还以其丰富的内涵、鲜明的特色引领和鼓舞着一代又一代的川农人，为学校核心竞争力的培育奠定了坚实的文化基础和精神底蕴。

百年川农，起始于1906年创办的四川通省农业学堂，历经数次变迁，于1956年西迁雅安独立建院。其后无论是学校撤并，还是灾后重建，一代又一代的川农人始终秉承着"川农大精神"，在科技成果、推广转化、留学归国、经济效益等方面创造了一个又一个奇迹，得到了党和国家领导人的关注和肯定，也赢得了良好的社会声誉和广泛的社会认同。2001年，李岚清同志视察学校，对"川农大精神"给予了充分的肯定和高度的评价，温家宝同志分别于2002年、2007年两次对"川农大精神"进行批示。全国各大媒体分别于2000年、2002年、2005年、2008年先后四次集中性地报道"川农大精神"。"川农大精神"在21世纪伊始即作为一面旗帜逐渐闻名全国，不仅在科教战线赫赫有名，也被推广到全国各行各业。

川农百年，从偏居雅安一隅到一校三区并举，从"211"到"双一流"，是一部从"苦难迈向辉煌"的悲壮史，也是一部"将丰收写在大地"上的奋进史，更是一部"川农大精神"落地和价值实践的践行史。

刚刚过去的2020年，是"川农大精神"正式命名20周年，正好也是"十三五"辉煌成就的收官之年，学校再一次提出宣传和学习"川农大精神"的要求。而当前的2021年，是学校建校115周年，也是"十四五"伟大征程的起步之年。值此之际，四川农业大学宣传统战部牵头组织编写了《传承——纪念"川农大精神"命名20周年》，分为"川农大精神"的弘扬、溯源、新释、践行、新传人等五个部分，从不同角度阐释"川农大精神"的时代内涵，展现川农人薪火相传的精神特质，同时进一步激发每一位川农人的情感共鸣，传承和弘扬"川农大精神"，以强农兴农为己任，实现时代担当，书写川农华章！

2021 年 3 月

目　录

· "川农大精神"新传人 ·

"川农大精神" 弘扬

CHUANNONGDA JINGSHEN HONGYANG

体悟弘扬"川农大精神"
建设国际知名一流农业大学

庄天慧

2020 年是"川农大精神"命名 20 周年。在这个具有特殊意义的历史时刻，我们深情回顾"川农大精神"的积淀、形成和凝练过程，深刻感悟一代代川农大人共同的精神财富和价值追求，深入把握"川农大精神"的新内涵。这对进一步弘扬"川农大精神"，激励全校师生员工为建设特色鲜明、国际知名的一流农业大学而持续奋斗，具有十分重要的意义。

大学精神是一所大学的灵魂，一所大学不能没有精神。川农大建校已有 114 年，回望百余年的办学历史，我们的办学地点、办学师资、办学条件等都已发生翻天覆地的变化，如果说还有什么是穿越百年时光、代代传承下来的，那只可能是川农大的声音、川农大的故事、川农大的精神，这些宝贵的精神财富共同构筑了我们的身份认同，是我们共同的精神家园。重温"川农大精神"积淀升华的百余年、传承弘扬的数十年、正式命名的 20 年，始终伴随着历史的沉浮与激荡、社会的变革与发展，真实地反映了现代高等农林教育在巴蜀大地顽强生长的拓荒史，川农大艰苦创业的奋斗史，一代代川农大人可歌可泣的奉献史，成为"拼"出来、"闯"出来、"干"出来的精神丰碑。

——"川农大精神"是在为国献身、为农奉献的历程中"拼"出来的。川农大诞生于国家和民族危难之际，"川农大精神"发端于实业救国实践之中。自 1906 年四川通省农业学堂成立，"两进两出"四川大学，校名多有变更，无论时局如何混乱和动荡，川农大人始终坚守"兴中华之农事"的使命担当。面对国家和民族生死存亡，一大批川农大青年师生挺身而出，积极投身民族救亡运动大潮，以王右木、江竹筠等为代表的英烈为新中国诞生付出了年轻的生命。在战火纷飞的年代，一大批学者从海外留学归来，满怀以身报国的炽热情感，矢志实业救国、兴农强国，把农学建成了李约瑟笔下"四川大学最强的学科"。抗战期间，以杨开渠、杨允奎教授等为代表的农学专家致力于再生稻、双季稻研究推广，有效促进四川粮食增量，四川在 14 年抗战期间为全国贡献了三分之一的粮赋。一代代川农大人用不同的方式诠释着爱国报国、兴农强农的内涵，从杨凤先生为国立志改学畜牧，到周开达院士要让中国人吃上白米饭的朴素情怀；从颜济先生实现小麦产量"三级跳"，到荣廷昭院士选育"川单"系列带给农民增收的喜悦；从川农大人集体创造的 85％留学归国率奇迹，到服务国家取得一大批重要成果。这种为国献身、为农奉献的深情大爱，成为川农大人共同的情感基因。

——"川农大精神"是在攻坚克难、艰苦创业的过程中"闯"出来的。1956年学校迁雅安独立建院，这是我们继建校后再一次艰难创业的历史重要节点。面对迁雅过程中的种种困难，面对物质条件匮乏的重重困境，面对历史浩劫带来的沉重打击，川农大人没有屈服、没有退缩，而是挺起脊梁、奋起抗争，在艰苦的环境中完成教学任务，寻找科研机遇，"有条件上，没有条件创造条件也要上"，以拓荒者的气概书写了越是艰险越向前的不朽篇章。面对各个时期的风风雨雨，一代代川农大人有骨气、有勇气、有锐气，应对重大挑战，克服重大阻力，虽历经"5·12""4·20"两次大地震洗礼，仍然奋力把学校建设成今天拥有雅安、成都、都江堰三个校区，拥有近1000名高级职称教师、4.4万余名学生，拥有涵盖10大学科门类的多学科综合性农业大学。2020年，新型冠状病毒突袭而至，疫情来势汹汹，全体川农大人以坚忍不拔的勇气和决心，抓防控、保安全，抓教学、促科研，全力打好疫情防控阻击战，充分展现了川农大力量、川农大担当。可以说，在从悲壮走向豪迈的奋斗征程上，攻坚克难、艰苦创业已成为川农大人共同的精神谱系。

——"川农大精神"是在接续奋斗、开拓进取的进程中"干"出来的。创业维艰，守成不易，发展更难。改革开放以来，伴随着国家的发展飞跃，川农大收获了38项国家科技大奖、11项国家教学成果奖，实现了从省属农业院校到国家"211工程"大学再到国家"双一流"建设高校的历史性跨越，办学地位和办学实力得到空前提升。川农大的发展不是天上掉下来的，是一代代川农大人一步一个脚印、踏踏实实干出来的。就像"211工程"立项时专家们评说的那样，川农大的"211"是从田地里踩出来的，从畜圈禽舍里蹲出来的，从山林里钻出来的。2020年9月17日，在学校"双一流"周期总结专家评议会上，多位专家在肯定学校持续上升态势的同时，纷纷提到学校的办学成就和社会声誉是川农大人一代代传承的结果，接续奋斗、开拓进取已经成为川农大人的精神血脉。

川农大历史前行的每一步，都饱含着精神的磨砺；川农大风雨无阻的每一程，都需要精神的滋养。"川农大精神"既是历史的，也是时代的，是我们的传家宝。一代代川农大人用青春和热血镕铸成的"爱国敬业、艰苦奋斗、团结拼搏、求实创新"16字箴言，最为集中而深刻地指明了服务国家、强农兴农的理想信念与价值追求，最为集中而深刻地蕴含了推动学校发展的思想共识与精神力量，最为集中而深刻地回答了川农大人应有什么样的精神特质与品格风范。在新时代的新征程上，川农大人务必要传承好、弘扬好"川农大精神"，让这个宝贵的精神财富在巴蜀大地赓续绵延，绽放出更加璀璨的夺目光芒。

——我们要始终弘扬胸怀祖国、心系三农的爱国精神。习近平总书记指出，爱国是人世间最深层、最持久的情感。在"川农大精神"中，爱国精神是核心、是精髓。支撑无数川农大人流血牺牲、奋勇向前的，是对祖国人民的深厚感情；引领无数川农大人心系三农、无私奉献的，是对民族复兴的坚定信念。我们要始终为党育人、为国育才，把"川农大精神"作为最生动的教材，引领培养心系三农、德智体美劳全面发展的时代新人，为建设社会主义现代化强国贡献力量。我们要始终服务国家、服务社会，面向国家区域重大需求、面向经济社会发展主战场，加强研究，产出成果，加快转化，为脱贫攻坚、乡村振兴、成渝地区双城经济圈建设提供有力支撑。

——我们要始终弘扬百折不挠、自强不息的奋斗精神。学校是在艰苦奋斗中发展壮大起来的，没有一代代川农大人前赴后继、艰苦卓绝的奋斗，就没有川农大的今天，更不会有建成一流农大的明天。百余年来，学校历经各种艰难困苦，但没有任何一次困难能打垮我们，最后都推动了川农大精神和力量的一次次升华。今天我们各方面条件都好了，但川农大人永久奋斗的传统一点都不能丢。奋斗的道路不会一帆风顺，当前我们也面临办学资源、标志成果、领军人才、学科水平、办学综合实力等方面的挑战。因此，我们要始终葆有不懈奋斗的精神状态，以百折不挠、自强不息的顽强意志，在披荆斩棘中开辟新局面，在攻坚克难中创造新业绩，全力跑出我们这一代人的好成绩。

——我们要始终弘扬众志成城、和谐奋进的团结精神。学校取得的一切成绩，都是历届班子和师生员工同心同德、同心同向努力的结果。川农大人从亲身经历中深刻体会到，团结就是力量，团结才能前进。新时代弘扬"川农大精神"，就要传承众志成城、和谐奋进、风清气正的好风气，凝心聚力谋发展，团结奋进谱新篇。我们要结合"双一流"建设谋划"十四五"发展、筹备第十一次党代会，在师生员工中广泛凝聚发展共识、汇聚奋进力量，寻求最大公约数，画好最大同心圆，形成推动新时代高质量发展的强大合力。我们要在每个单位营造良好氛围，尤其是领导干部，要讲团结、会团结，要凝人心、聚力量，用心构筑和维护团结和谐、干事创业、风清气正的生态环境，形成党风纯、作风正、校风优、教风严、学风实的良好政治生态。

——我们要始终弘扬求真务实、敢于担当的求实精神。"道虽迩，不行不至；事虽小，不为不成。"每一项事业，不论大小，都是靠脚踏实地、一点一滴干出来的。川农大人从来都乐意当实干家，说实话、干实事、求实绩是川农大人的鲜明品格。各级干部要始终求真务实、真抓实干，敢于担当、勇于作为，自觉把使命放在心上、把责任扛在肩上，努力在抓党建、谋发展、促民生中取得新的更大成绩。全体教师要坚持追求真理、严谨治学，立德为先、诚信为本，切实在教学、科研和社会服务等方面干出一番事业来、做出一番成就来。只要全校教职工每一个人出一份力就能汇聚成磅礴力量，每个人做成一件事、干好一份工作，学校事业就能向前推进一步。广大学生要珍惜大好学习时光，求真学问、练真本领，深入实践、知行合一，让勤奋学习成为青春飞扬的动力，让增长本领成为青春搏击的能量，用勤劳的双手和诚实的劳动创造美好生活。

——我们要始终弘扬改革创新、勇于开拓的创造精神。改革是事业发展的重要法宝，创新是引领高质量发展的第一动力。创造精神不仅塑造了今天的川农大，还将深刻影响并成就明天的川农大。我们要深化综合改革，健全学科专业、人才培养、科技创新、社会服务、评价激励、资源配置等治理体系，进一步激发教师创新性、创造性，激发院所积极性、主动性。我们要总结应对疫情以来在线教育的经验，利用信息技术变革教育模式、提高教育质量。我们要提升自主创新能力，瞄准农业领域关键核心技术特别是"卡脖子"问题，加快技术攻关、育种攻关，释放创新潜力。我们要坚持开放创新，加强对外合作，聚集办学资源，为开创办学治校新局面积蓄新动能。

——我们要始终弘扬争创一流、追求卓越的梦想精神。习近平总书记指出，中国人民是具有伟大梦想精神的人民。在百余年办学史中，一代代川农大人心怀梦想、不懈追

求，以争创一流、追求卓越的执着砥砺前行。当前，面对"双一流"新周期、"十四五"新时期，建设一流农大是我们共同的目标和最大的梦想。这个梦想凝聚了几代川农大人的夙愿，体现了学校和全体师生的整体利益，是每一个川农大人的共同期盼，是引领全体川农大人一往无前的精神旗帜。我们要始终发扬梦想精神，敢于有梦、勇于追梦、勤于圆梦，加快培养一流人才，建设一流学科，产出一流成果，实现一流管理，营造一流环境，在建设一流农大的航程上劈波斩浪、扬帆远航，胜利驶向充满希望的明天。

历史实践充分证明，只要精神不滑坡，办法总比困难多。无论外面世界有多大风雨，我们都应当保持定力、坚定信心；无论前进路上有多大挑战，我们都应当步履不停、砥砺奋进。让我们以习近平新时代中国特色社会主义思想为指导，大力传承好、弘扬好"川农大精神"，坚守立德树人、强农兴农的使命担当，不忘初心、继续前进，牢记使命、接续奋斗，矢志不渝朝着一流农大、美好农大、幸福农大迈出坚实步伐，努力向历史、向师生交出新的更加优异的答卷！

始终做到五个"坚守" 弘扬传承"川农大精神"

吴　德

　　"川农大精神"是在川农大114年发展历程中积淀形成的、具有独特气质的精神成果。曾经作为川农大的一名学生，我是"川农大精神"的受益者。从本科到硕士，再到博士，我都深深被老一辈的老师们胸怀祖国、服务国家的爱国精神，解决需求、敢为人先的创新精神，追求真理、严谨治学的求实精神，淡泊名利、潜心研究的艰苦奋斗精神，集体攻关、团结协作的协同精神所感染并激励。成长为川农大一名教师后，我成为"川农大精神"的践行者，我努力实践着老师们传承给我的"川农大精神"，竭尽全力做一名好老师。而今作为校长，压力无比巨大，我不能仅仅只是"川农大精神"的践行者，更应该是"川农大精神"的弘扬者、传承和创新者。

　　目前，学校正处于建设一流农业大学的起步期，处于"双一流"建设的关键期，二期叠加，给我们带来了极大的挑战。在校内，我们面临着资源总量不足、师生员工的期望值高等多重压力；在校外，更是面临各种指标评估、社会舆论评价等各种压力，特别是新型冠状病毒肺炎疫情发生以来，全球经济和国内经济下行的压力直接导致学校经费总量下降。尽管如此，我仍无比坚信川农大人不会因压力而退缩，其中原因便是我们拥有"川农大精神"。著名教育家克拉克在《大学功用》中阐述，大学精神的传承与弘扬是比建设资金更重要的宝贵财富。因此，川农大有"川农大精神"是幸运的，关键是未来如何将"川农大精神"在传承中实现创新。依据个人体会，要传承好"川农大精神"并实现创新，就要始终做到五个"坚守"。

　　要始终坚守人才培养的政治方向，教育培养拔尖创新性人才。川农大的首要职能和本质职能是人才培养，人才培养的关键就在于扎根中国大地办大学，培养的核心在于始终坚持党的领导，始终坚持社会主义办学方向，培养的目标是教育培养拔尖创新性人才。114年来，川农大培养了数十万扎根基层的创新人才和实用人才。2020年学校出台《专业建设支持计划》，目的就是激发教师更加专注，更加高质量地做好人才培养工作。学校还将主持召开本科教学工作推进会和研究生培养研讨会，根本目的在于寻求多种途径，让学生满意，让学生成才。而学生满意和学生成才，也正是传承创新和弘扬"川农大精神"的具体抓手。

　　要始终坚守科学研究的学术取向，贡献更多社会需求的成果。百余年来，我们在科技创新上取得了许许多多的突出成绩，这是我们在"川农大精神"的引领和激励下所取得的。随着中国的快速发展，中国农业正处于由传统农业向现代农业转变的艰难过程当中，许多现代农业发展中面临的"卡脖子"技术问题亟待解决。因此，需要有创新精神。要实现创新，我们就必须按科学研究的规律，脚踏实地、认认真真做好我们的本职工作，这是川农大发展弯道超车的唯一出路。

要始终坚守社会服务的价值导向，真正把论文写在大地上。伴随着中国农业现代化的不断推进，国家、社会、企业、农民对农业科技需求不断增大，对川农大的期望值也在不断升高。我常常苦闷，川农大到底要怎么做，才能够真正成为一所对国家发展有更大贡献、对社会进步有更大助益，能真正帮助涉农企业持续壮大，帮助广大农民持续增收的大学。眼下，川农大具有的突破性成果数量不多，还不能真正满足现代农业发展的需求。如何取得更多更好的成果，让学校的社会认可度、美誉度更上一层楼呢？我认为还是只有靠"川农大精神"，靠践行强农兴农的使命与担当。为此，学校在经费并不宽裕的情况下，仍然计划拿出 1000 万元，来做社会服务支持计划，让川农大的老师们、博士生和研究生们，能够专注在成果产生、成果转化上做出更大更好的成绩。

要始终坚守校园文化的精神熏陶，塑造更多杰出人才。精神的力量是无穷的。大学无精神不兴，人无精神不立。2020 年以来，学校开展了丰富多彩的校园文化活动，特别是多层面、多层次地对"川农大精神"进行了宣传，给全校师生员工打上了深深的烙印。新时代如何传承"川农大精神"，营造更好学风、教风和作风，让川农大产生更多的杰出人才，任务艰巨、任重道远。因此，我们要继续大力宣传好、学习好、研究好"川农大精神"，始终坚守校园文化的精神熏陶、铸魂育心、立德树人，塑造更多杰出人才，引领川农大不断前行。

要始终坚守满足师生的需求导向，构建更加和谐美好的环境。满足师生员工的合理需求，是"川农大精神"的本质体现。学校将继续千方百计构建良好的育人环境、科研环境和生活环境，让全校师生员工时刻牢记"川农大精神"，能怀揣着更强的责任感、神圣感和使命感，将追求个人美好生活和助力学校高质量发展结合起来，全面推动学校各项事业百尺竿头，更进一步。

一代人有一代人的奋斗，一个时代有一个时代的担当。相信每个人只要坚守"川农大精神"，开拓进取、共同奋斗，川农大的未来一定很美好。

"川农大精神" 溯源

CHUANNONGDA JINGSHEN SUYUAN

"川农大精神" 溯源

尹 君

历史，总有一些重要时间节点值得纪念，在时代的发展中传递着精神的力量，激励人们奋勇前行。

2020 年是"川农大精神"命名 20 周年，"川农大精神"的形成，是四川农业大学发展历史上特别重要的事件。20 年来，"川农大精神"不断激励学校开拓奋进、勇创一流，砥砺无数川农大师生修炼品性、干事创业。在新时代，我们追溯学校发展历史，感悟学校奋斗历程，传承"川农大精神"，不断汲取砥砺前行的力量。

"川农大精神" 的由来

"川农大精神"是四川农业大学在百余年办学历程中积淀、凝练而形成的，为全校师生和广大校友所普遍认可、共同追求的理想信念、价值观念和行为规范。

"川农大精神"的命名和科学内涵是各级党委政府、有关部门领导、全校师生以及社会关注人士集体智慧的结晶。

2000 年 2 月 21 日、4 月 7 日，四川省委组织部、省委宣传部、省教育厅等有关部门负责人，以及《四川日报》《中国教育报》四川记者站记者等一行联合组成调研组先后两次到四川农业大学调研，并就学校大学精神的总结重点听取部分专家的意见。5 月23 日，四川省委组织部副部长郑朝富在学校总结宣传"川农大精神"会议上讲话时，明确要求统一宣传口径，按照"爱国敬业、艰苦奋斗、团结拼搏、求实创新"的"川农大精神"的提法，把"川农大精神"喊响，使之起到长久的激励作用。这一时间节点被认为是"川农大精神"正式命名、形成的重要标志。

"川农大精神"的总结、宣传，不仅是四川农业大学自身建设和发展中的一件大事，也是当时全省精神文明建设和宣传工作的重要内容。2000 年 5 月，四川省委、省政府领导对总结、宣传"川农大精神"作出重要批示，指出："'川农大精神'具有典型的先进性，宣传'川农大精神'对深化高校改革，加强高校工作，具有十分重要的现实意义"，"精神感人、值得宣传"；7 月 5 日，四川省委组织部、省委宣传部和省教育厅党组发出《关于学习"川农大精神"的通知》（川组通〔2000〕19 号），号召全省教育战线学习和弘扬"川农大精神"。2002 年 2 月 4 日，四川省委教育工委、省教育厅再次发出《关于认真开展宣传学习"川农大精神"的通知》，在全省掀起学习热潮。

"川农大精神"得到了党和国家领导人的高度评价。2001 年 10 月 27 日，中共中央政治局常委、国务院副总理李岚清专程来学校视察，对学校科技成果推广转化取得的成绩和"川农大精神"给予了高度评价；2002年1月3日，中共中央政治局委员、国务院副总理温家宝批示"'川农大精神'应该总结、宣传和发扬"；2002年5月19日，中共中央总书记江泽民冒雨专程来校视察，对学校在教学和科研方面取得的成绩表示赞赏；2007年10月16日，国务院总理温家宝再次批示："川农大工作很有成绩，办学经验值得重视。"

"川农大精神"从校园走向了社会，成为社会进步的引领者。2000年6月29日，"川农大精神"首场报告会在雅安剧场举行；7月6日、24日，由四川省委组织部、省委宣传部、省教育厅组织的"川农大精神"报告会先后在成都举行。"川农大精神"报告团以生动感人的事例，讲述了几代川农大人艰苦奋斗的创业历程和川农大人迈向21世纪的良好精神风貌。从2000年6月起，《人民日报》《光明日报》《中国教育报》《农民日报》《四川日报》，以及四川电视台等中央和省级主要媒体先后对"川农大精神"进行了广泛宣传报道，引起社会强烈反响，"川农大精神"得到社会高度认可，"川农大精神"成为全省各行各业尤其是教育系统学习的典范。

"川农大精神"形成的历史背景

"川农大精神"的形成正是学校传承百年优良传统、顺应时代发展、把握历史大势的必然结果。

学校优良办学传统的传承与凝聚。大学精神的形成需要办学历史的积淀，大学历史传统成为大学精神深厚的资源。在川农大历史上，无数仁人志士为探索救国救民的道路而英勇奋斗，为民族复兴、国家进步做出了突出贡献。在学校创办之初，即以"兴中华之农事"为己任，在内忧外患的近代中国，许多师生希望以农业报国、以农业救国、以农业强国。1905年春，四川总督锡良奏请派遣29名学生到日本学习，其中7名学生学农，作为筹划中的农业学堂预备师资。1906年，四川通省农业学堂成立。从20世纪初希冀农业救国到21世纪为实现中华民族伟大复兴，无论是海外留学归来，还是扎根中华大地，经历百年的风雨沧桑，筚路蓝缕，手胼足胝，无数爱农学农的川农大师生以身许国，在教学科研、人才培养、社会服务各方面取得了突出成就，学校办学实践积淀了深厚的爱国主义传统，为总结、凝练"川农大精神"奠定了基础。

红色文化基因的融入与沉淀。作为诞生于民族危难之际的川农大，有着悠久的红色历史和光荣的革命传统。学校师生王右木、康明惠、郑佑之等早期马克思主义的传播者、四川党团组织创立者，对推动马克思主义在四川的传播、广泛动员和组织群众发挥了重要作用。特别是在新中国成立前夕，更是涌现了一大批为实现民族独立和人民解放而献出了自己宝贵生命的川农英烈江竹筠、黄宁康、何懋金、胡其恩等大批革命师生。学校红色历史文化不仅是学校的文化底色，也是川农大人血液中流淌的基因。光荣的革命传统，深厚的红色文化基因，积淀了"川农大精神"的核心内涵。

历代川农名师的缔造与履践。大学培养大师，大师成就大学。在学校办学历史上，一代又一代名校长、名教授、名学者是"川农大精神"的创造者和实践者。"川农大精神"的形成特别体现在 1956 年于雅安独立建校以来，以第一任院长杨开渠、第二任院长杨允奎和首任四川农业大学校长杨凤为代表的几代川农人身上，他们"作风朴实、治学严谨、脚踏实地、锐意创新、勇攀高峰、争创一流"的精神代代相传。在学校历史上具有这样情怀的校长领导、专家学者不可胜数，正是他们的人格、学识、风范、品质完整地融化汇聚，不断发扬光大，最终凝练、集聚成"川农大精神"。

"川农大精神"形成的时代背景

辉煌事业精神原动力的升华。20 世纪八九十年代，川农大在信息闭塞、环境艰苦的办学环境下，取得了留学人员高回归率和突出的科技成就。在改革开放以来的 20 年时间里，学校赴国外留学的 388 人（次）中，有 85％学成后如期返校，而同期我国各类出国留学生归国的回归率不足三成。同时，学校在三大粮食作物的研究上连续获得国家科技大奖，培养了以周开达院士、荣廷昭院士为代表的一大批优秀科技人才，为四川省的经济、社会发展，尤其为四川省的教育事业、农业的发展、经济效益的提高做出了重大贡献。伟大的创业实践需要一种力量来支撑，辉煌事业的原动力追根溯源，正是川农大师生员工对国家有一种"为国分忧、为民谋利"的精神，对事业有一种"艰苦奋斗、团结拼搏"的精神，对工作有一种"极端负责、精益求精"的精神，对科研有一种"百折不挠、勇攀高峰"的精神，这概括起来就是"川农大精神"。

校园文化建设的总结与凝练。改革开放开启了社会主义现代化的伟大征程，国家和高等教育事业得到了巨大发展，取得了伟大成就，学校在探索改革创新之路的同时开始对办学历史和传统进行整理，打造特色校园文化，将优秀的校园传统、校园文化与时代精神有机结合，凝练出顺应时代发展潮流的、展示师生在新时期新风貌的精神。1993 年学校被中组部、中宣部、国家教委党组评为"党的建设和思想政治工作先进普通高校"，当时全省高校中仅两所高校获此殊荣。与此同时，学校在两次综合办学水平评估中本科组综合得分都是名列第一；在 2000 年硕士研究生教育参加全国的学位授予质量评估中，学校参加评估的学科专业均获得第一名或名列前茅的成绩；在科学研究上，在全国农业高等院校中学校科研经费占比多，承担的科研项目档次高，获得奖励的等级也非常高，为社会经济发展做出了较大贡献。1999 年，学校成功跻身于"211 工程"建设行列。一系列成绩的取得，不仅体现了学校的办学传统积淀，更汇聚、激发了精神的力量。对学校大学精神进行总结、提炼、反思，这是学校适应高等教育改革发展的要求。

社会政治环境的造就。大学精神的形成有赖于社会政治环境。"川农大精神"的形成是学校顺应时代潮流、把握历史大势的结果。在 20 世纪末 21 世纪初，随着西部大开发战略的提出和实施，四川加快"跨越式、追赶型"发展，为加快四川省教育的改革和发展，实现建设"教育强省"的奋斗目标，需要人们以昂扬的斗志、振奋的精神去迎接挑战，需要教育战线上的广大干部、职工、人民教师一片爱国的赤子之心来支撑，凭着无私奉献、爱岗敬业、艰苦奋斗、团结拼搏、求实创新的精神做好工作。因此，必须树立精神的标杆，这对于振奋精神、鼓舞士气、加快发展，具有十分重要的现实意义。"川农大精神"作为时代所需精神的具体体现，在高校中具有一定的借鉴作用，被四川

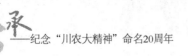

省树立为精神的标杆，提出、总结、学习、弘扬"川农大精神"成为时代和社会的要求。按照四川省委、省政府领导的要求和指示，宣传和弘扬"川农大精神"，振奋、鼓舞社会各行各业、各阶层人群特别是全省教育战线广大干部职工、师生，以新的精神状态积极投身到西部大开发的实践中，以推动四川省教育战线不断开拓进取、建功立业。伟大时代呼唤伟大精神，时代造就了"川农大精神"。

精神的崇高不仅在于成功的激励，更在于传承与弘扬的意义。"川农大精神"已成为学校文化的软实力、核心竞争力的体现，是推进学校事业发展的宝贵精神财富。"川农大精神"命名20周年来川农大实现了新的跨越与发展。与时俱进，新一代川农大人传承和弘扬"川农大精神"，不断赋予"川农大精神"新的时代内涵，凝聚力量，不断增强文化自信，加快建设特色鲜明、国际知名的一流农业大学。

"川农大精神" 大事记

杨 雯

●2000 年 2 月，根据四川省委领导的指示，省委组织部、省委宣传部、省教育厅等有关部门负责人，以及《四川日报》《中国教育报》记者联合组成的 "川农大精神" 调查组到学校进行了全面深入的调研，并将 "川农大精神" 的内涵正式确定为 "爱国敬业、艰苦奋斗、团结拼搏、求实创新"。自 2000 年 6 月起，《人民日报》《光明日报》《中国教育报》以及四川电视台等中央和省级主要媒体对 "川农大精神" 进行了集中宣传和报道，引起社会强烈反响。

●2000 年 7 月，四川省委组织部、省委宣传部和省教育厅党组联合发出《关于学习 "川农大精神" 的通知》，号召全省各高校、各市州、各地方教育系统开展学习 "川农大精神" 活动。随即时任校长文心田带队，由川农大师生代表组成的 "川农大精神" 报告团先后在雅安和成都举行三场 "川农大精神" 报告会，引起社会热烈反响。其中 7 月 24 日在成都会议中心的报告会上，省委副书记席义方，省委常委、组织部部长陈文光，省委常委、宣传部部长柳斌杰出席，副省长徐世群主持报告会。

●2000 年 11 月 7 日，全国政协委员徐乐义、四川省委副书记席义方带领中央 "三讲" 办赴四川高校检查组和四川省 "三讲" 办高校组到校检查、指导学校 "三讲" 教育工作。徐乐义、席义方在听取学校介绍深入开展 "三讲" 教育的情况后，强调要认真扎实地搞好 "三讲" 教育，进一步弘扬 "川农大精神"。

●2000 年 11 月 11 日、14 日、16 日，《中国教育报》以《来自四川农业大学的报道》为题作系列报道——《这是一种什么样的精神》《科学精神的光辉》《强大的凝聚力来自哪里？》，从不同侧面对 "川农大精神" 进行宣传报道。

●2001 年 10 月 27 日，中共中央政治局常委、国务院副总理李岚清到学校视察，对 "川农大精神" 给予充分肯定和高度评价。同年，学校党委被中组部授予 "全国先进基层党组织" 荣誉。

●2002 年 1 月 3 日，中共中央政治局委员、国务院副总理温家宝在新华社《动态清样》（第 3007 期）中《85％的回归率是怎样产生的？——四川农业大学吸引留学人员的启示》的调研报告上批示："'川农大精神' 应该总结、宣传和发扬。" 这之后，"川农大精神" 在全国范围内引起更为广泛的关注。

●2002 年 2 月 4 日，中共四川省委教育工委、四川省教育厅再次发出《关于认真开展宣传 "川农大精神" 的通知》。

●2002 年 4 月 24 日，《人民日报》在头版和第二版分别以 "奇迹是怎样产生的"

和"爱岗敬业自辉煌"为题发表《来自四川农业大学的报告》。紧接着,《中国青年报》《经济日报》《科技日报》《中国妇女报》《四川日报》等均在显著位置刊文介绍了"四川农业大学85％留学人员归国"的情况和学校的留学人员工作。以上文章均报道了"川农大精神"对学校实现留学人员高回归率发挥的巨大影响。

●2002年5月19日,中共中央总书记、国家主席、中央军委主席江泽民冒雨专程到校视察,对学校教学科研方面取得的成绩和在新形势下积极开展思想政治工作取得的成效表示赞赏和充分肯定。这是自1991年4月19日江泽民来校视察后,第二次来校视察。

●2003年,学校被中央表彰为"全国留学回国工作先进单位",党委书记、校长文心田作为学校代表赴京参加表彰会,受到中共中央总书记、国家主席胡锦涛等领导接见。

●2003年9月,中宣部基层采访团来校调研采访。采访团成员来自《人民日报》《光明日报》《中国青年报》《科技日报》等中央媒体。记者们围绕川农大吸引留学归国人员,广大教职工情系"三农",服务新农村建设取得的突出成绩展开采访。

●2005年12月,学校迎来教育部本科教育水平评估并获得优秀。教育部专家组认为:"川农大精神"在全国同行中有深远影响,对川农大人才培养发挥着非常重要的作用,形成了"以'川农大精神'育人,培养心系'三农'、服务西部的高素质复合型人才的鲜明办学特色","川农大精神"孕育出了"纯朴勤奋、孜孜以求"的校风,培养出学生"勤奋朴实、勇于开拓"的品质。

●2006年7月,学校党委再次被中组部评为"全国先进基层党组织"。

●2006年学校迎来办学百年,10月1日李岚清同志为学校题词,《人民日报》《中国教育报》等都结合"川农大精神"对学校办学发展进行了宣传报道。

●2007年10月6日,国务院总理温家宝同志再次批示:"川农大的工作很有成绩。办学经验值得重视。"此后,教育部把川农大的办学经验结合学习"川农大精神",以长篇简报形式发往全国各省(自治区、直辖市)党委、政府和教育工委(教育厅)。川农大办学经验被推广到了全国,"川农大精神"再一次获得全国广泛关注,同时它也成为川农人特有的精神财富。

●2008年"5·12"汶川地震,川农大师生发扬"川农大精神",积极开展自救、互救。5月20日,李克强同志视察学校都江堰分校,慰问师生员工。

●2008年10月,校党委书记、校长文心田赴京列席参加党的十七届三中全会前夕,中央电视台、四川电视台、《四川日报》等十余家媒体记者在四川省委宣传部率领下来校深入采访,并以多种形式对学校不断弘扬"川农大精神"取得的新成绩、做出的新贡献展开新一轮报道和宣传。

●2009年11月17日,四川农业大学都江堰分校正式更名为都江堰校区。2010年10月,作为都江堰校区"5·12"汶川地震后异地重建项目——成都校区正式启用。至此,川农大"一校三区"的办学格局正式形成,"川农大精神"的种子被播撒到了三个校区。

●2013年9月,由四川农业大学宣传部人员参与编撰完成《校史文化与"川农大精神"》一书，同年开设同名选修课，通过讲好川农故事，厚植川农情怀，"川农大精神"首次实现进课本、进课堂，彰显直接育人功能。

●2016 年 10 月，学校迎来 110 周年校庆，为更好地传承和弘扬"川农大精神"，专门修编了《校史》，编撰了《川农往事》《岁月记忆——川农老照片》《媒观川农》《长风破浪》《学校画册》等一批图书，拍摄制作了电视专题片、校庆宣传片；精心策划组织了话剧《顽石》首演，讲述"川农大精神"奠基人杨开渠先生的故事；策划《川农老照片》展览，以珍贵老照片直观反映一代代川农人艰苦奋斗的历程和精神风貌。10 月 6 日，作为 110 周年校庆重要活动之一，学校首位院士周开达铜像在成都校区图书馆前揭幕，敬立铜像彰显前辈德行，垂范千秋，勉励年轻一代川农人吸收和释放前辈的精神能量。

●2017 年 12 月，成都校区第七教学楼正式被命名为西康楼，并题《西康楼记》以纪念。雅安曾是新中国成立前西康省省会，命名为"西康楼"正是"为铭记学校办学之历史、传承校园之文化"，让后来人铭记前辈们拼搏奋斗的艰辛，传承和弘扬"川农大精神"。

●2017 年，在如火如荼投入"双一流"建设之际，学校发起了持续数月的关于新时期"川农大精神"如何传承的大调研大讨论，包括荣廷昭院士、不同学科的专家学者代表、教学科研单位负责人等在内的教师广泛参与其中，大家纷纷就如何在新形势下传承和弘扬"川农大精神"，切实推动"双一流"建设进行交流探讨，以"川农大精神"推动学校中心工作。

●2018 年 12 月，在学校本科教学评估过程中，参与评估的专家一致肯定学校办学特色就是"川农大精神"育人，通过传承"川农大精神"，建立了完善的"心系三农"人才培养体系。

●2019 年，新中国成立 70 周年，学校围绕丰富和传承"川农大精神"爱国基因与红色基因，进一步挖掘校史红色育人资源、海归教育资源，以江姐等英烈校友为原型，创作文艺节目；开展"川农大精神"摄影比赛、短视频比赛，"革命英烈"微电影创作大赛；举行"四川农业大学红色基因的渊源与传承"主题讲座等，不断丰富"川农大精神"的传播方式。

●2020 年，在抗击新型冠状病毒肺炎疫情的过程中，师生发扬"川农大精神"，积极作为志愿者投入抗疫战斗。其中校友"雨衣妹妹"刘仙，千里"逆行"驰援武汉，自筹人员及物资，连续 45 天为援助湖北的医护人员做数万份盒饭，她的事迹得到联合国的点名表扬和各大媒体广泛报道，成为新时代传承"川农大精神"的典范。

"川农大精神"永放光芒

文心田

2020年是"川农大精神"正式命名20周年，学校发出通知，要深入挖掘"川农大精神"的内涵，进一步研讨如何传承、践行"川农大精神"。此举对学校在新世纪新时代继续奋进、健康发展具有非常重要的意义，我非常赞成。这反映了学校新一届领导班子的高瞻远瞩和广大师生员工的夙愿。"川农大精神"来之不易，极其宝贵，查阅学校档案馆资料，到目前，还未见全国其他高校有得到中央肯定，受到社会广泛赞誉，以一所高校校名命名的大学精神。"川农大精神"值得我们千百倍珍惜，好好发扬，是学校永远不能失去的灵魂。下面结合我自己的亲身经历，谈一些对"川农大精神"的认识和感受。

"川农大精神"的客观性、真实性和广泛性

"川农大精神"的命名和16字表述（爱国敬业、艰苦奋斗、团结拼搏、求实创新）是20世纪末，在上级党委领导下，经全校师生反复讨论提炼，上下沟通，最后上级批准确定并命名的。精神是无形的，联系川农大的发展历史，可发现这种精神在川农大是客观、真实而广泛存在的。

我作为学校"文化大革命"后首届本科生于1978年初入读四川农学院（1985年更名为四川农业大学），来校后才知道学校是1956年从成都迁到雅安的，其前身是四川大学农学院。1956年至1978年这22年，学校的历史我没有亲历过，但我知道学校搬迁到位于川西盆周山区的雅安后，办学条件极其艰苦，经历了许多坎坷和磨难，但学校没有垮掉、散掉，而是挺了过来。这期间包括"文化大革命"时期，"知识无用论"甚嚣尘上，知识分子受到严重打击，难以想象的是，川农一些重要科研成果在这期间就已走出实验室，在较大面积上试验推广。我当知青时，生产队就开始种植"繁六""繁七"小麦新品种和杂交水稻新品种。当时不知道这些新品种是哪里搞出来的，到我进入四川农学院后才知道是这里的专家搞出来的。我们进校后，1978年国家做出了实行改革开放的重大决策，这之后到2000年，又是22年，学校不畏艰苦，奋力拼搏，自强不息，取得引人瞩目的突出成绩。记得2000年6月《中国教育报》头版刊登一篇文章，题目是"从8000万到300多亿"，报道川农大改革开放的22年间一共获得了8000多万元科研经费，却产生了380多项科技成果（其中省部级以上奖励就有320多项，包括国家发明一等奖两项、国家自然科学二等奖一项、国家科技进步二等奖多项），产生了院士，

教职工人均科技成果达 0.6 项，创造了 300 多亿元的经济社会效益。这篇文章在全国高校中引起巨大反响，使许多不了解川农大的人开始对川农大刮目相看。要知道，到 2008 年，全国能主持并获得两项国家发明一等奖的学校只有两所，一所是清华大学，一所就是川农大。这些成绩是川农大的硬核，体现了学校的核心竞争力。同时，川农大以一省一校的指标进入国家"211 工程"重点建设的行列。为什么川农大在 1956 年迁雅安后能生存下来？为什么改革开放后又取得那么多引人瞩目的成果？我国著名家禽育种专家曾凡同教授生前说过的话很好地回答了这两个问题，他说："我们到雅安后的几十年中，都有过不少机会离开雅安到其他地方去，但是我们都没有去。这不是说我一个人，而是川农大绝大多数的人都这样。如果都去了，川农大也就不存在了。为什么我们都不去，最根本的原因是党的长期教育和我们心中对党的赤胆忠诚和报国之志。"

20 世纪 90 年代后期，学校在争取进入国家"211 工程"过程中，不断有学校总结材料向上级汇报，包括改革开放后学校派出的留学回国人员的情况。1998 年，当时省委组织部领导听取和看到学校的汇报材料后，我多次听到他们反复提出两个问题：为什么川农大能在那么艰苦的条件下创造出不平凡的业绩？为什么川农大派出国的留学人员绝大多数又回到了学校？这引起上级的高度重视。随后，省上派出联合调查组进驻学校，深入调研，广泛听取师生员工的意见后，他们认为，确实存在一种根植于川农大，长期影响和滋养着川农大人的大学精神，也就是之后命名的"川农大精神"。

"川农大精神"经过了数代川农大人的薪火传承和实践升华才逐渐形成。我们校内常说的"三杨"——在雅安独立建校以来的第一任院长杨开渠、第二任院长杨允奎和第三任院长杨凤，他们都是留学回国人员。他们长期把兴农报国作为第一选择，而不把物质享受放在第一位。正是以他们为代表的一代代川农大人，满怀振兴中华之志，团结拼搏，艰苦创业，自强不息，默默耕耘在农业科教第一线，才在艰苦的条件下为国家培养了大批人才，创造出了非凡的业绩，为国家做出了巨大贡献。

"川农大精神"在全国的影响

"川农大精神"是在学校长期办学历程中逐渐形成的。进入 21 世纪以来，"川农大精神"在省内外逐渐产生了较大、较深远的影响。对此，我和广大教职工感到非常自豪，同时也备受鼓舞。为什么会有越来越大的影响？一是由于《人民日报》《中国教育报》《光明日报》《四川日报》等众多媒体对"川农大精神"进行的多轮集中宣传与报道，体现"川农大精神"的众多人和事，真实而感人；二是"川农大精神"本身具有的重要时代意义。

2000 年，刚刚进入新世纪，"川农大精神"就迎来了一次全国性的宣传与报道。2000 年 6 月至 12 月，《中国教育报》《四川日报》均在头版以一系列大篇幅文章集中报道了学校从 1956 年迁至雅安独立建校 40 多年间，特别是改革开放 20 余年来，克服许多难以想象的困难，各方面取得的突出成绩和对国家做出的巨大贡献，以及这个过程中学校自身形成的"川农大精神"。《四川日报》长篇报道中，《奇迹是怎样产生的》一文讲述了川农大人以兴农报国为己任，在艰苦条件下奋斗拼搏，锐意前行；《科学精神的光辉》介绍几代川农大人以求真务实的态度，走出一条"农科教""产学研"结合，服务"三农"的办学新路；《"世外桃源"之谜》介绍川农大人高风亮节，不以追求个人利益、物质生活为第一目标，执着于农业科教事业的宝贵品质。《中国教育报》长文《从8000万到300多亿》报道川农大以较少的科研经费，研究出多项高水平科技成果，以及大量成果推广应用对推动现代农业发展做出的贡献，产生了巨大社会经济效益等。2000年7月，中共四川省委组织部、宣传部和省教育厅党组发出《关于学习"川农大精神"的通知》。这段时间我还带队"川农大精神"报告团，分别在成都和雅安举行过四场报告会，评价很高，反响热烈。

2001年7月，学校党委被中央表彰为"全国先进基层党组织"。当年10月，中共中央政治局常委、国务院副总理李岚清到校视察，对"川农大精神"给予充分肯定和高度评价。2002年1月3日，时任中共中央政治局委员、国务院副总理温家宝在新华社《动态清样》（第3007期）中《85％的回归率是怎样产生的？——四川农业大学吸引留学人员的启示》调研报告上批示："'川农大精神'应该总结、宣传和发扬。"这之后，"川农大精神"在全国范围内引起了更为广泛的关注。2002年1月29日、30日，《四川日报》在头版头条位置报道了四川农业大学留学人员85％的回归率揭秘（上）（下），题目为"故巢燕归来"。1月31日，《四川日报》还以第二版整版刊登了包括我在内的学校15位留学归国人员的座谈采访发言，通栏标题是"我们为什么要回国"。同年2月初，中共四川省委教育工委、四川省教育厅再次发出《关于认真开展宣传"川农大精神"的通知》。4月，《人民日报》又在头版和第二版分别以"奇迹是怎样产生的"和"爱岗敬业自辉煌"为题发表"来自四川农业大学的报告"。紧接着，《中国青年报》《经济日报》《科技日报》《中国妇女报》《四川日报》等均在显著位置刊文介绍了"四川农业大学85％留学人员归国"的情况和学校的留学人员工作。以上文章均报道了"川农大精神"对学校实现留学人员高回归率产生的巨大影响。

2002年5月19日，中共中央总书记、国家主席、中央军委主席江泽民冒雨专程到雅安川农大视察，对学校教学科研方面取得的成绩和在新形势下积极开展思想政治工作取得的成效表示赞赏和充分肯定。之后，"川农大精神"在全国有了更大的影响。

2003年，学校被中央表彰为"全国留学回国工作先进单位"（全国22个单位获得表彰）。我代表学校到北京参加表彰会，受到中共中央总书记、国家主席胡锦涛等领导接见。2003年9月，中宣部基层采访团来校调研采访。采访团成员来自《人民日报》《光明日报》《中国青年报》《科技日报》等中央媒体。记者们围绕川农大吸引留学归国人员、广大教职工情系"三农"、服务新农村建设取得的突出成绩展开采访，采访结束后，采访团很多记者都感慨："川农大精神"太宝贵了，学校有很多感人的事迹，真是值得挖掘。

2005年，学校迎来教育部本科教育工作水平评估并获得优秀。教育部专家组认为，"'川农大精神'在全国同行中有深远影响，对川农大人才培养发挥着非常重要的作用，形成了"以'川农大精神'育人，培养心系'三农'、服务西部的高素质复合型人才的鲜明办学特色"；"川农大精神"孕育出了"纯朴勤奋、孜孜以求"的校风，培养出学生"勤奋朴实、勇于开拓"的品质。这一年《中国教育报》《教育导报》等媒体对学校弘扬

"川农大精神"，不断提高育人质量进行了多次报道。

2006 年 7 月，学校党委再次被中央表彰为"全国先进基层党组织"；当年学校迎来办学百年，《人民日报》《中国教育报》等媒体都结合"川农大精神"对学校办学发展继续做了报道宣传。

2007 年，"川农大精神"再一次获得全国广泛关注。这一年，党的十七大召开，我作为参会代表带去了以全校师生员工名义写给国务院总理温家宝的一封信。没想到的是，信呈送的第二天，就收到了温总理的批示："川农大的工作很有成绩。办学经验值得重视。"随后几天，《四川日报》等多家媒体都在头版位置报道了此事。这之后，教育部把川农大的办学经验结合学习"川农大精神"，以长篇简报（2007 年 12 月第 120 期）形式上报中央政治局、书记处、国务院等，并发往全国各省（自治区、直辖市）党委、政府和教育工委（教育厅），川农大办学经验被推广到了全国。

2008 年 10 月，我赴京列席参加党的十七届三中全会前夕，中央电视台、四川电视台、《四川日报》等十余家媒体记者在省委宣传部领导率领下又来校深入采访。之后各媒体以多种形式对学校不断弘扬"川农大精神"取得的新成绩、做出的新贡献再一轮展开报道和宣传。

"川农大精神"的精髓和时代意义

川农大精神是一种什么精神？在与广大教职工总结提炼过程中，我认识到其精髓就是学校新老知识分子和广大教职工，致力于民族复兴、兴中华之农事以报国的奉献精神，和不畏艰苦、团结拼搏，履职尽责、严谨治学，追求真理、勇于探索，薪火传承、自强不息的精神。精神的力量是无穷的。从念大学到现在，我在川农大已 40 余年了，我深感学校要拥有较强的竞争力，自己的大学精神至关重要。什么是精神？我认为精神是一种血性。精神内藏于心，是人们带着目标与追求，不管条件多么困难与艰苦，都要奋力拼搏，去争取的内心动力与执着，是在每天的实干中体现出来的。

2020 年 5 月全国"两会"期间，中国女排队长朱婷亮相代表通道。有位记者问朱婷：在抗击新型冠状病毒肺炎中，有一位在武汉一线的女护士，把您的样子画在防护服上，把女排精神作为自己的战"疫"动力，您是怎么理解女排精神的？朱婷说："女排精神就是祖国至上，团结至上，顽强拼搏，永不言败。女排精神体现的是民族精神。"她还说，"女排精神不是在胜利时才有。有时候明知得不到冠军，我们也要竭尽全力，而且在平时体现于做好自己的本职工作。"朱婷说得很好。确实，把自己的本职工作看得很神圣，有责任有担当，尽全力把本职工作做好，践行的就是这种民族精神。在 2020 年武汉抗疫时，党中央一声号令，全国医护人员不顾个人安危、义无反顾、逆行武汉投入抗疫一线，他们的行为感动了全国人民，他们体现的也是这种民族精神。中央电视台报道，石油战线著名的 1205 钻井队把"王铁人精神"带到伊拉克，创造了在伊拉克各国钻井队中最佳的成绩，体现的是中国人的这种民族精神，为祖国赢得了荣誉。我们川农大的发展也充分说明这一点。"川农大精神"体现的也是我们民族精神，不仅体现在教师、科技人员身上，也体现在全校各种不同岗位的职工和广大学生身上。"川农大精神"是团结向上的群体精神，有了这种精神的发扬和传承，才能铸就川农大的持续辉煌。

党的十八大以后，我们进入建设中国特色社会主义的新时代。2021年是建党100周年，迎来中国第一个百年奋斗目标的实现，我们倍感自豪和振奋。我们也深知，中国迈向全面现代化，实现第二个百年目标，在复杂的国际环境中，我们还将面临许多困难和巨大的挑战。我们弘扬"川农大精神"，爱国主义是第一位的，祖国永远在我们心中，把我们自身的成长和祖国的命运紧密联系在一起。我们不管在学校哪个工作岗位，都尽力把本职工作做好，遵循习近平总书记对涉农高校的希望，心系"三农"，扎根学校，为推进我国农业农村现代化做出自己的贡献。最后，我还想说的是，川农大在雅安办学条件非常艰苦的情况下取得了巨大成绩，现在学校办学和科研条件比以前好多了，有的方面已差不多达到发达国家水平，但在农业科技方面培养人才和出成果，仅靠高楼大厦和实验室的条件是远远不够的。川农大人既要瞄准学科前沿，即"顶天"；也要紧密结合农业和农村实际，即"立地"。因此，面向农业农村现代化发展需求培养人才和出科技成果，还必须踩田土、进圈舍、钻林子，这是农业科教本身的属性决定的。养尊处优是不行的，必须始终不畏难、不怕苦，奋斗拼搏。习总书记说，成果的背后都有精神支撑。川农大的实践完全证明了这一点。"川农大精神"是我们的传家宝，也是学校的核心竞争力。一位学生家长还这样评价："川农大精神"是"为校树旗，为人立骨，是无可比拟的精神财富"。不管今后发展条件再好，都永远值得传承和发扬。与我们的"川农大精神"相辅相成的，还有我们的校训"追求真理、造福社会、自强不息"。人一辈子应如何奋斗？价值如何体现？"川农大精神"和校训里面都做了回答，这对学校能够产生巨大的凝聚力。

相信"川农大精神"对学校继续发展还将发挥极大的推动作用。"川农大精神"永放光芒。

"川农大精神"20年：砥砺奋进铸辉煌

张俊贤

当时光的指针指向 2020，学校迎来"川农大精神"正式命名 20 周年。20 年来，"爱国敬业、艰苦奋斗、团结拼搏、求实创新"16 个字核心内容的"川农大精神"，成为所有川农人共同的精神家园和动力源泉，激励着川农人继往开来，创造一个又一个新的辉煌。

这是镌刻川农人爱国情怀的 20 年

"你恋着我，我恋着你，是山是海我拥抱着你。你就是我，我就是你，是血是肉我凝聚着你……"在学校的迎新晚会上，十多位海归教授带来的《共和国之恋》节目，是他们对所有川农海归前辈的致敬，也是新一辈川农人的铮铮誓言。

爱国的红色基因融入到所有川农人血脉中，一代代的川农人用不同的方式诠释着爱国的内涵，从王右木、江竹筠等川农英烈为民族独立而抛头颅洒热血，到 20 世纪末学校创造的 85％归国率奇迹；从杨开渠、杨允奎等科学家在抗战时期致力科研创新，促进四川粮食增产，不断提高后方物资供给能力，到杨凤教授毅然放弃攻读化工，改学畜牧的为国立志；从周开达院士要让中国人吃上白米饭的朴素情怀，颜济教授实现小麦产量"三级跳"的科研攻关，到荣廷昭院士选育"川单"系列玉米品种带给农民增收的喜悦，爱国情怀镌刻在每一个川农人身上，因为时代的不同而闪耀出不同的光芒。

在过去的 20 年里，它更多地表现为躬耕三尺讲台为国育才的热忱、追求真理的坚持、保障国家粮食安全的担当、扎根大地为农民增收的责任、引领生态健康发展的信心以及坚守岗位兢兢业业的奉献，以家国情怀为核心，集众志、汇众智、聚众力，催生出众多可圈可点的成就：

——人才培养硕果累累。学校培养造就了数以十万计的优秀人才，为经济社会发展提供有力人才支撑，先后获国家级教学成果一等奖 3 项、二等奖 6 项，入选全国优秀博士学位论文 5 篇、提名 6 篇。尤为瞩目的是，学子身上的爱国爱农、勤奋朴实的特质获得广泛认可。全国劳动模范、全国农村致富带头人、最美基层高校毕业生中不乏川农人的身影。在 2020 年这个特殊的毕业季，全国抗击疫情先进个人、全国优秀党员"雨衣妹妹"刘仙专程回到母校，以自身"逆行"武汉的抗疫经历勉励学弟学妹们："传承'川农大精神'，努力成为一名勇敢、友爱、担当的新时代川农大青年！"

——科学研究成就斐然。学校先后获部省级以上科技成果奖励 700 余项，包括国家技术发明二等奖 2 项、国家自然科学二等奖 1 项、国家科技进步二等奖 14 项。其中，适应国家绿色生态农业发展需求，"猪抗病营养技术体系创建与应用"项目使生猪发病率和抗生素用量降低 30％，被农业农村部作为我国养殖端限制抗生素、保障肉产品安全主推技术广泛推广。"草鱼健康养殖营养技术创新与应用"在省内外 45 家企业推广应用，累计创经济效益 79.6 亿元。饲草玉米新品种的培育与应用推动了西南地区以粮改饲为主要内容的农业供给侧结构性改革的发展，有助于减少发展畜牧业带来的环境污染。秉持中国人的饭碗要端在自己手中的信念，水稻所团队育成了突破性恢复系蜀恢 527 水稻品种，组配出经国家或省级审定的三系和两系杂交稻组合 38 个，实现了优质、高产与抗病三者统一，是我国组配出超级杂交稻最多的恢复系。农学院团队选育的优质超级稻"宜香优 2115"，有力助推"蜀中无好米"时代结束。被列入 2020 年中央一号文件的"玉米－大豆带状复合种植技术体系创建与应用"成果，有效提高了中国大豆自给率，让四川成为大豆主产区之一，为国家粮食安全做出了贡献。

——社会服务成效显著。围绕西南地区现代种业、畜禽养殖等重点领域，以及川粮、川猪等支撑产业需求，建立专家大院、博士工作站、科技小院，选派科技特派员、扶贫干部等多种方式，推广科技成果 700 余项次，累计创造经济效益 350 多亿元。学校以高度的社会责任感投入脱贫攻坚战役，以四川少数民族地区等深度贫困地区为重点，为 45 个深度贫困县制定农业产业方案、提供科技人才支撑，助力雷波、前锋、布拖等县脱贫摘帽，入选国务院扶贫办、教育部和四川省精准脱贫典型案例。

这是咬定青山不放松的 20 年

"以川农大的条件，川农大取得的成果，是从田地里踩出来的，从畜禽舍里蹲出来的，从山林里钻出来的，全是拼出来的。"20 年前，媒体记者如此总结"川农大精神"。

正是凭着这股拼劲，学校得以顺利跻身首批"211 工程"建设高校，是当时全国 4 所农业院校之一，也是四川省唯一的省属"211 工程"建设高校。

新的起跑线虽然已经划定，但是川农人不敢有所懈怠，大家深深明白作为一所西部农业院校，川农大并不占据天时地利，偏居西南、资源匮乏，手中握有的筹码唯有人和。

幸福是奋斗出来的，川农人深谙于此。面对种种不利情况，一场提升川农大核心竞争力的战役吹响了集结号。全校上下秉承"川农大精神"，团结一心，奋力拼搏，围绕以学生为本、学术为天、学科为纲、学者为上的治学理念，抓纲挈领，咬定青山不放松，开创出一片新天地。

学科要发展，首先是人才。从 2009 年起，学校投入大笔资金推动实施人才强校战略，通过实施每年百名博士招聘计划、"学科建设双支计划"等措施，外引内培，双轮驱动，以拔尖创新人才带动学校整体师资队伍提档升级。

"杰青"获得者陈学伟教授正是海归人才的代表。回国时，陈学伟已经晋升为加州大学戴维斯分校助理项目科学家，发展势头良好，但是面对母校的召唤，他毅然回国，"我的根在川农！"回校后，他潜心研究，突破了水稻广谱抗病的世界瓶颈，研究成果在

Cell 和 *Science* 等国际顶尖期刊发表，相继入选"中国生命科学 10 大进展""10 大中国农业科学进展"。

"2009 年以前，我们整个团队的 SCI 总数才 4 篇。"周小秋教授介绍。现在，不只是论文数量快速增长，更在质量上突飞猛进，2014—2018 年全球渔业学 TOP100 高频次被引用论文，中国共有 9 篇入选。其中，学校入选 3 篇，与华盛顿大学、斯特林大学和西奥大学入选数量并列全球第一。这 3 篇高频次被引用论文均为周小秋教授研究团队发表。

"川农大精神"不是说出来的，而是干出来的，这是川农人的共识。

2009—2019 年，仅仅 10 年间，动物营养所一举拿下 4 个国家科技进步二等奖，5 个四川省科技进步一等奖，高速的发展态势背后离不开学校对学科建设的大力支持，更离不开团队的顽强拼搏，他们在"川农大精神"基础上，进一步凝练出"奉献、协作、求实、创新"的团队精神，以傲人的成绩斩获全国教育系统先进集体荣誉。

全国高校黄大年式教师团队兽医学团队负责人程安春一直致力打造一个成才"旺炉"，为了把炉火烧旺，作为团队负责人，他率先垂范，节假日不休息，亲自到养殖场采样、实验操作。在他的带领下，团队活力十足，近年来，全球 73.5％的研究"鸭瘟"的 SCI 论文出自该团队。团队成员先后获国家技术发明二等奖 1 项、国家科技进步二等奖 1 项。

实干支撑着学校驶入发展快车道：

——2016 年，本科批次全部实现一本招生，与学校定位进一步吻合。录取分数线连年走高，2020 年在 27 个省（区、市）超一本省控线 30 分，其中 16 个省（区、市）超 50 分，反映出社会对学校的高度认可。

——2017 年 9 月，学校正式入选一流学科建设高校，迈入发展新阶段。

——学科排名一路攀升。2017 年全国第四轮学科评估中，在全国农林高校、在川高校中分别位居第 7、第 4。农业科学、植物学与动物学、生物与生物化学、环境科学与生态学 4 个学科 ESI 排名持续稳定保持世界前 1％，农学、兽医学分别进入软科 2020 年一流学科排名世界前 50 强和前 100 强。

——平台建设取得突破。2019 年 7 月，省部共建西南作物基因资源发掘与利用国家重点实验室建设运行实施方案顺利通过科技部组织的专家组论证，新的平台将为孵化出更多科研成果提供助力。

——国际交流合作取得新进展。动物营养与饲养学和作物学成功入选"高校学科创新引智计划"，使学校成为川内唯一拥有两项"111 计划"的省属高校。

——师资队伍获得长足进步。新增博士教师 363 人，其中引进拔尖人才 3 人、优秀人才 7 人、学术骨干 28 人。在国家级人才队伍建设上实现新突破，以 1 院士、3 长江、2 杰青为代表，构成了国家级人才为引领、省部级人才为支撑、近千名优秀青年博士为骨干的"金字塔"形师资队伍。

这是攻坚克难高速发展的 20 年

一部川农史就是一部攻坚克难史。"川农大精神"从不断战胜各种困难中逐渐凝练。

从 1956 年迁雅安独立建院，白手起家，到走向豪迈的历程，川农人勇于面对苦难的精神特质就代代相传。

或许没有哪所高校像川农这样，历经"5·12""4·20"两次地震，而百折不挠，浴火重生。

2008 年，"5·12"汶川地震给都江堰分校带来了巨大破坏，在综合考量后，学校慎重决定选址温江进行异地灾后重建。2009 年，成都校区启动总建筑面积超过 24 万平方米的建设项目，成为迄今为止学校建校历史上最浩大的建设工程。在不到两年的时间里建成并投入使用，缔造了让人惊叹的"川农速度"。

继灾后重建之后，学校又自筹经费，陆续在成都校区启动一批建设项目。截至目前，成都校区共完成 40 余个建设项目，新建各类建筑面积 44 万平方米，总投资近 12 亿元。其建设规模，相当于再造了四分之三个雅安校区或者再建了四个都江堰校区！

2010 年，成都校区投入启用，而在此前一年，都江堰分校正式升级为都江堰校区。至此，一校三区办学格局正式形成。按照"做大做强雅安校区、做特做优成都校区、做实做精都江堰校区"的思路，学校加快一校三区协同发展步伐。

都江堰校区是在 2001 年由四川省林业学校整体并入的基础上建立的，当时，它还只是一所中专学校。2011 年土木工程、工程管理 2 个重点本科专业首次面向全国招生，2014 年，校区 4 个学院均拥有硕士学位授权点，办学层次在短时间内实现了从专科到普通本科，再到硕士点学科的飞速跨越。

苦难从来打倒不了川农人，它只会印证川农力量、川农勇气、川农担当。

2020 年，一场突如其来的新型冠状病毒肺炎疫情袭来。面对复课、复学、复工等严峻挑战，川农人积极作为，主动担当。5 月，全校 26000 余名学子分期分批顺利回校复学，返校学生比例在全省高校中名列前茅。为确保师生的健康安全，学校审核和发放 15.26 万人次通行码，量化评估 3 万余人次的健康状况，体温监测 141.59 万人次，对来自重点地区的 91 名学生进行校内 14 天的医学隔离观察，对 368 名发热学生进行隔离留院观察，对 576 人次实施核酸检测，共同筑起抵御疫情的钢铁防线，全校师生零感染。

面对毕业生就业难，学校以保障民生为重点，通过精准摸底了解情况、个性服务、线上线下互动召开招聘会等多种方式，促进毕业生充分就业。6 个多月来，学校通过线上双选会、专场招聘会等，提供就业岗位 30 余万个，吸引校内外 3 万余人（次）参会求职。学校多措并举有效促进了毕业生就业，就业率与往年持平。

为了不给毕业生留下遗憾，学校克服种种困难，打出人性化管理"组合拳"，给毕业生送上一个最暖毕业季：不仅如期举行毕业典礼，还奔赴千里去武汉，为受疫情影响无法回到学校的湖北籍毕业生——拨穗、授位。富有人情味的一系列举措，让川农成为众多网友艳羡的"别人家的大学"，不少网友要其学校来"抄川农作业"。

这是深化改革不断创新的 20 年

2020 年 9 月 17 日，学校顺利通过"双一流"周期建设专家评估，由 5 名院士、7

个行业领域专家组成的专家组一致认为，学校高质量完成了周期建设工作。而近年来学校在制度建设上的大胆改革力度和取得的成效给专家们留下了深刻印象。

实际上，与时俱进、开拓创新的精神正是"川农大精神"的生动体现。从20世纪80年代开始，学校实行机构改革，水稻所、小麦所、玉米所、动物营养所相继组建为正处级研究所，独立的机构设置为科研攻关提供了组织保障，也让4个研究所成为重大科研成果产生的沃土。

进入21世纪，学校以3次获评全国先进基层党组织为基础，进一步强化党建引领，坚持党的正确领导，全面落实党委领导下的校长负责制，深入推进依法治校，在制度建设上不断推陈出新。

2016年、2018年和2020年学校3次全面修订制度，形成3版《四川农业大学管理制度选编》，构建形成以章程为统领、制度选集为骨架、配套制度为支撑的制度架构，覆盖学校、学院、学者、学生四大主体，涵盖立德树人、学术发展、师资队伍、党的建设、综合保障等五大领域，形成用制度管权、按制度办事、靠制度管人的良好氛围。制度成果获评四川省教育综改优秀项目，并入选四川教育改革创新发展典型案例。

一项项大刀阔斧的改革，有效疏通活力源泉。一桩桩求真务实的举措，激发川农人干事创业热情。

——每年重磅投入2000万元，实施《专业建设支持计划》，旨在通过专业建设资助培育名师，以名师支撑专业发展，加快建设高水平本科教育，全面提高人才培养质量。

——4次修订完善《学科建设双支计划》，强化对优秀青年人才、创新团队等的支持，聚焦更多高质量科研成果。

——着力破除"五唯"，深化人事分配机制改革。实施职称单列认定评审，开展岗位聘任动态调整，不断健全"一流能力一流岗位、一流人才一流待遇、一流贡献一流报酬"的人事制度，激发教师投身科研、埋首教学、倾力服务的热情。2020年，首届十大优秀教师标兵的表彰更是掀起了教职工学先进、做先进的热潮。

——实施科研兴趣培养计划、创新训练计划、专业技能提升计划等，着力培育大学生创新精神和能力。近年来，在"互联网＋""挑战杯""创青春"等重大创新创业赛事中获省级以上奖励209项，学校多次获全国优秀组织奖。

——年投入至少1000万元专项经费支持国际化办学。高质量的开放办学支持学校主动融入"一带一路"倡议，取得了一系列交流合作成果，留学生递增式引进来，科技服务高质量走出去，中外人文交流持续深入发展。

20年来，"川农大精神"融入川农人血脉，成为川农人鲜明的精神底色，为学校各项事业发展提供了源源不断的动能。

站在2020年的关键时间点，学校以立德树人为根本，以强农兴农为己任，传承和弘扬"川农大精神"，肩负兴川使命，实现三农担当，书写川农华章！

"川农大精神" 新释

变与不变："川农大精神"新释

朱雨欣

变与不变，本身就是一对哲学命题。唯物史观认为，事物是不断变化的，社会是在变化中前进和发展的。能够适应时代潮流、引领时代发展、符合人民意愿、代表发展方向的变化，就是积极的、向上的、蓬勃的；反之，则是消极的、没落的、萎缩的。而辩证法则进一步阐释，事物本质的内在规律性是不变的，但随着外部环境的变化，"变"其实才是永恒的"不变"。

大学精神是一所大学在自身发展过程中积淀而成的，具有独特气质的精神形式和文化成果，包含着被其自身遵守同时也被社会认同的理想追求、价值观念、文化传统和行为准则。其中，既有源自其内在本质的稳定性、确定性和同一性，也必然会有随着时代发展而变化的规律性、变迁性和发展性。对于经历过百余年岁月洗礼的四川农业大学而言，"爱国敬业、艰苦奋斗、团结拼搏、求实创新"的"川农大精神"，无疑是学校发展生命力、凝聚力、创造力的精神引领和动力源泉，不仅镌刻和记载着川农大艰苦创业的曲折历程与辉煌成就，还以其丰富的内涵和鲜明的特色引领、鼓舞着一代又一代的川农大人。应该说，"川农大精神"的稳定性来自百余年传承的历史沉淀，而"川农大精神"的发展性也必然表现为时代变迁的进步性。

回顾过去："川农大精神"的"不变"内涵

"川农大精神"的提出是在 20 世纪 90 年代中后期，学校争创"211 工程"大学的过程中，在科技成果、推广转化、经济效益、归国留学等方面的卓越成就得到了党和国家领导人的关注和肯定，也赢得了良好的社会声誉和广泛的社会认同，最终于 2000 年由四川省委组织部、宣传部、教育厅等正式命名，并阐释以"爱国敬业、艰苦奋斗、团结拼搏、求实创新"的 16 字内涵。我们须知，"川农大精神"正式命名 20 年，但川农大的精神绝非只有这 20 年，而是在学校百余年的发展历程中不断积累、不断凝聚形成的精神内涵。

当我们注目凝视于那激荡人心的烽火岁月，诞生于民族危难之际、成长在革命斗争之中的川农大，就已经深深地烙下了"爱国报国"的红色基因。王右木、康明惠、郑佑之等早期马克思主义的传播者、四川党团组织创立者，对推动马克思主义在四川的传播、广泛动员和组织群众发挥了重要作用；杨开渠、杨允奎等科学家在抗战时期致力科研创新，促进四川粮食增产，不断提高后方物资供给能力；江竹筠、黄宁康、何懋金、胡其恩等一大批为实现民族独立和人民解放而献出了自己宝贵生命的川农英烈们，更是将深厚的红色文化融入了川农大人的血液基因中，积淀了"川农大精神"中"爱国敬业"的文化底色。

当我们侧耳倾听于那艰难岁月的历史回音，学校"两进两出"四川大学，办学地址数经变迁，1956年院系调整，川农人舍天府之闲适安逸，西迁雅安独立建校；"文化大革命"十年，师生力避武斗，分散各地仍潜心农业科教事业，一直未曾中断。以第一任院长杨开渠、第二任院长杨允奎和首任四川农业大学校长杨凤为代表的几代川农人，面对偏居西南、资源匮乏、颇受偏见的实际情况，奔波于高林野外、出入于畜禽圈舍、奋斗于田间地头，将人格学识、风范品质不断地融化汇聚、发扬光大，凝聚成"川农大精神"中"艰苦奋斗"的核心内涵。

当我们感怀于那改革开放的春风荡漾，从"冈·D"型杂交水稻的新品种到"繁六""繁七"的姊妹系；从8000多万元的科研经费到创造300多亿元的经济社会效益；从85%的留学归国率到包括两项国家发明一等奖在内的380多项的科技成果；从周开达院士让中国人吃上白米饭的朴素情怀，到颜济教授实现小麦产量"三级跳"的科研攻关，再到荣廷昭院士选育"川单"系列玉米品种带来的增收喜悦，川农大人用作风朴实、脚踏实地、锐意进取、勇攀高峰的实际行动，书写了"川农大精神"中"团结拼搏、求实创新"的精神气质。

故此，所有过往，汇流成海。集百余年积淀、经数代耕耘而成的"川农大精神"，应该变？还是应该不变？

立足当下：川农大精神的"求变"动力

当历史的车轮走过2020年，当我们站在"两个一百年的历史交汇点"，环顾"百年未有之大变局"，我们更清楚地知道：新时代呼唤新理念，新征程需要新动力。大学精神的形成既有其自身内在的历史动力，也离不开外在经济社会的环境塑造，"川农大精神"本身也是学校顺应时代潮流、把握历史大势的结果。其16字的内涵是在新世纪之交，随着西部大开发战略的提出和实施，为加快实现四川省"跨越式、追赶型"的发展，实现建设"教育强省"的奋斗目标，而提出的用以号召广大干部群众振奋精神、鼓舞士气、加快发展的精神口号。而当下的中国以更加雄伟的身姿屹立于世界东方，经济实力、科技实力、综合国力跃上新的大台阶，国内生产总值突破百万亿元指日可待，粮食年产量连续五年保持稳定。对四川省而言，决战脱贫攻坚、决胜全面小康取得了决定性成就，成渝地区双城经济圈建设的美好蓝图徐徐铺开，"一干多支"的发展战略深入实施，"四向拓展、全域开放"新态势加快形成。面对这样的经济、社会、政治和区域环境，四川农业大学的发展又面临怎样的机遇和挑战？

在2035年基本实现社会主义现代化的远景目标中，对与四川农业大学未来发展尤为密切的农业、科技、教育等领域提出了新的要求。在农业生产的新发展阶段中，要求我们坚持把解决好"三农"问题作为重中之重，全面实施乡村振兴战略，提高农业质量效益和竞争力；提高农业良种化水平，推进优质粮食工程，保障粮、棉、油、糖、肉等重要农产品供给安全，实现巩固和拓展脱贫攻坚成果同乡村振兴有效衔接。在科技创新的新发展理念中，要求我们面向世界科技前沿、面向经济主战场、面向国家重大需求、面向人民生命健康，深入实施科教兴国战略、人才强国战略、创新驱动发展战略，加强基础研究、注重原始创新，推进学科交叉融合，推进科研力量优化配置和科研资源共享。而在高校建设的新发展格局中，要求我们建设高质量教育体系，全面贯彻党的教育方针，坚持立德树人，加强师德师风建设，培养德智体美劳全面发展的社会主义建设者和接班人，提高高等教育质量，分类建设一流大学和一流学科，加快培养理工农医类专业紧缺人才。

这样的时代背景与内在需求，既是四川农业大学进一步发展的动力机遇，也是未来建设的现实挑战。面对"十四五"实现高等教育内涵式发展的决胜时期，四川农业大学需要进一步应对由于全球气候变化和资源环境恶化等带来的农业生产风险，发展建立在科技创新、资源节约、智能智慧等基础上的现代农业；需要进一步研判重构全球创新版图的新一轮科技革命和产业变革，扩大更多优质教育资源辐射，提高人才培养的效率和质量；需要进一步深化高等教育综合改革，科学分析各项事业发展的优势与差距，重新审视并定位自身的发展目标，突出发展重点和办学特色，提高学校的核心竞争力。

由此，立足当下，机遇与挑战并存。应时代变迁、以厚积薄发为任的"川农大精神"，应该不变？还是应该变？

展望未来：川农大精神的"变"与"不变"

应该说，进入新世纪，川农大人用自身的历史实践凝练出"爱国敬业、艰苦奋斗、团结拼搏、求实创新"的16字精神；那么，迈入新时代，川农大人也能唱响"兴农报国、求实奋进"的新篇章。

以"爱国敬业"为例，历史阶段变了，但"报国"之心没变。当年的川农大，在改革开放初期的"出国潮"中"逆向"而行，取得了留学高回归率的突出成绩，学校赴国外留学的各类人员中有85％学成后如期返校，而与此同期我国各类出国留学生的归国率尚不足三成。而今的川农大，在全球化的时代背景里，也涌现出以陈学伟为代表的大量海归人才。当年已经晋升为加州大学戴维斯分校助理项目科学家的陈学伟，毅然放弃了国外良好的发展势头乃至美国的绿卡，面对母校的召唤，一句"我的根在川农！"串联起数代川农人的报国情怀，回国后更是潜心研究，突破了水稻广谱抗病的世界瓶颈，研究成果在 Cell 和 Science 等国际顶尖期刊发表，相继获得"中国生命科学10大进展""10大中国农业科学进展"等荣誉表彰。

就"艰苦奋斗"而言，时代环境变了，但"兴农"之情没变。当年的川农大，西迁雅安独立办学，面对一穷二白、极端艰苦的办学条件，筚路蓝缕，手胼足胝，在老院长杨开渠"我们是向自然的斗争者而不是向自然乞恩的可怜虫"的迎新致辞中，几乎是靠刀耕火种式的艰苦奋斗奠定了最初的办学基础，为中国的农业农村发展和四川省的经济社会建设做出了重大贡献。而今的川农大，"一校三区"的办学格局已经形成，围绕西南地区现代种业、畜禽养殖等重点领域，以及川粮、川猪等支撑产业需求，建立专家大院、博士工作站、科技小院，选派科技特派员、扶贫干部，仅"十三五"期间就为 45 个深度贫困县制定农业产业方案、提供农业科技人才支撑，入选国务院扶贫办、教育部和四川省的精准脱贫典型案例。尤为瞩目的是，川农学子身上的兴农报国、勤奋朴实的特质获得广泛认可，全国劳动模范、全国农村致富带头人、最美基层高校毕业生中不乏川农大人的身影。

对"团结拼搏"来说，学校平台变了，但"奋进"之魂没变。当年的川农大，从"一穷二白"中起家，面对闭塞交通、落后的基础设施和恶劣的自然环境等不利条件，却依然在三大粮食作物的研究上连续获得国家科技大奖，培养了以周开达院士、荣廷昭院士为代表的一大批优秀农业科技人才，顺利进入"211 工程"高校的行列。而今的川农大，站在首批国家"双一流"学科建设高校的新起点，农业科学等 4 个学科 ESI 排名持续稳定保持世界前 1%，农学、兽医学分别进入软科 2020 年一流学科排名世界前 50 强和前 100 强。学者吴德、青年学者李明洲、"中国青年女科学家"卢艳丽、国家"杰青"李仕贵等"Made in Sicau"的科学家不断涌现，仅在"十三五"期间，学校就新增国家"杰青"等国家级人才 31 人次，新增省科技杰出贡献奖、省杰出人才奖等省级人才 57 人次。

就"求实创新"而言，科研条件变了，但"求实"之风没变。当年的川农大，秉承"不唯书、不唯上"的科学态度，用 8000 多万元的科研经费产生了 300 多亿元的社会经济效益，成果转化应用率高达 70%，从改革开放到 21 世纪之交，取得科研成果 440 项，其中国家级和省部级奖就有 320 项，涵盖了国家发明一等奖、国家自然科学二等奖、国家科技进步二等奖等多项奖项。而今的川农大，国家重点实验室正式发文批准建设，仅在"十三五"期间就累计承担省部级以上纵向科研项目 1600 余项，其中国家科学基金项目 282 项，国家重点研发计划项目 5 项；获省部级以上成果奖励 154 项，其中国家科技进步二等奖 3 项。

故而，变的是时代，不变的是初心；变的是环境，不变的是情怀；变的是平台，不变的是使命；变的是条件，不变的是作风。"爱国敬业"的期盼是"报国"，"艰苦奋斗"的目的是"兴农"，"团结拼搏"的核心是"奋进"，"求实创新"的精髓是"求实"。"爱国敬业、艰苦奋斗、团结拼搏、求实创新"这老 16 字是学校百余年历史的浓缩和概括，而"兴农报国、求实奋进"这新 8 字则更应是学校未来发展的指引和期待。

百余年的"川农大精神"，以不变应万变，砥砺前行。

而百余年川农大的精神，以变传承不变，接续辉煌。

"川农大精神"若干"硬核"

杨志钢

"川农大精神"命名20周年之际，学校改革发展再上新台阶，各项事业蒸蒸日上，受到党和政府、社会各界人士高度赞扬。回望学校百余年曲折辉煌的历程，往事浮影，感慨良多。屡屡静心思忖"川农大精神"内涵，追溯其源，挖掘其实，今概其若干"硬核"，以为探讨和纪念。

正

百余年来，川农大之所以历经磨难百折不挠，还能创造出辉煌业绩，首先靠的是始终坚持"守正"。守正，意味着坚守正道，坚持按事物的本质要求和发展规律办事。"政者，正也。"正之内涵，首当其冲是坚持正确的政治方向。百余年来，学校一直秉承爱国、进步、革命的传统，顺应和坚守人类进步发展的历史大势，积极投身人类进步的事业。无论是政治领域的革命，还是科教事业的探索，始终不为逆流所扰、不为名利左右。在反帝反封建历史大潮中，为实现民族独立和人民解放，涌现了江竹筠、王右木、胡其恩等革命烈士。学校与中国共产党领导的新民主主义革命保持一致，成为革命事业的一部分。新中国成立后，更是长期以党的建设统领学校工作，改革开放以来已先后三次荣获全国先进基层党组织，"讲政治"成为川农大的优良传统和优势。更难能可贵的是，无论时局如何动荡、时代如何更替，无论在战乱环境还是和平时期，川农大人始终弘扬中华优秀传统文化，秉承中国人特别是知识分子的守正传统，不忘"兴中华之农事"初心，牢记"强农兴农"使命。即便是在逆境中，也不放弃科学研究、人才培养；改革开放后，"下海经商"一时成为浪潮，川农人仍恪守本职、矢志不渝，取得了令人刮目的成就。是为思想不惑、物质不迷、言行持正，川农人浑身正气与正能，终得勇创一流，成为四川高校的一面旗帜和标杆。

韧

韧，不是不识时务的"刚"，亦非谨慎意味的"忍"，而是坚韧不拔、柔韧不折，刚柔相济的最佳结合，是对"光明前景"坚定信念和"曲折道路"辩证认识的有机融合。金戈铁马之时，江竹筠、王右木等9位烈士强心韧性，不畏强权坚守正义初心，遭受折磨仍顽强不屈。在前50年的办学历程中，学校"两进两出"四川大学，办学地址数经变迁，川农人不抛弃不放弃；院系调整，学校西迁雅安，筚路蓝缕仍勇往直前；"反右"之时，数百师生被错划"右派"，仍坚持真理勇于抗争，彭家元、杨志农等竟至客死他乡亦不变初衷，英名永留。"文化大革命"十年，师生力避武斗，分散各地仍潜心农业科教事业，一直未曾中断。十年间，即使学校被撤销，川农人仍离而不散，成为苦难时代之俊杰。俟宣布恢复办学，虽元气大伤但骨力强劲，方有后来再创辉煌。周开达、李实贲、黎汉云在雅安沙湾农田育出"冈·D"型杂交水稻新品种，颜济、杨俊良育出"雅安早""竹叶青"等一批新品种和"繁六""繁七"及其姊妹系，为后来斩获国家大奖打下坚实基础。改革开放之初，清贫得连皮鞋厂女工都不愿嫁的川农人，仍坚守七尺讲坛、圈舍麦田，作农业教科事业的守望者；21世纪以来，学校又经历"5·12"汶川地震和"4·20"芦山地震，每一次灾难换来的都是一次新生。川农人的命运，如多灾多难的中华民族，困难压不垮、灾变更磨砺，终得一个又一个辉煌的胜利，靠的就是这种韧性与定力。

爱

20年前笔者曾采访刘长松教授，并跟随其到奶农家诊断牛病，奶农叫"牛教授"在牛棚边一起吃饭，牛粪的味道与饭菜的鲜香阵阵交替；在另一家奶牛场，牛不吃不喝，刘长松叫随行的研究生"看看屁股"，研究生把手伸进牛屁股拉出干结的牛粪，过一天奶农来电话说"牛好了"。刘长松对我说："牛也要便秘，农民不知道。"检视百余年历程，所以能守正、坚韧者，盖因川农人身上深厚的家国情怀，上爱国家，下爱百姓，友爱同志。故既能胸怀天下立志远大，以兴中华之农事、强农兴农为己任，又能扎根大地近黎民，深度参与社会服务、脱贫攻坚和乡村振兴工作，深入田畴马厩解民困。早年之川农巨擘前辈如杨凤、颜济，舍优渥待遇及发展前途、冒追杀制裁之危险，毅然回国；院系调整之时，川农人舍天府之闲适安逸，怆然西迁白手起家，谓有深厚之爱国情怀。专家学者奔波于高山峡谷、出入于圈舍田野，心如阳春白雪、形同田夫野老，谓有深厚敬业情怀。入学界可谈高端，与黎民可同榻而卧，谈笑有鸿儒、往来多白丁，谓有深厚爱民情怀。身为四川农学院院长的杨开渠一到雅安，赓即率队展开生物资源调查，踏遍西康地区山山水水；周开达院士初到荒芜的海南基地，将石磨从雅安背到海南磨豆腐解决蔬菜缺乏问题；荣廷昭院士冒烈日在多营农场为玉米授粉，困了就在柴棚休息……论宏观，因有爱国家爱百姓爱事业之心志，论微观，故有无计得失、团结友爱之品性，凡事以义为先，义利兼顾，舍利取义。

实

我们党有务实的传统，1938年，毛泽东就指出："共产党员应是实事求是的模范，又是具有远见卓识的模范。""务实"，于今乃是常见的集体精神，在川农大，"务实"是百余年秉持、传承的群体精神和行为特质，是党的优良作风和传统在学校的体现。川农大的实是全方位的，表现在思想务实、工作踏实、生活朴实，切合实际、勤奋实践、注重实效。正如《四川日报》记者言："川农大过去取得的骄人成绩，是在'川农大精神'的鼓舞下从田地里踩出来的、从畜禽舍里蹲出来的、从山林里钻出来的。"事业的厚实与生活的朴实、内心的厚实与外在的朴实，正应了先哲老子所谓"大成若缺""大巧若拙"，故能"清静为天下正"，成为四川高校的一面旗帜。学校原党委书记邓良基指出"川农大精神"就是"牛"精神，像牛一样扎实工作，创造出"牛"业绩；现任党委书记庄天慧强调在建设一流农业大学征程中，要大力倡导奋斗精神，以创建全国高校文明校园为引领，以"川农大精神"20周年为契机，构建创新文化浓、学习环境优、读书氛围好、人文意识强的校园环境，让师生员工更有幸福感、成就感。新时代的川农大，正将服务社会民生和师生相结合，学校改革发展不断跃上新台阶。一代代校领导和专家学者以实际行动将"理论实践化、实践理论化"，"把文章写在大地上"，"专注一两个领域凝练出品牌"，"把务虚的事做实"……一代代川农大师生秉持"严""实"作风，以实际行动擦亮川农大务实招牌，成为"伟大梦想是干出来的"鲜活范例。及至今日，邓小平同志"发展才是硬道理"巨幅海报仍矗立校园，时刻激励着川农人勇往直前。

闯

"闯"，《说文解字》谓"马出门儿"，"出头儿"。川农人秉持其义，百余年来不迷权威，不拘一格，不守陈规，开拓创新，勇创一流，敢于成功，印证了古语所言"以正守成，以奇制胜"之理。颜济教授不迷信本本，指出"真理具有相对性""坚持真理是有条件的"，虽被关进牛棚仍坚持不渝。20世纪中后期，全球流行的水稻改良方法仍是传统思路，周开达、李实贲、黎汉云致力于坚持科研创新，从地理远缘选择冈比亚卡和DissiD52/37与我国早籼矮南特号杂交，最终育成获得国家大奖的"冈·D"型杂交水稻。学校学术委员会主任周小秋教授独辟蹊径，由"热门"转向"冷门"，长期致力于淡水鱼类的研究，最终填补了我国水生动物营养研究在全国农业高校中的空白领域，以第一完成人主持项目获国家科技进步二等奖2项，最近荣获"全国创新争先奖"……川农大的"闯"，不仅是敢于自断后路、受得讥讽的"空间—方向"突破，更有数年甚至数十年默默无闻躬耕一隅，坐得冷板凳、耐得寂寞的"时间—力度"突破，即迎难而上、勇往直前的长期坚持。改革开放以来，从郑有良、朱庆、吴德、陈代文、李学伟、李仕贵、程安春，到李明洲、卢艳丽、陈学伟、王静、李伟滔、冯琳……学校中青年科学家取得的成就，不仅反复为"开拓—创新"提供新佐证，更为"坚守—创新"赋予新内涵。相对于生活上的清贫与极简，川农人在事业上不满足于过得去，"要做就做最好"的闯劲，乃是川农人创造一流业绩和辉煌成就的持久动力。

"川农大精神"之丰富内涵非三言两语所能穷尽，姑以此若干"硬核"为其本质，亦谓"川农大风格"试探。

对《关于学习"川农大精神"的通知》的再学习

潘　坤

引子：2000年7月5日，中共四川省委组织部、中共四川省委宣传部、中共四川省教育厅党组联合下发《关于学习"川农大精神"的通知》（以下简称《通知》）。《通知》作为20年前"川农大精神"正式得以命名的标志性文献之一，在号召全省各高校、各市州、各地方教育系统开展学习"川农大精神"活动的同时，首次明确回答了什么是"川农大精神"和怎样学习"川农大精神"这一根本问题。新时代背景下，本文借对《通知》的重温学习，重启关于"川农大精神"新时代内涵和如何继承弘扬好新时代"川农大精神"的时政理论思考。

为了永不忘却的纪念
——"川农大精神"是让川农大变得不平凡的精神动因

四川位于经济社会发展相对落后的西部内陆地区，农业又向来被视作是基础性弱质产业，大学也只不过是现代教育体系的一个有机层级。因此，四川、农业和大学这三个词，可以说每一个都是平凡无奇的，但由这三个词组合而成的四川农业大学却又是一个极不平凡的名字，只因为她曾在艰苦落后条件下取得过一个又一个骄人的不凡业绩。究其缘由，"川农大精神"正是其重要的精神动因所在。这一点正如《通知》指出的，"川农大之所以能在相对艰苦的条件下创造出不平凡的业绩，很重要的原因是历代川农大人传承所形成的一种宝贵精神。这就是'爱国敬业、艰苦奋斗、团结拼搏、求实创新'的'川农大精神'。"

因此，从这一意义来看，今日川农大的不平凡正是源自宝贵的"川农大精神"。而"川农大精神"之所以是宝贵的，首先是因为她薪火相传式的如缕不绝，是因为"这种精神牢牢扎根于四川农业大学这片土地，为几代川农大人所继承发扬，成为推动学校改革和发展的强大精神动力"。其次，"川农大精神"的宝贵之处还在于她从不局限于一己之私或一隅之狭，而是长期"激励着川农大人把个人的理想与祖国的需要、把学校的建设和四川的发展紧紧地联系在一起，用自己的智慧、辛劳和汗水谱写了朴实而壮丽的篇章"。

继2019年"不忘初心、牢记使命"主题教育活动之后，2020年又值"川农大精神"命名20周年，学校决定开展系列相关活动，既是对主题教育活动的常态化和升华，又是对全体川农大人发起的一场为了永不忘却的纪念。其目的就是要用永不能忘却的

"川农大精神",在新时代回答好"我们是谁?我们从哪里来?我们当年为了什么而出发?"等一系列问题,进而担负好川农大人兴农强农、立德树人的新时代使命。

三个"有机结合"
——"川农大精神"不变的本质属性与全新的时代内涵

黑格尔曾把精神解读为意识的一般化和普遍化。那么,一群川农大人的某种集体意识又何以能在 20 年前被一般化和普遍化地冠称"精神"一词并予以推广学习呢?事实上,《通知》对这一问题早已做出过三个"有机结合"的解答,即"川农大精神"体现了"民族优良传统与时代精神的有机结合""精神动力和物质成果的有机结合""先进典型和模范集体的有机统一"。这三个"有机结合"正是川农大的思想政治工作经验值得作为一种精神予以推广和广泛学习的本质属性所在。

具体说来,首先,"爱国敬业、艰苦奋斗、团结拼搏、求实创新"作为川农大人的群体精神品质,每一个元素词汇又都是源自中华民族优良传统和改革开放时代精神的纵向和横向维度的双重交织,具备鲜明的爱国主义人生观精神属性;其次,"川农大精神"绝不是纯粹思辨的玄思或空洞无物的概念,正所谓"思想一旦脱离了实际利益,就会让自己出丑"(马克思),川农大人早已实实在在地用一项项国家级大奖、七成以上的成果转化率和服务地方经济社会发展的卓越成就注释和佐证了"川农大精神"是"精神动力和物质成果的有机结合",意识能动地反作用于物质,这充分彰显了社会主义世界观精神属性;最后,"一花独放不是春,百花齐放春满园","川农大精神"从不是某一个先进优秀的川农大人独自写就的,而是由一个又一个先进典型构建的模范的川农大集体共同谱写而成的,这清晰地凸显了个人价值和集体价值高度统一的集体主义价值观精神属性。综上,正如《通知》所指出的,"'川农大精神'是爱国主义、集体主义、社会主义精神在我省教育战线的生动体现。"

就其实质所指来看,"川农大精神"之所以称其为和成其为一种值得在新时代予以继承和弘扬的精神,是因为其三个"有机结合"的不变本质属性。但随着中国特色社会主义迈入新时代,"川农大精神"在能指意义上的"爱国敬业、艰苦奋斗、团结拼搏、求实创新"的 16 字表述,则理应继续循着三个"有机结合"方向,深入结合新时代精神、新物质成果以及新的先进典型和模范群体,在融入新时代元素的同时赋予其新时代内涵。具体说来,或不妨以"立爱国奋斗之德、树'一懂两爱'之人、求兴农报国之实、创强农惠民之新"的思路将立德树人、强农兴农,以及培养懂农业、爱农村、爱农民人才的新时代使命担当等元素有机结合起来,去挖掘"川农大精神"全新而丰富的新时代意蕴。

学什么和怎么学
——新时代该如何继承弘扬好"川农大精神"

对于学习"川农大精神"要学什么和怎么学的问题,《通知》曾指出,学习"川农大精神"就是要"学习川农大人胸怀祖国，为国分忧，为民谋利，爱国敬业的奉献精神；甘于清苦，淡泊名利，身体力行，自强不息，艰苦奋斗的创业精神；奋力拼搏，你追我赶，薪火传承，团结拼搏的进取精神；脚踏实地，严谨治学，勇于探索，追求真理，求实创新的科学精神"。新时代川农大人要继承弘扬什么样的"川农大精神"，上述的精神元素都是永不过时的答案。所不同的是今时今日的川农大人应该胸怀新时代的中国梦，为强农兴农事业而分忧，为建成全面小康而为民谋利；艰苦的工作和生活条件虽早已大为改观甚至不复存在，但今天不该被遗忘的是川农大前辈那种不惧以奋斗去改变艰苦环境的创业精神。

学习"川农大精神"要怎么学？要在党建思政工作中学，在改革发展实践中学，最终要在办学中见到真章，求取实效，绝不能"乱哄哄你方唱罢我登场"，末了却"事如春梦了无痕"。这一点在《通知》中有如下表述——"学习'川农大精神'，要全面加强党建与思想政治工作……探索新途径，增添新措施，建立新机制……紧密结合本地区、本单位、本部门改革和发展的实际，进一步振奋精神，昂扬斗志，苦练内功，锐意创新，不断提高教学质量、科研水平……立新功、创新业。"对于新时代如何继承弘扬好"川农大精神"，上述表述在今天看来仍然极具现实意义。具体来说，对于新时代的川农大人而言，继承和弘扬好"川农大精神"，就是要落实好学校最新出台的《关于加强和改进新时代思想政治工作的实施意见》，以新途径、新措施和新机制抓好新时代的"川农大精神"育人工作，最终让个人、团队和机构都能在学校的各项改革发展事业中立新功、创新业。"桃李不言下自成蹊"，只有用传奇续写传奇，用辉煌再创辉煌，才能继承弘扬好新时代的"川农大精神"。

"川农大精神"是学校发展进步的强大动力

陈从楷

习近平总书记指出:"精神是一个民族赖以长久生存的灵魂,唯有精神上达到一定的高度,这个民族才能在历史的洪流中屹立不倒、奋勇向前。"

缺什么不能缺精神。上到一个国家、一个民族,下至一个单位、一个成员,精神的价值再怎么强调都不为过。因此,正确认识和把握、不断传承和弘扬川农大在长期办学过程中孕育形成、总结凝练的"川农大精神",对推进学校各项事业发展、建设国际知名国内一流农业大学,具有十分重要的意义。

"川农大精神"的显著特征

川农大在长期办学中形成了以"爱国敬业、艰苦奋斗、团结拼搏、求实创新"为核心内容的"川农大精神"。"川农大精神"具有显著特征:突出的川农大风格,鲜明的川农大特色,典型的川农大气质,深刻的川农大烙印。

爱国敬业具有突出的川农大风格,是伟大的梦想精神。川农大成立伊始,就以"兴中华之农事"为己任,怀揣兴农报国的梦想,始终以勇于追梦、敢于圆梦的执着精神砥砺前行。从"九一八"事变愤而离日回国的杨开渠,到为了人民解放而英勇就义的江竹筠、王右木等英烈,从响应周总理号召回国建设社会主义新中国的杨凤,到改革开放后高达85%的留学归国率,一代代川农大人怀揣兴农报国的梦想,形成爱国敬业这个突出的川农大风格,在不同时期激励着川农人不断前行。

艰苦奋斗具有鲜明的川农大特色,是伟大的奋斗精神。"世界上没有坐享其成的好事,要幸福就要奋斗。""奋斗本身就是一种幸福。"走近川农大,就能深切地感受到一种特色,学校能取得如此令人瞩目的成就,完全是靠奋斗创造出来的:一项项成果是从田地里踩出来的,是从畜禽舍里蹲出来的,是从山林里钻出来的……川农人正是凭借非凡的奋斗精神,取得了国家技术发明一等奖2项、二等奖3项,国家自然科学二等奖1项等,并首批进入国家"211工程"序列。正是依靠这种伟大的奋斗精神,净化了灵魂、磨砺了意志、坚定了信念,在实干中书写出川农大的壮丽画卷。

团结拼搏具有典型的川农大气质,是伟大的团结精神。长期以来,川农大曾像偏僻山野的"归隐居士",险些被世人遗忘,甚至一度面临被解散。但是在川农大漫长而艰辛的发展过程中,广大师生团结奋进,领导班子通力协作,各项事业取得明显成效。学校的许多科研成果,往往是几代人团结协作、刻苦攻关、共同研究的结晶。老一辈专家甘为人梯，新一代中青年教师虚心求教、开拓进取。正是这种团结精神，使"川农大精神"不断得到传承和延伸；正是这种团结精神，使得川农人认识到"发展才是硬道理"；正是这种团结精神，川农人报团取暖、互帮互助，不断从胜利走向新的胜利。

求实创新具有深刻的川农大烙印，是伟大的创造精神。"苟日新，日日新，又日新"，创新是活力之源。川农大人正是善于不断创新创造，才为良好的发展态势奠定了基础。正是有了这种创造精神，川农人攻坚克难、奋进不休：毕业生深受好评，农业高新技术研究成果获奖级别之高在全国农业高校中极为罕见，社会声誉不断提升……近年来，川农大更是各类才俊不断涌现、各类成果不断取得，国家生猪产业技术体系四川省创新团队岗位专家吴德、国家有突出贡献中青年专家李明洲、"中国青年女科学家"卢艳丽、国家"杰青"李仕贵……陈学伟教授团队不断攻克难关，研究成果在 Cell 和 Science 等国际顶尖学术期刊发表，陈代文、周小秋教授团队连续斩获国家科技进步二等奖……川农人用创新立新功、创新业，不断续写辉煌。

"川农大精神"的形成基础

精神源于物质，社会意识源于社会存在。"川农大精神"并不是凭空形成的，与川农大 114 年的风雨历程息息相关，源于数代川农人薪火传承和实践的升华。

114 年的历史传承铸就了"川农大精神"。川农大的 114 年历史就是一部奋斗史、兴农史、爱国史。在历史上的任何一个时期，川农大都从未放弃过爱国立场。江竹筠烈士"傲霜腊梅绽红岩"，为了人民解放而英勇就义；王右木同志立志"解决川省人民压迫"，在巴蜀大地上播撒马克思主义的思想火种；胡其恩烈士"一颗红心终向党"，忠于人民的红心至死不变……以红色基因为代表的历史传承铸就了"川农大精神"，深深熔铸于万千川农人的血脉之中，为新时代川农人留下了宝贵的精神遗产，照亮了川农人"兴中华之农事"的奋斗道路。

114 年的办学实践历练了"川农大精神"。一代代川农知识分子将个人理想与祖国的需要密切联系，在学校长期办学实践中历练了"川农大精神"。114 年办学实践历练了体现川农人特有精神气质和风貌的"川农大精神"。这种精神蕴含于川农大的人才培养中，物化于川农大的科学研究中，体现于川农大的社会服务中，凝结在川农大文化传承创新的初心使命中。从田间地头，到三尺讲台；钻山沟、进林海、蹲圈舍，翻土犁田、浇水挑粪、风餐露宿……虽处西南一隅，但仍心怀天下。川农人在办学实践中取得了丰硕成果，历练了"川农大精神"。

114 年的长期积淀孕育了"川农大精神"。川农大百余年的长期积淀孕育了宝贵的精神财富，照亮了新时代川农人"兴中华之农事"的奋斗道路。尤其是 1956 年从成都迁至雅安独立办学后，一大批学成归国的老教授、老专家不顾雅安地处偏僻、条件简陋开展科学研究；在"文化大革命"中即使无数专家教授被错划为"右派"，依然坚守理想，不忘科研报国的初心和兴农报国的使命；改革开放以来，一大批中青年专家不顾家庭困难，寒来暑往，默默奉献。他们面向"三农"、服务西部、辐射全国，蹚出了一条从悲壮走向豪迈的路子，用奋进的姿态，在长期积淀中孕育了"川农大精神"。

"川农大精神"的时代价值

迈入新时代，"川农大精神"过时了吗？答案显然是否定的。与"过时论"相反，在新的时期，面临新一轮的发展竞争，继承和弘扬"川农大精神"非常必要，是继续推动学校发展的宝贵财富、强大动力。

"川农大精神"是历史性和时代性的统一，为学校发展提供思想引领。学校在新一轮的发展竞争中，将面临很大的外部挑战和内部压力，这是一项长期性的工作。"川农大精神"作为在历史发展过程中孕育而成的精神财富，具有很强的历史启发性和时代映射性。在国贫民弱的时代尚能"兴农报国"、在偏安雅安一隅时仍然跻身"211"，那么，在进入"双一流"建设的快车道和一校三区的新的办学格局下，以"川农大精神"为引领，继续心怀梦想、不断奋斗，继续团结拼搏、创新创造，一定能立于不败之地。

"川农大精神"是引领性与内生性的统一，为学校发展提供精神动力。思想是行动的先导。一方面，"川农大精神"外化于人，全体川农人在学习生活工作中传承"川农大精神"，让"川农大精神"更有影响力；另一方面，"川农大精神"内化于心，全体川农人才能更加自觉弘扬"川农大精神"。在外化于人和内化于心的过程中，让"兴农报国"的梦想精神得以呈现，让抱团取暖的团结精神得以弘扬，让不断拼搏的奋斗精神得以彰显，让创新创造的活力得以流淌，就一定能为学校"双一流"建设提供源源不竭的动力。

"川农大精神"是理论性与实践性的统一，为学校发展提供思想保障。时代是思想之母，实践是理论之源。"川农大精神"是学校在不同历史时期办学一路走来的理论性概括，源于实践、高于实践、指导实践。新时期学校规模更大了、面临的环境更多样了、师生受到的诱惑更多了、意识形态的斗争更复杂了，"川农大精神"能够为新时期学校的发展提供思想保障。人心齐，泰山移。学校推动新一轮发展要克服重重困难、应对各种风险、直面多样挑战，继承和弘扬"川农大精神"，就能走出一条新时期更有川农大特色的办学之路。

"川农大精神"是时空性与现实性的统一，为学校发展提供价值导向。"川农大精神"肇始于国贫民弱的1906年，滥觞于雅安一隅的艰苦办学，具有实然的时空性。然而，精神的力量是持久的，又可以穿越时空指导当下的现实，提供明确的价值导向。弘扬"爱国敬业"的梦想精神，可以为学校发展提供价值引力；弘扬"艰苦奋斗"的奋斗精神，可以为学校发展提供价值弹力；弘扬"团结拼搏"的团结精神，可以为学校发展提供团队合力；弘扬"求实创新"的创新精神，可以为学校发展提供创造活力。迈入新时代，不要因为走得太远而忘记为什么出发。新时代的川农人只要牢记"兴农报国"的初心和使命，在"川农大精神"的指引推动下，一定能在迈向国际知名、国内一流的农业大学中走得更远。

新时代更需大力弘扬"川农大精神"

尹 君

"爱国敬业、艰苦奋斗、团结拼搏、求实创新"的"川农大精神",是学校传承百年优良传统与顺应时代发展相结合的必然结果。命名 20 年来,"川农大精神"不断激励学校开拓奋进、勇创一流,砥砺无数川农大师生修炼品性、干事创业。"川农大精神"已成为学校文化的软实力、核心竞争力的体现。在新时代,学校进入发展新阶段,既拥有美好前景和重大机遇,也面临诸多繁重任务与困难挑战,这更加需要我们进一步弘扬"川农大精神",与时俱进凝练时代所需精神价值,倡导奉献、求实、奋斗的时代精神,对于学习、传承、践行"川农大精神",具有非常重要的现实意义。

开创办学新格局 更加需要大力弘扬奉献精神

奉献,在中国传统文化里,强调人的内省,强调个体所具有的道德境界。按照马克思主义的历史唯物主义观点,奉献是一个具有时代性的概念,体现了一种价值取向、一种生活态度、一种精神境界,更是一种力量。奉献,虽然是个体对单位、对国家、对社会的不计回报的付出与不计辛劳的贡献,突出的是服务的无偿性和无条件,但正是因为奉献,个人才能对事业全身心地投入,爱岗敬业,在服务奉献中才能实现更大的人生价值,单位发展、国家兴旺、社会进步更离不开每个人的努力与奉献。

随着学校加快"双一流"建设步伐,广大师生干事创业有了更高的平台,但学校发展中仍存在不少突出矛盾和面临诸多的困难。比如,"一校三区"办学格局基本形成后校区间发展不平衡的因素仍然存在,在教学硬件、师资配备、住宿条件、生活待遇、校外环境、对外交流等方面存在着差异,教职工工作与内心的期望值还有差距,对不同利益的诉求,等等。这些困难、问题的产生既有客观的大环境因素,也是学校发展战略格局调整的暂时结果。这些不平衡不充分的矛盾对师生产生了多方面的影响。有的师生因此抱怨自己工作、学习和生活环境赶不上一线中心城市,有的教职工对待遇也不满意;有的教职工在上级安排工作时喜欢讲条件,对自己有利的就做;有的教职工责任心缺失,不是自己责任范围内的就漠不关心、置身事外,等等。解决这些矛盾、问题,一方面,要通过制度建设、物质激励等措施激发师生奋力作为;另一方面,继续发扬奉献精神显得尤为重要。

弘扬川农大爱国奉献的传统。川农大的历史,首先是一部爱国奉献史。重农务本,国之大纲。自学校诞生起,就立志于兴农报国、民族复兴的责任和使命。"兴中华之农事"是学校百余年来矢志不渝的追求。1906 年,学校初创,面对国家危亡,不少川农大先贤怀着以农业救国的梦想,"以爱国相砥砺,以救亡为己任";1949 年,新中国成立,百废待兴,一批在海外学农的仁人志士回到祖国、来到学校,用平生所学为祖国建设鞠躬尽瘁,"终生不忘报国志,矢志追求勤科研";1956 年,学校西迁雅安独立建院,历经各种艰难、曲折,广大师生无不在祖国需要的时候自然而然地将爱国化为行动,为国竭诚奉献。正如独立建院时任院长的杨开渠在开学典礼上的讲话:"我们服从组织决定,到雅安办学,那就一定要因地制宜,办出特色!"深刻地体现了学校师生顾全大局、勇于担当、不辱使命的爱国奉献精神。改革开放后的 30 年里,许多老师放弃国外优渥的工作环境和条件,毅然回到学校,回归率达 85%。在国外留学、工作多年的陈学伟教授深有体会:"当初出去时,就想着有一天一定要回来,不是为了出国而出国,也不是为了追求更好的生活而出国。"百余年来,爱国奉献精神深深注入"川农大精神"中,广大师生把对学校深厚的情感,浸润到学习和工作中,学校在与国家发展和民族振兴同频共振、同向同行中,实践大学的崇高价值追求。2019 年 9 月 5 日,习近平总书记给全国涉农高校的书记、校长和专家代表回信,希望高等农林教育继续以立德树人为根本,以强农兴农为己任。在新时代,传承学校百年爱国奉献情怀,履行好强农兴农使命,学校的发展就有了正确的方向,特别是在助力脱贫攻坚、乡村振兴中才有更深厚的根基,才有更大作为,才能为中国"三农"培养众多的农业人才、兴业之士,为国家建设和社会发展做出新的更大的贡献。

弘扬川农大造福社会的奉献担当。川农大的历史也是一部造福社会的奉献史。"造福社会"不仅是学校校训的重要内容,也是学校作为大学的基本职能之一。早在 20 世纪 30 年代,学校还是四川省立农学院时就已经有了农业推广处这样的机构并开展社会服务。几十年来,学校师生怀着高度的社会责任感和历史使命感,坚持把论文写在大地上,把成果留在农民家,围绕国家"三农"问题和农业产业重大需求,将服务"三农"作为己任,在技术推广、产业规划、成果转化、对口精准扶贫和面向社会的人才培养培训方面开展了大量的工作。为了让老百姓吃饱、吃好、吃得安全,学校科研工作者用行动践行"川农大精神",他们立足岗位,埋头苦干实干,吃苦,耐劳,默默无闻地奉献:颜济教授和他的团队选育的雅安早、大头黄、繁六和繁七及其姊妹系等小麦品种,使四川种植小麦结束了长期依靠国外引进品种的历史;陈代文和他的团队开展猪抗病营养领域的研究,为老百姓实现从没有肉吃到有肉吃,从有肉吃到放心吃提供有力的营养科技支撑……乡村振兴、精准扶贫的每个角落成为川农大成果的集散地。

有人说,"川农大精神"就是牛的精神,是勤勤恳恳、埋头苦干实干家的化身,是忠于职守、任劳任怨的劳动者的典型,是耿直倔强、顽强拼搏的开拓者的旗帜。当年老院士、老专家在试验田卷起裤腿,脚踩污泥、头顶烈日工作的场景,无不令人敬佩。川农大人,就是一头头黄牛、奶牛,"吃的是草,挤出来的是奶。"投入不多、产出很大,无私奉献、忠诚实干。如今在校园,"川农牛"既是一个校园景观,成为校园的文化符号,更是学校精神的象征。川农大人奉献于社会,造福于人民,近年来,近 30 人次专家教授先后获全国社会服务先进个人、四川"十大扶贫好人"等荣誉称号,这些荣誉更是教师们不计付出、不求回报默默奉献的真实写照。2020 年新型冠状病毒肺炎疫情期间，全校师生坚守各个岗位，辛勤劳动，艰苦付出，充分彰显了奉献的责任担当。校友"雨衣妹妹"逆行武汉，给多家医院的医护人员免费送餐的义举，正是无私奉献对"川农大精神"的时代诠释。

人的一生应该有所追求，有所奉献，特别是要有奉献精神，正如当年毛泽东在《纪念白求恩》中指出："白求恩同志毫不利己专门利人的精神，表现在他对工作的极端的负责任，对同志对人民的极端的热忱……我们大家要学习他毫无自私自利之心的精神。"工作不能事事讲条件、处处怕吃亏，奉献精神永不过时。学校坚持大力倡导人生的价值在于奉献，事业的成功在于努力。师生进一步增强对学校发展的信心和使命感，自觉把奉献融入自己的工作、学习和生活，不图虚名，谦逊低调，心无旁骛，不急不躁，多一些忠诚与担当，少一些抱怨和索取；多一些坚韧和倔强，少一些畏难和消极，胸怀宽广，开拓进取，推动学校实现新的内涵式跨越发展。在新时代，师生进一步升华"川农大精神"，使奉献成为"川农大精神"的时代注脚，让奉献成为自觉追求，成为激发自己敬业奉献、干事创业，创佳绩、立新功的精神动力。

把握时代新机遇　更加需要大力弘扬求实精神

求实，是大学精神的本质属性，充满着探究规律、追求真理、开拓创新、锐意进取的科学精神和严谨态度。科学精神包括尊重事实的求实精神、追求真理的求真精神、勇于开拓的创新精神、爱岗敬业的奉献精神、团结协作的团队精神、不懈进取的奋斗精神等，其中求实、求真的精神，永远是科学精神最为基本的内核。"求实创新"是"川农大精神"的重要内容，"追求真理"是学校校训的重要内容，"追求真理、造福社会、自强不息"的校训彰显了"川农大精神"的特质，"川农大精神"蕴含着求实创新的科学力量，弘扬求真务实、勇于创新的科学精神，推动学校不断向科学的高峰进发。

2017年，学校入选世界一流学科建设高校，学校迈向新的起点，全体川农大人为之精神振奋，对学校未来发展充满信心和期待。但同时，我们也要看到，学校作为一所"211工程"、一流学科的农业大学在全国高校、农业高校中的排名并不靠前，面临被其他地方同类高校的竞争和赶超，我们的特色和优势面临挑战。20世纪90年代学校刚入选"211工程"时取得的辉煌成就、获得国家科技大奖的场景至今仍令无数川农大师生为之骄傲和自豪。20多年过去，如何乘势而上再创辉煌，我们深感责任重大、使命艰巨。"科学研究是兴校之策"，大力弘扬求实创新的科学精神对于学校的科学发展，具有重要的推动意义。

弘扬求实的科学精神，在科研上就是不唯上、不唯书，只唯实。根植于学校科学探索的沃土，川农大师生苦干实干，既厚积薄发，又敢为天下先，不断开辟科研新领域、挑战科研新难题，攻坚克难取得科研一个又一个硕果。时人曾评价："川农大取得的众多成果是从田地里踩出来的，从畜舍圈里蹲出来的，从山林里钻出来的，全是靠实干拼出来的。"当年周开达院士开展籼亚种内品种间杂交技术研究，国际国内水稻界持普遍怀疑和否定态度："走籼亚种内品种间杂交的道路，只有失败的先例，没有成功的先例。"周开达依然坚定科研信念："即使10年都搞不出成果，也要把教训留给别人。"在异常艰苦的条件下开展科学研究，终于创造了不同凡响的创新成果。周小秋教授将老一辈川农人缔造的"川农大精神"融入自己的血液，他和他的团队科研攻关 15 年，从零开始，点滴积累，用求实创新的科研精神和坚持到底的勤奋工作，开拓了一个新学科，使淡水鱼类研究达到了国际先进水平。2016 年学校 110 周年校庆时，校长郑有良豪迈地讲："我们清醒地自知，川农大不可能成为世界一流大学，但是我们也坚定地自信，川农大绝对是一所具有一流学科的大学，应该建设成为世界一流农业大学！"建设世界一流学科的阶段目标顺利实现并正在向更高阶段迈进，极大地增强了我们对学校发展的信心。在新时代，在一个"世界面临百年未有之大变局"的时代，机遇无处不在，挑战也无时不有，继往开来，再创辉煌，建设特色鲜明、国际知名的一流农业大学，我们要增强时代的紧迫感，顺势而为，弘扬求实的科学精神，只有与时代、与国家同进步、同奋斗，才能赶上时代的步伐，否则将会落后于时代。

弘扬求实的科学精神，在立身为人上求真求实，踏实为人，朴实做事。立德树人是高校的根本任务，川农大校风"淳朴勤奋，孜孜以求"，就是倡导为学为人做事，严谨务实，"说老实话、干老实事、做老实人"。川农大的历史就是一群有着中国农民朴实气质的师生创造的，他们勤劳、善良、淳朴，始终保持农民本色。当年，荣廷昭教授推广"川单系列"新品种，为保证亲本繁殖、制种纯度与高产，走遍了巴山蜀水，多次远赴甘肃、宁夏、新疆等地的繁殖、制种基地现场考察。如今，80 多岁高龄的荣院士，依然奋战在"南繁"一线，引领学校玉米研究赶超全国先进水平。川农大人正是继承了求真务实的精神，做人、做事、做学问，数十年如一日，保持刻苦严谨的科学作风，坚定信心不动摇，咬定目标不放松，鼓足工作干劲，扎扎实实做好本职工作，耐得住寂寞、经受得住诱惑，正如陈代文教授"献身猪营养事业，一辈子干好一件事"的精神，保持定力，行稳致远。正是对"兴中华之农事"信念的坚守，"川农大精神"是学校过去各项事业取得胜利的法宝，也由此塑造了师生"肯干、能干、苦干、实干、巧干"的"五干"特质，形成了"心系三农、学术至上，勤力稼穑、泽润四方"的校园文化氛围。2020 年，学校深入推进一流学科建设，实施专业建设支持计划，加大各项教育教学政策措施的改革支持力度，激励教师潜心教学，务本求实，打造名师、优秀教师、菁英教师，使教师真正成为"四有好老师"，当好学生的"四个引路人"，积极引导学生成长勤学、修德、明辨、笃实、爱国、励志、求真、力行，做到知行合一。这一切都需要不断通过实践来锤炼，竭尽全力，守正笃实，久久为功，才能创造出辉煌的业绩。

推进事业新发展　更加需要大力弘扬奋斗精神

奋斗，是时代精神的最美诠释。"川农大靠什么走到今天，靠什么走向未来？"答好学校发展之问，要靠传承和弘扬好"川农大精神"、要靠提高学校科研的核心竞争力和服务"三农"的创新引领力、要靠提高人才培养质量、要靠优秀毕业生的建功立业，其中最关键的就是要把奋斗精神贯穿到学校发展的各个方面和全过程。

幸福都是奋斗出来的。站在学校新的发展阶段审视当下，具备奋斗精神尤为重要。大力弘扬奋斗精神，不仅是个人成就事业和梦想的阶梯，也是推动学校发展的最大动力。奋斗，是"川农大精神"的永恒主题，是"川农大精神"强大生命力的所在。弘扬奋斗精神，艰苦奋斗，团结拼搏，做新时代的奋斗者。

接续奋斗。任何崇高的事业都需要一代又一代人的接续努力，每一次创新的背后无一不是经年累月的知识积淀。农业科研具有长周期的特点，因而每项科研成果的取得往往都是几代人团结协作、刻苦攻关、共同研究的结果。正如李世贵教授所讲："一个新的水稻品种从研发到推广，往往需要十年，人生能有几个十年？老师们的研究已经奠定了扎实的基础，我有责任将他们的科学研究薪火相传下去。"正是老一辈川农大人的身体力行和传、帮、带，提携后辈不遗余力，传承薪火竭尽全力，为年轻人铺路，为后学者搭桥，才使一大批中青年骨干教师成长起来。"都是老先生们创造了良好的环境，他们对我影响很大。"不少老师都有这样的体会，我们感激老一辈川农人创造的好条件、好环境。卢艳丽教授荣获中国青年女科学家奖时感言："感谢我生命中那些重要的人，你们的爱让我坚强勇敢执着地追求生命科学领域中的奥秘。我将用感恩的心认真去工作、去生活。"脚踏实地，勇于创新，在建设具有特色鲜明、国际知名的一流农业大学的征程上，需要川农大人传承学校新时代奋斗精神，把学校目标在接力奋斗中变为现实。

团结奋斗。学校发展取得的令人瞩目的成就，都是全校师生同心同德、同心同向努力的结果。团结就是力量，团结才能前进。大到一个国家、小到一个单位，只要上下齐心，团结一致，心往一处想，劲儿往一处使，事业就会兴旺发达；反之，就会走向衰败。2017年、2018年，陈学伟教授团队先后在全球顶尖学术期刊 Cell 和 Science 发表论文，"只有交流合作，才可能进步"，陈学伟认为，科研领域合作特别重要，"成果是在多个团队通力合作、共同努力下所取得的。"团结起来为了共同的目标奋斗，有力出力，有智出智，才能汇聚起强大力量。程安春教授的"旺炉"规律："一个熊熊燃烧的火炉，即使投入一块湿毛巾进去，也会燃烧起来。"体现的正是团结奋斗的精神，他所带领的兽医学教师团队入选全国首批"黄大年式教师团队"。团结一致向前看，撸起袖子加油干。领导干部要做团结奋斗的表率，要善于与不同性格、不同见解的人一起共事，善于学习别人的长处，包容别人的短处，努力创造和谐共事、心情舒畅的良好氛围。学院内部、院所之间，教工群体、师生之间，都有大家都是川农大人的共识，与人为善，诚心维护团结，做到互相尊重与关心，互相理解与支持，真诚团结合作，共同为学校发展而努力奋斗。

艰苦奋斗。艰苦奋斗是中华民族的优良传统，是新时代奋斗精神的核心。耕种土地，需要精心管护、日夜操劳，才能有秋收万斛、仓廪充实。稼穑之艰难，创业之不易。我们从艰苦奋斗中走来，须臾不可忘记艰苦奋斗。如今的办学条件远不是当年建院初期能相比，老师们也早已用不着在露天用做饭的锅做实验了。在新时代弘扬艰苦奋斗的精神，不再是强调条件客观环境的恶劣，体现的是直面问题、与困难作坚决斗争，攻坚克难、战胜困难的精神状态，反映的是坚定的信念、必胜的信心，遇到困难百折不挠的勇气和坚韧不拔的钉钉子精神。吴德，实干、苦干，从一个猪场工作人员奋斗成为一位获得国家科技大奖的学者，他的经历体现的正是艰苦奋斗"拼命三郎"精神。李明洲教授称自己在"3平方公里"范围内长大：从幼儿园念到博士，都就读于雅安，沉浸在自己的科学世界里，不为世俗喧闹干扰，坚守岗位自得其乐，一样可以取得非凡成就。当前，学校发展正处于船到中流、人到半山的关键时候，很多工作相比过去难度更大，这个时候就要不畏艰难险阻，矢志不移、不怕困难、咬定目标、苦干实干，不辱使命努力拼搏，义无反顾奋力推进。面对学校发展，我们要有只争朝夕追赶超越的勇气，更要有久久为功的静气。百舸争流，奋楫者先，千帆竞发，勇进者胜。畏葸不前不仅不能前进，而且可能前功尽弃。

精神的崇高不仅在于成功的激励，更在于传承与弘扬的意义。在新时代，实现建设世界一流农业大学的奋斗目标，不但要努力建设一流的师资队伍、一流的学科，还必须建设与之相适应的大学精神——"川农大精神"。传承、弘扬"川农大精神"精神，使"川农大精神"在新时代展现出鲜活生命力和号召力，构建起学校不断发展、壮大的强大内生动力，续写出学校发展无愧于新时代的绚丽华章。

深刻认识"川农大精神"的时代价值

陈金军

在川农大百余年的办学历程中，一代代川农人秉持学校一以贯之的爱国爱校优良传统，怀着兴农报国、振兴中华农事的宏伟之志，团结一心，艰苦创业，为我国农业的全面升级、农村的全面进步、农民的全面发展培养了大批优秀人才，做出了重要贡献，取得了一个又一个的胜利。前辈们薪火相传凝结而成的"爱国敬业、艰苦奋斗、团结拼搏、求实创新"的"川农大精神"，已经深深熔铸于千万川农人的血脉之中，始终激励鼓舞着我们扬蹄奋鬃、一往无前。迈入新时代，我们要深入理解"川农大精神"的时代价值，在接续奋斗的接力跑中不断迎来新时代川农人的辉煌时刻。

新时代"爱国敬业" 就要大力筑牢川农人的信仰之"基"

爱国是本分、义务，更是责任。敬业则是职业要求，是爱国在工作和行动中的具体体现。始终不渝的爱国报国、坚持不懈的敬业奉献，是川农人镌刻在血脉中的独特情怀，是在任何时候、任何条件下干事创业都应具备的首要素养。一直以来"川农大精神"的第一要义就是爱国主义，"没有比敬业更好的爱国主义"。学校百年风雨兼程的艰苦创业史，反映了川农人拥有的根深蒂固的爱国情怀和兴农报国的执着追求，展示了川农大新老知识分子把个人的理想和祖国的需要紧密联系，以自身的辛劳和汗水谱写朴实而壮丽篇章的精神风貌。行程万里，不忘初心。中国特色社会主义进入新时代，接过老一辈的接力棒，站上"三农"新赛道的川农人更是责无旁贷。唯有坚守"兴中华之农事"初心，牢记"强农兴农"使命，筑牢信仰基石，守好精神家园，将个人努力融入到学校发展、民族复兴、社会进步的滔滔洪流中，我们才能始终充满蓬勃朝气、浩然正气和昂扬锐气，信心满满、神采奕奕地走在农业强、农村美、农民富的康庄大道上。

新时代"艰苦奋斗" 就要始终保持川农人的战斗之"姿"

艰苦奋斗是川农人鲜明的精神风貌和行为特征。一代代川农人的接力奋斗，既有革命战争年代腥风血雨中"苟利国家生死以，岂因祸福避趋之"的凛然气概，又有西迁雅安筚路蓝缕时"有条件要上，没有条件创造条件也要上"的昂扬风貌；既有老一辈川农人毅然归国、白手起家"千淘万漉虽辛苦，吹尽狂沙始到金"的坚强意志，又有新生代川农人潜心科研、百折不挠"长风破浪会有时，直挂云帆济沧海"的必胜信念；既有一脉相承、矢志不渝"纸上得来终觉浅，绝知此事要躬行"的实干态度，又有薪火相传、百花齐放"满眼生机转化钧，天工人巧日争新"的创新精神。这些都构成了"川农大精神"的关键内核与重要基因，这也完美诠释了"川农大过去取得的骄人成绩，是在'川农大精神'的鼓舞下从田地里踩出来的、从畜禽舍里蹲出来的、从山林里钻出来的"。保持艰苦奋斗，就是保持"越是艰险越向前"的冲天干劲和昂扬斗志。正如习近平总书记指出的："奋斗是艰辛的，艰难困苦、玉汝于成，没有艰辛就不是真正的奋斗，我们要勇于在艰苦奋斗中净化灵魂、磨砺意志、坚定信念。"当前学校发展面临的挑战前所未有，要让"特色鲜明、国际知名的一流农业大学"的美好蓝图变成现实，我们就要始终保持战斗姿势、精进战略战术、提高战斗能力，充分做好应对风险考验的准备，在危机中寻找新机，在困境中发现出路，持续保持艰苦奋斗的劲头和精神。

新时代"团结拼搏" 就要持久汇聚川农人的奋进之"力"

"团结"就是要心往一处想、劲往一处使，万众一心；"拼搏"就是要奋发图强、攻坚克难、敢为人先。这已成为川农人共同拥有的精神支柱和动力源泉。回顾川农大百余载征程，虽地处西南一隅，但一代代川农人以"车到山前必有路"的朴实信念，上下齐心、敢闯敢拼、奋发图强、砥砺前行，一茬接着一茬干、一棒接着一棒跑，让学校在磨难挫折中毅然崛起，取得了在四川省属高校综合实力排名中位居第一，并在社会上享有良好声誉和广泛公认的骄人成绩。从学科门类的逐步齐整，到学科排位的名次提升，再到科研成果的屡获突破和人才培养的极具优势，无不凝结着川农人的团结与拼搏精神。"一箭易断，十箭难折"。面对困难，最难能可贵的就是齐心协力。2020年是决胜全面小康、决战脱贫攻坚的收官之年，也是国家"双一流"建设验收、第五轮学科评估的迎考之年。在这个注定不平凡的年份，学校为加快推进高质量发展确立了"1234"发展思路，我们要充分认识到全校工作一盘棋的重要性，聚焦共同目标，加强团结协作，画出最大最美同心圆，齐聚小我之力，铸就强校之梦。正可谓"积力之所举，则无不胜也"，相信我们一定能够迎来学校发展更加美好灿烂的明天。

新时代"求实创新" 就要固本夯实川农人的发展之"翼"

求实、创新是学校发展的不灭灵魂和前进的不竭动力。回首过去，川农大的名师大家和青年才俊数不胜数，他们在复杂的形势面前，正确认识本质规律和发展趋势，准确把握机遇挑战，善于运用创新思维解决问题、推动发展，练就一身能干事、干成事的真本领，始终把"金刚钻"揽在手中，在各自领域里做到最好，用举不胜举的实绩和贡献铸就了川农大的金字招牌。在新的历史条件下，我们要办成特色鲜明、优势突出、多学科协调发展的有特色高水平一流农业大学，必须牢固确立求实创新的发展理念，坚定不移地走以提高质量为核心的内涵式发展道路。习近平总书记指出："青年是社会上最富活力、最具创造性的群体，理应走在创新创造前列。"在经济全球化、科技信息化、文化多样化发展的今天，新时代"新川农人"更要以求实创新为精神引领，以川农大前辈

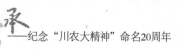
为榜样，拿出脚踏实地勇担当、奋勇争先敢作为的魄力，始终脚沾泥土、沉下身子，用脚力弥补差距、用脑力补齐短板，注重用求实的态度和创新的思路，真正跑出自己的青春奋斗"加速度"，在学习思考中增长知识、锤炼品格，在工作实践中增长才干、练就本领，以真才实学服务社会，以创新创造贡献国家！

"川农大精神"的内在因果关系

朱长文

"川农大精神"是经过几代川农人的传承积淀而最终形成，并成为学校凝聚人心、鼓舞士气和推进工作的宝贵精神财富，其"爱国敬业、艰苦奋斗、团结拼搏、求实创新"的16字核心内容有着内在因果关系。

当前，正值学校精心谋划学校发展新路径之际，如何守正创新和继承发扬"川农大精神"具有明显的时代意义。因此，我们有必要梳理并强化"川农大精神"的内在因果关系，并以此来推动学校事业再上新台阶。

因为爱国，所以需要敬业。爱国不是一种口号，应该是一种源自华夏儿女的灵魂召唤，是一种血脉觉醒。爱国的态度是情感的自觉、灵魂的虔诚，直至达到行为的自觉。"川农大精神"的核心是爱国主义，因为川农大有史以来始终以"兴中华之农事"为己任，几代川农人以农报国之志从未改变。杨凤老先生就曾说："日本帝国主义教育了我们，让我们懂得了亡国的耻辱，让我们立下了终身的志向：科学救国、教育救国。"敬业，从字面上看敬的是工作和岗位，但更应该敬的是我们的身份和角色，只有这样才能激发出我们更多的内生动力。于师者，当如首任院长杨开渠等"川农大精神"的缔造者和周小秋等传承者那样始终肩负报国兴农的强烈使命感和责任感；于师者，还当以高尚的师德品格、精湛的教学艺术、渊博的学识争做新时代的"四有好老师"。如此让老师更好地立德，方能让学生潜移暗化，自然似之。

因为艰苦，所以需要奋斗。奋斗是对祖国最真情的告白。1956年学校从成都迁到雅安独立建校之初，教学与生活用房极度紧缺，仅有2.9万平方米原西康省政府的办公用房，部分教师家属仍住成都，两地分居。教学设备简陋，只有价值36万余元的仪器设备。图书馆仅有藏书2万余册。川农大就是在这样一般人认为不可能办大学的条件下起步，通过几代川农人长达半个多世纪的艰苦奋斗的创业，获得国家技术发明一等奖2项、国家自然科学二等奖1项；推广转化70%左右的获奖成果，累计创社会经济效益1000多亿元；先后在国际顶尖学术期刊 Cell 和 Science 发表高水平论文。而今，川农大步入国家"双一流"建设高校的发展新时期，川农大要持续推进有特色高水平的一流农业大学建设，努力为区域经济社会发展做出新的更大贡献，全体川农人就更需要以时不待我的紧迫感，以对历史负责、对学校负责的高度责任感来激发再次创业的斗志。

因为拼搏，所以需要团结。人无斗志若为功。所有的伟大事业都不会从天而降，也不会一蹴而就，是要靠大家拼搏奋斗而来。川农大发展到今天取得的所有成绩，均离不开川农人始终以"兴中华之农事"为己任的伟大梦想所激昂出来的热血斗志。但一个人能做的毕竟有限，最终成就大事业，不是靠某个人的单打独斗，而应是众人的团结一心和持之以恒。团结就是力量，这力量是铁，这力量是钢，比铁还硬，比钢还强。团结就能前进。团结就是要进一步紧密围绕在学校党委周围，维护学校党委领导核心地位，以党的建设引领学校各项事业发展，同时落实全面从严治党各项要求，以优良的党风正作风、带校风、促教风、育学风；团结就是要坚持党委领导下的校长负责制，认真贯彻执行落实好党委的各项决议，全体师生要按照学校"1234"发展战略的总体要求，做到"一谋、二抓、三强化、四落实"。

因为创新，所以需要求实。求实，是讲求实际，客观冷静地观察以求得对客观实际的正确认识。求实孕育着创新，创新的最终目的就是求实。求实是前提和基础，没有求实，创新工作就会丢掉根本；创新是发展的动力，没有创新，一切工作就会失去活力，就不能适应新形势、新任务。荣廷昭院士带着学生白天顶烈日钻入玉米地观察，夜里在烛光下分析资料、思考技术路线、制定试验方案，连续选育出川单9号、13号、21号、29号等突破性玉米良种，为四川粮食生产做出了突出贡献。全国著名小麦育种专家颜济教授不畏艰辛，跑遍了新疆、甘肃、宁夏等15个省区，采集了大量珍稀的小麦野生材料，建立了国内小麦族最完整的标本室与基因库。这些都是川农人求实创新的生动例子。

求实与创新，二者相互统一，相互促进。只有在求实中创新，在求实和创新中提高，工作才能跟上形势，贴近学校的实际；才能在促进学校改革和发展、人才培养、社会服务大局中发挥更加重要的作用。在求实和创新过程中，我们既要防止为了求实而因循守旧，不敢突破过去的一些条条框框，也要防止为了创新而不结合学校实际，搞一些华而不实的花架子，提一些虽然动听但难以落到实处的空口号。这就要求我们不能贪大求全，不能急功近利，要始终坚持稳中求进的发展总基调。为此，一是要始终坚持以师生为中心，坚持问题导向和目标导向，领导干部要"从师生中来，到师生中去"，进一步转变作风，切实践行党委书记庄天慧提出的"一线规则"，做到人在一线、思在一线、心在一线、干在一线，多到一线和现场发现问题、寻找答案、解决问题、推动发展，提高服务效能。二是要始终坚持党性原则，在一切工作中自觉坚持实事求是的思想路线，反对主观主义思想路线，要积极深入师生一线开展调研，充分了解真实、可靠、可用的民情民意，从而为学校改革发展提供科学决策依据。

践行 "川农大精神"

JIANXING CHUANNONGDA JINGSHEN

践行"川农大精神"　走好农科教创新之路

农学院

新的历史时期，新一代农学院人秉持老一辈农学人"接地气"的文化底蕴，用"创一流"的时代追寻，传承和发扬"川农大精神"，活跃在科学研究、人才培养、社会服务和文化传承的创新战线上，不断取得新的突破和成果，持续走好农科教实践创新之路。

追求卓越　教改实践披荆斩棘

1999 年国家扩大本科招生规模，如何适应发展，提高人才培养质量？如何拓宽本科生基础？如何拓展培养平台？如何适应考研与就业学生的不同培养要求？一系列问题摆在农学院面前。面对这些问题，农学院反复研讨，形成了以实践教学改革为突破，"元才教育，开放融合，分类培养"为特色的本科专业人才培养思路。

学院坚持以学生为中心，以国家和社会需求为导向，首先打破以人定课、以课定人的课程教学方式，让专业的人教授专业的课程，以传帮带式、老中青结合组建课程教学团队。各系室以骨干核心课程为中心组建"作物育种学""作物栽培学""植物生理学""遗传学""田间实验统计学""植物保护学"等课程教学团队。功夫不负有心人，经过多年建设和实践，学院取得了丰硕成果。2009 年"作物育种学"成为国家级精品课程，另有 8 门课程先后列为省级精品课程。2010 年农学院作物科学与技术教学团队入选国家级教学团队。近年来，随着国家启动"新农科"建设，农学院求实创新、锐意进取，优化人才培养方案，强化生物技术、信息技术，新设"智慧农业技术与应用"等课程。"生物统计学"课程组入选省级教学团队，主编教材被列为国家级规划教材，课程获批省级重点在线课程。这门课程最初是由杨允奎教授和高之仁教授讲授，以后相继由荣廷昭教授、明道绪教授、潘光堂教授和黄玉碧教授讲授。现在，刘永健教授接过了课程接力棒，将课程建设不断推进。农学院国家级教学团队就这样一代代师传身授，发展壮大。

农学院始终坚持以"农学"为引领、多专业协调发展，积极参与申报国家教育教学改革项目。2007 年获批国家级"植物生产类人才培养模式创新实验区"、第一批高等学校特色专业农学专业建设，2013 年农学专业获批本科专业综合改革试点建设，2014 年获批卓越农林人才教育培养计划改革试点项目（农学专业），2019 年农学专业获批国家级一流本科专业建设点、植物保护专业获批四川省一流本科专业建设点，2020 年申报

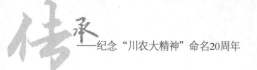

的"以新农科建设为引领的农学类专业改革与实践"获批四川省教学改革项目。学院教育教学改革创新取得丰硕成果。自2001年时任农学院院长的杨文钰教授参与完成的"农学专业本科人才培养方案及教学内容和课程体系改革的研究与实践"获得国家级教学成果二等奖之后，院长黄玉碧教授主持的"发挥作物学科优势，创建以农学为龙头的专业群协调发展创新体系的研究与实践"获省级教学成果一等奖，付体华、任万军、黄云、罗培高教授主持的成果获省教学成果二等奖，王西瑶教授主持的成果获省教学成果三等奖。

2000年，农学院根据现有的师资和实验平台，前瞻性地开始筹划和组建作物科学实验教学中心，持之以恒、坚持不懈，开展实践教学改革。2006年获批校级作物科学实验教学示范中心，2008年获批省级实验教学示范中心。为继续提升实验平台，学院自2009年信心百倍地开始申报国家级实验教学示范中心，未曾料到，这次申报之路历经4次申报、8年奋战的波澜曲折。勇于创新的学院，从挫败与沮丧中咬牙站起，认真总结经验和教训，找差距、补短板，保持定力，怀揣"功成不必在我"的心态，坚持申报。2016年"作物科学国家级实验教学示范中心（四川农业大学）"终于榜上有名，这标志着作物学科拥有了中国高等学校本科教学领域的"国家重点实验室"。

依托西南作物基因资源发掘与利用国家重点实验室（筹），教学示范中心平台形成了6个室内教学实验室、2个田间教学试验站和1个创新创业实验教学站；新增农业数字化实验室1间，标本室1间，种子加工与贮藏实验室1间，新增面积约500平方米，改造120平方米植物组织培养室1间，新增仪器设备463台件，价值2545万元。学院建立健全了仪器设备管理制度，年均投入维护经费350万元，通过逐年购置或更新，仪器设备更新率达70%以上，实验教学条件进一步改善，保证了仪器的顺利运行。实验中心师资队伍引培优化，开放运行机制良好、实验实践内容丰富、教育教学成效显著。2018年，作物科学国家级实验教学示范中心（四川农业大学）中期检查考核，由中国农业大学专家、南京农业大学专家等组成的教学指导委员会一致同意中期验收通过。

回望学院20年的实践教学创新之路，充满着团队合力、苦后甘甜的难忘回忆。学校分管领导、教务处领导每次亲力亲为把关指导和逐字逐句修改稿子的记忆依然暖心。学院更是举全院之力团结奋战，从院班子、系主任，到执笔人，大家不畏艰辛、攻苦食淡。为了不耽误申报时间，老师们常常从科研基地深夜驱车赶回学校。对材料反复推敲、不断提炼。很多时候，执笔人往往奋战到三更，甚至"鏖战"通宵，力求以最佳的构思、最客观的表述、最准确的数据，提供高水平材料。随着教育部对评估、申报、评审、验收要求的提高，除了纸质材料，还要求视频材料、PPT答辩等，各系主任、任课教师合力攻坚，一丝不苟地根据新要求落实具体工作，学院反复审改，再请教务处、校领导、省专家反复论证后才去提交，在一次次挑战极限的考验中获取收获与成功。

情系三农　科研实践勇攀高峰

以杨开渠、杨允奎、周开达、荣廷昭为代表的老一辈农学人，心怀家国，情系三农，艰苦奋斗，推动科技创新，矢志科技报国，带动和鼓舞了一代代农学人以培养知农爱农、强农兴农人才为己任，涌现出郑有良、杨文钰、黄玉碧、任万军、黄富、柯永培、张敏、龚国淑、田孟良、罗培高等一批"川农大精神"新传人。

他们牢记使命，艰苦奋斗，求同存异，团结拼搏，求实创新，为既定目标形成团队战斗力，切实服务农业生产实际。他们挽起裤腿、蹚泥进村，时常一身土、一身汗，纵然艰苦卓绝、披星戴月，也甘之如饴地把论文写在祖国的大地上，把科技成果应用在实现现代化的伟大事业中。

20年前，四川农业大学栽培学科进入低谷期，全校坚持栽培研究的教师不足5人，科研经费不足2000元，杨文钰等栽培人仍坚守岗位，苦练内功，坚持自己的研究方向，为既定目标不懈努力。杨文钰教授团队经过18年潜心攻关，研发出写入2020年中央一号文件的玉米—大豆带状复合种植技术，该技术获2019年四川省科技进步一等奖，甚至推广到万里之外的巴基斯坦，助力"巴铁"大豆生产"从无到有"。任万军教授在当时一没人、二没钱的条件下，坚持从事水稻栽培研究，开辟弱光下杂交稻优质高效与机械化栽培新领域，主持创新的4项栽培技术，先后被遴选为四川省主推技术，全省年推广面积1000万亩以上。

2017年，由院长黄玉碧牵头，在作物学科一院三所的支持下申报了国家外专局的高端引智项目"高等学校学科创新引智计划"（111基地）。111基地一般只针对部属高校开放申报，地方高校的名额极少。为了抢时间确定拟邀请的外籍专家并签订意向性引进协议，拟定引智发展规划和目标，收集专家资料和各项支撑材料，黄玉碧和时任生态农业研究所副所长的王强教授进行了大量准备工作，于2018年4月18日在省外专局顺利通过答辩。5月13日赴北京，他们连夜修改演练答辩PPT，次日参加国家外专局答辩。7月30日获批立项，"作物学学科创新引智基地"（111基地）正式申报成功，为农学院和作物学科的国际合作搭建了重要平台，为农学院走向国际化奠定了重要基础。

黄富教授在育种事业中默默耕耘20载，为了培育出优质、高抗、高产、高效的新型杂交水稻，常年奔波于各培育基地，为了找到适合的株系稻桩，他被蛇咬过；为在晒场抢收科研材料，他摔过跤，撞破过头。他主持育成的高抗优质杂交稻新品种宜香优2115米质达国标优质二级，结束了"蜀中无好米"时代，6次荣获中国"最受喜爱的十大优质稻米品种"，2016年成为西南稻区年推广面积最大的品种，已累计示范推广1300余万亩，生产优质稻谷67亿多公斤，新增社会经济效益58亿多元。

"玉米痴"柯永培在海南和同事们曾一起租住在一间不到20平方米的房子里，白天顶着烈日抢时间授粉，晚上五六个人就挤在3张单人床上睡觉，一不留神就被挤下床来。他们长期顶着烈日在玉米地里工作到下午，更多时候，他们把晚饭和午饭合在一起吃，吃西瓜下油条成了常事。经过艰苦奋斗，如今已形成一套保证质量、优化配置、现场指导及试验、示范与推广相结合的科技成果推广体系，先后获省部级科技进步奖一等奖5项（主持2项），为玉米生产发展、农民增产增收做出了重大贡献。

以张敏教授和龚国淑教授为代表的一批植保人以"川农大精神"为指引，在当时艰苦条件下从事着植物保护及相关学科的教学、科技扶贫、科研和科技成果推广工作。张敏先后主持和承担国家、省部级科研项目20余项，研究成果已在国内10省（区、市）推广应用，创社会经济效益100多亿元。龚国淑把实验室建在田野里，在服务社会和精

准扶贫的道路上冲锋在前，常年战斗在扶贫第一线，顶酷暑、战寒冬，在山坡上摔倒、在雪地里摔伤，第二天继续精神焕发地为农民培训、指导，以第一著作人完成的《猕猴桃病虫害原色图谱与防治技术》，填补了目前国内外该领域的空白。

自 2013 年 11 月习近平总书记提出"精准扶贫"以来，青年一辈的农学人积极接过前辈的接力棒，在精准扶贫、乡村振兴的主战场，交上了新时代农学人的优秀答卷，为地方产业和经济发展做出杰出贡献。

2010 年挂职担任宝兴县副县长的田孟良积极促成宝兴县与四川省中药饮片有限责任公司达成共建中药材生产基地合作协议，共建 1 万亩的中药材生产基地，形成集生产、研发、加工、销售等于一体的完整产业链。他用 6 年选育的新品种"宝膝 1 号"，恢复了正品川牛膝的基原，配套推广标准化种植方法。宝兴县建成全国川牛膝种植标准化示范区，宝兴川牛膝通过国家地理标志保护认证，高品质的美名得到市场认可，药农收益大幅提高。

2015 年，罗培高教授挂职雅安市石棉县科技副县长。他调研后发现当地中高山地区野生八月瓜资源相当丰富。他积极发挥专业优势，牵头制定《四川省食品安全地方标准—八月瓜》地方标准，促使四川省成功取得全国唯一的"八月瓜"系列食用产品的合法开发权；收集创制了 500 多份八月瓜种质资源，在国际上首次对八月瓜基因组、转录组和代谢组展开研究，奠定了该产业发展的研究基础。经过持续不断的努力，初步形成当地农户参与度高、劳动力和技术成本低的农林产业新业态，打造了一、二、三产业融合与协调发展的完整产业链。在他的带动下，石棉县已带动 1000 余名中居住在高山地区的群众种植八月瓜，面积达 6000 余亩。野果真正变成"惠农果"的故事受到中央电视台《走进中国》栏目专访。

永创一流 双创实践薪火相传

农学院师生以"兴中华之农事"为己任，始终追寻着先辈的足迹，谱写了一首首感人至深的"创新曲"，将"永创一流"的种子深深种在每一位学子的心中。

结合我国农业现代化建设对创新人才的客观需求，学院于 2005 年开始着力构建"研究型学院农科创新人才培养体系"，邀请时任学校党委副书记秦自强，校团委书记袁志香，学工部副部长、学生处副处长付瑞琼为农学院本科人才培养工作指点迷津，首次将学生双创工作提升到人才培养的战略高度，确定了"依托作物学科，全员育人的学生工作新体系"，由黄玉碧院长亲自主抓学生创新创业工作，就此形成了以"培养具有创新精神、创新思维和创新能力的新时代植物生产类本科人才"为目标，以"创新创业育人"为抓手，以"'三计划、两工程、一讲堂'为主体、一二课堂协同发展"为思路，以"理论助力实践，实践助力推广"为机制的农学院双创人才培养新体系。经过 15 年的探索和实践，学院汇集作物学科优势资源，从机构、项目、师资、经费等多方面、全过程为学生双创工作保驾护航，夯实学生双创工作制度、组织、平台基础，以优异的成绩树立了农学院学生双创工作的金色品牌。

在众多师生共同创新创业的事迹中，最为大家熟知的，莫过于大名鼎鼎的"千盛惠禾土豆传奇"团队，该团队入选"全国小平科技创新团队"。14 年来，院党委副书记副院长、"土豆王"王西瑶教授从技术支持、精神支持、情感支持等多方面全方位指导学生团队，曾与学生们一起拎着几十斤重的行李箱行进在凉山州喜德县的扶贫道路上，曾为了修改团队的创业计划书到凌晨两三点，曾与学生们一起反复演练比赛 PPT，甚至对每一个细微动作和神态都精益求精……王西瑶一路见证了学生们从创业起步、科技扶贫，到参加比赛、屡获国际国家级大奖，再从创业伙伴到结发夫妻再到三口之家的全过程。

正是怀着"永创一流"这种农学人独有的使命感，"千盛惠禾土豆传奇"团队成员彭洁和刘一盛开创了属于自己的"紫色马铃薯"事业，实实在在地服务三农。他们的公司已发展紫色马铃薯、特色红薯基地共计 3000 余亩，已累计带动 1000 余户农户发展。他们的事迹被《人民日报》两次报道。其项目获得 GSVC 全球社会企业创业大赛全球优胜奖、中国赛区第二名，第三届"创青春"四川青年创新创业大赛金奖，第五届中国"互联网＋"大学生创新创业大赛银奖等诸多奖项，他们还获评"全国大学生创业英雄百强"和"全国大学生返乡创业十强"。

"千盛惠禾"的成功故事仅是农院学生双创的冰山一角。多年来，卢艳丽教授指导李荣曜等完成的"大数据时代的玉米基因组信息发掘及其数据库构建"项目获国家银奖，李首成教授指导刘可成等完成的"美农美家"项目获国家银奖，杨峰教授指导詹晓旭等完成的"旭峰农机"项目获国家银奖，龚国淑教授指导何舒婷等完成的"四川猕猴桃软腐病菌的鉴定、种特异性引物检测及遗传多样性研究"项目获省级金奖……师生携手共同创新创业的成功案例不胜枚举，也充分体现了学院全员育人、引领创新、服务创业的总体思路。

为了夯实创新之基，激发创新活力，2015 年学院大手笔地推出"四个十万工程"人才培养奖助制度，从教学、科研、创新、创业等四个方面助推创新型人才培养。在"追求卓越，永创一流"精神的感召下，学院每年有近 400 名师生投入国家级、省级和校级创新性实验和科研兴趣计划，近 300 名师生参与各级别的双创赛事，基本实现本科生"人人进团队，个个有项目"，师生在双创平台上展示着"不怕太阳晒，不怕病虫害"的坚韧品质。

截至 2020 年 2 月，农院学子共获得"GSVC 全球社会创业企业大赛""挑战杯""创青春""互联网＋""生命之星"等各级别创新创业类竞赛荣誉百余项，其中国际级 1 项、国家级 15 项、省级 62 项、市校级 52 项，获奖数量居全国农林高校农学院前列，学院多年蝉联"挑战杯""创青春"竞赛校级团体总分第一名。而学院在实践中凝练总结的"深度挖掘、持续孵化、全员指导、师生共创"的学生双创项目培育经验，也在学校的学生双创工作中形成示范效应被推而广之，助推学校学生双创工作连获佳绩。

"川农大精神"命名 20 年，既是学校发展历程的折射，也是农学人以行动弘扬、丰富"川农大精神"的时代内涵的缩影。相信在第五轮学科评估和"双一流"建设中，新一代农学人定将继续为"川农大精神"添加新的元素。

践行精神永争先　动科风采薪火传

动物科技学院

风雨兼程育桃李，薪火相传创佳绩。在百余年历程中，川农大动科人始终与国家民族同呼吸共命运，一代代动科人怀揣大抱负、大担当，为党和国家做出了众多突出贡献。翻阅川农大的历史，我们不难发现，在"川农大精神"的缔造、践行、传承过程中，动科院留下了浓墨重彩的一笔。

爱国敬业　因为对这片土地的深爱

党和国家有号召，动科人必有响应；社会和人民有需求，动科人必有行动。这是动科人的血脉里与生俱来的红色基因。

被学界誉为"南北二刘"的养羊学泰斗刘相模教授在 1949 年末，为避免国民党破坏教学秩序，曾冒着生命危险藏匿了畜牧兽医系教学设备和科研用牛，及时地保护了学校资产。1959 年，新中国成立十周年，他作为四川省特邀嘉宾代表到天安门观礼并受到毛主席接见。

我国现代家禽学奠基人邱祥聘先生于 1945 年到美国爱渥华州立大学农学院进修。当看到国外 2 万只鸡的养殖场和大型孵化场时，邱老心里很不是滋味。中国有 7000 多年的养殖历史，却仍然停留在一家一户的原始养殖方法上，质量、产量更是无从谈起。学习结束后他毅然决然地放弃高薪工作，回到母校艰难创业。

"鸭子王"王林全教授在 1985 年获得了到西德留学的机会。王林全怀揣着一颗谦虚求教、拜师学艺的心，到了异国他乡后却连连吃到"闭门羹"。不甘心"花了国家的钱，却两手空空地回"，王林全夜以继日地修炼内功，最终凭借比"美式采精法"更先进的鸭子"中式采精法"，敲开了西德国家家禽研究所的大门，随后更是进入西德最权威的育种机构罗曼公司，在那里学成"真经"。此时，西德方面给他的早已不再是"闭门羹"，而是希望他留下来的"威逼利诱"。但他丝毫不为所动，不等进修期满便迫不及待地回国了。

在四川广大农村，只要提起养猪专家，没有人不知道乔绍权教授。62 岁的他退而不休，从自己的专业出发，始终以帮助农民脱贫致富为宗旨，奔波在四川各个地区，为农民开展科技服务。他说："只要我还有能力，就要为农民做实事。"

在老一辈的爱国和敬业的精神感召下，有朱庆、李学伟、吴登俊、徐刚毅、杨明耀、张新全等一大批知名教授相继放弃国外的优厚待遇回到母校，也有王继文、李明洲、赖松家等众多行业翘楚因为忙于手中党、国家或者学校的重要任务而放弃出国留学。

艰苦奋斗 因为对这份事业的执着

畜牧学科的性质和川农大所处的地域，决定了动科人的工作条件和环境必定艰苦。以邱祥聘、曾凡同、王林全三位教授为代表的老一辈家禽人白手起家，一边搞科研，一边当农民；一边做调研，一边搞服务。没有鸡场，没有实验室，他们就在一个废弃的教室里养鸡；得不到资金支持，便自掏腰包买材料做研究；为了孵出小鸡，实验设备、材料跟不上，就昼夜守在小型孵化器旁；为了做好"棚鸭"调查，邱祥聘教授与"赶鸭师"们一起睡大棚，同吃同住，他们白天放鸭、喂鸭、观察鸭子，晚上就看守鸭子、整理第一手资料。

20世纪80年代，科研条件艰苦，设备落后，经费不足，肖永祚教授要求猪场由科研人员自己管理。一开始少量购买小猪，然后自己养，采样后剩下的猪肉就由学生们推着在学校里卖，卖了猪肉的钱再交到财务处用于科研。肖老在60多岁时，仍旧在生产一线、科研一线，哪怕是凌晨两三点也和学生一起采样。肖老排除万难也要搞好科研的精神，对后来的李学伟教授产生了很大影响，面对科研经费不足时，他坚定地说："哪怕是去当杀猪匠卖猪肉挣钱，也要把科研搞上去。"

新中国成立之初，牲畜最大的敌人是病多与草缺。为了响应国家号召，消灭畜牧业的"大敌"，周寿荣先生和杜逸先生在极其艰苦的条件下，攻坚克难，于1985年创办了学校的草原专业。据张新全教授回忆，"80年代的草学条件十分有限，整个草学系只有一台电脑，实验室更是简陋，只有一些陈旧的检测设备和瓶瓶罐罐。但庆幸的是，农场还有几亩地能用于教学科研。"在这样的条件下，草学系的老师们丝毫没有退缩，面对全校科研经费吃紧的现状，老师们四处奔波。张新全在杜逸教授的帮助下，费尽周折争取到第一笔科研启动资金，虽然仅仅只有1000元，但从此便开启了鸭茅育种研究之路。

"过去我们学校条件差，特别需要发扬艰苦奋斗、拼搏进取的精神，今天条件改变了，这个老传统不能丢。我们不是甘愿艰苦，而是要通过艰苦奋斗的精神，努力改变现状以创造更好的条件。"这是邱祥聘老先生生前给动科院的后人们留下的"祖训"。

现如今，动科人披星戴月、披荆斩棘地走在扶贫道路上，正是对前辈艰苦奋斗精神最好的传承。近5年，学院的34名"三区"科技人才，7个科技扶贫团队累计走乡入户，开展技术培训和讲座1000余场次，受训技术人员近90万人；每年接听技术咨询电话1万余人次，网络咨询1万余人次，累计转化科研成果50多项，新增产值300多亿元，新增利税约50亿元，新增就业岗位3万余个。

团结拼搏 因为对志同道合的默契

团结拼搏的力量源泉是志同道合，既包含着眼前的团队默契，也包含着前人对后人的培养以及后人步调一致的传承。

李明洲教授于 2012 年、2013 年先后在《自然通讯》《自然－遗传》上发表重量级文章，取得了学院前所未有的科研论文成果。谈到自己的成绩，他提及最多的就是感谢李学伟教授带领的"猪团队"。高水平论文的背后是大量的数据采集和分析，在猪场采样的时候，为保证样品质量，要求 15 分钟之内把所有样本采集归类保存，"完全是跟打仗一样"，高强度的工作常从早上 8：00 持续到凌晨 2：00，没有整个团队协同一致、共同拼搏是不可能完成的。同样身处"猪团队"的朱砺教授，掌握了体细胞－核移植－胚胎移植的体细胞克隆技术，实现了地方猪遗传资源的永久保存。他所建立的地方猪遗传资源保护技术体系，被农业农村部种业司作为一个地方猪种遗传资源保护的典型案例在全国推广。在他看来，自己如今的成绩离不开"猪团队"里每一个老师、研究生、本科生的共同奋斗和努力，离不开大家一条心地常年聚焦和坚持。

2020 年，学院得到了从中央传来的好消息：由朱庆教授领头编撰的图解畜禽标准化规模养殖系列丛书通过 2020 年国家科学技术奖科普组初评。这标志着学院在国家科技大奖方面有望实现新突破。当前，学院"鸡团队"带头人朱庆教授主持选育了四川第二个国审肉鸡品种——天府肉鸡，"水禽团队"带头人王继文教授主持选育了我国首个自主知识产权的肉鹅配套系——天府肉鹅。以朱庆、王继文教授为带头人，以刘益平、赵小玲、李亮、杜晓惠、李地艳、康波、韩春春、王彦教授为中坚力量，以刘贺贺、尹华东副教授为代表的一大批 30 岁左右的优秀青年学者组成的家禽团队团结拼搏、硕果累累，获部省级科技进步一等奖 2 项、二等奖 4 项、三等奖 4 项，中华神农农业科技进步奖科普奖 1 项，承担国家级项目 40 余项，年到账经费 600 万元以上，发表 SCI 论文 300 余篇，授权专利近 70 项。

动科学生都知道，张红平教授带领的"养羊学"课程组有一项特别的课程奖学金，这来自刘相模教授从 2006 年起每年都将自己的退休金拿出部分用于奖励该课程品学兼优的学生。2010 年刘老逝世后，他的家人和学生秉承老先生遗愿继续坚持发放奖学金。同样，王林全教授生前设立的贫困生成才奖学金、天府肉鸭助学金和教职工困难补助金也在持续帮助动科院的后来人成长。多年来，共有上千名有困难的教职工、品学兼优的贫寒学子得到了超过 200 万元的资助。

前人栽树，后人培土，再后人乘凉，这是一代代志同道合的动科人对团结拼搏的共同理解。

求实创新　因为对专业发展的信念

在改革开放之初，学界和社会普遍有一种观点认为"发展山羊业会破坏生态环境"。刘相模教授为此做了一个非常经典的实验，用山羊采食和手采摘法国梧桐的叶子进行比较，结果山羊采食组叶子的再生速度还要快一些。"事在人为，羊在人管"的观点改变了现代养羊学的命运。

80 年代初，邱祥聘教授采用人工制冻的办法把冷冻胚胎搞成功了，更在白羽蛋鸡的育种当中，让通过快慢羽来辨别雏鸡雌雄的办法准确率提高到 99.7%。多年之后，基于这些技术的运用，学校先后培育出一批在生产上广泛使用的家禽新品系及商用配套系，通过四川省畜禽品种审定委员会审定品系 9 个、配套系 5 个，获省部级成果奖励 11 项。

80 年代末，王林全教授在国外取得"真经"后，回国对育种技术进行了改良，选育了我国第一个大型肉鸭配套系"天赋肉鸭"，一举击败了享有盛名的"樱桃谷鸭"。这个成果标志着我国的家禽育种技术达到了世界先进水平，获得了四川省科技进步特等奖，并列入国家"九五"重点科技成果推广项目。

90 年代初，"雅鱼"已名扬川内外，但因为一直没能进行人工繁育，普通老百姓"吃不到、吃不起"。杜宗君教授经过长时间的观察、研究，发现雅鱼不是之前学界定义的"冷水鱼"，而是一种"亚冷水鱼"，在此基础上重新构建人工养殖池塘的环境来匹配雅鱼的生物学特性，成功实现雅鱼人工繁育，开创了裂腹鱼商业养殖的先河，让"雅鱼"走向了普通百姓的餐桌并为"雅鱼"这个雅安名片提供了资源支撑，通过人工增殖放流实现了雅鱼的品种资源保护。

动科院的前辈们定格了"求实创新"的步伐，新的动科人克承先志，将"求实创新"继续发扬光大。"天府肉鹅""天府肉鸡""天府肉猪""简州大耳羊""滇北鸭茅""川农 1 号多花黑麦草"等 35 个通过国家审定的品种，《自然－通讯》《自然－遗传》等1420 余篇高水平论文，78 项国家自然基金、110 项国家科技项目，3 项国家教学成果二等奖、4 项国家科技进步奖，7 项省教学成果一等奖、49 项省部级科技大奖，就是新时代动科人交出的答卷，随着学校的教学科研条件越来越好，未来的动科人必将在"求实创新"的路上阔步向前。

传承动医魂　淬炼黄大年式教师团队

动物医学院

百余年岁月流转，历代动医人亲身参与、亲眼见证了一所学校的发展、成长与壮大。百余年春秋轮替，历代动医人积淀、传承、升华、丰富了这镌刻一生、深入骨髓的大学精神。

进入新世纪，特别是在"川农大精神"命名之后，动医人更是立足发展实际，勇担时代使命，以"川农大精神"铸魂，爱国敬业、团结奋进、攻坚克难，取得了一项又一项骄人业绩，历经淬炼的动医人在2018年获批全国首批黄大年式教师团队。

立德树人　强农兴农　彰显时代底色

"爱国敬业"是"川农大精神"的核心内容之一。"爱国，是人世间最深层、最持久的情感，是一个人立德之源、立功之本。"一代代动医人把拳拳爱国之志、切切报国之情化作忠诚教育、热爱学校的实际行动。

不论是在海外获得博士学位后，放弃国外优厚待遇回国的兽医学陈之长、夏定友教授，还是恢复高考后动医培养的第一批学子文心田、汪开毓教授，一辈辈动医人驰而不息，将热爱祖国的远大志向演化为热爱事业、热爱学生的真情和忠于事业、拼搏进取的实际行动。

每年新生大会，院长程安春教授给新生上的开学第一课，内容一定是厚植家国情怀和"川农大精神"。这是培养学子使命与担当的充满感染力的精彩一课。"保护人类与动物健康""维护国门生物安全""兴中华之农事"……从中国兽医成功防治非洲埃博拉病毒，到非洲猪瘟防控中的兽医担当，从微观的前沿科学探索到宏观的疾病诊断防控……每位教职工都在学生的心田种下胸怀祖国、强农兴农、为民谋利的理想信念种子。

对于学院新生来说，他们入学教育的一堂"必修课"必定是参观学院标本馆。在这里，老师和学长们会骄傲地告诉他们，这个200多平方米的微型展览馆，是国内高等农业院校中收藏动物医学类标本最多的地方之一，珍藏着自20世纪50年代以来，经几代川农动医人精心制作和传承的动物医学类标本四千余件，很多标本所代表的物种是由学院专家老师发现并命名的。这是动医人独有的物质财富与精神传承。这些精神品质和物质成果，以及彰显出的强烈责任感和使命感又转化成新的动力，影响着一代代川农动医人。

人是一切干事创业的核心。学院领导班子深知建设一支品德高尚、结构合理、素质过硬的教师团队的深远意义。动医学院党委对标高素质教师队伍建设目标和"新时代高教 40 条",铸牢教育信仰、培育教育情操、增强教育规范,连年不断修订和完善《动物医学院师德师风建设实施方案》《党支部建设考核及奖励办法》《系级负责人选拔任用和管理工作办法》《青年教师培养方案》等 20 余项制度,通过针对性、规范性和引导性措施的制定和良性运转机制的确立,结合近百场教师专题调研讨论和学习会、党日活动、党支部书记述职交流会等,点面结合,引导学院教师自觉履行岗位职责,完成从遵守规范到自觉提升的过程性转变,努力做到思想与行为相一致,确保师德师风和教师队伍建设落地落实。

学院坚持开展各类教师队伍的专项实践行动,开展寻访"动医人奋斗故事"主题活动,通过青年教师和学生携手寻访老中青动医人代表的奋斗事迹,撰写"动医奋斗史话",借助生动的图文,讲述学院优秀教师、专家的师德师风与铸就、传承、弘扬、实践"川农大精神"的故事,激励青年动医人在传承、弘扬"川农大精神"的实践中不断奉献有为;开展"师德先锋"年度评选,通过榜样力量,树立以德立身、以德立学、以德施教、以德育德的动人形象,营造比学赶超的师德师风氛围;通过"老"教师带"新"教师结对成长体系,在推动课程思政建设的同时,用前辈的言传身教向青年后辈诠释践行"川农大精神"和强农兴农的要义。

开放包容 团结奋进 凸显品格骨架

"一个人的力量往往是有限的,群体的力量可以气吞山河!""团队协作能够带来 1+1 大于 2,甚至比 2 大得多的效应。"这是黄大年式教师团队带头人、学院院长程安春教授对团队效能的认识。"一个熊熊燃烧的火炉,即使投入一块湿毛巾进去,也会燃烧起来",这是程安春常常提及的"旺炉"理念。

为充实各科研团队力量,学院不拘一格进人才。近几年,学院先后从国内外知名高校引进人才 20 多人。陈舜博士放弃电子科技大学的编制工作,回到学校,目前已成长为年轻的"80 后"女教授,首届"四川新青年",在国内外知名学术期刊上发表研究论文 60 余篇,单篇最高影响因子达 11.127,累计影响因子超过 120。学院从法国巴斯德研究所引进的刘马峰博士,将巴斯德研究所崇尚学术的科学态度和实干精神带入所在团队,为学院建立起与巴斯德研究所长期稳定的合作关系;挪威奥斯陆大学毕业的邹元锋博士,将药用植物方面所学之长与一流的世界碳水化合物研究理念带进团队,积极开展新兽药创制,已发表 5 篇 TOP 期刊论文,最高影响因子超过 11。学院从四川大学引进的黄超博士,将自己的兴趣爱好和科研团队教学有机结合,一心扎根糖尿病、老年痴呆等试验动物模型的研究中,他在课堂上演绎"骨骼微笑"被人民网报道,参与打造的在线课程被北京大学引用。

开拓奋进是团队发展的永恒主题。20 世纪 80 年代,预防兽医系郭万柱教授年逾不惑,仍克服重重困难出国深造,学成回校后潜心奋斗数十载,独创国家第一例动物病毒基因工程疫苗,获学院首个国家级科技奖励——国家科技进步二等奖。程安春教授从 500 元的科研经费起家,克服缺少硬件、软件种种艰苦条件,用纸箱蜡烛自制操作台,与企业合作争取经费，不懈奋斗近二十载，首创国际上第一个成功研制并广泛应用于预防鸭传染性浆膜炎的疫苗，获国家一类新兽药证书；突破鸭病毒性肝炎弱毒活疫苗研发的技术瓶颈，获国家二类新兽药证书。这些新药的广泛应用，不仅大大降低了相关养殖行业的风险和成本，还取得了良好的生态和社会效益，先后斩获国家技术发明二等奖、教育部技术发明一等奖等。

在学院大家庭的"旺炉"里，通过绩效优先、兼顾公平、照顾弱小、守牢底线的制度设计，"有形之手"兜底；通过有序供需、良性竞争、文化浸润等"无形之手"释放活力和创造力，实现了有效配置资源，收获最大发展效益，形成了鼓励先进、鞭策后进、开放合作、相互欣赏的良好氛围，也为想干事、干好事的青年教师最大限度地构建与集体共创共建共享、向上向好向前的人才成长机制。

服务社会　使命担当　勾勒精神线条

动医人始终把教书育人、服务三农、造福社会作为源源不断的精神动力，敬业乐群、敢为人先，不畏艰难、勇往直前。

在服务三农、造福社会的主战场，动医专家立足社会需求，答卷令人瞩目。国家新兽药"鸭传染性浆膜炎灭活疫苗""伪狂犬病基因缺失疫苗""鸭病毒性肝炎弱毒活疫苗"等10余项成果在哈药集团生物疫苗有限公司等多家单位成功转化，用于我国动物养殖业的疾病预防超过100亿头（只），经济社会和生态效益显著。在四川"5·12汶川""4·20芦山"大地震的余震不断的情况下，百余名师生深入震中开展动物疫病防控、科普宣传等工作，为大灾之后无大疫做出积极贡献。

非洲猪瘟疫情自2018年首次在我国确诊以来，对生猪产业造成巨大损失。动检系徐志文教授、王印教授，预防兽医系黄小波教授等积极参加非洲猪瘟的疫情防控工作，参与制定了一系列生物安全和疫病防控措施。开展非洲猪瘟防控技术培训100余场，培训人数10000余人次；积极参与四川省地方猪种种质资源和规模猪场种猪资源保护，根据"一场一策"原则，为每个猪场量身定制防控技术规范，实现疫病有效防控，种猪保护率在95%以上；参与疫病防控指导和非瘟防控技术规范制定，向农业农村厅编制上报7个技术规范文件、4个技术操作指南，为复养提供科学防控措施；承担了科技厅重点研发项目"非洲猪瘟综合防控技术研究"、省农业农村厅重大农业技术推广项目"非洲猪瘟形势下四川省生猪安全生产关键技术推广应用"，为抗击非洲猪瘟疫情发挥积极作用。

在打赢脱贫攻坚战中，一批动医人活跃在脱贫攻坚一线。动物寄生虫病专家杨光友教授从2010年开始为攀枝花市开展动物寄生虫病防治指导，先后对该市40余家养殖企业、专业合作社和养殖农户进行疾病防控技术指导，其研究成果在攀枝花市养羊业推广应用后新增纯收益1015.07万元，获攀枝花市科技合作奖；临床系左之才教授仅2019年就深入贫困地区为1600余人次基层农技推广人员、养殖大户及农民培训肉牛疾病防控技术；马晓平副教授作为首席专家参加2020年科技扶贫万里行－肉牛产业技术服务团，赴基层开展工作30天；舒刚副教授担任巴中恩阳区、雷波县科技局科技特派员，连续 7 年作为指导老师带领"情系三农"学生开展志愿服务项目，深入省内乡村扶贫一线，开展农业技术培训、农业科普讲座、爱心支教等各类扶贫志愿服务活动 130 余场，团队获得 2019 年"四川省十佳志愿服务项目"、2020 年全国志愿服务先进典型。

曹三杰教授、贾仁勇教授等 9 名教师分别任国务院学科（兽医）评议组成员、教育部动物医学类专业教学指导委员会委员、全国兽医专业学位研究生教育指导委员会委员、农业农村部兽药评审专家、学会理事长及（副/常务副/名誉）理事长；70 余人次先后担任省/市科技特派员、科技副区/县长/副局长、扶贫专家等；建设 6 个企业博士后工作站和 40 个教学实习基地，为社会经济发展贡献力量。

创新实干　潜心育人　成就斑斓色彩

学院紧跟新农科、新医科建设发展方向，结合一流学科、一流专业建设的需要，在践行、传承"川农大精神"的生动实践中续写着精彩的治学育人篇章。

在传道授业、潜心育人的第一课堂，学者教授立足三尺讲台，默默耕耘。临床系的邓俊良教授治学严谨，为给课程组准备教学资源，他连续熬夜一个月，每天至少工作十六七个小时。为了让课堂更生动形象，他通过模仿动物的声音、动作甚至眼神，"真实还原"动物生病时的状态，以高尚的师德、扎实的学识、丰富的教学经验，深受学生好评。2015 年，学校自设立本科教学质量奖以来，学院连续 5 年都有教师获评"本科教学质量特等奖"，涌现出了一批优秀青年教师。

主持国家重大专项的女专家汪铭书教授低调务实、甘为人梯，在她实验室的墙上有这样几行字——"当你开始找自己的原因时，成功才开始靠近"。学院曾希望撰稿宣传汪老师的典型事迹，但她总是非常谦逊地说自己没什么可报道的，仅是每一天都坚持早到实验室，晚离开，没什么特别。她就是这样默默的，数十年如一日地潜心科研、教书育人，培养博士、硕士 100 余名，获得国家科技发明二等奖。其实，正是这样的认真敬业，对科研的热爱和全情投入，铸就了平凡中的伟大，成为学院师生尊敬和学习的榜样。她的学生吴英、杨乔等深受感染，毕业后留校工作，秉承老师风范，用默默的拼搏继续创造业绩。

学院持续实施"动医之星圆梦工程"计划，搭建全方位育人平台，促进学生主动学习，培养学生创新思维，鼓励个性化成长，助力学生全面发展。学院创新"三元协同、主导融合"教育教学理念，把专业课作为传道的前沿阵地，将育人贯穿教学全过程，让课堂教学、科研指导、管理服务实现价值观引领，丰富了育人主体，升级了育人范式，显著提升了教学质量，获四川省教学成果二等奖。学院创新国际化办学理念，强化国际交流合作，不只吸引国外学生，更注重通过文化的碰撞与交融，培养学生国际化视野，培育人类命运共同体理念；鼓励教师积极参与国际合作项目，参加高水平国际学术交流活动和会议，在国际学术组织和学术期刊担任职务。学院打造教学医院等实训基地，建设 GCP/GLP 平台，打造虚拟仿真实验室，助力提升创新创造能力和育人内涵。在校外，深化院企合作，打造 30 多个各具特色，又符合对接行业前沿、时代需要、学生成长需求的企业班、企业实训基地、产学研双创平台，有效增强了学生核心竞争力，以及

学院发展驱动力和社会影响力。

学院持续创新实施党建旗帜引领计划、筑梦行动学风计划、优秀学生企业见习计划、创新创业能力提升计划、职业生涯导航计划，结合"动医之星"优秀个人评选示范，从思想引领、学习内核、行业专业认知、双创意识培养和自我成长规划等多途径帮助学生成长成才。学院创新实施"我为核心观代言特色团支部"和"星级团支部"创建计划，打造齐头并进又个性化建设的优秀集体。自实施计划以来，先后有21个班团集体获学院立项和经费资助，其中15个获校级表彰。教工党支部与知名企业党支部联合开展党日活动，促进党组织建设路径拓展，深化产学研协作，培育优质校外育人平台。

学院在瞄准科学前沿和社会发展方向引领学生"顶天"的同时，紧密结合"三农"实际培养学生"立地"，在求实创新中培养了一大批优秀的兽医人才。近5年，学院学生获全国相关专业技能竞赛特等奖2次、一等奖3次，获"挑战杯""创青春""互联网+"等创新创业类大赛国家、省级奖41项次，1人获评首届四川新青年，1人获中国青少年科技创新奖，2人入选全国大学生创业英雄100强，1人入选中美联合培养执业兽医博士（西南区第一人）。创业学生何刚受到李克强总理的亲切接见。1个扶贫志愿项目入选全国"四个100"先进典型（学校首次，全省高校第二次），6个志愿服务和社会实践项目获省级表彰。学院学风综合评价连续三年居全校第一，第二课堂平均分连续两年居全校第一，连续四次获学校双创赛团体总分第一。

潮平两岸阔，风正一帆悬。在学校"双一流"建设的征程上，在"川农大精神"的濡染下，新一代动医人将赓续传承，化育英才，躬身前行，为新时代的川农大奋进蓝图描绘出绚丽的动医篇章。

筑精神家园　建林家文化　担绿色使命

林学院

"川农大精神"作为川农大人共有的精神家园和动力源泉，激励着一代又一代林家人接续奋进。林学院积极探索"川农大精神"引领下的林家文化建设之路，着力营建绿色、和谐林家，切实为实现学院健康持续发展提供了坚实保障。

思源致远兴文化

栉风沐雨百余载，弦歌不辍奏华章。历代林家人挥洒热血与汗水铸就了璀璨的林家历史，打造了独一无二的"林家铺子"。从1906年建立至今，老一辈林家人艰苦创业的故事代代相传。这其中，又以"林家"奠基者之一的佘耀彤先生的故事最让人感慨万千。

佘耀彤（1891—1968），毕业于东京帝国大学森林学系，在日留学期间曾追随孙中山投身辛亥革命。1913年举家回国，参与筹建四川高等农业学校。1931年，出任四川省立农学院首任院长。佘耀彤先生终身从事教育事业，潜心研究造林经济学，是新中国最早倡导自然生态平衡的森林学家。1956年，在学校决定迁雅安独立建院后，率先前往雅安，安排准备筹建事宜。佘先生主持完成了"四川森林之现况""四川分区造林树种之选定""四川油桐研究""木材抗腐试验"等多项调查与研究，创建了四川林学会，创办了《四川林学会刊》《四川农学院院刊》等学术期刊。1961年，佘先生退休时将其毕生心血编制的全套森林经济学手写教案和从日本带回的林学、经济学相关珍贵文献全部捐献给了学校。"当新建的四川农学院正向着进一步充实和繁荣的方向发展的时候，我愿尽我所能的力量，同院内全体同志一起，为它的远大前途而奋斗！"这是先生毕生的夙愿、一生的实践。

林家史册上，有以佘耀彤先生为代表的程复新、李荫桢、邵均、李驹、李相符等先辈"奠基人"，有以"八大金刚"（张小留、蔡霖生、王国龙、邱德勋、阙再炅、张务民、龙斯曼、李景熹）为代表的前辈"建家人"，有以"三架马车"（罗承德、胡庭兴、张健）为代表的后辈"传承人"。他们之中，有的精忠报国、矢志兴林；有的历经艰难迁移，仍痴情林业教育，殚精竭虑重建林家；有的选择留学归国、放弃优越条件，回到地理位置偏僻、办学条件落后的母校，为林学学科的崛起辛苦拼搏。无数难忘的人，无数难忘的事，经过岁月的积淀，形成了与"川农大精神"一脉相承的"化己为木，荫及后人"的林业精神和"崇尚自然、迎艰克难、追求美好、传承创新"的林家文化特质。

"无山不绿,有水皆清,四时花香,万壑鸟鸣,替河山装成锦绣,把国土绘成丹青"的林业愿景,新时代美丽中国、生态文明建设的神圣使命,"创新、协调、绿色、开放、共享"的新发展理念,为林家文化注入"绿色,和谐"的基本内涵。"十年树木,百年树人"的神圣职责,为林家文化确立了以"树木树人,至美至真"为精神实质的院训;"扬自然博爱之怀,导树木育林之智,践绚烂和美之行",是其实质内容所在。正是这份精神上的同宗同源,让林学院始终高度重视学院文化建设工作,始终注重学院文化和学校文化的和谐交融。每逢学校或学院的重要节点,都是学院师生收集整理历史资料,精心策划文化传承载体,设计文化传承代表作品等体现"林家铺子"在川农大延续、发展和创新的重要契机。

红绿相映育新人

"川农大精神"命名20年来,林学院以"川农大精神"为引领,积极探索"红""绿"相映的林家文化育人之路,着力培养更多怀揣绿林梦想、富有家国情怀的时代新人。

红,是林家人的底色。学院以"立德树人"为根本,始终将培养"社会主义核心价值观"、过硬政治素质、理想信念教育放在首位,传承红色基因,着力构建党政工教团协同发力的"红树林"全员育人工作体系。学院持续开展"川农大的红色光荣传统""不忘红色初心,牢记绿色使命"等主题教育;积极推进《"育树林风"师德师风建设行动计划》的实施,持续开展"沐清风,林聚力,创和谐""清风月"廉政文化主题活动,不断擦亮师生爱党爱国的鲜红底色,确保正确的政治方向。红,是林家人的情怀。文化育人于无形,立德树人于点滴。学院注重培植师生浓厚的家国情怀,以弘扬和传承"川农大精神"为主线,精心打造以"厚植家国情怀,育树优良林风""带上文化传承 沉淀再出发"为主题的"家风月"特色活动和"众木成林"互联共建主题活动,切实促进了良好"家风"的形成。学院也因此获评四川省先进基层党组织,连续多年获得学校工会工作先进单位并荣获"全省教科文卫体系统模范职工之家"称号。

绿,是林家人的梦想。学院积极开展"共圆绿色林院梦,添彩美丽川农大""践行绿水青山就是金山银山,推动林草事业高质量发展"等主题活动,着力营建具有"川农情、绿林梦、青春行""青春有你,与林同行"林家文化特色的育人环境,充分发挥"红树林"网站及"林距离"微博、微信等新媒体作用,将思想政治教育寓于专业教育之中,切实增强林院学子献身国家林业和生态环境建设事业的理想情怀。绿,是林家人的芳华。学院注重以生态文明观为引领,结合专业特色,将林家文化融入学生创新创业能力培养全过程,着力构建以学校"四大计划"为抓手,"社会实践与志愿服务活动"为依托,林家文化建设为载体的一、二课堂联动发力的育人体系。学院充分将课堂教学、理论知识延伸到第二课堂,把"学业、专业、就业"学风建设融入学院学生工作品牌战略计划,精心打造"树木树人杯"知识及鉴别大赛、"专业让生活更美好"寝室设计大赛等品牌活动,创新开展与人才培养目标相适应的实践活动。众多各具专业特色的社会实践团队成为"川农大精神"的践行者与传播者,涌现出了以专注文创的"绘梦者"团队，关注科技下乡的"木科梦"团队，宣传退耕还林的"中国梦'林'开始"团队，践行公益精神的"握住你的手"团队等为代表的众多优秀实践团队，多次获得国家或省级奖励，学院也连续多年获得社会实践先进单位，学院团委、学生会多次获得先进，受到表彰。

薪火相传担使命

无论是那些泛黄的旧照片或是回味无穷的老故事，还是眼前生机勃勃的林家新人，他们都有着共同的文化根基，都有着共同的使命担当——在"川农大精神"的激励下，为绿色梦想而不懈奋斗。这种"与生俱来"的使命感，体现于林家人的人才培养中，物化于科学研究中，蕴含于社会服务中，凝结于林家文化薪火相传中。

1976年，痴情的"八大金刚"从因"文化大革命"而被撤销的四川林学院返回原四川农学院，恢复林学专业，1977年设立林学系，重建"林家"。几经周折、几度迁徙的"林家铺子"终于又在川农大这块沃土上重新生根开花，并得以持续发展。1983年，蔡霖生教授首次在造林学专业招收硕士研究生，1986年获批硕士授权点，林学学科由此进入研究生培养办学层次。1984年，邱德勋教授首次在森林保护学专业招收硕士研究生，1993年获批森林保护学专业授权点。1981年长江上游四川盆地山洪暴发后，国家加强了长江上游防护林体系的建设步伐，王国龙教授率先开启了"低效林分及其改造技术"课题研究。同时，在从事森林利用、木材加工研究的张小留，从事林木病虫害发生规律及防治技术研究的张务民和邱德勋，从事竹分类和栽培利用的江心，从事林木育种的李景熹等林家前辈的辛勤栽培、不懈努力下，林家学子茁壮成长，新人辈出，林学学科百花齐放、得以发展。

老前辈们"崇尚自然、迎艰克难"的精神深深地鼓舞着林家后辈。自20世纪80年代以来，一批批钟情林学事业的年轻人集结林家，扎根川农大。以"三驾马车"为代表的林家铺子的掌门人、领头羊带领着林家新一代传人，传承和发扬"川农大精神"，秉持林家文化特质，顺应时代发展，齐心协力，团结奋进，履行神圣绿色使命。其间，罗承德潜心钻研，悉心指教，肩负起了森林土壤学科"承上启下"的重任；胡庭兴带领一大批中青年教师围绕西南地区山地森林生态系统的健康及其保育、恢复，不畏艰难，久久为功，从低山丘陵区退耕还林物种筛选到退耕模式构建推广，进行了持续十余年的系统研究；张健带领的"生态系统过程与调控"研究团队针对高山/亚高山森林生态系统的突出战略地位及其生态环境面临的挑战，重点开展了高寒森林生态系统过程及其对气候变化的响应、退化高寒森林生态系统恢复与重建等科研工作，在他的带领和指导下，李贤伟也承担了"山地/河谷生态恢复与水土保持综合效益监测与评估""川中丘陵区人工林生态系统结构优化与功能提升技术研究与示范"等多项国家科技支撑、国家重点研发子课题；以朱天辉、杨伟、刘应高为代表的森林保护研究团队在森林病虫害生物防治技术和综合治理领域，开展了巨桉菌根、花椒根腐病、松烂皮病、核桃枯枝病等林木病害无公害生物制剂关键技术研究，以及杉天牛、干果类经济林木钻蛀性害虫、松材线虫等病虫害综合防治技术研究。

1999 年，学校"211 工程"建设项目被国家正式批准立项，生态林业工程成为其中四个重点建设项目之一。同期，国家加强了对林业和生态环境建设的重视，在全国范围内相继开展了退耕还林和天然林保护工程建设，林家人牢牢把握机遇，以"211 工程"建设为契机，加强学科平台和基础条件建设，借承担国家重大科研课题之机提升科研和师资水平，林学学科的发展实现质的飞跃。2001 年 6 月，时任国务院总理朱镕基亲临全国南方片区退耕示范点四川省天全县退耕还林现场视察，高度评价了林学学科给予当地生态环境建设的智力及科技支撑；2003 年 12 月，英国 BBC 电视台到现场做了专题采访并在欧洲报道。在"5·12"汶川特大地震，"4·20"芦山地震以及中国南方重大冰雪灾害后，学院向四川灾区各级政府和地方农林部门献计献策，并积极参与灾后重建，为灾后生态恢复及重大生态工程建设做出重要贡献。

近 20 年来，林学学科的区域特色愈加鲜明、办学成就愈加卓著。森林培育学于 2000 年在全国农业高校内设的林学学科中第一个获得博士学位授予权，同年，获批四川省重点学科；2004 年森林培育获批四川省"重中之重"学科；2006 年森林培育获批国家林业局重点学科；2007 年林学本科专业获批国家级特色专业；2008 年获批长江上游生态林业工程四川省重点实验室；2009 年设立博士后科研流动站，2010 年获林学一级学科博士学位授予权；2016 年林学一级学科获批国家林业局重点学科；2018 年获批长江上游森林保育与生态安全国家林草局重点实验室；2019 年获批华西雨屏区人工林生态系统研究省级长期科研基地；2019 年获批国家"双一流"本科专业建设点；2020 年获批国家林业和草原局红豆杉西南工程技术研究中心。通过教育教学改革与实践，学院获得了一系列教学成果，为人才培养质量提升提供了保障。学院先后主持数十项教改项目，共获得教学成果奖 21 项，其中国家级一等奖 2 项、二等奖 4 项、省级一等奖 8 项、二等奖 2 项。

坚韧不拔的新一代林家人依托长江上游森林资源保育与生态安全国家林草局重点实验室、长江上游林业生态工程四川省重点实验室等平台，围绕长江上游生态屏障建设相关科学问题，突出西南林区区位特色，通过重点开展低效林改造理论及技术、工业原料林丰产栽培技术体系、林木新品种选育、林木病虫害诊断、预警与生物防治、水土流失区综合治理理论及技术，以及典型生态系统对全球气候变化和极端灾害气候事件的响应与适应等科学研究、技术攻关和试验示范，取得了一系列重要的科研成果。林学学科对四川天然林保护工程和退耕还林工程综合效益开展了长期定位监测，为国家重大生态工程实施提供了重要的基础数据。学院在四川率先利用 3S 技术开展了川、渝两地 50 个县市的森林资源调查、森林经营方案编制、重点林业工程建设规划等科技服务。学院为长江上游森林资源保育、生态屏障建设和区域经济社会的可持续发展提供了重要的科学与智力支撑。学院先后获得部省级以上科技奖励 47 项，其中国家科技进步二等奖 1 项（4个南方重要经济林树种良种选育和定向培育关键技术研究及推广）、教育部科技进步二等奖 1 项（长江上游低山丘陵区水土流失综合治理技术与示范）、农业部丰收计划一等奖 1 项、梁希林业科学技术奖二等奖 1 项、中华农业科技奖三等奖 1 项、四川省科技进步一等奖 4 项、四川省科技进步二等奖 16 项、四川省科技进步三等奖 22 项。

随着国家西部大开发的启动和生态环境建设进程的加快，在"生态美、产业兴、百姓富"事业的召唤下，越来越多的林家人坚定地走向山区，走向贫困村寨，走向脱贫攻坚和乡村振兴的第一线。肖千文教授自 2000 年起，就带领他的团队开始了核桃杂交育种的艰辛之路，经过 10 年的努力，研发出多个核桃杂交品种；叶萌教授长期深入凉山地区多个国家级贫困县进行花椒品种选育和技术指导，同时长期为大学生创业团队和农民青年创业者提供义务技术指导，带领团队选育了"金阳青花椒"等花椒良种，为山区产业扶贫提供了有力支撑；万雪琴、龚伟两位中青年教授不负使命，勇挑扶贫攻坚重任，与叶萌教授、朱天辉教授同时分别带领 4 支"林业科技扶贫万里行"林业科技精准扶贫团队，投身基层扶贫一线，踏遍四川贫困"四大片区"和深度贫困区，把林业科技送到千家万户，为打赢脱贫攻坚战承接乡村振兴做出了突出贡献。近 10 年来，相继选育国家级、省级审定、认定林木良种 34 个，推广转化经济效益达 30 亿元，其中"川早1 号"为四川首个具有自主知识产权的国审核桃新品种，在川渝 30 个区县累计推广 5.5 万亩，新增经济效益达 15 亿元。

走进新时代，顺应新发展。为实现长江上游优势林业资源保育与利用的高效衔接，依托强大的生态建设成果，满足四川及我国西南地区生态旅游、木质材料加工利用、家居行业的快速发展和对专业人才的需求，学院相继新设了森林资源保护与游憩、森林保护、木材科学与工程、水土保持与荒漠化防治、产品设计本科专业，在林学一级学科下自设了木材科学与家具设计硕士点，在林业硕士基础上增加了艺术硕士专业学位类别。王刚、李梅、齐锦秋、宁莉萍、陈铭、洪志刚等领衔的相关专业的教师团队在不断推进教育教学改革、努力提高本科人才培养质量的同时，顺应生态文明建设、林业产业新发展需求，积极开展林业资源高效利用、木制品设计与制造的科学研究、创新型人才培养，在药用林草植物开发与利用、木质资源重组材料绿色制备和家具柔性设计生产方面取得了显著成绩，对推动四川省林业产业绿色可持续发展、林竹产业和家具制造产业的升级发挥了重要作用。同时，通过开展"'非遗＋扶贫'背景下凉山彝族地区传统手工艺创新模式研究"等课题研究，助力乡村振兴。

近年来，"80 后"青年优秀人才徐振锋教授、涂利华教授带领的研究团队在高山/亚高山森林生态系统和亚热带常绿阔叶林对全球变化的响应机制研究领域取得的成就，居全国林业院校同类研究先进水平，SCI、CSCD 收录论文数量和质量在西南地区林业教育和科研单位中处于领先地位。绿色、和谐的林家也深深吸引了以毕业于荷兰莱顿大学的林恬恬、陈刚，毕业于美国路易斯安那州立大学的谢九龙为代表的一大批青年才俊，新一代林家传承人怀揣与"林"有约的梦想朝气蓬勃，中青年学术骨干队伍正在崛起。

走过风雨，走过四季，走过 114 年……对绿色事业的热爱，对绿色愿景的向往，激励着一代又一代的林家人义无反顾地坚守着绿色使命。学校新的进军号角已吹响，面对新时代对美丽中国建设的绿色需求，林家人将继续弘扬"川农大精神"，进一步推进学院文化建设，以更深厚的家国情怀，更坚定的战斗激情，更昂扬的奋进姿态，乘风破浪，砥砺奋进！

园艺人的"三农"情怀

园艺学院

在川农大,有这么一群人,他们带着"川农大精神",怀着一腔深情,走遍巴蜀山水,踏平崇山峻岭,把论文写在大地上,把成果留在百姓家。不论时代如何变迁,他们都用行动诠释着"川农大精神"的时代内涵,探索出"社会服务＋科技扶贫""人才培养＋教育扶贫""党建工作＋产业振兴"的"园艺科技扶贫"模式,为"菜篮子""果盘子"和"茶杯子"贡献着园艺力量,为菜农、果农、茶农贡献着园艺智慧。

"菜篮子"的传递人

"菜篮子"一头连结着农民,另一头连结着市民,两头都是不折不扣的民生工程。为了守护好菜篮子,园艺人从 20 世纪 90 年代便始终致力于让农民的菜篮子更大更结实,让市民的菜篮子更优更丰富。

作为雷波村民世世代代赖以维生的产业,当一片又一片的莼菜齐根腐烂,滑溜溜的果胶如同老乡的眼泪般簌簌地往下掉时,"三区"才人、凉山州雷波县科技特派员、园艺学院蔬菜专家郑阳霞副教授放下背包,脱掉鞋子,卷起裤腿跨入没膝深的莼菜田中查看,开始关注起马湖莼菜产业的发展。

其时,叶腐病正在雷波全域暴发,当地莼菜产业濒临灭绝。但此时的郑阳霞从没接触过莼菜研究,国内关于莼菜的基础研究资料也很有限。面对情况不明、领域不熟、资料不够等困难,她迎难而上,带领团队对马湖莼菜产业开展了全面调研。他们通过查阅大量文献,到各村采集样本,再带回学校做实验分析,最终得出结论:"叶腐病暴发""土壤贫瘠""种苗老化"是马湖莼菜减产的三大原因。他们紧跟着又从改进肥料配方和药物配方入手,边干边学。通过多年科技攻关,制约莼菜产业发展的瓶颈问题一一被攻克。到 2020 年,雷波马湖莼菜已由 2015 年濒临灭绝发展到 1200 余亩,亩产值达 1 万元左右,全面提高了生产水平和经济效益。

郑阳霞的工作只是近年来园艺人"菜篮子"事业中的一部分。早年间林艺、李能芳等老一辈蔬菜专家怀揣使命从理县开始了筑梦之旅,他们从选种到栽培再到选育,将理县大白菜做成了响亮的区域品牌。如今,李焕秀、严泽生、贺忠群、赖云松等中、新生代蔬菜人,继承老一辈蔬菜人衣钵,继续在理县开展"菜篮子"工作的同时,不断拓展"菜篮子"的服务区域和广度。李焕秀教授带领团队主持的"泡制辣椒新品种选育及栽培技术集成创新与应用"获得四川省科技进步二等奖,为"三州"发展"菜篮子"产业提供了新的增长点。严泽生副教授主持选育了"川紫无筋菜豆"等新品种，填补了学校蔬菜品种选育方面的空缺，为无数乡镇农户带去了丰收增产的希望。年轻一代的赖云松教授放弃国外优厚待遇，带着家人义无反顾地回到母校工作，在秦巴山区引种的山葵新品种成为当地增收主产业……

川农大蔬菜人怀着对土地、对百姓的情意，传递着好的技术和好的成果，为老百姓带去实实在在的收益，在21世纪把乡村科技振兴这条路坚定地走下去，把"兴中华之农事"的初心传下去。

"果盘子"的守护人

在追求美好生活的路途上，营养充分、健康美味的各色水果必不可少。为了让千家万户吃上更健康、更安全、更富营养的水果，园艺学院的果树人一头扎进果园，力求用毕生所学打造出最好的"果盘子"。

从1993年起，汪志辉便跟随老一辈柑橘专家刘远鹏和曾伟光等老师以三台团结水库和蒲江寿安为基地，以柑橘产业提质增效和解决生产实际问题为切入点与柑橘结下了不解之缘。2007年，当汪志辉作为校地合作专家来到石棉进行调研和技术培训时，他发现当地的一种天然杂交柑——黄果柑具有产量高、特晚熟及花果同树的特性，在当时极具市场竞争力。然而，黄果柑种植户并不赚钱，问题出在哪里？他一直在寻找答案。2010年被省委组织部派到石棉县任副县长后，他对当地黄果柑、枇杷、草科鸡种养重点乡镇、村、组进行了更深入调研。每次黄果柑现场培训会，他都到场参加，对于农户的问题他都不厌其烦一一作答。他从黄果柑的天然杂交群体中选出了优株，优化了其生产技术规程，极大地提升了黄果柑的品质，并以此为基础在石棉县建起了黄果柑国家级标准化示范片1万余亩，在12个黄果柑种植乡镇组建了15支专业技术服务队。目前，石棉全县黄果柑种植面积扩大到了7.5万亩，产量从2100吨增加到了33000吨，产值更是从500万元增加到了近4亿元，带动了全县8万农民增收致富奔小康。

除发展黄果柑外，汪志辉在石棉农业局的配合下对全县现存的1.6万余株野生枇杷资源和16株300年以上的野生枇杷古树进行实地调研，并开始谋划当地枇杷产业的发展。终于，2011年石棉县被世界园艺学会确定为"世界枇杷栽培种原产地"，这也奠定了中国枇杷在世界枇杷产业中的地位。目前，石棉县优质枇杷面积发展到1万余亩，其中精品枇杷示范片面积已达2000余亩。

园艺人中还有一位将果树视为"最爱"的吕秀兰教授。作为国家现代农业产业技术体系四川水果创新团队和科技扶贫万里行水果产业技术服务团首席专家兼葡萄岗位专家，吕秀兰教授曾以出色的工作成效获得全国科技扶贫表扬。她长期从事果树新品种选育、高品质安全配套技术栽培与废弃物资源化利用等重大领域关键共性技术研究及成果转化推广工作，把老百姓过上好日子作为初心，把脱贫攻坚作为使命。

"吕樱桃"和"吕葡萄"这两个特殊的称呼是对她几十年工作的肯定。20世纪80年代初，甜樱桃从国外引进，由于对它的生长特性不了解，有的地方引入后不结果，导致在 90 年代初大量砍树；西南地区高温高湿、寡日照，葡萄产业也存在品种及种植模式单一、病虫害严重、品质差、经济效益低等突出问题。针对这些现象，她立志要栽出中国最好的甜樱桃和葡萄。

20 世纪 90 年代前，好的葡萄种苗都是从国外引种，获得种苗难度极大，加上当时能够做葡萄高分子实验的条件极其简陋，人手严重不足，她带领团队一边搞栽培技术，一边开展技术指导，攻克一个个瓶颈技术问题，对促进全省葡萄和甜樱桃高质量发展起到了重要作用。这些年，她带领团队在葡萄方面的研究部分技术成果达到世界领先水平，18 个品种产品先后获全国优质葡萄评比金奖。而她选育的甜樱桃新品种在汶川、理县、汉源等种植面积 5 万余亩，收入达 1.5~2.5 万元/亩，还形成了"科技特派员＋企业（专合社）＋基地（种植大户/贫困户）"传帮带和科技成果推广转化新模式，为灾后产业重建与发展做出了贡献。

平凡的人在平凡的岗位上也能做出不平凡的事。园艺学院有一支队伍，是教育部首批全国党建工作支部样板支部。作为全国党建样板支部负责人，龚荣高带领团队先从导师张光能教授等在阿坝州布下的"点"开始，选定汶川作为支部建设的起点，希望在新时代把"社会服务＋科技扶贫""党建工作＋产业振兴"融合贯穿于全面建成小康社会和乡村振兴的伟大事业中。

汶川俄布村是海拔 2000 米的贫困村，当地种植羌李，但受到恶劣自然气候的极大限制。龚荣高了解情况后，克服低温高寒、高海拔缺氧、山路崎岖陡峭等困难，多次带团队深入该村开展技术攻关。他创新地将帮扶单位、高校和村党支部进行资源整合，将高校的党建工作延伸到乡村，建立"党员专家教授＋党员技术服务队＋果农"的科技梯度推广模式，在帮助地方产业兴旺的同时，将"扶智"与"扶志"结合，促进乡村可持续发展，解决农业科技推广中"最后一公里"的问题。2019 年，俄布村村户种植脆李平均收入达 4.5 万元，比两年前翻了好几番。

龚荣高还将党建示范基地建到了汉源和雷波，助力当地产业发展。如今走进汉源的清溪甜樱桃基地，一亩地的最高纯收入可达 13 万元。他回忆起 2015 年下派汉源时，在调研过程中，看到很多农户在卖甜樱桃。一个经销商问果农，甜樱桃多少钱一斤。果农比了三个指头，当时他以为是 30 元一斤，结果听见经销商问："两块钱卖不卖？"这时，他才知道原来是 3 元一斤。果农告诉他，不卖没办法，到了晚上果子就都烂了，损失更大。原来当时果农栽培技术没跟上，滥用生长调节剂，导致果实品质很低，特别不耐保存，不仅卖不了钱，还出现了砍树的情况。看到果农眼里的无奈，作为一个研究果树的人，龚荣高十分心酸。那之后，他就有了将汉源的甜樱桃产业"做起来"的想法。经过大量调研之后，他针对汉源实际情况制定了甜樱桃标准生产规程流程，当地的甜樱桃质量开始上升。

在他的努力下，汉源甜樱桃产业越做越大，2016 年第一次卖到了北京。他指导的山里红合作社还被评为四川省省级示范合作社。作为挂职干部，他获得了雅安市三等功……这些成绩都是他和团队一步一个脚印团结拼搏干出来的。

汪志辉教授、吕秀兰教授和样板支部等果树专家所取得的这些成绩，既有他们自身扎根基层、艰苦奋斗的努力，更有得益于老一辈果树人的积淀与引领。回顾川农大园艺人的社会服务，不能不提到李大福、苟剑英、张志鹏、张光伦等老一辈果树人做的铺垫。今天的园艺果树团队很好地传承了老一辈果树人"立园博学，精艺惠民"的精神，努力当好"果盘子"的守护人。近5年，不仅产出省级科技进步奖4项、省级教改3项、高水平论文100余篇，1000余人次奔赴科技服务一线，开展专题讲座100余场，受益群众上万人，还涌现了汤梨子、罗博士草莓、邓老师贵妃枣、王博士樱桃等叫得响的品牌。年轻的一辈正准备接过前辈务实与创新的接力棒，将川农大人对"三农"的那份深情在新时代不断传递、传承。

"茶杯子"的追梦人

"茶的香气里，明明写满了一片叶子整整一生的苦难，却呈现出了令人宽慰的芬芳与甘甜。"这是茶人心目中对茶的写照，也是学校茶学"双杰"——茶树育种专家唐茜教授和茶叶评审加工专家杜晓教授的真实写照。

他们都是16岁进入川农大读书，成为川农大人至今已整整40年。刚参加工作时，他们和其他人一样，几个人住一间宿舍，生活条件差、实验设备简易、待遇低，有人出国了、有人调走了，但他们却执着坚守自己热爱的事业……40年，他们把青春留在了川农大。凭着干一行、爱一行、钻一行的精神，他们在有限的条件下做出了不平凡的成绩。

早在20世纪80年代，茶学系老前辈施家璠、陈瑜进、王宗尧、李家光和谢序宾等老师就带领他们深入各地茶区去开展科研和技术咨询服务，去珙县指导开展低产茶园改造，在荣县指导茶叶加工和开发新产品，到当时的新胜（现重庆永川）、苗溪（芦山县）、雷马坪（雷波）和汉王山等茶场指导茶叶基地建设和茶叶加工，先后开办技术培训班18期，为四川茶产业的发展做出了突出贡献。

1999到2006年，前后历时8年，唐茜教授作为系主任带领茶学系老师与阿坝州汶川县林业局合作实施退耕还茶项目，创建茶叶生产基地，每年要从雅安往返汶川十余次。条件十分艰苦，茶学系老师们发扬"川农大精神"，吃苦耐劳，汗水和脚印遍布汶川的茶山。从基地选址规划到茶地开垦，从茶苗种植和管护到投产采摘，从茶厂规划建设、设备调试加工再到产品开发生产，他们手把手地将种茶和制茶技术教给当地农民和企业，高质量高标准地建成了3000余亩高标准茶园基地。基地的建成不仅改变了阿坝州不种茶的历史，还成为阿坝州退耕还茶和精准扶贫的先进典型。

20年来，唐茜教授带领团队选育的省级审定品种和农业农村部登记品种已有12个，获授权国家发明专利6项，收集保存茶树种质资源材料1000多份，合作建立了省级茶树资源圃，她主持的"野生茶树种质资源发掘与特色新品种选育及配套关键技术集成应用"获得2018年四川省科技进步一等奖。

每一项成果都来之不易，通向成功的路上总是艰辛坎坷。唐茜参加工作时主要从事茶树栽培教学与科研工作，2000年她承担了省科技厅茶树育种攻关课题的子课题。一开始，由于没有育种材料积累，只好从省外引进20多个品种进行品比实验，辛辛苦苦做了5年试验，只筛选到2个较适宜四川搭配种植的品种。2005年课题结题验收，她承担的子课题仅得到基本合格的评价，课题经费也削减了一半。这事对她触动很大，也倍感压力。从那时开始，唐茜变压力为动力，从寻找茶树资源材料开始，带领团队年轻老师和研究生，深入四川各个偏僻茶区寻找资源。她记不清摔过多少跤，脚和腰椎都骨折过，仍坚持不懈。因不少偏僻茶区不通客车，为收集茶树资源资料，40多岁的她专门去驾校学习驾车，考驾照。获得驾照至今，她和团队的老师驾车总共行程10多万公里，先后到古蔺、沐川、南江、雷波、北川、青川、旺苍等偏僻之地，跋山涉水到深山老林考察和收集野生人茶树资源。在选育紫嫣新品种母树时，连续3年，她和研究生们前前后后十多次到沐川海拔1200多米的李家山茶园选育种材料，雨天泥泞路上摔跤成了家常便饭。天道酬勤，经过十余年艰苦奋斗，2018年被誉茶中"紫霞仙子"的"紫嫣"被授予品种权，登记为新品种，沐川县已将之作为打造中国紫茶之乡的特色品种进行重点推广种植。

和唐茜教授一样，杜晓教授在川农大学习、生活和工作的40余年，也对茶有说不完的爱。

杜晓对事业的执着从不断突破自己开始。他曾在日本求学一年，老师有一个让天然产物提高附加价值的课题，前期是一个日本博士后在做，3年都没出结果。老师问杜晓，你敢不敢来试试？面对这个"高难度"课题，他把此前的研究报告拿来认真研看，第二天回复老师："我一定能做出来。"为什么？因为他在读博士期间的研究方向正是植物多酚化学，5年的学习中他获得了2项国家发明专利和3项技术发明，加上前期做的茶的成分实验中有茶多酚提取分离，有实践基础和经验。

"想要研究一种物质的分子结构必须先得到纯物质，茶是发源于我国，日本人做得这么好，为什么中国人就不行？"杜晓下定了要争口气的决心。于是，他开始了艰巨的工作：每天工作12个小时，每天蒸发有机溶剂20公斤，最多的时候，一个植物材料分离出17种接近晶体的成分才停手。拼搏之下，不到一年，他成功完成了课题。

21世纪初，杜晓萌发了恢复川红工夫茶的想法。四川红茶是世界知名的三大红茶之一，又名川红工夫茶。由于缺少代表性品牌，21世纪初川红功夫茶逐渐衰落到停产数年甚而消失。

杜晓带头开始从头创新。工艺是教科书上有的，关键是要掌握具体发酵程度等整个制作流程中的每一项工艺的技术指标参数。2005年，艰难的试生产开始了，一次次尝试，一点点摸索……几年的工夫终于赢来成效。到2010年，杜晓的试验成功带动川红工夫茶恢复生产；2014年，川红工夫红茶制作技艺成功被列为四川省非物质文化遗产；2019年，四川红茶总产量突破百万斤；2020年川红工夫品牌"宜枝独秀"进入大众视野……几乎要在历史中消失的川红工夫茶产业重新复苏生机！

"作为一名'川农大精神'的传承者、践行者，我们是从自己老师们的身上学习、感悟和体会到了川农大人那种奉献、艰苦奋斗的精神。老师们吃苦耐劳、敬业爱岗的精神，在潜移默化中让我们学会了认认真真做事、踏踏实实做人。如今看到新一代川农茶人不断崛起，我们也感到高兴。"这是唐茜和杜晓共同的感受和体会。前辈影响了他们，而他们正用自己的行动影响着更多年轻人。

"川农大精神"命名20年，是园艺人不断奋进的20年，有走过谷底的寂寞，也有登上高峰的喜悦，更有未来筑梦奋斗的豪迈。它犹如一瓶老酒，人人都是品酒人和传承人，随着时间奔流，它定然愈陈愈香。

　　站在新的征程起点上，园艺人将在乡村振兴的路上继续奋力前行。

十年风景载歌行

风景园林学院

10 年前，初见风景园林学院之时，她只是一个由雅安校区林学园艺学院园林系、成都校区园林研究所和都江堰校区园林专业（城市风景园林方向）组建而来的崭新学院：搁置一个未知的问号。

10 年后，在"川农大精神"指引下，风景园林学院艰苦创业、团结拼搏，用迅速的发展和斐然的成绩为波澜壮阔的川农大增添了一道亮丽的风景线：成为一个已知的感叹号。

爱国敬业的集结之歌——新学院

10 年风景载歌而行，歌到之处一呼百应。

风景园林学院成立的集结号在 2010 年吹响，一个由三校区不同专业及师资组建而来的崭新学院在成都校区快速集结。他们带着早已融入精神血脉的爱国敬业精神，将个人努力融入到学校和学院发展中，满含信心地走向被戏称为"光灰校园"（彼时成都校区刚投入使用，尚未建设完成）的成都校区和未知的风景园林学院。

心怀梦想、敬业奋斗从一定意义上也诠释了爱国主义。都江堰校区的老师刚从地震板房中搬出来，又义无反顾地投入到成都校区新建的工地中。

"新学院成立了，带上行李开着我的哈飞小汽车，我一个人就来了温江。白天上课，晚上没地方就在新建的八一康复中心病房住着，直到找到房子。"蔡军老师在回忆学院新建时的趣事时说道。

学院教职工家属多在雅安校区和都江堰校区，老师们不得不与家人暂时分开，"单身汉"们组成的学院没有一丝消沉之气，人人坚守岗位，在苦中作乐时播撒出风景园林学院文化的种子。

条件虽艰苦，但是大家不抱怨、不灰心，心中反而有一股子劲，对于新学院的未来充满了憧憬和美好向往。

艰苦奋斗的出征之歌——冲出去

10 年风景载歌而行，歌到之处豪气干云。

2011 年，风景园林学院成立仅仅一年，就成功申报风景园林一级学科博士授位点。

这么短的时间，这么新的学院，为什么能在学科建设上取得这么大的进步？此事在当时引发了广泛讨论。

对此，院长陈其兵谈起来特别自豪："虽然风景园林学院的历史不长，但是我们的学科历史却不短。四川农业大学早在1993年就开设了园林专业，1995年设置园林本科专业，是当时四川省唯一从事园林本科教育教学的高等院校。在那个连制图室都需要打'游击'的办学时代，我们就有了雄心壮志——冲出金鸡关，走向全国！"

到2000年，短短7年，园林专业实现了从专科到本科再到硕士点的跨越式发展。到2005年，在"园林植物及观赏园艺"二级硕士点基础上，成功获得风景园林专业硕士学位授予权（第一批全国仅有39所院校）。

艰苦奋斗不仅仅是"川农大精神"之中的几个字，更是融入到师生的血液中。

"当年刚参加工作的时候，黑得像个建筑工人。"环境设计系主任蔡军教授回忆起自己在雅安工作时说，"夏天时常在成雅高速的工地上，热的只能光膀子，脖子上搭一条毛巾擦汗，和工人们一起工作。"

这里还有个小插曲：学院准备正式成立时，学院领导得到国家可能要把风景园林从建筑学中分离成为一级学科的信息。为了抓住机遇，学院专门向学校提交报告，就这样，原本打算命名的园林学院最终敲定为风景园林学院。

万事俱备，只欠东风。在绝望中寻找希望、在困难中找到方向，"川农大精神"赋予川农大人从不服输的性格。

陈其兵在说到学院成长和"川农大精神"时说："'川农大精神'在日常工作中没有多高深，就是实实在在做事情，艰苦奋斗去拼搏。"

面对新学院成立以来的第一场硬仗，再难再苦，只要有一点机会也要主动出击、付出百分百的努力。

团结拼搏的战斗之歌——困境不困

10年风景载歌而行，歌到之处齐心协力。

2010年新学院组建完毕，头等大事就是学科建设。学院面临的困难是全方位的：当时全校连工学硕士点都还没有，更没有相关工学学科可以做支撑。这样一个新成立的学院，甚至连一个工科背景的教授都没有，要想申报工学一级学科博士授位点有点像天方夜谭。

最丰盈的，只有一种流淌在血液里的精神：学校全力协调，林学院和园艺学院等单位的全方位支持，全院上下拼搏和奋斗……

"川农大人分院不分家，我们获得了所需相关学科上的充分支持。"学院副院长潘远智谈道，"当时林学园艺学院被拆分成三个学院，真的要感谢其他几个学院的支持，学科上主要依托的就是以林学为基础、在园林植物方面的优势。"

来自外部竞争的压力也很大。当时全国建筑类、城市规划类、林学类、观赏园艺类院校都想要参与首批风景园林一级学科博士授位点的申报，其中不乏清华大学、同济大学、东南大学等名校。

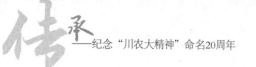

学院师生没想那么多，撸起袖子加油干。有一个细节很能说明问题，为了赶上两位专家的日程，陈其兵乘坐早班飞机到北京征求一位专家意见后，又马不停蹄乘坐下午航班飞去南京，只为赶上晚饭时间向另一位专家当面请教。

一级学科申报评审中，学院在工科研究方面的成果虽不如其他建筑类院校，但正是由于长期以来师生不畏艰苦，参与了非常多的园林工程设计及施工项目，拓宽了在园林植物研究和规划设计市场的结合面，最终成为申报中的巨大优势。

江明艳老师回忆那段时光说："陈院长在外奔波，我们就在电脑前、在办公室为他做后台支持。"刘维东、蔡军、江明艳等一人身兼数职，白天上课，晚上加班，还要在每次研讨会后精心整理新增内容。

"全院上下齐心协力、都有一股子劲，这种劲就是'川农大精神'最集中的体现。"学院副院长李西说。

最终，学院成为全国19所拥有风景园林一级学科博士授位点的院校，其中包括清华大学、同济大学、武汉大学等部属名校。而在西南地区省属院校中，四川农业大学是唯一申报成功的院校。

求实创新的逐梦之歌——亮丽风景线

10年风景载歌而行，歌到之处硕果可觅。

10年来，秉承老一辈川农大人"兴中华之农事"的豪迈，以求实、创新为学院发展的灵魂和前进动力。风景园林人勇于追梦、勤于圆梦，敢想敢打敢拼，美丽风景线愈发亮丽。

学院中最亮眼的星，莫过于朝气蓬勃的风景园林学子们。余普、罗兰两位同学在2016年参加了学院的景观设计大赛后感到疲惫不堪，但在学院以赛促学的浓厚参赛氛围中，她们依然决定参加ASLA大赛。

"无知者无畏，我无所谓！学院的氛围影响我们，挑战中一定有人闻风丧胆，勇者终成高级玩家。"余普同学在采访中说道。初生牛犊的她们在李西教授的指导下，通过三个多月的努力完成了参赛作品的提交，其中仅参赛的英文文本准备就花了一个月的时间。最终她们成为继清华大学后获得ASLA奖项的又一学生团队，这也为她们叩开了哈佛大学和香港大学的校门。

学院坚持通过举办景观设计大赛、插花艺术等比赛，在优化学风建设的同时让学生积累更多专业类比赛经验。学院党委充分发挥思想政治引领功效，学院教风、学风良好，获评学风建设示范单位和优秀基层党组织。截至2020年，风景园林学子在景观设计类国际竞赛中获奖60余项。

10年间，学院在人才培养中勇于开拓创新。积极开展人才培养国际化建设，并为毕业生就业打造行业服务平台。

"在探寻更高层次的教育时，我憧憬多元文化的交织碰撞能带给我全新思考问题的角度和方法。感谢学院为我们的梦想所付出的努力，让我们更先看到更远的未来和去处。"陈顾林同学在2019年同时获得哈佛大学、康奈尔大学、宾夕法尼亚州立大学的

"offer"后，在采访中说道。

学院从 2011 年筹备中美联合办学开始，"走向国际"的步伐就从没有停止过。2013 年与美国路易斯安那州立大学签订校际合作协议书及交换生项目合作协议书，举办中美合作班暑期夏令营集训；2017 年与法国波尔多国立高等建筑景观学院签署学生交换项目合作协议书。学院先后与美、法等 7 个国家 10 余所一流大学建立人才培养合作关系。学院学生升学及留学发展服务中心的成立更是为同学们提供了有针对性的指导，毕业生出国率一直位列学校前茅。

10 年间，学院领导班子带领教师走访了包括成都、重庆、上海、深圳、北京、西安等百余家企业。暑假期间，为了能多联络几家企业，学院党委办公室的老师在 40℃ 的重庆，坚持开着空调坏掉的汽车疾驰奔波。他们从联络校友资源出发，最终整合了西南地区风景园林行业的优质企业群体，成功搭建了风景园林行业精英会，为学生职业生涯指导和就业开通了行业直通车，包括文科园林、贝尔高林等多家行业上市企业，直接为学院开通了专设学生实践岗位。

10 年间，学院踏实做科研，积极开拓生产、教学、研究工作融合发展新道路。学院以风景园林一级学科硕士、博士授予点为依托，大力发展师资力量，师资队伍从刚组建时的不到 60 人，到如今近 90 人，其中高级职称教师人数增长一倍有余。同时狠抓教学科研硬件基础和教学平台，10 年间学院实验室面积从几百平方米增长到了如今的 3500 平方米，新增研试验基地 200 余亩，各类仪器设备 1000 余台；新建成包括四川省风景园林工程重点实验室、风景园林实验教学中心（省级）、西南城镇风景园林协同创新中心培育基地、四川省风景园林花卉工程实验室、四川风景园林艺术设计工程研究中心、全国示范性风景园林专业学位研究生联合培养基地等高端平台。

正是有了扎实的教学科研基础，学院科学研究硕果累累。学院先后获得国家科学进步二等奖 1 项，省级科学进步一等奖 3 项、二等奖 6 项、三等奖 8 项，教职工累计发表 SCI 等论文 400 余篇，申报各类专利 1400 余项，纵向科研经费增长近 6 倍，社会服务效果显著，横向合作经费增长近 10 倍；获得国家自然基金项目 16 项。

与此同时，学院高度重视把科研成果落地服务社会。10 年间，学院教师先后主持各种规划设计项目 200 余项，其中获国内外规划设计奖 20 余项。

学院始终坚持院企、院地融合的思路，让学院成果得以输出，学校人才得到锻炼，企业和社会得到高水平专业服务。"川西林盘""西蜀园林""竹林康养"，一张张具有地域特色和学院专长的名片被行业熟知，真正做活了川农大风景园林学院，让学院工作更加亮丽。

百年川农，风雨兼程；十年风景，刚启序章。

风景园林学院将继续以西南地区丰富多彩的园林植物资源、历史悠久的西蜀园林、独具一格的川西林盘为依托，着力公园城市、国家公园和乡村规划振兴国家战略，构建以园林、风景园林、环境设计等专业协同融合发展的风景园林学科专业群，把学院建成具有国际视野的风景园林类高层次人才培养基地，培养更多人才高唱着"川农大精神"之歌，培育更多成果体现川农大风格，走向更宽广的世界。

"川农大精神"引领资源学院前行

资源学院

  百余年的风雨历程中，川农大人秉承"兴中华之农事"的初心和使命，积淀、凝练形成了以"爱国敬业、艰苦奋斗、团结拼搏、求实创新"为核心内容的"川农大精神"。时值纪念"川农大精神"20周年，回顾资源学院的发展史，就是这个团结奋进的集体中每一位成员，几十年如一日，不断拼搏奋斗、团结创新、严谨执着，缔造和践行"川农大精神"的历史。

艰苦奋斗 团结拼搏 专业学科不断发展壮大

  筚路蓝缕，披荆斩棘，从无到有，由小到强。资源学院最早可追溯到 1936 年四川大学农学院农艺系的农业化学组，至今已有 80 多年的历史。一代代资源人艰苦奋斗、团结拼搏地为学院发展提供了不竭动力。

  前有"耳顺"之年彭家元教授带领年轻人改造渍江农场下湿田，不畏艰苦，风餐露宿，徒步翻越海拔 3000 多米的二郎山，调查雅安山区土壤，建立了二郎山土壤地理学野外实习基地。印尼华侨李厚实老师，放弃国外富裕家庭和优越条件来校任教，即使退休后依然发挥英语优势，担任原资源环境学院关工委老师，指导本科生提升英语水平。王祖泽教授开创了学校的农业环境保护专业，推动了土壤学科建设，1986 年土壤农化系首次招收土壤学专业硕士生，1990 年获准土壤学专业硕士学位授予权，学科发展开始迈上了新台阶。黄怀琼教授作为资源学院微生物学科的奠基人，开启了学校生物固氮研究，选育出的高效花生根瘤菌 85－7 菌株，在四川省和重庆市大面积推广，成果获四川省政府科技进步二等奖。张仁绥教授开创了土壤肥力与土壤健康研究领域，在化肥尚未普及的年代就关注经济植物土宜、土壤污染问题，成为目前土壤学研究的重要方向。刘世全教授为了认识四川盆地和西部山地高原土壤，在"文化大革命""停课闹革命"的艰苦环境下，同张仁绥、杨琢梧、曾凡辉、杨俊良、杨光辉等教授一道，主动争取机会参加土地情况调查、全国土壤普查，脚步遍布四川和西藏高原，系统研究了横断山区土壤与植被、气候、地形、母质等环境因素关系，研究成果获国家科技进步二等奖，西藏自治区科技进步特等奖，为土壤学科科研、教学提供了宝贵材料。蒋道德教授作为全国和四川省第一次土地资源利用现状详查的技术专家，开启了学院土地资源调查、对外合作的先河，先后组织指导、参加了四川省多个县市的第一次土地利用现状详查，着眼于我国土地资源管理发展。1993 年学校成功开设了土地资源管理专业，是国内最早开设本专业的农业大学之一,为社会培养了大批亟须的土地资源管理专业人才。李登煜教授作为承前启后的一代资源人,让前辈的拼搏求实与年轻一辈的求知创新得以很好地融合、延续,让"川农大精神"在年轻资源心中扎根、开花结果。20世纪80年代初,在王祖泽教授大力支持下,李登煜带领全系教师认真分析环境保护学科发展趋势,积极与国内同行交流,认真做好开办农业环境保护专业的各项工作;经过多年努力,1985年成功招收了第一届农业环境保护班本科学生,1986年农业环境保护专业正式招生,成为国内较早设立农业环境保护专业的农业高校。

20世纪80年代中后期,先后有邓良基、王昌全、张小平等中青年教师出国留学,学成后没有留恋国外舒适的生活条件、优越的科研环境,全部按期回国,站在了教书育人的第一线。学校原党委书记邓良基教授,还充分利用留学德国的机会,引入当时先进的航片转绘技术,应用于学校承担的第一次全国土地利用现状调查和本科教学,使学校成为四川省土地利用现状调查的技术引领者,促进了学校和四川省土地资源学科的发展,开创了资源学院加强与地方政府合作、积极服务地方经济的先河。在留学期间,他还针对国内当时造纸黑液处理技术落后的现状,与德国北威州政府和相关企业积极沟通协调,获得了开展造纸黑液无害化处理的国际合作项目。为缩短外汇达到时间,归国时他从德方合作单位直接带回了5万马克现金的合作经费,极大地推动了学校环境工程学科的发展。王昌全教授系统研究农业废弃物资源农田循环利用技术模式及其物质、能量转化特征,土壤质量演变及其持续利用新方法新技术,区域环境污染源解析及其生物生态响应与防控技术,耕地资源协同调控及其退化阻控与保护技术,促进了土壤学科的进一步发展。在年轻教师中,袁澍以第一作者在国际一流学术刊物《美国科学院院报》(PNAS,5y IF=10.6),向泉桔以第二作者在国际一流学术刊物 Nature,胡玉福、李婷分别以第一作者在国际地球科学及土壤科学领域顶级期刊 Land Degradation & Development(影响因子9.787)发表学术论文。黄化刚、唐晓燕2位青年教师入选四川省级人才工程项目。年轻力量们在遵循前辈的脚步中艰苦奋斗、团结拼搏、开拓创新,为专业学科的发展做出了更多的成绩。

爱国敬业 求实创新 谱写美丽篇章

资源人践行和传承着爱国敬业、求实创新的精神,不断奋进,将教书育人、知农爱农、强农兴农的执着情怀根植于心,薪火传承,推动了学院专业全面拓展,学科快速发展壮大,人才培养质量稳步提升。

一路走来,学院始终以"兴中华之农事"为己任,紧抓学科特色,形成了以长江上游土水资源调查评价与可持续利用、元素调控与生物健康、微生物多样性与资源利用和农业环境修复与土地整治为主要特色的研究方向,致力于解决、研究农业农村发展的实际问题,认真完成好所承担的国家及地方级科研任务,把论文写在大地上。2017年,由生态环境部、自然资源部、农业农村部组织开展的"全国土壤状况污染详查"工作在全国范围内启动,受四川省环保厅、农业厅的委托,学院承担了四川省农产品及协同土壤的样品采样、流转与农产品样品制备工作。学院高度重视,强化组织领导,由学院党政领导牵头，整合院校力量，成立了四川农业大学资源学院土壤污染详查组织机构，设立以学院党政领导、各系所负责人为主的详查领导小组，成立详查办公室、内部质控组、详查采样组、农产品制样及流转组、后勤保障组等工作小组共计 62 个。组织开展野外核查技术培训、土壤及农产品样品采集技术培训、有机样采样专题培训、农产品样品制备专题培训、质控工作专题培训等 23 次，印发自制技术手册 2800 余份，做到 62 个小组共计 500 余人全覆盖。从 2017 年 8 月—2018 年 10 月，特别是利用两个暑假，学院党政领导、30 余名业务教师和 500 余名研究生及本科生共同参与相关工作，工作范围覆盖四川省 19 个市州 113 个县。师生克服暴雨、泥石流、塌方等自然灾害，不畏酷暑，累计完成 6186 个样品采集（其中：土壤样品采集 3369 个，农产品样品采集 2817 个），完成 3158 个农产品样品制备，为下一步动态掌握全省土壤环境质量状况和土壤污染防治提供了基础支撑。该项工作的圆满完成得到了四川省土壤污染详查办、省环保厅、省农业厅等部门的高度肯定和认可，信息工程学院院长高雪松教授、资源学院陈光登教授、辜运富教授也因工作突出，获评生态环境部、自然资源部、农业农村部联合授予的全国农用地土壤污染状况详查表现突出个人。学院近 5 年来承担了这类项目近 500 项，总经费 8000 余万元。同时学院还积极开展院地、院企合作，构建了"政产学研"结合的社会服务模式，与企业、地方签订技术合作协议近 300 项，在四川建立了 20 多个市县区农业信息服务示范点，推广转化科研成果 20 余项，积极推动农业农村事业的发展，创造社会经济效益 30 余亿元，学院全体教师践行在爱岗敬业、求实创新的职业道路上。

学院从原有的农化系到现在的资源学院，由土壤及植物营养专业 1 个本科专业，发展到 2015 年分院前的 9 个本科专业。学科由最初 1 个硕士招生点，到目前拥有 1 个一级学科博士学位授权点（农业资源与环境），5 个二级学科博士学位授权点（土壤学、植物营养学、微生物学、土地资源学、农业环境保护），建立了较为全面的学科体系。2016 年，全国第四轮学科评估启动，学院积极应对，从资料搜集汇总、到报告初稿直至定稿，学院领导、系主任与相关负责老师不分昼夜，历时 3 个月，认真准备材料，同时积极与校外相关专家沟通，邀请相关专家提出修改意见，农业资源与环境最终在全国第四轮学科评估中取得 B 等、位列全国第十的好成绩。同年，学院成功增设土地资源学和农业环境保护 2 个二级学科。农业资源与环境一级学科博士点于当年 7 月成功通过国务院学位委员会和教育部农业资源与环境学科评议组的合格评估。

进入 2000 年后，学院专业和学科发展进入快车道，资源环境与城乡规划、地理信息科学等 6 个新专业在短时间内陆续成功开设，师资力量短缺，尤其是博士学位教师比例低，严重影响了学科建设，教师学缘结构单一的短板尤为突出，亟待改善。院长王昌全教授带领院班子成员，认真分析本科教学和学科发展形势，出台激励政策，制定了学院学科建设规划和师资结构提升计划，鼓励年轻教师到校外攻读在职博士和出国留学，他以身作则，到西南大学完成了土壤学在职攻读博士学位学习。学院中青年教师中，张小平、李廷轩、陈强、夏建国、李婷等 10 余位先后赴华中农业大学、浙江大学、中国农业大学、西南大学和中国科学院大学等高校完成在职攻读博士学位，以及到美国、日本、德国、芬兰等国家留学，极大地改善了师资队伍结构，提升了教学水平。通过学习和进修，一批年轻教师受到锻炼，能力得到提升，成长为学院本科教学和学科发展的中坚力量。同时，学院还积极引进有留学背景的优秀博士充实到学院师资队伍，学院25%以上的教师具有留学经历，80%以上专任教师具有博士以上学位。通过院内培养、外派学习、人才引进，学院师资得到稳步提升，现有高级专业技术职务50余人，硕士和博士导师50余人，四川省学术和技术带头人7人，学术和技术带头人后备人选17人。学院的科研发展、人才培养得到了强有力的保障。

学院始终以学生为中心，把"立德树人"落实到行动中，将人才培养质量作为学院的工作中心，创新育人模式，结合学生个性特点和专业发展需求，构建了"全员全程导师制"：每位学生自进校起到毕业分配给一位教师指导，全院的每一位教师担任了5～6位本科生的指导工作，从大一到大四进行全程指导，致力于将学生培养成为对社会有用的高素质复合型人才。该项措施的实施，有力地提升了学院本科人才培养水平，学院毕业生的研究生考取率逐年提高，实现了跨越式发展。全院本科毕业生研究生考取率由2015届的24.1%上升至2020届的47.3%，农业资源与环境专业2020届达66.22%。2019和2020届共有四名学生考取北京大学硕士或硕博连读研究生。瓦赫宁根大学、哥伦比亚大学、东京大学、北京大学、浙江大学、复旦大学、南京大学、武汉大学、中国农业大学、四川大学、中国科学院大学和中国农业科学院等知名大学，世界500强、国企央企，以及相关事业单位都遍布了学院学生的身影。他们将在不同的岗位，继续传承并发扬"川农大精神"，讲好川农大人的精彩故事。

弘扬"川农大精神" 牢记生态文明初心使命

环境学院

1936年四川大学农艺系下设的农业化学组，在84年的发展历程中，逐渐壮大，从1985年招收第一届农业环境保护专业学生，发展至今，成为拥有博士二级学科授权点1个、硕士一级学科授权点2个，以及4个本科专业的四川农业大学环境学院。

在漫长的历史变革中，在巨大的挑战面前，环境人从未懈怠；在艰难的挫折难关面前，环境学院也从未退缩，始终以"川农大精神"为指导，披荆斩棘稳步向前，以积极负责的态度交上了一份份令社会、师生满意的答卷。繁多的工作固然充满压力，艰难困苦固然难以克服，但川农环境人始终铭记"爱国敬业、艰苦奋斗、团结拼搏、求实创新"的"川农大精神"，在造福社会、保护生态的道路上乘风破浪，砥砺前行。

矢志不渝川农情

感恩母校，扎根川农挥洒青春。历经数年，在环境学院这个大家庭里，有着太多的老师来来往往。在为梦想奔波的人群里，有着那么一些熟悉的身影。他们或一直留在川农大，不曾离去半步；或在川农大走过一段美好求学路后外出深造，最终仍回到母校，为母校的发展贡献青春力量。他们经历了那段在雅安艰苦奋斗的时光，见证了川农从普通高校跻身成为"211工程"重点建设院校、"双一流"学科高校的高光时刻，参与了环境工程本科一流专业建设，亲历了学科从无到有、由弱变强的发展变化。他们感恩母校，扎根川农，发光发热。在他们之中，有从求知求学到教书育人都坚定选择川农的张世熔教授、伍均教授等专家学者，以及徐小逊、杨刚、杨远祥等一批青年教师；也有在川农度过七年求学岁月后前往四川大学读博，最终学成归来的张小洪教授；还有在川农度过青涩本科生涯后前往香港大学深造，最终回到环境学院的罗玲副教授……环境学院如同一位母亲，见证了这些老师由青涩变得稳重，参与着他们的青春岁月似水流年。在这样数以十载的成长岁月里，"川农情"更是片刻不止地荡漾在他们的心间，成为他们心系母校、感恩母校的源泉。

不忘初心，齐聚川农共创荣光。在环境学院的师生群体中，有着太多太多的追梦人，他们在人生重要的分岔口来到川农，来到这个可以施展才华的舞台。初遇川农，他们得到宽容和指点；融入川农，他们书写理想与抱负。在他们当中，有从英属哥伦比亚大学留学归国的省学术技术带头人沈飞教授，他创新提出矿质元素改性生物炭的基本机制，获Web of Science高频次被引用论文，相关专利成功转化；有从香港浸会大学来到川农绽放自我光彩的程章教授，他 30 岁时获得学校破格晋升的教授职称，研究成果为城市生态环境保护提供了重要的科学依据，也得到了国际同行的认可；有在新加坡国立大学攻读硕博学位后加入川农环境学院的何劲松副教授，他研究的纳米粒子原位杂化技术为提高纳米粒子杂化吸附膜的稳定性提供了一种新思路。他们齐聚川农，在川农干、为环境拼，川农大给他们提供了展现自我的平台，他们也积极践行"川农大精神"，将自己的满腔热血都投入到生态环境学科建设当中，为"环境与生态学"进入 ESI 全球排名前 1% 贡献青春力量，共创新时代川农荣光。

艰苦奋斗报国志

不惧挑战，做艰苦奋斗传承人。长期以来，环境学院始终服从于学校、学院发展大局。学院成立初，面对设备奇缺、经费紧张、人才匮乏的重重困难，以生态学教工党支部为代表的教师大力弘扬"川农大精神"，发扬爱岗敬业、艰苦奋斗的作风，缺少设备，教师带头解囊拿出工资购买，添置了大量的基本运行设备和仪器；基本设施不全，搬出家用的冰箱、微波炉、洗衣机等实验室能用得上的一切家当；缺空间，老师们脱下白大褂，做起了装修工，干起了木匠活，自己动手搭架子、挪位置、找空子，用好实验室的每一块空间；缺人才，自发抱团组队，攻坚克难，生态支部在全院率先完成实验室建设和团队重组，挑起 30 亩农场土地改造重担，率先建成全校现代化生态大棚样板。同时教师积极参与环境保护和精准扶贫等社会服务，完成环保咨询 12 项，扶贫规划 43 村。生态学教工党支部先后获得四川省先进基层党组织、教育部样板党支部等荣誉。

不辞辛劳，做艰苦奋斗科研人。2015 年以前，学院偏居雅安，条件艰苦，但是一代代川农大人豪迈地说："穷地方，苦地方，建功立业好地方！"这种艰苦奋斗、积极乐观的精神，在环境学院教师中也得到了继承和发扬。

遵循习近平总书记"不搞大开发，只搞大保护"的要求，学院科研团队围绕长江经济带农业项目开发，参与长江上游生态屏障构建，打造长江上游的生态走廊，参与大竹、达州、昭化的面源污染调研治理工作；沱江是长江的一级支流，是四川省腹部地区的重要河流之一，河流全长 627.4 公里，是全省水污染最突出的区域。学院科研团队用"坚持"作为最有力的武器，把"担当"化为源源不断的动力，在与污染斗争的严峻战场上，环境学院作为专家技术支撑单位，时刻践行水生态文明建设的指导思想和基本原则，多名教师担任专家及组长，对沱江流域水污染防治方案进行把关，积极参与了这段最艰苦河段的污染治理工作。

为了帮助当地解决农村污染治理、饮用水源、生态修复等问题，学院科研团队的足迹踏遍了全省 170 余个市、县（区）的山山水水，深入近千个村（镇）具体指导，行程达到 30 万公里。在万源市饮用水源现场踏勘任务中，环境学院邓仕槐团队为了尽可能节省时间，披星戴月、赶路奔波，在短短 11 天内往返几千公里，去到 50 个乡镇的 140 余个水源地，最终划定了 70 个饮用水水源，解决当地饮用水问题。青年教师杨刚副教授，常常开车前往高原开展生态环境野外调查，纵使经历过落石砸窗的危险、面临过洪水冲击的难关、忍受过高速爆胎的惊恐，他也从来没有退缩，在建设生态文明，修复绿

水青山的路上毅然前行。

不畏险阻，做艰苦奋斗环境人。受"川农大精神"哺育的环院学子，离开学校走上工作岗位后，依然以艰苦奋斗为代名词，传承"川农大精神"，奋斗在建设美丽中国的各个战线上。环境工程毕业生陈锐，自 2013 年进入甘孜州从事环境执法、环评和排污许可等工作，穿梭在严寒、缺氧和平均海拔 3500 米、幅员 15.3 万平方公里的康巴高原上，每年累计行程均超 1.3 万公里，他用脚步丈量绿水青山，用监管守护蓝天白云，获评"四川省首届最美基层环保人"。

环境工程 2001 级校友唐东民，10 余年环境监测一线工作是他的履历，10 余篇科研论文是他的勋章，他用 23 期《空气质量简报》和 100 余期《空气质量快讯》助力眉山大气环境质量持续改善，将眉山国控空气自动监测系统管理水平提升至全省前列；他用 10 余篇水质异常报告和 40 余期《水质快讯》充分发挥环境监测服务管理以及水质自动站预警作用；他用 2000 余次空气质量日报数据，为大气污染防治提供了真实、准确、可靠的监测数据。他守住了环境监测质量"说得清""测得准"的生命线！是全国预报信息交换、联网发布，以及地级城市预报试验工作先进个人、四川省第二届最美基层环保人、四川省环保系统先进个人。

砥砺探索创新路

聚焦时代，瞄准需求造福社会。习近平生态文明思想以新视野、新认识、新理念赋予了生态文明建设新的时代内涵。环境人将生态文明思想与"川农大精神"紧密结合，在"生态优先、绿色发展、锲而不舍、久久为功"的生态文明理念的指引下，让"川农大精神"在服务生态环保上提供永续动力，为自然环境把脉，为绿水青山护航。

"川农大精神"让环境人形成了根深蒂固的爱国情怀和为民报国的执着追求。环境学院携手温江区政府、环保企业打造环保管家联盟，探索出以生态优先、绿色发展为导向的高质量发展新路子，全方位帮助社会实施管理服务，统筹解决环境问题，提升环保工作水平，对传统环保服务局限性进行颠覆性的改造。在环保管家服务模式下，第三方技术服务机构能够快速实现从单一业务类型向多元化、智能化业务方向转变，为政府、企业提供更优质的环保服务。

除此之外，环境人还在第二次全国污染源普查（以下简称"二污普"）中绽放"川农大精神"的光芒，承接了成都高新区"二污普"的入户调查工作，利用自己的专业知识，突破传统模式，创新普查手段，把控普查力度，无论是入户调查，还是规划试点，始终坚持不落一处，严查一点，把这项国家任务做细、做好。生态环境部"二污普"工作办公室副主任刘舒生一行专程到杨刚副教授主持的成都高新区污染源普查入户工作进行调研，高度肯定由学校作为第三方进行的高新区"二污普"入户调查工作，认为高新区污染源普查工作组织管理有序、工作推进积极、采取措施有效合理、填报数据质量高，工作经验也具有相当的参考价值。同时高度评价作为第三方机构的四川农业大学用专业的科研精神开展"二污普"调查，各项工作值得总结提炼，向全国推广宣传。

积极探索，合作共赢水到渠成。党的十八大以来，科教兴国、人才强国和创新驱动发展战略成为国家发展的核心，今时今日，国家迫切需要科技成果、科技实力来兴国，各路俊杰英才来报国。在贯彻实施科教兴国和人才强国的大潮流下，环境学院主动与校外企业合作，技术共享，合作共赢，实现高校科技与企业生产接轨、科研成果向社会实际转化。

环境学院积极探索川内本科、专科等环境人才培养模式，与四川三秦投资集团合作，助力筹建四川环境科技职业学院，为高职院校定好方向，分享资源经验，提供成熟技术，促进生态环境学科发展，在领军四川环境学科高职教育上贡献川农大智慧与力量。

环境学院遵循"加强基础，着重应用，突出创新，重在转化"的川农大科技工作总体思路，坚持"优势互补、资源共享、互惠双赢、共同发展"的原则，积极与四川省冶勘设计集团有限公司、四川阳晨环境工程投资有限公司等24家单位建立合作伙伴关系。学院和单位团结一心，创新机制，积极拓宽科技推广的形式和渠道，推广科研成果，将科研成果与企业生产实际紧密结合，农业废弃物资源循环利用技术研究与应用、畜禽养殖废弃物处理与资源化利用、耕地资源协同调控与保护关键技术研究及应用等科研成果水到渠成。学院投身于实际的生态环境资源保护与利用中，持续输出让智慧环保理念在实际环保工作中得以检验和提升。

院企齐心，积极探索创新环境专业人才培养模式，企业成为学院"学生实践基地"，学院成为企业"人才培养储备基地"，依托基地开展教学、实习，推广新技术，合作完成科研项目。在学院和企业的通力合作下，不断地发掘了一批批的环境人才，在多个合作项目下，环院学子积极参与，踊跃出力。学院与企业在苦研项目的同时加强了学子与社会的联系，助力学生从课本跳入实践。这不仅是环境学院适应社会发展的需要，更是"团结拼搏"川农情的"社会化"体现。

学科为先，拼搏创新助力发展。总有一群人为环境学科的建设与发展默默耕耘，他们是践行"川农大精神"的环境学院师生，是努力进取、积极投身于生态环境科学事业的科研工作者。正是这群环境人一代接着一代干，团结拼搏，求实创新，以接力跑的方式助推了环境学科向前发展，走向世界。

环境人不断在学科内调整，创建团队，凝练方向，把"面向农村生态环境保护研究为主"转向"面向农村、工业和城市生态环境保护研究为主"，以解决长江上游农业生态环境问题为靶向，聚焦长江上游涉农生态环境问题，形成了土壤污染与生态修复、农业废弃物处理与资源化、生物生态过程与恢复、生态环境规划与管理等4个特色鲜明的研究方向，并分别设立研究中心，致力于我国农村、农业、城市生态环境保护和可持续发展研究，力争为生态环境建设做出更大贡献。

在增强学院实力的过程中，环境人如同在陡峭的山路中慢慢前行、不断摸索，在艰苦中寻得乐意，于挑战中夺得机遇。在百转千回中，环境人终于拨开云雾，突破国家自然科学基金项目数及高影响因子论文发表的瓶颈。近5年国家自然科学基金数量稳步增长，从建院时仅1项面上项目、4项青年项目，到目前新增3项面上项目、7项青年项目。近5年发表ESI高被引论文4篇，中科院SCI期刊分区TOP期刊40余篇，最高影响因子达10.652。经过几代环境人的不懈努力，2020年7月，"环境与生态学"进入

ESI 全球排名前 1‰的学科，为学校第 4 个进入该排名的学科。

环境学院在学科建设中注入"川农魂"，形成了"稳固教学、主攻科研、学科为本、增收为重"的学科建设思路，围绕解决农业环境科学研究中的重大理论问题、技术问题和实践问题，形成多学科联合攻关的协同效应，增强学科建设对社会发展的服务能力。

在全力打造"生态纪元"的新时代，环境学院将继续以"爱国敬业"为旗帜，贯彻落实新发展理念，推进生态文明建设，坚持绿水青山生态战略目标；以"艰苦奋斗"为准则，培育环境新人，振兴环保文化，展现绿色生态形象；以"团结拼搏"为底气，用"大视野"建设学院师资队伍，"大格局"招揽天下环境英才，共同致力于生态文明建设；以"求实创新"为杠杆，瞄准生态环境前沿，推动生态社会新型生产关系形成和生态文明建设转型，协同推进经济高质量发展与生态环境高水平保护，谱写新时代的"川农大精神"生态文明的新赞歌，奋力打造经济学人的梦想与荣光。

奋力打造经济学人的梦想与荣光

经济学院

2015 年，经济管理学院被分设为经济学院和管理学院。

一路走来，经济学人传承弘扬"川农大精神"，坚持党建引领、继承优良传统、追求卓越一流，在谋划创业中确立梦想，在面对任务时勇于奋斗，在前进道路上永攀高峰，谱写了一篇经济学人厚德博学、经世济民的创业诗篇。

坚持党建引领　在谋划中确立梦想

2015 年初，新成立的经济学院仅有教职工 38 人，其中业务教师 34 人，高级职称教师和研究生导师严重不足，学科基础非常薄弱。众多短板让老师们心情十分沉重，让这个新学院的氛围一度非常低迷。

2015 年 6 月底，经济学院第一次党代会胜利召开，党代会通过了《实谋实干，为建设服务于区域经济与农村金融发展的教学研究型学院而奋斗》的工作报告，确立了建设服务于西南区域经济与农村金融发展、特色鲜明的教学研究型学院的奋斗目标，明晰了 5 年任务，为师生注入了一支强心剂，从此踏上实干兴院的创业之路。

经济学院把 5 年总任务分解到每一年，先后开展了"促双增，我咋办""一流学科如何建""建学科·促专业·奋进制高点""强科研·促学科""更聚合力·再谋新篇"主题大讨论，党支部讨论在先，统一思想在前，真正筑牢了战斗堡垒；党员想在前面，干在实处，切实发挥了先锋模范作用，让每一位教职工都在学科建设和专业发展中找准个人坐标，把自己摆进改革发展蓝图中。"我是主体，人人是动力"的学院精神得以固化，"齐努力、同奋斗、互帮助、共进步"的学院氛围愈发浓厚，引导、激励全院教职工形成了比境界、比作风、比能力、比成果、比贡献的良好风气。

学院党委通过抓实党支部，培育创业先锋，新组建区域经济与金融研究所党支部和投资学系教工党支部，实现教师党支部建在系室、研究所上，由党员、系室主任担任党支部书记。在党支部的团结带领下，各系室成功打赢了一个又一个大仗、硬仗，涌现出一批奋勇争先、争创一流的创业先锋。

投资系教工党支部是学院最"年轻"的党支部。学院成立之初，学院党委书记漆雁斌时常找系主任王玉峰谈心谈话，聊川农大的老故事，聊思想、聊工作、聊生活……王玉峰同志在党组织培养下，在"川农大精神"的熏陶下，从业务骨干迅速成长为党员骨干，接下党支部书记的担子。投资学专业从 2014 年开始招生，2018 年首届毕业生人数近 200 人，面临师资不足、实践基地少的困境，王玉峰冲锋在前，团结带领全系教师保质保量完成教学任务，顺利完成首次专业学位授予评估、3 轮培养方案修订，首届学生高质量毕业，新签订 10 余家实践基地，积极引入 CFA 周末实验班，在 2019 年四川省高校本科专业教学质量监测中评估为优势专业，支部不断发展壮大，荣获学院优秀党支部荣誉称号。

像王玉峰同志一样的创业先锋不断涌现，党员同志的示范作用不断凸显，教职工心往一处想、劲往一处使，共同描绘发展蓝图。

继承优良传统　面对挑战勇于拼搏

学院分设之初，34 名专职教师一学年内要完成近 2 万课时的教学量，稳教学保运行成为学院分设之初的首要任务。学院抓住教学团队建设，提升多媒体课件，提炼教学成果，牢牢站稳三尺讲台，确保本科教学有序开展，稳步提升。

学院出台《经济学院本科多媒体课件质量提升计划实施方案》，每年划拨多媒体课件建设专项经费 2 万元，遴选 20 门专业核心课或主干课进行多媒体课件建设，用时 3 年，让所有课程的多媒体课件达到优秀标准，优质特色课程课件全覆盖。拥有 37 年教龄的国贸系党支部书记李阳明经历了黑板板书、传统胶片幻灯片等教学手段，在接到新任务后，就一直和新媒体课件"死磕"。在"政治经济学"的多媒体课件制作中，李阳明老师带领课程团队，从素材甄选到动画设计，从颜色搭配到字体字号，精心打磨每一页 PPT，最终，该门课件以重点突出、生动直观、事例翔实、排版精美的优势拿回学院首个校级多媒体课件大赛二等奖。

随着新教师不断加入教学队伍，如何让新教师迅速融入学院、提高业务能力，让老教师有更强能力、实现新作为，让教学队伍有更优结构、契合新要求，成为新的难题。院领导班子达成"以课程团队建设为支撑搭建平台提升教学质量的共识"。学院出台《经济学院本科课程团队建设实施办法》，从课程档案、教学研讨、教改项目申报、评教满意率、教学实习基地、教改论文发表等方面考核验收。经过 5 年建设，学院打造了一批具有一流队伍、一流教学内容、一流教学方法、一流教学管理的院级示范性精品课程，且充分发挥精品课程的示范效应，带动其他课程规范化、标准化建设和发展。学生评教满意率逐年提高，从分院初的 88％提高到 95％；学生学习成绩显著提升，4 个专业学生必修与专业方向课平均成绩超过 85 分，课堂建设成效初显。

教学压力得到缓解，教学队伍不断壮大，院领导开始带领全院教职工趁势而上，推动教学改革向纵深发展。院长蒋远胜主持教学改革工作，苦苦思索最适合实际的改革方向和改革目标。一次工作遇到阻滞，他回想起 2001 年在德国波恩大学发展研究中心攻读农业经济学博士学位时，原经济管理学院院长肖洪安教授利用参加德国高校访问代表团的机会，专门抽出时间到波恩大学，给他送去"老干妈"辣椒酱的深深情谊、叮嘱他学习生活的浓浓关切和希望他早日学成回国的殷殷期盼。"为何不去德国大学经济学类专业人才培养的经验中找找启发呢？"这个念头冒出来后，他开始查阅资料，结合自己在德国学习经济学的经历和体会，完成《德国大学的经济学教育及其启示》论文，综合比较国内的综合性大学如四川大学、财经院校如西南财大的教学特征，进行差别定位，找到了改革目标与特色优势。

经过 4 年探索、实践、总结，由蒋远胜主持，多位院领导和各系室、专业负责人共同参与的"地方农业院校经管类本科人才应用能力'产教合作'培养模式构建与实践"项目，不仅成为全校发表教改论文数最多的项目，更是名列全省发表论文数前列，成功获评四川省第八届高等教育教学成果奖一等奖，经验被推广运用到西南地区 6 所涉农高校的经管类专业，为创新地方农业院校经管类本科人才培养模式奠定良好基础。

经济学院全体教师积极投身脱贫攻坚，坚持教书和育人相统一，坚持言传和身教相统一，坚持潜心问道和关注社会相统一。学院依托区域经济与金融研究所和西南减贫与发展研究中心平台，以科技创新助力精准扶贫，获省部级以上科研立项 28 项，承担省、市、县精准脱贫第三方评估任务 12 项，其他扶贫类横向项目（培训）13 项。师生的脚步踏遍秦巴山区、高原藏区、大小凉山彝区、乌蒙山区等四川四大贫困片区，深入康定市、布拖县、峨边县、雷波县、昭觉县、甘洛县、越西县、黑水县、雅江县等 10 多个深度贫困县开展调研和帮扶。

现任区域与经济研究所党支部支委、西南减贫与发展研究中心办公室主任张海霞副教授在 2015 年就是四川省社会科学高水平研究团队"四川农村精准扶贫创新研究团队"骨干成员。3 年间，她所在的团队多次承担四川省脱贫攻坚成效考核第三方评估的技术总控工作。评估的贫困地区大多地处偏远、气候恶劣，团队成员充分发扬了"川农大精神"中"特别能吃苦、特别能战斗"的艰苦奋斗精神，坚持在评估调研时走村入户，不漏掉任何一个抽样家庭。寒冬，他们冒着严寒风雪，坐着村民的摩托车，在高原牧户之间奔波；盛夏，他们顶着酷暑烈日，在大凉山一边是悬崖一边是峭壁的路上艰难前行；雨季，他们步履蹒跚地走在秦巴山区泥泞的小路上，而一走就是一整天……

队员的心血和汗水灌溉了科研的累累硕果：2014 年以来，团队每年都有国家社科基金项目立项；2017 年，团队的《同步小康进程中四川精准脱贫研究》研究成果获得四川省社会科学优秀成果一等奖，实现了学校社科省部级一等奖零的突破；2020 年，团队申报的"我国农村相对贫困治理长效机制研究"获准立项，实现了学校国家社科基金重点项目的零突破。团队多次承担国务院扶贫办委托项目，承担国家贫困县摘帽等技术服务工作，为我国和我省精准脱贫和乡村振兴贡献力量。

追求卓越一流　不懈奋斗永攀高峰

经济学院在立德树人、学科建设、人才培养和国际交流合作等方面都追求卓越一流。

经济学院在"三全育人"中筑牢厚德博学，使教育教学更有温度、思想引领更有力度、立德树人更有效度；用好课堂育人主渠道，大力推进"课程思政"工程建设，形成"课程门门有思政、教师人人讲育人"的良好局面；充分挖掘科研育人资源，借助"大创"课题、"挑战杯"、科研兴趣培养计划等项目平台，发挥科研育人的协同作用，老师们一丝不苟、精益求精的科研精神和坚定不移、孜孜以求的科研追求感染了一批又一批

经济学子。

"厚德博学、经世济民"的院训育人功能日益彰显，浓郁的文化氛围为学生成长成才提供了肥沃的精神土壤，吸引了一批优秀学生留校任教，成为"川农大精神"的传播者、践行者。2020年7月，经济学系新入职的邓鑫博士在学院教职工群里受到了热烈欢迎，被大家称为"最老的新人"。邓鑫的本硕博均求学于经济学院（原经济管理学院），无论是读硕、读博还是就业，邓鑫都有很多选择，但他义无反顾地选择了母校。他始终铭记着母校的培育之恩，硕、博导师漆雁斌教授对他的帮助关心，立志从"川农大精神"的受益人变为新的传承人，为母校"双一流"建设做贡献。

学院坚持深化改革，凸显农林高校特色，与域内综合大学、财经院校错位发展，办学特色更加鲜明。通过内培外引，学院不断充实壮大教师队伍，5年来教师队伍增加到73人，学院双支计划入选层次人员由2015年的9人增加至2020年的23人，晋升教授5人，晋升（引进）副教授8人，新增硕士生导师30人，3人入选四川省"天府万人计划"，1人荣获第三届中国西部财经领秀论坛十大年度财经人物，选派教师参加教学技能培训及国内外学术交流50余人次，5名教师分赴英、美等国做访问学者。

学院不断深化与人民银行成都分行和省金融学会、四川省区域经济研究会的合作，成为省金融学会副会长单位，成立由学院作为主任委员单位的"四川省金融学会现代农业金融专业委员会""四川省区域经济研究会农村区域发展专业委员会"，新加入3个省级学会，举办国际、国内学术会议和学术报告，不断提升学科声誉和影响力。

2017年和2018年，学院和四川省金融学会、四川省农村信用社联合社联合举办了第一届、第二届中国西南农村金融论坛。2019年，论坛升级为天府金融论坛分论坛，来自国内外高校、科研院所、政府部门、金融机构、行业学会等100多个单位的300余人参加论坛。该论坛已成为西南五省市自治区高校、科研院所、金融机构、金融学会、涉农企业和新型农业经营主体等企事业单位的教学科研人员、银行家、企业家和管理人员广泛交流的学术平台，在业内的影响力越来越大，受到业内专家学者的广泛关注。

教师们苦练济民本领，依托"一所两中心"平台，先后承担国家社会科学基金等国家级课题11项，教育部人文社科项目、科技部支撑计划项目子项目等省部级科研课题30多项，世界银行、联合国粮农组织等国际组织的合作项目5项，纵向科研经费合计近800万元，在全校人文社科学院名列第一，出版专著近30部，发表SCI、SSCI、CSSCI等收录论文160多篇，先后获省哲学社会科学优秀成果一等奖2项、二等奖2项、三等奖6项，省科学技术进步一等奖1项、二等奖3项。

区域经济与金融研究所的彭艳玲博士在2017年入职后，参加了学校新进教师岗前培训，"川农大精神"让她深受触动。为了尽快提升自己，她每年奔赴北京、云南、江西、江苏各地，参加领域内高端学术论坛。每个寒暑假，她都带着调研团队，或顶着烈日或冒着严寒，挨家挨户地去调研、访谈，足迹遍布省内外上百个贫困山村，入户近五千家农户。2019年，彭艳玲博士申报的《农村承包土地经营权抵押贷款信用风险生成机理及分担机制研究》获2019年国家自然科学基金青年项目资助，实现了学院成立以来国家自然科学基金零的突破。

学院采取"项目＋创新训练计划""项目＋科研兴趣培养计划""项目＋社会实践"

等方式广泛吸纳本科生参与科研活动，在学生中广泛开展"三趣汇""创客行"等创新创业活动，出台《学生创新创业基金管理办法》，助力学生提升专业技能，助推学子们囊获大量国家级大奖。

学院党委副书记何仁辉一直扎根在学生工作一线，在 17 年的摸爬滚打中，对如何用好第二课堂，提高学生综合素质有独到的理解与方法。他按照农业院校的属性，侧重服务"三农"、乡镇振兴、脱贫攻坚等主题，培养学生的"三农"情怀；结合学校作为"双一流"建设大学，侧重对学术研究的引导，培养研究型和复合型人才；结合学科专业特点，侧重经济、金融、贸易内容，培养"厚德博学、经世济民"的经济人才，并让第二课堂主动融入第一课堂，获评学校学风建设示范奖。

国贸系主任沈倩岭教授作为全校第一个全英文本科专业负责人，率先开设全英语授课，近 3 年完成教学工作量达 4775 学时，获得校级本科教学质量一等奖。她担任留学生全英文教学团队负责人，带领团队反复讨论教学大纲，按理论教学、实践教学及企业实习 3 个环节，设置国际商务谈判、中国金融市场等 13 门特色课程。她积极拓展国际合作项目，合作伙伴从法国拓展到了英国、美国和加拿大等国家高校，人数从 7 人发展到每年 40 余人，5 年累计接收学生 120 余人，派出优秀本科生 96 人，获评学校 2018 年度国际合作办学先进个人。她希望今后进一步拓展国际交流合作，在全球传播中国文化及"川农大精神"内涵。

5 年来，靠着一股永不言败的创业韧劲，经济学院国际化办学不断发展，锻造了一支业务水平与国际接轨的师资队伍，搭建了学生公派和交换的留学平台，先后与法国南锡高等商学院、德国埃森经济管理大学、英国埃塞克斯大学、美国加州州立大学圣贝纳迪诺分校签署合作协议，开设全校首个本科全英文专业，面向"一带一路"沿线国家招收本科留学生。学院连续三年获评学校国际合作与交流先进集体，教育国际化水平处于学校领先地位。

回顾过去，经济学院能够在创业之路上逐梦远航，是因为有"川农大精神"鼓舞经济学人奋勇前行，是因为在那些深深浅浅的脚印里，有经济学人共同的情感、奋斗、拼搏和荣耀，更有照进未来的经验和智慧，轻轻翻过就会发出耀眼的光。

站在新的历史起点上，经济学院将继续传承和弘扬"川农大精神"，把创业的梦想落实在每一位教职工的每一个前行的脚印中，走稳立德树人、强农兴农的每一步，走出一条努力为区域经济和金融发展培养更多高素质人才的高质量发展之路，为学校加快推进有特色高水平一流农业大学建设贡献经济学人的智慧和才干。

提升管理类人才培养质量　社会服务建新业谱新篇

管理学院

管理学院自1943年成立的四川大学农业经济系，已走过70余年的奋斗历程。从一个几经停办的专业，发展到今天拥有农林经济管理、财务管理、工商管理、审计学、农村区域发展5个专业，拥有本科、硕士、博士完整的人才培养体系，拥有全校唯一将本科学历教育与国际职业证书相结合的全日制本科教学班——财务管理ACCA实验班，拥有四川省社会科学重点研究基地——四川省农村发展研究中心和四川农业农村改革发展研究智库。

正当"川农大精神"命名20周年之际，回顾过往征程，学院一代代师生传承弘扬"川农大精神"，攻坚克难、砥砺前行、薪火相传。

二十年砥砺奋进　谱写学科发展新篇章

目前，学院拥有教职工71人，52%具有博士学位，90%以上具有硕士学位，正高级职称11人。在经济贸易学院成立之初，师资力量非常薄弱。全院教职工不到30人，教职工无一人具有博士学位，教授仅3人。20世纪90年代，位于川西一隅的雅安经济发展总体滞后，工作环境和生活条件较差。在不通高速、不通铁路的情况下，从成都到雅安至少需要半天甚至一天。特别是在市场经济影响下，很多老师纷纷下海经商，或离开学院到西南交通大学、华南农业大学等省内外高校、政府部门从事行政工作。1998年，包括两个副院长在内的博士、教授等骨干人才也调离了川农大。谈到这段历史，时任经济管理学院院长肖洪安教授讲到，当时离开学院的老师几乎可以重新组建一个经济贸易学院，甚至当时有人质疑"经贸学院"的旗子还能扛多久？为了促进学科发展，进一步改善师资结构，肖洪安院长、何临春书记等时任领导，积极推进感情留人、待遇留人、事业留人，在师资力量非常紧缺的情况下，专门把傅新红、王芳、杨锦秀、吴秀敏、李冬梅、李建强、尹奇等10多位老师送到国内知名高校在职攻读博士，保证每位老师攻读博士期间学校待遇不变，从相关经费中专门挤出资金资助培养费和来回路费。所幸的是，这些送出去的老师心怀感恩，始终牢记"川农大精神"，纷纷学成回来，没有一个离开学院。正是这批博士的回归，才使得学院的师资力量有了巨大改变，成为今天学科建设的主力，为学科发展奠定了良好基础。

学科的发展，关键是在成果，在学科实力。每一个成果的背后，都凝聚着每一个经管人的艰辛努力和付出。如王芳教授，本科学生到二级教授，她26年如一日。夫妻分居两地 10 年,她一人照顾幼孩和老母,却始终不忘习近平总书记"四有好老师"的教导和"川农大精神"的内涵,坚守初心,在平凡岗位上奋进,创造了不平凡的业绩。她先后获评四川省学术与技术带头人等荣誉称号,成为唯一入选"教育部新世纪优秀人才支持计划"人文社科教授;唯一包揽国家自科、社科、教育部三大重要基金课题,共主持或主研国家自科/社科课题 10 项,国家星火重点项目 2 项,国际合作项目 3 项,省部级课题 18 项;出版专著 7 部,教材 6 部,发表学术论文 70 余篇,其中,单篇 SCI 收录论文影响因子(IF 7.044)高居学校人文社科榜首。研究成果获农普办招标课题成果一等奖 1 项,四川省哲学社会科学优秀科研成果二等奖 1 项等十余项荣誉奖项。再如张社梅教授,作为两个孩子的母亲,熬过了很多个加班的夜晚,先后获得两项自然科学基金,出版专著 5 部,公开发表论文 30 余篇。

由于他们的爱岗敬业,农林经济管理逐渐在众多学科建设中崭露头角,1998 年该学科为"九五""211 工程"重点建设学科所覆盖,2000 年被批准为校级重点学科,2004 年被批准为四川省重点建设学科,2006 年农业经济管理成功获得博士学位授予权,2010 年农林经济管理获得一级博士学位授予权,2012 年经人力资源和社会保障部批准设立农林经济管理博士后科研流动站,2017 年学科评估获"B$^-$"级别。

学科建设一路走来,浸透太多教师的汗水,他们既是"川农大精神"传承者,又是"川农大精神"的践行者。

二十年不忘初心 爱岗敬业育英才

"坚持投入,不断创新,以人为本"是管理学院老师们给"爱岗敬业"定下的标准。管理人始终牢记使命,不忘初心,让"师道"光芒薪火相传。

张文秀教授是学院教师"元老",退休前依然坚持讲授从本科生到博士生的课程。几十年来,她为学生全心付出,为解决学生疑难问题,把办公室当成第二个家。张文秀一直坚持"授人以鱼不如授人以渔"的观点,在课堂上,她是出名的严师,教学上一丝不苟。

作为新晋的"科研大咖","90 后"的徐定德副教授结合自身扎实的理论功底和丰富的农村调研经验,手把手地教学生如何跟农民朋友打交道。"讲起农村调研经历,徐老师如数家珍,眼睛都在放光。理论联系实践,做顶天立地的研究,将论文写在祖国的大地上。"这是很多同学上了这门课后最大的感受。曾宣烨同学正是在徐定德副教授的影响下对"三农问题"产生了极大的兴趣,在大三发表了一篇 C 刊论文。

学院财务管理专业长期拥有本科学生 1000 余人,是全校学生人数最多的专业,也是全校教学任务最重的专业之一。为了克服专业上的教学困难,原系主任唐曼萍教授带领系上骨干教师克服各方面的压力和困难,主动承担较为繁重的教学任务。专业老师们每年完成 3000 余学时的教学工作量,指导 900 多名学生的实践教学活动,指导约 200 名本科生的毕业论文写作及开题报告工作和约 20 名硕士研究生,其间辛苦不言而喻。

育才于教学、注重教学改革、课程建设、专业建设、教学研究和业务提升,在学院蔚然成风。

现任学院副院长李冬梅教授给大一学生上"管理学原理",第一堂课上要做的第一件事不是打开PPT,而是和学生们一起交流,分享经验和故事。"快乐工作,快乐学习"是李冬梅对自己和学生的要求。

"要学习市场营销,首先要学会自我营销。"讲授"市场营销学"课程的郭珊老师这样说道。她认为"自我营销"其实就是以自己为出发点,在成长与发展中完成自我定位、找到自我优势等,学会营销自己,对于学生将来的工作与生活有重要意义。

审计系的伍梅老师注重学生综合素质的培养,在本科教学中尽可能多地采用小组合作方式来完成课程学习,运用小组讨论、课堂演讲、比赛等多种形式在课堂上锻炼学生的综合能力。新时代,不仅对学生有新要求,老师的教学也必须要"新"。

管理学院的各个办公室常常夜晚灯火通明,许多老师下课后,指导论文、评阅作业、备课等充实着一天时间。对很多老师来说,这只是平常的一天,他们日复一日,一丝不苟地坚持着自己的工作。

学院教师完成年度本科80余门理论课、20余门实践教学课,共4万余学时工作量,人均承担课时全校前三。学院涌现出如陈文宽、李冬梅、王芳、唐曼萍等一大批教学名师,他们先后获得教育部新世纪人才支持计划、天府社科菁英、四川省教学名师、四川省学术和技术带头人等荣誉。近5年学院教师获四川省优秀教学成果一等奖3项、三等奖3项,全国高等学校农业经济管理类专业本科教学改革与质量建设优秀成果三等奖1项,学院连续5年荣获学校本科课堂教学质量特等奖。

班主任作为学生成才的"全程老师","各出奇招",用心付出,涌现出一批把学生当亲人、当子女的优秀班主任。

担任辅导员的张莉老师,已经陪伴了8个毕业班顺利毕业。张莉总是把学生的事情放在第一位。2012年,一位同学因大二时患抑郁症休学,两年后复学到她班上,当时欠学分56分。学生复学回来时,怀有身孕的张莉一刻也不敢耽误,马上把这位同学的相关工作列为重中之重。针对他抑郁症的情况,几乎每周和他见面谈心,了解其学习、生活近况,督促他按时服药配合医生治疗;针对他欠学分多,且因病导致学习能力差的情况,安排专人为他进行课程辅导,使他的每门补考都顺利通过。在她休产假期间,继续和该同学的母亲每周保持联系,确保学生在校安全。毕业之时,这位同学的妈妈拉着张莉的手说:"张老师呀,你就是我们的亲人!"

年轻的王文姣老师,刚当班主任时制作了班级专属档案,细心地将学生的点点滴滴记录下来。她通过一对一面谈的方式与学生深入地交谈。她主动邀请班级的每位学生在教师食堂用餐,边吃边聊的方式更容易让同学们敞开心扉。作为一名"90后"班主任,班上的同学都愿意亲切地叫她一声"姣姐"。

审计毕业班的袁晓星老师在学生大三时就为班上同学提供出国及考研方面的信息,以及往届成功申请出国及考上研或保研成功的学长学姐联系方式。她为出国的同学们精心写推荐信,还搜集了历年出国的优秀写作文书、各学校考研初试及复试专业课历年真题,及时提供给需要的同学们。

农经系的伍桂清老师已带过几届毕业班,每一届都实现了高就业率。伍桂清总结出一套经验,在大三开始就会把全班学生分为几大类:注重学业和科研、有升学意愿和升学希望的学生，有打算和适合考公务员的学生，坚定到企业就业的学生，一门心思自主创业的学生。由此开展分类引导，让每个学生和他一起快速确定自己毕业目标并行动起来。

现审计系主任唐曼萍教授在繁忙工作之余依然每学期针对学生们的就业、考研、留学等给予不同的学习建议，推荐不同的资料，帮助他们制定出最适合自己的大学规划……

20 年如一日地用爱心灌溉学生，换回了丰硕的果实。

学生先后获全国高校商业精英挑战赛一等奖、大学生会计与商业管理案例竞赛一等奖、全国高校"联盟杯"互联网＋虚拟仿真经营大赛三等奖、全国大学生"智汇杯"多组织企业供应链虚拟仿真经营决策大赛二等奖、"挑战杯"四川省大学生课外学术科技作品竞赛一等奖、"创青春"四川青年创新创业大赛金奖及银奖、中国"互联网＋"大学生创新创业大赛四川省三等奖等殊荣 100 余项。

毕业生一次性就业率近 5 年均在 95％左右，学院连续 3 年获评学校就业创业工作先进集体。管理学院财务管理专业学生汪洋以全球学生最高分通过了 2012 年度国际注册内部审计师群科考试，并获得全球最高分学生奖。管理学院工商管理 2010 级学生金柳是创业的优秀学生的代表，她在教育部组织的"2017—2018 大学生就业创业年度新闻人物"评选活动中脱颖而出，成为全国范围内获此殊荣的 20 位同学之一。

作为中国大学生自强之星，金柳于 2015 年在"中国创翼"青年创业创新大赛决赛中赢得总冠军，2016 年 4 月受到国务院总理李克强的亲切接见与鼓励。中央电视台《走遍中国》栏目组专程来校，以她为主角拍摄专题片，聚焦这个"穿高跟鞋跑沼气工地 90 后美女硕士"的创业故事。来自农林经济管理专业的钟明洁，在"4·20"芦山地震期间，他把创业所获利润 20 万元全部用于购买救灾物资并无偿捐赠给灾区，其大爱精神广受赞誉。

二十年强农兴农　社会服务建新业

多年来，无论是新农村建设还是乡村振兴，无论是脱贫攻坚还是精准脱贫扶持，管理学院积极发挥智库作用，为地方提供资政服务、地方咨询、人才培训，为社会经济的发展展现了管理人的担当与责任。

20 年间，管理学院先后为四川省委、省政府提交专题研究报告 20 余部，8 项研究成果被省社科联《重要成果专报》采纳，20 项政策建议获省委省政府主要领导批示，先后承担农业产业发展、乡村振兴等各级地方党委政府、企事业单位委托项目 200 余项。学院举办各类培训班 20 余场次，受邀作脱贫攻坚、乡村振兴及农业农村生产发展专题报告 100 余场，培训各级各类农业经济管理人才 5000 余人次。

"为西部三农服务是我们义不容辞的责任，管理学院将努力做好四川农村改革发展的思想库、科技库和人才库。"这是管理学院原院长陈文宽的毕生追求。作为学校唯一一个入选四川省委的新型智库——四川省农业农村经济改革发展研究智库首席专家，十多年来，他一直穿梭于农村、田间、企业，几乎走遍四川所有的市县，深入调研四川省农业和农村发展现状，了解四川农民现状，积极献计献策，先后有 10 篇调研报告或研究成果得到省委主要领导批示和肯定，为四川建设农业强省贡献了川农大人的智慧和力量。特别是在 2020 年疫情最关键时期，面对疫情对农业农村发展的不利影响，他积极组织团队深入调研，于 2020 年 2 月提交了《新冠肺炎对我省农业农村经济影响及对策研究》报告，获得省领导批示，为省委有效应对疫情、采取有效措施促进四川省农业和农村助一臂之力，展示了管理人的担当与作为。

2020 年，坚决打赢脱贫攻坚战，是十八大以来党和国家确立的首个战略任务。"全面小康路上一个不能少"，这是习近平总书记对全国人民及全世界人民的郑重承诺。2018 年，学院党委办公室主任兼团委书记张韬老师正在外地招生宣传，接到省教育厅关于选派其任驻村帮扶干部的通知后，他做完当天的招生宣传工作后当晚便返回成都，次日早上 8 点前赶到省教育厅参加赴凉山综合帮扶工作队的培训，连家都没有回就被派往了雷波县马湖乡唐家山村，而这一去就是两年。两年的坚守，他担负脱贫攻坚的使命，怀揣兴农报国的情怀，先在唐家山村强基层治理、壮产业发展、抓项目建设、协调扶智、抓基层党建、定产业方向，他下足了功夫，就为"在凉山不留遗憾，对自己有个交代"。

作为环境闭塞的全国 189 个深度贫困县之一、国家规定的六类艰苦边远地区之一，色达县急需发展产业的指导，工商系主任王燕副教授和工作组的同事毅然驾驶越野车来到海拔 4000 多米的高原，一个个点地查看情况，一户户地走家串户，途中经历了 6 次连续爆胎，甚至有一次两个同时爆胎。4000 多米的高原，稍稍用力都会大口喘气。饿了，他们用矿泉水下一口干粮；困了，在车上和衣打盹，更困难的是，与当地语言不通。解决了一个又一个困难后，团队终于在县委政府和牧民的期盼下，为县域经济脱贫提出了详尽的区域经济发展意见和建议。此外，她参与了国家、省、市和四川农业大学多个部门在广安市前锋区、雷波县、屏山县、德昌县、会东县、南部县、理塘县、茂县、盐源县、色达县、云南省文山壮族苗族自治州、甘肃省崇信县、山西岚县组织开展的农业农村发展建设指导工作，行驶了 10 万公里的路程，与团队成员一起完成调研报告和规划设计 30 余份。她为地方政府创建星级农业园区提供意见参考，参与 3 个国家农业科技园区创建，为多个地区乡村振兴工作的开展实施提供思路和建设方案，向省委省政府提交 2 份决策咨询参考，担任遂宁百益新农村发展研究院副院长职务……多年来，她一直在为解决农业科技供需之间错位、有效供给和有效需求双重不足导致的农业技术推广"最后一公里"问题的路径进行有益实践。其研究成果获得四川省科技进步三等奖，获评 2018 年校扶贫工作先进个人、2020 年四川省科技特派员先进个人。

这些仅是管理学院老师们数年来扎根农村、服务基层群画像的几个片段。管理学院"大禹们"用智慧和汗水为四川省农业和农村发展、打赢脱贫攻坚战肩负时代使命，不懈努力奋斗。

把"川农大精神"融入思政课程

马克思主义学院

四川农业大学在百余年办学历程中，厚积了丰富的思想政治教育校本资源，其中"川农大精神"是川农大在百余年办学历程中积淀的文化精髓，是我们挖掘思想政治教育校本资源的"富矿"。"川农大精神"富含思政元素，"深耕"其中的德育思想融入思政课教学，既是创新思政课教学，打造川农思政课特色品牌的需要，也是大学生成长成才和全面发展的内在需要，有利于形成学校办好思政课、教师讲好思政课、学生学好思政课的良好氛围。学校《关于进一步加强和改进思想政治理论课的实施意见》（校党字〔2019〕29 号）明确提出"围绕思想政治教育目标，挖掘学校助力乡村振兴、脱贫攻坚的优秀案例和'川农大精神'等校本资源融入思政课程"的要求，充分挖掘和利用"川农大精神"中所蕴含的丰富思想政治教育元素，以"川农大精神"育心铸魂，结合"兴中华之农事"初心和强农兴农使命，讲好川农大故事，厚植川农大情怀，提升大学生思政课获得感，切实提高思政课教学质量，不断增强思政课的铸魂育人成效，培养更多知农爱农的时代新人。

将"川农大精神"融入思政课教师队伍建设

思政课教师要成为"川农大精神"的弘扬者、传播者。习近平总书记强调，"办好思想政治理论课关键在教师"，思政课是立德树人的"关键课程"，思政课教师从事的是青年大学生灵魂塑造的工作，是这一"关键课程"的执行者和组织者，是影响思政课教学效果的关键。讲好新时代的思政课，需要明确思政课教师的主导作用，通过"深耕"校本资源，深刻理解和把握"川农大精神"的时代内涵，做到"川农大精神"先进入教师头脑，只有内化于心才能自发践行"川农大精神"及引导大学生成长为"以立德树人为根本、以强农兴农为己任"的时代新人。

思政课教师要遵循求实敬业的"川农大精神"，加强师德师风建设，坚守教师的政治底线。当一名好老师不易，当一名好的思想政治理论课老师更难。学校严把思政课教师政治关、师德关，将"川农大精神"有机融入师德建设，坚持"爱党爱国、艰苦奋斗、业务精湛、师德高尚"的教师职业理想，让教师树立"信仰、信念、信心"，增强教师职业认同感、荣誉感、责任感，牢固树立使命意识，当好学生引路人，坚守思政课教师的政治底线。

思政课教师要践行奋斗创新的"川农大精神"，在思政课教学中追求卓越。学校要

105

求所有思政课教师必须发扬奋斗创新精神，积极探索思想政治工作规律、教书育人规律、学生成长规律，钻研、吃透马克思主义经典理论和中国特色社会主义的最新理论成果，在教学内容、教学模式和课堂建设等方面不断创新，推进线上线下课程建设，形成内容多元、形式多样、全面立体的教学体系，实现教材体系向教学体系、知识体系向信仰体系的转化，让思政课成为名副其实的"金课"。守正创新加强思政课建设，就是传承和发扬"川农大精神"的最好方式。

思政课教师要发挥团结拼搏的"川农大精神"，在团队合作中提升业务素养。学院以各课程教研室、"名师工作室"、课程教学团队和教学竞赛团队为平台，发挥团队优势，让每位教师都能找到自己努力的目标和方向，并根据自己的实际情况分层次发展；实现雅安、成都、都江堰三校区教学一体化，形成课程工作室、校级课程团队；各团队以集体利益为上，以团队奋斗为基准，团队运作、分工协同逐渐变为教研室的常态化工作方式。精细到位的教研室"展—评—研"集体备课会，"以老带新"和"以新促老"的双助学习机制，落实到人的任务部署，每一位教师都认真钻研教学内容、方法，努力打造在整体教学布局下各具个人特色的教学风格，用认真、严谨、团结等实际行动践行"川农大精神"。

将"川农大精神"融入思政课教学体系

"川农大精神"犹如一座丰碑高高耸立在学校改革发展的前沿，它不仅记载和镌刻着川农大百余年艰苦创业的辉煌历程与成就，还以其丰富的内涵和鲜明的特色带领和鼓舞着一代又一代川农大人在追求真理、造福社会的征途上做出更大的贡献。学校将遵循思想政治工作规律、教书育人规律和学生成长规律，在改进中创新，在创新中升华，做到因事而化、因势而新、因人而施、因课而用，把"川农大精神"真正融入思政课教学体系。

因事而化。要适应学生的兴趣爱好，引导川农大学子正确体验"川农大精神"。在思政课的具体教学中，要把"川农大精神"的教育成果转化为贴近学生的认知习惯、贴近学生的实际、贴近学生的生活。在课堂上举实例，特别是能积极践行"川农大精神"的人物事迹和鲜明案例，在无形中增强"川农大精神"的传播力、吸引力和感染力，让学生在教学参与中得到真实体验，在体验中触动灵魂。

因势而新。在将"川农大精神"融入思政课的过程中，与学校的宣传阵地形成联合带动效应。在校报校刊、校园景观、文化走廊、校园广播、学生社团等校园文化的建设中，积极践行"川农大精神"的精神实质。在思政课的具体教学中，综合运用文字、图片影像、实物实景等作为教学的媒介，让学生以实物体验的方式触发感官，领会"川农大精神"的真正内涵，调动学生的情感情绪，把"看、听、思、悟、行"融为一体，引导他们去感受、去思考"川农大精神"的精神实质，以达到情真意切、意远理蕴的教学效果，提升思政课教学的吸引力和亲和力。

因人而施。当今大学生绝大多数是"00后"，是伴随着互联网成长起来的一代人，而互联网深刻改变了他们的认知方式和表达方式。他们对经过数代川农大人的薪火传承和不懈努力所形成的"爱国敬业、艰苦奋斗、团结拼搏、求实创新"的"川农大精神"的认知发生了变化，加之时代久远等缘故，于他们而言是陌生的。这就要求我们在思政课的教学中，深耕"川农大精神"中的思政元素，运用他们"喜闻乐见"的表达方式，尽量凸显"川农大精神"的真理性、时代性，通过"浅入"而"深出"的课堂教学，把"远在天边"的抽象理论拉回到同学的身边，让思政课在川农大学子中真正具有实效性。

因课而用。针对不同思政课程，用活"川农大精神"相关素材，增强思政课感染力。每门思政课程都成立了校本资源融入思政课教学研究团队，坚持内容为王，推动思政课教学资源供给侧改革，找准"川农大精神"与各门思政课教学内容的契合点和着力点，找准与大学生思想的共鸣点，把"川农大精神"有机融入到课程教学的相关内容中，积极推进"川农大精神"融入思政课教学体系，让思政课程内容既与时俱进又接地气。每门思政课程均设立教改研究项目，从学生关注熟悉的校本资源入手，将"乡村振兴"的最新成果、"精准扶贫"的最新成效、"成果转化"的最新走向等"川农大精神"的最新影响元素作为呈现教学内容的重要素材，讲好川农大故事、讲好身边故事，培养学生心系"三农"、服务"三农"的意识、能力和情怀，增强思政课教学内容的针对性、吸引力和感染力，让学生的获得感显著增强，形成富有川农特色的思政课教学内容体系。如"中国近现代史纲要"在遵循教学大纲的前提下，紧扣教材内容，注重实际，深挖校史资源、优秀校友素材，将历史中的学校沿革、校友的光荣事迹与课堂教学有机结合，既能充分彰显课程目标，又能使校史与党史、国史充分融合，鲜活地展现在学生眼前，有效提升课堂教学质量，全面实现"真学—真懂—真信"更高层次的教学目标。在"思想道德修养与法律基础"课程教学中，将"川农大精神"中的爱国、创新、艰苦奋斗等精神融入弘扬中国精神讲授，将理论知识贴近学生实际，培养学生奋勇拼搏的进取精神，锤炼自强不息的优秀品格，激励大学生成长为中国特色社会主义事业的新生代、新栋梁、新骨干。在"毛泽东思想和中国特色社会主义理论体系概论"课堂教学中，让学生了解学校一百多年来在人才培养、教学科研和社会服务等方面取得的显著成绩，让学生明白这些成绩是历代川农大人在"团结拼搏"精神感召下形成的，是中国特色社会主义现代化建设的一个缩影。这既激励大学生抓住大好的青春年华，以永不懈怠的精神状态和一往无前的奋斗姿态，刻苦学习，不负韶华；又使思政课更接地气、有底气，让学生更加直观地感受社会主义现代化建设成就，有助于学生坚定"四个自信"，从而增强马克思主义理论的说服力和感染力。在"马克思主义基本原理概论"课教学中，将"求实创新"融入"主观能动性和客观规律性的统一"内容，历代川农大人肩负科教兴农的重任，奋发进取，敢为人先，形成了严谨治学的优良传统和"求实创新"的科学精神，既尊重规律、潜心科研，又充分发挥主观能动性，敢于突破常规、开拓创新，取得了辉煌成就，将先辈典型事迹、大师学术成果编撰成经典案例，培养学生求真求实的科学精神，促进学生树立勇攀高峰的雄心壮志，增强教学的实效性。

将"川农大精神"融入思政课课堂教学

以新颖的教学方法打造思政校本资源"一课一品"，强化"川农大精神"融入思政课堂，增强思政课亲和力。学校以核心思政课程为主抓手，根据不同课程特点用好用足"川农大精神"，注重参与式过程学习，实现思政课"干巴巴的讲解"向"热乎乎的教学"转变，打造思政课程训练品牌。"基础"课程面向大一新生，邀请优秀学生标兵进课堂，讲述他们勤奋拼搏的故事，发挥朋辈引领作用；"纲要"课程侧重历史，"口述历史·川农人的追梦岁月"，让历史与校史碰撞出火花；"概论"课程高屋建瓴，引入乡村振兴情景模拟示范，联系实际深化理解；"原理"课程开展"自然科学家心目中的马克思主义"微视频拍摄，不同角度的解析倍添趣味。结合"川农大精神"的思政课程训练形式，让思政课堂变得丰富而具体，激发了学生学习的参与激情，更加真切地感受到"川农大精神"的魅力，为培养兴农报国时代新人厚植思政沃土，也强化了对思政课的情感认同，提高了教学的实效性。

专家进思政课堂添彩，真情让学生心动。所有校领导和部分知名专家走进思政课堂，由于他们就是"川农大精神"的传承者，对其有更深刻的理解和感受，他们真情动容的讲授，深受学生欢迎，教室堂堂爆满。学校邀请自然科学专家走进思政课堂和视频访谈，讲述他们在科学研究中的故事，谈论马克思主义相关理论在科研工作中的指导意义，真挚而饱满的情感打动了学生，提高了思政课"滋味"品味。

"川农大精神"进入"形势与政策"课程专题教学。为进一步推进以"川农大精神"为核心的校本资源进思政课堂，每学期设置一个专题面向全校学生讲授校本资源的相关内容。在全校开展"形势与政策"课"川农大精神"专题集体备课竞赛活动，提升教师综合素质和专业化水平，切实加强"形势与政策"课教师队伍对"川农大精神"的认知和认同。学校与档案馆合作，建立思政课教学实践基地，共同开发"川农大精神"等校本资源的讲义和课件，邀请熟悉"川农大精神"档案馆馆员走进"形势与政策"课堂进行专题授课。

将"川农大精神"融入思政课实践教学

"为学之实，固在践履"，实践教学是课堂理论教学的有益延伸和拓展，将"川农大精神"贯穿于学生的实践活动，更能凸显感染力和号召力，对促进"川农大精神"进课堂、进头脑起着非常重要的作用。学校把思政课堂理论教学与社会现实及"川农大精神"结合起来，不断搭建大平台，积极延伸小课堂，充分利用各类资源，请进来，走出去，通过实践活动打通思想理论进入学生头脑"最后一公里"。

培育"川农大精神"课堂实践品牌，深化爱国、拼搏、团结、创新等情怀的理性认同。课堂实践教学是最便捷、最经济的实践教学环节。学生在做中学、在学中做，把理论知识和实践行为有机融合，在实践中把抽象的爱国精神化为具体的学习、生活行为。思政课堂实践创设"川农大精神记忆堂"形式，主要由三部分构成："川农大精神口述史"，利用音视频或者真人图书馆形式为学生讲述"川农大精神"与川农大人爱国情怀的故事；"'川农大精神'青年说"以学生演讲或辩论等方式，在课堂呈现川农大人的爱国情怀；"'川农大精神'身边事"在课堂上直观展现今天学校师生员工的精神风貌，以榜样和身边事去感染学生。

营造"川农大精神"校园实践氛围，增强爱国、拼搏、团结、创新等情怀的校园感染。校园是学生学习生活的主要场所，校园实践活动是思政课实践教学的重要环节。在校园文化的建设上，充分利用学校相关院系专业优势，在全校统一布局进行"川农大精神"要素的校园景观设计，打造校史文化墙、川农英烈群英园、已故川农大名人雕像等校园建筑文化品牌。在办公楼、教学楼、运动场、活动中心、学生宿舍等建筑物，命名为能体现"川农大精神"的名字，真正发挥校园文化以文化人的功能，让全校师生员工在校园景观和文化设施等有形的建筑文化中耳濡目染爱国情怀。例如，在讲述"马克思主义在中国的传播与中国共产党成立"等理论知识部分，教师带领学生走进"川农英烈群英园"，由老师或者学生进行现场讲述，大家近距离感受到川农大英烈信仰马克思主义的力量。在思政课实践教学的校园实践中，打造展示"川农大精神"的才艺周文化实践项目，由学校相关职能部门和马克思主义学院联合举办，开展大学生"川农大精神"知识竞赛、书画展览、诵爱国诗词、征文比赛、微视频制作、文艺汇演等活动，使学生在喜闻乐见中增进对"川农大精神"的认同。

搞好"川农大精神"线上实践活动，加大爱国、拼搏、团结、创新等情怀和品质的网络传播。结合思政课教学需要，建好思政网络实践教学平台，将"川农大精神"文献史料、音视频资源作为重要内容进行收集整理，形成"川农大精神"网络资料馆；将学校在乡村振兴做出的杰出贡献进行案例整理，构建"川农大精神与乡村振兴"虚拟仿真实践项目，让学生在网络实践中深刻体会到"川农大精神"助力"三农"发展的强大力量。鼓励学生在校期间参与"川农大精神"课堂、校园、社会实践活动，将能够体现"川农大精神"爱国情怀的音视频成果，利用学校"两微一端"或者其他新媒体进行发布，加大网络传播；将践行"川农大精神"爱国情怀的各种活动加以总结，进行理论阐释，发表在各级党报党刊和学术刊物上，增强"川农大精神"爱国情怀的理论影响。

开展"川农大精神"社会实践教学，推进爱国、拼搏、团结、创新等情怀的社会影响。学校依托川农大实验教学基地（如崇州现代农业研发基地、温江农作物转基因试验基地、雅安禽畜养殖科研基地等）开辟实践教学的"田间课堂"，厚植学生"知农爱农"情怀，培养"强农兴农"担当。同学们通过参观考察实验教学基地，走入田间地头，走进农村农业，触摸乡村脉搏，培养知农、惜农、爱农情怀，并立志投身"三农"事业；通过"田间课堂"学习教育活动，学生能更加深刻地理解正是一代代川农大人默默在田间耕耘的坚持、在农业科教第一线的奋斗，生动诠释了一个个国家大奖的非凡意义，正是川农大人用实干和坚守铸就了"川农大精神"的丰碑，从而更加坚定服务于新时代"三农"的理想信念。马克思主义学院、学生处、校团委等多部门合作，利用学生暑期社会实践活动，在各地展开"川农大精神进社区"系列活动，鼓励学生走进社会，进行"川农大精神"主题调研活动，收集川农大校友在当地实践"川农大精神"的相关资料；以科技下乡、精准扶贫、教育扶智等多种途径，真诚地向当地民众做好志愿服务和帮扶工作，用实际行动践行"川农大精神"。这不仅可以让学生得到能力的锻炼，而且还提升了"川农大精神"的影响力和学校知名度。

积极探索以"川农大精神"为核心的校本资源融入思政课程，有力激发了学生学习兴趣和课堂活力，成效显著。"学习强国"以"创新学习形式打造更多思政金课"为题将学校思政课建设经验作为典型予以宣传，并进入教育部社科司的工作动态；"四川新闻网"对学校"深入挖掘校本资源，彰显兴农爱国情怀"做了专题报道，《四川日报》《教育导报》《中国青年网》等媒体也对学校以"川农大精神"为主的校本资源推动思政课建设情况予以了关注和报道。

"川农大精神"融入思政课程凸显价值功能

将"川农大精神"融入思政课程，使之成为思想政治理论课教学的内容延伸，有利于调动学生的主动性和积极性，深化学生对马克思主义理论的理解，提升学生对中国特色社会主义的政治认同，增强教学的实效性，具有极强的思想政治教育功能。

价值导向功能。长期以来，学校不断弘扬"川农大精神"，突出爱国敬业传统，注重立德、立言、立身，强化育人意识，将"川农大精神"的核心内容和精神实质积极融入思政课程教学，促使学生形成正确的世界观、价值观和人生观。

品德塑造功能。传承"兴农报国、自强不息"的优良传统和"追求真理、造福社会、自强不息"的校训，紧紧围绕"心系三农、振兴中华"主题，在具体的教学实践中加强学生理想信念教育，加强学风建设，形成"心系三农、追求真理、自强不息、学而不厌"的学风，有助于塑造学生的良好品德，争做励志、求真、力行的新一代川农人。

情操陶冶功能。"川农大精神"蕴含着丰富的积极情感，一腔对党和国家赤胆忠诚的报国之志，一种艰苦奋斗不辞劳苦的奉献精神，而把这种精神真正融入思政课的教学过程，可以使学生感知这些深厚的、真诚的情感，净化心灵，慎思笃行，不忘初心。

院士后来人

水稻研究所

水稻研究所沉甸甸的发展史中，每个年代都有一群"兴中华之农事"的年轻人，为水稻事业奉献青春和热血，在属于自己的年代中发光出彩。在这灿烂群星中，周开达院士无疑是最耀眼的一颗。他是四川农业大学第一位院士，也是四川第一位农业院士；他一生致力于"育种""育人"，功勋卓著，桃李天下，是"川农大精神"的创建者和传承人；在他之后，一批批的水稻人不断茁壮成长，低调做人，高调做事，勠力同心，奋发图强，将川农大的水稻事业不断推向新的高度。

铸魂

在成都校区图书馆前，有一座雕塑，这是学校 110 年校庆时，落成的以周开达院士为原型的一个半身雕塑。寒来暑往，他静静矗立在图书馆前的景观田中，迎四海学子，观四季变迁——这位与袁隆平齐名，被誉为"西南杂交稻之父"的院士，为了让更多人吃上白米饭而奋斗一生。

在科研上，周开达始终有一种强烈的创新精神。早在 20 世纪 60 年代，李实蕡教授远赴非洲马里，帮助当地农民提高水稻产量，并带回了晚籼品种 Gambiaka kokum 和原产圭亚那的晚籼良种 Dissi D52/37，为冈、D 型不育系及重穗型杂交水稻的选育提供了重要种质资源。他充分利用这些种质资源，首创与袁隆平教授杂交稻育种方式不同的新途径——籼亚种内品种间杂交培育雄性不育系方法，培育出冈、D 型系列不育系及系列杂交稻，让水稻每亩增产约 30%，获国家技术发明一等奖。同时，他提出"亚种间重穗型杂交稻超高产育种思路"及"重穗稀植栽培技术"，使杂交稻产量实现了又一次突破。统计数据显示，截至 2013 年 6 月，周开达培育出的冈、D 型杂交稻推广 3.048 亿亩，增产稻谷 228.58 亿公斤，创社会经济效益 320 亿元。

他也因此在 1991 年获评四川省有重大贡献科技工作者，1999 年被人事部记一等功。1999 年 11 月，周开达教授当选中国工程院院士，这是党和国家对他工作成绩的充分肯定。

"周开达先生育成的杂交水稻品种为巴蜀农业的发展做出了重大贡献。他提出的亚种间重穗型理论，是杂交水稻超高产育种领域中很值得探索的一条新途径。"袁隆平院士如此评价。

"搞科研，就要像谈恋爱那样，要经常看，经常观察，多培养感情。"周开达经常对学生这样讲。周开达院士身上这种对科研执着追求、耐得住寂寞、受得住清苦的精神，直到今天依然影响并激励着水稻所一代又一代的科研工作者。

作为水稻所所长，周开达有一种强烈的惜才爱才之心。1995年，当时的水稻所发展面临诸多问题：研究人员住房困难、生活设施差、试验田建设困难，副省长徐世群来所视察，询问有什么问题需要省上解决，周开达在众多问题中只选择了两个上报，其中之一是个看似小得不能再小的问题——请求解决临时工高克铭的户口"农转非"问题。周开达如此，正是源于对科研人才的爱惜。高克铭虽只是所里一名长期聘用的科研辅助人员，但是他踏实肯干，在科研工作上并不逊色于专职科研人员，是国内杂交水稻育种界远近闻名的人才。

周开达院士的言传身教，严谨治学，精心培育了一批从事水稻研究的后来人，其中汪旭东、李平、李仕贵、吴先军、王文明、马均、邓晓建、任光俊、刘永胜等人不仅传承了导师周开达教授的学术思想，也在杂交水稻领域为我国水稻事业发展贡献了自己的力量，也为水稻研究所的传承与发展奠定了深厚基础。

蓄势

2000年是新世纪的开端，却是水稻所倍感痛楚的一年。6月9日，周开达赴京参加院士大会，在作报告时突发脑出血晕倒在讲台上，后确诊为"脑干出血"，昏迷不醒直到2013年与世长辞。

院士倒下，水稻所还有人能顶起来吗？面对众多疑虑，年轻一辈的水稻人迅速成长，坚守着院士的心愿——中国人的饭碗要端在中国人自己手中！

2001年，李平接任所长，年仅36岁。虽然年轻，他却敏锐地认识到无论时势如何变化，有些东西却不能变，无论什么时代，都不能在科研探索上"打盹"。

李平师从周开达院士和中科院遗传所朱立煌教授，是川农大首位联合培养的博士，毕业后他婉言谢别朱立煌老师的挽留回到川农大。他尝试让川农大水稻研究瞄准国内甚至国际的水平，进入主流范式，把分子生物学技术与常规育种结合起来，开创水稻研究的新方向。2002年，李平前瞻性地提出要调整株叶形态和产量构成因素，拉开了系列新品种选育的序幕。今天，在长江中下游地区和越南等地很受欢迎的蜀恢202、蜀恢212等系列组合，正是这一思路结出的硕果。他先后选育冈优827等5个通过国家审定的品种，农业农村部认定的超级稻2个，授权发明专利多项，所带领的团队在《自然－通讯》等高水平期刊上发表多篇优秀文章。

和李平一样，水稻人把对周开达院士的敬爱和思念化为求索的力量。主攻遗传育种方向的李仕贵团队首次发现并定位多个具有重要利用价值的新基因，克隆抗稻瘟病基因pi−d（t）2，建立高效分子育种新体系，针对西南稻区"阴雨多、日照少、温差小"的生态条件，育成了突破性恢复系蜀恢527水稻品种，是我国组配出超级杂交稻最多的恢复系，并获国家科技进步二等奖。针对蜀恢527抗倒性的不足、难以适应机械作业的难题，李仕贵建立了分子轮回育种方法，育成了新一代重穗抗倒型优质抗病恢复系蜀恢498和不育系川农1A等，组配出多个新一代重穗抗倒型杂交稻组合。因为在水稻育种上成就突出，2019 年他应邀赴京参加新中国成立 70 周年庆典。即便众多光环加持，可他说，人生要像成熟而饱满的水稻一样，有了成绩不骄傲，碰到困难不退缩，方能成就大事。

马均教授深耕于栽培研究多年，能更好地将理论应用于实践，其主持的重穗型杂交稻的高产机理及其稀植优化生产技术研究与应用项目，在生产推广中增产稻谷 15.04 亿公斤，新增收益 31.99 亿元，是良种良法有机结合的典型。针对我国水资源贫乏和农业用水利用率低的现状，研制出节水效果突出、增产效果显著的"湿、晒、浅、间"节水高效灌溉技术规程，应用至生产中效果颇丰。

由于我国大部分地区土壤中硒贫乏、当地居民硒摄入量严重不足影响身体健康，朱建清教授带领的课题组利用国外优异种质资源，率先选育出富硒高产杂交稻，经农业农村部稻米及制品质量监督检验测试中心检测，该杂交稻精米硒元素含量为 0.069 mg/kg，达到富硒米标准（GB/T 5009.93-2003），该成果获邀参加多个国际大会。高产功能性杂交稻 611A/R319 的选育与应用，成功改善了稻米品质，提高了稻米品位，增加了稻米附加值，促进了农民增收，其社会和经济意义重大。

袁隆平院士及其带领的团队成功攻克了杂交水稻"优而不早，早而不优"的技术难关，但分子生理机制尚不清晰。邓晓建教授带队与中科院遗传所朱立煌教授课题组合作，图位克隆出促使水稻早熟且兼具高产性状的基因——ef-cd。该基因的挖掘和利用将有力满足绿色超级稻品种培育的减肥增效需求，同时对解决直播稻和粮经、粮菜、粮油连作稻的早熟丰产以及亚种间杂交稻"超亲晚熟"等问题具有重要利用价值。

……

面对困难，一代水稻人砥砺奋进再出发，书写出了新世纪水稻所浓墨重彩的华章。

强基

一直以来，水稻所坚持人才是发展的内在驱动力，重视人才，爱才惜才，延揽人才。

2008 年初，吴先军书记、李仕贵副所长亲赴美国，诚挚邀请当时还在国外就职的水稻所毕业校友陈学伟、王文明回所工作。

水稻所大力延揽人才，与学校从 2009 年投入大笔资金推动实施的人才强校战略不谋而合。在学校的强力支持下，水稻所迎来新发展机遇。王文明、陈学伟等一批卓有建树的学者回到水稻所，极大地充实了水稻所的实力。

王文明教授是学校启用"诚聘海内外英才"计划以来，首批从海外引进的高层次人才。坚守信念，敬畏科学，这是提及王文明教授时大家给予的最普遍评价。受邀归来，他全身心投入水稻病理学研究，时刻关注最前沿的实验技术，掌握最新科研动态，深入指导学生的课题研究，对待科研永远如少年追梦般充满激情。"我是怀着一种敬畏之心来做科研的，我只想探究大自然中存在的一些真理。"王文明说。他给实验室每一个成员提出了"SUCH"：Safe、United、Clean、Harmony，要求每位成员时刻谨记。水稻得以高产，除品种、栽培技术，抗病也是重中之重，传统的防病方式是喷洒农药，但治标不治本，王文明教授带领科研团队从稻瘟病、稻曲病的发病机理上进行研究，深入挖掘抗性相关基因，立志用基因工程改良植物的抗病性。他对植物广谱抗病性进行研究取得的成果作为"highlight"论文在线发表于 *Plant Cell* 杂志，他所带领的团队在 *Plant biotechnology Journal* 和 *Plant Pathology* 等杂志上发表多篇研究论文。

2011年，陈学伟放弃加州大学戴维斯分校助理项目科学家的良好发展平台，回母校开启自己的事业之旅。有这样的想法，就不得不提到他在川农大求学期间的几位导师——周开达、李仕贵、黎汉云。"师从于这些导师是我一生最大的荣幸，"陈学伟说，"老师们就像父母一样在培养教育我，他们毫无保留地把知识传授给我，在生活上处处关心照顾我。这份深深的感情，走到哪儿我也不能忘、不会忘。"学校也为他干事创业营造有利环境：300万元引进人才启动经费、150万元"杰青"培养经费，为他启动科研工作提供了支持。学校还特意为他配了三个助手，李仕贵教授也把最优秀的硕士、博士分到他的研究团队支持他开展工作，充实实验室人手。

陈学伟随即投入水稻抗病研究。通过多年努力，陈学伟带领团队利用稻瘟病广谱抗性资源，终于找到了稻瘟病广谱抗性关键基因，并揭示了重要调控机理，成果于2017年发表在全球顶尖学术期刊 *Cell* 上，实现了学校乃至整个西南地区高校在 *Cell* 主刊发表论文的零突破。一年后，他的团队又在 *Science* 杂志发表了和中国科学院遗传与发育生物学研究所李家洋院士团队合作完成的单个转录因子促进高产抗病新型机制这一重大研究成果。连续两年学校实现了高水平论文的双零突破，这些国际一流水平的研究，不仅让陈学伟个人收获了国家杰出青年科学基金获得者、腾讯首届"科学探索奖"、四川省杰出人才奖等荣誉，也让实力强劲的川农大水稻所名扬四海，更让四川农业大学成为全国各大媒体的焦点，社会影响力和美誉度不断攀升。

与王文明、陈学伟相比，徐正君则回国更早。2002年在学校领导的盛情邀请下，怀着对母校的深情，徐正君回到了学校。"我在国外，每年都会收到周开达老师寄来的明信片，点滴的关心让我觉得很温暖。我希望能真正做点事有所回报。"紧跟科研潮流风向是大多数学者的选择，但徐正君教授却选择合理利用粳稻、光身稻、云贵高原地方稻、野生稻等资源的优点，人为创造目前没有的材料。徐教授对待科研舍得花长时间，不急于求成，他从国家资源库获得云贵川地方品种，鉴定出一系列耐高温、耐低温、耐干旱的基因，创造出4000多份中间材料，包括大穗形材料、伞形穗材料等，为水稻育种界广为使用。

中坚力量稳如泰山，后起之秀层出不穷，水稻所发展至今，已拥有良好的人才梯队建设格局。过去的20年，水稻所因为大批优秀的中年科研工作者团结拼搏而延续辉煌，最近几年，李伟滔、王静、樊晶、李燕、钦鹏、李双成等新一代科研工作者在各自的团队中勇于担当，刻苦钻研，成绩优异。有了人才的支撑，水稻所的明天定会百尺竿头更进一步。

传承

进入21世纪，水稻科学的发展已从常规杂交育种进阶到分子遗传育种，水稻研究所也从一、二、三系加栽培的 4 个科研团队衍变为涵盖生物技术、分子遗传、栽培生理、品质改良、种子工程、抗病机理等方向的 9 个科研团队，并驾齐驱向水稻的不同研究领域挺进。

经过多年团结拼搏，水稻所在育种、栽培、生理、品质、病理等不同的领域均取得了优秀的成绩。多年来，水稻所承担国家及省部级课题数百项，科研经费不断增加，科研成果相继在高水平期刊上发表；通过国家和省级审定的高产、优质、抗病等新品种层出不穷，成果转化不仅为课题补充科研经费，更为农民解决粮食生产问题，助力解决"三农"问题和打赢脱贫攻坚战。

耀眼的成绩背后，有一些精神一辈辈传承沉淀了下来。

首先，是敢闯敢拼，不怕艰难困苦。这一点从南繁可见一斑。四川冬天的气温不适合水稻生长，为加快育种进程，自 20 世纪 70 年代开始，周开达和黎汉云一年种三季水稻，夏天在雅安，秋、冬季分别在南宁和海南岛各种一季，这被称为南繁。从 1973 年周开达教授在海南省陵水县启动南繁研究至今，南繁基地见证了几代水稻人的成长。每年 10 月开始，水稻所人便千里迢迢奔赴海南，只为与季节赛跑，抢地域温差，多种一季，即使顶着近 40℃ 的高温，抵御肆虐的台风，也依然斗志昂扬。初期，南繁基地宿舍环境拥挤，周开达就在猪圈里搭床铺；食材严重缺乏，辣椒、清油从家背，为了用大豆补充蛋白质，手工石磨也从四川背去。基地种植条件差，灌溉水供应不足，为了秧苗能苗壮成长，抽水担水成了家常便饭。虽然南繁条件逐渐得以改善，但仍不能跟四川家里比，每一个南繁人靠着艰苦奋斗蹚出了一条属于水稻人的前行之路。看着一代代育种材料培育出来，变成农民手中沉甸甸的稻谷，最后装满中国人的饭碗，心中的自豪感油然而起。

其次，是身体力行，培养实干精神。在周开达院士等老先生身体力行的带动下，水稻所人不论日晒雨淋，高温酷暑，南繁北育，都亲自到田间操作，给学生树立了榜样，培养了学生吃苦耐劳、勤奋实干的精神。新生开学历来都是九月，水稻所却并不是如此。由于水稻科研季节性强，水稻所新生在 7 月中旬就提前入学，进行学前培训，系统学习水稻的基本知识、基本操作并参与到研究工作中，为高质量研究生培养奠定良好基础。还有即将走上工作岗位的毕业生也专门参加此培训课，觉得受益匪浅。水稻所从 1997 年开始此项教学环节，一直坚持到现在，到目前已有 10 多个专题的授课内容，成为水稻所非常重要、非常有特色的教学环节。

最后，是开放办学，培养创新思维。周开达院士在科研上注重创新，另辟蹊径获得了成功，后来者也秉承这种强烈的创新意识。从李平、刘永胜攻读博士开始，就拉开了与中国科学院合作培养博士研究生的序幕。多年来，水稻所一直注重开放办学，不断加强与国内外的人才联合培养，提高研究生培养质量和水平。强强联手，给水稻所科研带来无限活力，目前水稻所已与中科院遗传与发育生物研究所、中科院上海植物生理研究所、中科院植物所、人类基因组研究中心、国家杂交水稻工程技术中心、中国水稻研究所等科研院所建立了密切的合作关系，还与美国加州大学、美国农业部水稻研究中心、国际水稻研究所、澳大利亚科学院、日本东京大学等建立了长期的合作关系，已联合培养 30 余名博士，占水稻所毕业博士生的 20%。

　　水稻所在国内外的社会影响力不断扩大，自身也在参与国际化中提升了发展平台和空间。先后有刚果、莫桑比克、印度尼西亚、东帝汶、肯尼亚、佛得角等多国政要，美国、日本、巴基斯坦、印度、泰国、荷兰、澳大利亚等国家和国际水稻专家来所参观和学术交流。另有美国、澳大利亚、日本等国的专家定期来所从事合作研究。常年邀请国内著名水稻专家、教授到所里作学术报告。水稻所被确定为国际科技合作示范基地和省外事办定点接待外国元首的单位。

　　所里也鼓励教师出访、进修，主动寻求国际合作机会。建所以来，周开达、汪旭东、徐正君、吴先军、李平、李仕贵、马均、张红宇、朱建清等先后赴国外开展学术交流和访问，全面了解国外水稻科研、育种、良种繁育、推广生产、稻米制品开发等情况，引进了水稻所需要的种质资源。

　　水稻所从最初的稻作室发展到下设多个不同研究方向的科研团队，今天已成为"作物基因资源发掘与利用"国家重点实验室、长江流域杂交水稻协同创新中心、杂交水稻国家重点实验室西南基地等多个国家、省部级科研平台的主要支撑单位。2020年11月，省部共建"西南作物基因资源发掘与利用"国家重点实验室获批，这将是四川省第一个农业类国家重点实验室，也是水稻所孕育多年的新生命体。

　　沐甚雨，栉疾风，川农大水稻人砥砺前行80余年，心系民生，潜心科创，前辈们缔造了"川农大精神"，后来人传承着"川农大精神"，只为实现"农业兴国"的伟大梦想。

麦田里的"川农大精神"

小麦研究所

翻开小麦研究所的档案册，会发现跃然纸上的是一段段艰苦创业、开拓创新和团结协作的故事：老一辈科学家亲历学校从成都迁雅安，在"文化大革命"等极端苦难的时期坚定信念、排除万难，建立起小麦研究基础理论体系；建所后，在改革开放的春风下，团结攻坚，立足西南麦区小麦发展，形成了代表性研究成果，实现了小麦族研究和小麦品种选育的突破；在新时代背景下，作为"双一流"学科建设的重要组成部分之一，继续脚踏实地、勇于创新，结合产业链需求，进一步优化研究方向，整体研究水平得到提升。

读小麦所的历史，震撼我们的不仅仅是学术鸿儒的传奇经历，还有其追求科学和真理的执着；感染我们的不仅仅是师长的严谨治学，还有其站在高处看大地的人格魅力；吸引我们的不仅仅是优良的学科平台，还有脚踏实地团结互助的和谐氛围。小麦所的历史，不仅见证了时代和学校的变迁，更是一代代小麦所人的奋斗史，而这段奋斗史最终成为"川农大精神"的重要组成部分。

1984年3月19日，四川省人民政府正式发文，批准成立四川农学院小麦研究所，由颜济教授担任首任所长。从刚开始的位于都江堰的一个小院，再到2008年"5·12"汶川地震后整体搬迁到成都校区至今，小麦所已经走过了37年的奋斗之路。实验室里研究人员繁忙的身影、办公室激烈的讨论、师生宿舍的欢声笑语、试验麦田里四季的颜色变换，以及师生亲手种下的各类花草构成了一代代小麦所人的美好记忆，也凝练出小麦所的特色。

艰苦创业，引领小麦族研究。在小麦育种工作取得一定成绩的同时，颜济教授开始思考如何在现有的研究基础上实现小麦产量和抗性的新突破。从现有推广品种遗传潜力与产量构成因素看，如果在构成产量因素的遗传性状上没有突破，小麦品种产量要再上一个新台阶几乎不可能，因此需要更多的铺路工作，为实现这一目标积累更多的数据和材料。在1987年德国柏林召开的第14届国际植物学大会上，通过与同行的深入交流，大家一致认为应当以实验客观数据的结论对植物生物系统学进行重新梳理，这一工作具有划时代的意义，然而当时全球在该方面的研究几乎为空白。在此契机之下，颜济教授和夫人杨俊良教授决定以小麦族为突破口，开启全面整理植物界生物系统的工作，该项工作不仅能为小麦育种发掘更多优异遗传资源，还对探究形态结构、生命活动与环境的关系从而厘清小麦族种属进化关系、了解发生发展规律具有重要意义。

万事开头难，为了充分搜集小麦族标本信息，颜济和杨俊良教授通过多方途径查阅全球范围内的各大标本馆相关资料，对各标本馆搜集的小麦族标本进行了初步整理统计。在联合国国际植物遗传资源委员会（IBPGR）资助下，由颜济教授率队负责中国大区的小麦种质资源调查项目，与来自瑞典、丹麦、加拿大、日本等国的科学家共同进行野外小麦族资源的考察和搜集。

自 1983 年起，小麦所颜济教授、周永红教授先后带领团队的学生和助手们系统地对我国新疆、西藏、陕西、青海、甘肃、宁夏、内蒙古、四川、黑龙江、辽宁、吉林、山东、湖北、山西、江苏、浙江等 16 个省区和美国、加拿大、瑞典、丹麦、日本、澳大利亚等国家进行了野外实地调查。通过全面系统考察、收集和征集了世界范围的小麦族资源，小麦所建立了国内外完善的小麦族种质资源基因库和标本室。目前共保存了世界范围的小麦族 30 属 400 余种万余份小麦族种质资源，完成了 30 属 364 种 5063 份标本的数字化，包括模式标本 29 份。

经过多年对小麦族资源的收集及整理，小麦所根据物种染色体组成，建立了小麦族 3 个新属，发现了 13 个新种；建立了亚洲最大的小麦族种质资源库，对小麦族生物系统学的研究也获得了国际领域内专家学者的一致认可，该成果获得 2000 年"国家自然科学二等奖"。颜济、杨俊良教授根据建立的小麦族分类新体系，耗费 20 余年时间整理并撰写了《小麦族生物系统学》（1~5 卷），涵盖 30 个属 464 个物种，奠定了小麦所在小麦族系统生物学研究领域的世界领先地位。

此外，在小麦的发育形态学研究中，颜济教授还发现复小穗的器官形态建成过程与过去的茎叶节学说（phyton theory），以及当前流行的顶枝学说（telome theory）显然矛盾，由此建立了多级次生节轴学说（multiple secondary axes theory），统一了这些矛盾。此学说的建立，对包括禾本科在内的高等植物器官的基本性质做出合理解释具有重要意义。

开拓创新，立志把论文写在大地上。在 20 世纪 50 年代初，四川地区种植的小麦品种均为地方品种，当时的小麦亩产量只有 50~100 公斤，后来引入了意大利品种，使亩产量达到 150~200 公斤，但由于普遍存在条锈病与倒伏为害严重的现象，常造成颗粒无收。在此情况下，颜济教授便以矮秆抗倒、抗病为目标，利用地方品种与引进的外国种质资源进行杂交育种。由于目的基因筛选明确，很快选育出一批以大头黄、雅安早、竹叶青为代表的矮秆抗倒、抗病的高产品种，在 1962 年开始大面积推广，总推广面积达 22500 万公顷，使四川小麦产量提高到 400~500 斤，实现了四川小麦产量的第一次突破。

在六七十年代极端困难的条件下，颜济教授仍然秉持对科研的热爱坚持研究工作。在此期间选育出的"繁六、繁七及其姊妹系"亩产达到 700~800 斤，在四川个别田块第一次亩产甚至超过千斤。四川麦区小麦产量实现了第二次突破。此外，由于它们聚敛了很强的抗锈性，能维持抗性 20 年不衰，成为全国各地小麦育种的骨干亲本。当时仅四川省具有"繁六"血缘的品种累计栽培面积达 0.14 亿公顷，平均产量在原有水平上提高 30％以上，完全取代了意大利品种，解决了很多人吃饭难的问题。该成果于 1990 年获得国家科技发明一等奖。时任中共中央总书记江泽民同志在 1991 年 4 月 19 日视察四川农业大学小麦研究所时，对小麦所的研究工作以及所取得的成绩给予了高度的评价。

由于长江上游麦区阴雨多湿、云雾多、日照少，小麦品种存在产量偏低、抗病能力弱、品种退化严重等问题。郑有良教授带领团队以自己创制的含黑麦外源基因的小麦材料为亲本，与四川主推品种川育 12 杂交，通过分离世代连续选择最终育成具有特异优良株型、分蘖力强的优质、高产、抗病的穗数型小麦新品种——川农 16。该品种能在四川等长江上游地区多雨、寡照的条件下提高亩有效穗，从而提高产量及广泛适应性。该品种是小麦所选育出的首个通过国家审定的品种，是集高产、稳产、优质等优点于一体的突破性小麦新品种，创造了四川小麦区试产量的高产纪录，创制的独特理想株型解决了在光照不足条件下的有效穗数难以提高的难题。川农 16 是 2002 年国家"十五"农作物首批后补助 8 个小麦新品种之一，列入国家重点推广计划，2005 年获国家农业科技成果转化资金项目资助。此外，该品种还创造了数十年不退化的奇迹。

小麦染色体组成复杂，从基因组层面改良小麦抗性和产量的过程会更加困难而漫长，这也是小麦育种工作遇到的最大难题。为加快小麦性状改良的进度，在小麦产量和抗性育种上取得进一步突破，小麦所加强了多样化外源物种资源的发掘和利用，例如，提出的"人工合成小麦的 1/8 基因组渗入育种方法"，解决了人工合成小麦育种利用的理论和方法学问题。基于此，大量具有人工合成小麦背景的优异品种（系）如蜀麦969、蜀麦 830 等被成功选育。此外，随着生物信息学、分子生物学等学科相关技术发展，小麦基因组的神秘面纱逐渐被揭开，通过分子设计育种的技术手段能对小麦产量和品质进行更精准的改良。由此创制了大量优异的资源材料，为高产优质小麦育种工作奠定了基础。在各课题组育种家的协同努力下，目前已经成功选育出良麦 2 号、良麦 3号、良麦 4 号、蜀麦 375、蜀麦 482、蜀麦 969、蜀麦 51、滇麦 1 号、滇麦 2 号、蜀麦921、蜀麦 126、蜀麦 830、蜀麦 580、蜀麦 133、蜀麦 137、蜀麦 114 等小麦新品种，川中鹅观草、川引鹅观草、川西肃草等牧草品种，为西南麦区小麦生产和扶贫项目添上了浓墨重彩的一笔。

团结协作，传承和发扬"川农大精神"。搞研究需要沉下心踏实干，但这并不等于闭门造车，只有加强领域内沟通与合作，建立长期稳定的团结协作关系，才能实时了解社会需求，确保研究工作与时俱进。"团结协作"作为小麦所的优良传统之一，不仅表现在各项目组成员之间互帮互助上，更表现在自建所以来，一直不断地摸索适合自身发展的对外交流合作和人才培养工作上。通过国际合作，一方面有效加强了研究领域内的国际对话，建立起交流互访、项目合作、人才培养机制。另一方面通过广泛参与国际事务，贡献小麦所力量。加强人才培养，既有效提升了小麦所的整体科研实力和影响力，也为社会输送了优秀人才，使得"川农大精神"在不同的岗位上得以体现和传承。

20 世纪 80 年代，颜济教授主持联合国粮农组织项目，与加拿大、日本、瑞典、丹麦等国科学家合作，开展小麦族资源收集工作。90 年代初郑有良教授赴英国留学引进小麦分子生物学技术后，陆续派出科研人员赴国际一流科研机构开展访问或博士后研究工作，并逐步与部分国际知名实验室建立长期稳定合作关系，开展合作研究。2017 年刘登才教授赴乌干达提供技术支撑，指导当地育种与病虫害防治工作。凡星教授、沙莉娜副教授受邀任世界自然保护联盟组织（IUCN）物种生存委员会（SSC）、国际系统生物学家协会（SSB）成员，承担相关联合科研项目。王际睿教授作为国际种子科学协会成员，与澳大利亚、美国、阿根廷等同行开展联合研究工作。

值得一提的是，小麦所作为承办单位成功承办了两个均是首次在中国召开的国际学术会议，受到了国内外专家的一致好评。2013年承办的"第七届国际小麦族大会"，吸引了来自美国、德国、英国、法国、日本等14个国家的100余名代表与会。国际小麦族学术会议从1991年以来，每4年召开一次，在国际上有重要影响。该会议7名国际主委会成员中，周永红教授、卢宝荣教授、孙根楼教授3人毕业于小麦所。2019年承办的"第十四届国际谷物穗发芽会议"，共吸引来自中国、美国、日本、英国、澳大利亚等国家80余名行业内专家学者到场，围绕"种子休眠与发芽""淀粉酶与穗发芽""穗发芽分子遗传机制""穗发芽抗性育种"4个专题展开了深入的交流与讨论。

除此之外，小麦所一直鼓励在职人员通过合作项目或留学访问相关项目赴国际知名实验室进行博士后研究或访问交流工作。目前全所92％科研岗职工具有留学经历，其中16％在国外获得博士学位或完成博士后训练。小麦所充分鼓励师生"走出去"，到国际一流研究单位和实验室学习交流，并将新技术、新材料和新方法"引进来"，与国内外知名专家学者建立广泛的交流与合作关系。目前累计有67名研究生先后到美国加州大学戴维斯分校、加拿大农业及农业食品部、加拿大圣母马丽大学、澳大利亚联邦科工部、以色列海法大学、日本木原生物研究所等单位进行联合培养，开展科技部国际合作专项项目2项，省级国际合作项目10余项，研究成果在 *Nature Communications* 和 *New Phytologist* 等国际知名杂志上联合发表120余篇，出版专著2部。

此外，为了小麦族生物系统学研究内容更好地在国际领域内传播，研究人员将颜济、杨俊良教授主编的《小麦族生物系统学》（1～5卷）进行翻译，并通过 *Springer* 杂志社出版，目前第一卷 *Biosystematics of Triticeae* 已在线发表。

人才培养是研究所工作中的重点。结合科学研究工作特点，注重对学生的独立科研能力特别是思维逻辑培养的同时，注意加强对学生实践能力的培养。导师对人才培养的各个环节严格把关，注重因材施教，形成了具有特色的人才培养模式。目前共有2篇全国优秀博士论文，3篇全国优秀博士论文提名，7篇四川省优秀博士论文。培养的研究生，在完成学业后大部分选择进入高校或相关科研单位、相关企事业单位及地方基层，在不同的岗位上继续发光发热。其中部分已经成长为行业内的领军人才或青年骨干。例如，留校任教的郑有良教授、周永红教授、刘登才教授、张新全教授等不仅是领域内的知名专家，更是受学生广泛欢迎的导师；四川省农科院副院长杨武云研究员、美国加州大学戴维斯分校遗传学家罗明诚教授、加拿大圣玛莉大学孙根楼教授、复旦大学卢宝荣教授、西昌学院院长彭正松教授等均为国内外知名专家。还有相当一部分毕业生选择进入相关企事业单位或地方基层单位工作或自主创业，在各自的行业和领域内扮演着螺丝钉的角色，为推动行业的发展持续贡献力量。

求实创新玉米人　情系三农谱新篇

玉米研究所

玉米所的科研历史起源于我国著名玉米遗传育种学科的奠基人之一杨允奎教授。1956年，农学系迁往雅安成立四川农学院时，杨允奎教授的科研工作也随之转移，高之仁教授和首届迁雅毕业留校的荣廷昭等青年教师相继加入这项事业，团队在偏远的科研环境下取得了显著的研究成果。1963年，农业部批准了以杨允奎教授为主任的数量遗传实验室。后因受"文化大革命"影响，教学科研工作被迫中断。1981年恢复设立了以荣廷昭教授为负责人的"数量遗传在作物育种中的应用"课题组，重新开始了数量遗传在玉米育种的应用研究，在几乎从零起步和落后条件下，课题组传承艰苦奋斗和求实创新的精神，取得系列创新成果，其中选育的西南玉米育种第二轮优良骨干自交系48-2和S37，于1996年获得国家技术发明奖二等奖，由此奠定了学校玉米科研在全国业界的影响力。1997年，为适应科学研究与持续发展的需要，在课题组基础之上组建了涵盖玉米遗传育种主要方向的研究平台——四川农业大学玉米研究中心，成长为有一定规模的研究团队。2000年更名为四川农业大学玉米研究所，成为全国玉米科学领域高级人才培养、科技创新和社会服务的知名专业研究所。

求实创新谋发展

没有最好，只有更好，种质创新更是如此，自我超越是玉米遗传育种的永恒主题。进入新世纪，随着玉米产业的发展，玉米育种面临着新的机遇和挑战。我国不是玉米的起源中心，长期受到育种资源狭窄的制约，同时以前常规"二环系"选育方法效率不高，导致西南玉米育种与国内外先进水平尚存差距。团队在客观分析了这些制约因素后，把新一轮种质创新选定到外引美国种质的利用与改良方向，结合二环系选育方法的改进，成功选育西南玉米育种第四轮优良骨干自交系18-599和08-641。截至2008年，以自交系18-599和08-641为亲本育成了经省级以上审定的优良杂交种33个，审定的川单13、川单14、川单21等优良杂交种已在四川、重庆、贵州、云南、广西、湖北、陕西等省（市、区）大面积示范、推广。据不完全统计，累计推广面积8000多万亩，新增产值30余亿元。此外，18-599作为玉米转基因工程育种的优良受体材料，已经转让或交换给了中国科学院遗传所、中国农科院作科所、华中农业大学、首都师范大学、北京农林科学院、山东农业大学等多家科研单位。由于这2个骨干自交系的选育与利用，产生了显著的经济与社会效益，2008年"西南地区玉米杂交育种第四轮骨干

自交系 18-599 和 08-641"获得国家技术发明奖二等奖，这是玉米所进入新世纪后取得的一个重大成果突破。

"川农玉米所培育的材料才是真正的原创，推出的杂交种也是最好的效仿模式。"业内多位专家曾如此评价。以 18-599 和 08-641 选育与应用为标志，进入新世纪的玉米所在种质创新与应用方面不仅实现了自我超越，也对整个行业起到了极大的引领和推动作用。至今，以这两个材料组配的部分杂交种及其改良衍生系仍在西南地区持续发挥作用。团队后续选育的 SCML202、SCML203、SCML0849 等材料也因为具有一般配合力高的优良特性，被西南地区同行广泛应用。其中，由 SCML0849 所组配的最新突破性杂交种川单 99，正在加速示范与推广，西南地区新一轮骨干大品种呼之欲出。

自 20 世纪 90 年代以来，以分子标记和基因工程为代表的现代生物技术掀起了玉米遗传基础理论研究和育种应用的新一轮浪潮。长期从事经典数量遗传学和常规育种应用的荣廷昭深知传统理论方法的优势和不足，对新方法和新技术极为渴求和重视，积极鼓励团队年轻人跟踪基因工程技术和加强国际学术交流合作。由此玉米所在国内较早开始了优良基因工程受体筛选和组织培养技术研究，中国科学院遗传研究所、中国农业大学、华中农业大学等主动加强与玉米所在转基因研究方面的合作。正是由于超前的预判和扎实积累，在国家"十一五"期间启动的转基因重大专项时，玉米所能成为首批主持重大专项委托项目的研究单位。同时，加强与国际玉米小麦改良中心（CIMMYT）、中国农科院等国内外单位的合作，2000 年首批加入亚洲玉米生物技术协作网（AMBIONET），并逐步建立了较为完善的玉米所分子生物学的实验室。2002 年 5 月，时任中共中央总书记江泽民同志到玉米所实验室检查工作，接见了荣廷昭教授，并给予了充分的肯定。随着基因工程和分子生物学实验室条件的不断改善和完善，2011 年成功申报建设了西南玉米生物学与遗传育种农业部重点实验室，为团队在基础理论研究和研究生培养奠定了坚实的基础平台。

跟踪而不跟风，是玉米所开展前沿基础研究的重要原则。玉米所运用现代分子生物学方法和技术，针对西南玉米重要育种目标性状，率先在国内开展耐纹枯病、耐低磷、重金属等性状的遗传基础研究；针对玉米重要性状如产量、品质和耐旱等，始终结合西南地区特有的资源，并紧密结合育种实践，把应用基础研究转化为指导育种应用的理论与技术。自 2005 年，唐祈林博士在 *Crop Science* 发表玉米所首篇 SCI 收录论文后，论文数量从每年寥寥几篇逐步突破到数十篇，论文质量从 2009 年卢艳丽在美国科学院院报 *PNAS* 发表研究论文创造新高后，玉米所相继又在 *PLoS Genetics*，*Plant Journal*，*Plant Biotechnology Journal*，*Molecular Plant* 等国际知名期刊发表了一批高水平的论文。这反映了玉米所在引领西南玉米重要性状遗传基础研究、促进玉米遗传育种学科发展进入了新的阶段。2014 年"西南玉米育种重要目标性状的分子鉴定与利用"获得四川省科学技术进步奖一等奖。

情系三农谱新篇

进入 90 年代，随着杂交玉米普及推广，玉米单产有了较大幅度提高，籽粒玉米已不再是唯一的需求。同时，经常下乡调研和了解农民的荣廷昭教授深知，好品种不仅要增产、增效，关键要促进农民增收，这是作为科技人员最朴实的初心。他敏感地捕捉到鲜食玉米迅猛发展的势头，从多种渠道了解市场、搜集资源，开展鲜食玉米育种；安排多名研究生对甜糯玉米性状进行理论研究，使玉米所成为西南最早重视开展鲜食玉米的研究单位。至今，玉米所已有20个甜糯玉米品种通过审定，近年来，在品质及抗性上更是取得了重大突破。其中产量高、品质好的甜玉米品种"荣玉甜1号""荣玉糯1号"，是西南地区第一个通过国家审定的甜、糯玉米新品种。"荣玉甜1号"被选为当前四川省区试对照种。近年来，以"荣玉1号"为代表的多个优良品种转化给创世嘉等种业公司联合开发，不仅满足了消费者的喜欢，还为种植户创造了更高的经济效益。

"饲草玉米"是由玉米所推出并在全国具有很高辨识度和知名度的一个专有名词，特指收获地上整体生物量用作牧草而不一定具有果穗籽粒的新型饲用作物，有别于传统意义上的青贮玉米和牧草品种概念。它的研究计划孕育于荣廷昭对农业产业结构的思考。在20世纪90年代末他就注意到，人民生活水平普遍提高，食物消费结构发生了重大变化，畜牧业在农业中的比重必然增加，其中草食畜牧业的发展尤为迫切。但是长期存在"饲草品种较单一，优质饲草料总量不足和季节性供应短缺"，严重制约了该区草食畜牧业的持续稳定发展等问题。与此同时，他根据西南部分地区雨热充沛而光照不足，又特别适合作物营养体生产的生态特征，提出了利用玉米近缘属（种）多分蘖、可再生能力强、生长茂盛、抗逆性好和栽培玉米生产种子容易等特点选育新型"饲草玉米"品种的技术路线，把玉米杂种优势利用扩展到营养体性状的创新研究。沿承这一思路，团队后续还从玉米近缘属材料的利用拓展到饲用薏苡、饲用高粱品种培育，研发形成了支撑西南农区草食畜牧业发展的系列新型饲用作物。

饲草玉米新品种的培育与应用推动了西南地区以粮改饲为主要内容的农业供给侧结构性改革的发展，实现了种养结合且有助于减少发展畜牧业带来的环境污染，还有利于防治丘陵山地水土流失。同时，由团队带头人荣廷昭主持的中国工程院重点咨询项目"发展饲用作物，调整种植业结构，促进西南农区草食畜牧业发展战略研究"，提出了实施"粮—经—饲"三元结构优化战略，适度规模推进战略和科技创新驱动战略，推动种养业结构调整和饲用作物的发展，实现农业的"转型、提质、增效"，为推动了西南农区农业供给侧结构性改革和"粮改饲"提供了政策建议和技术支撑。

在实施脱贫攻关与乡村振兴战略之际，饲草玉米和鲜食玉米的推广种植，成为各级政府、种养企业与农户调整种植业结构、促进种养结合、致富增收的重要抓手，也是玉米所多年来致力于通过科技创新服务三农把论文写在大地上的新篇章。

文化传承玉米人

纵观玉米所的发展历程，特别是进入21世纪后，在科技创新和学科建设等方面取得了新的突破，自主培育了粒用、鲜食和饲草系列新品种60余个，先后获得国家技术发明奖二等奖1项、省科技进步奖一等奖1项和其他省部级奖励6项，为学校和作物学科建设发展做出了应有贡献。这些成就的取得，离不开党和国家的大好政策、学校学科平台建设的支撑和社会各级各界的关心支持，更有全所教职工和研究生们坚守的一种对事业发展的执着精神。这种精神起源于玉米所开创科研事业的艰辛时代，传承于玉米所的壮大发展历程，汇集于"爱国敬业、艰苦奋斗、团结拼搏、求实创新"的"川农大精神"，历经几代玉米人的弘扬和实践，已悄然形成了玉米所老一辈的文化并融入青年一代的血液。

团队精神是玉米人能出大成果的重要法宝。早在20世纪70年代决定重新开始玉米遗传育种工作时，研究室只有荣廷昭和刘礼超、倪惜玉3人，人员少，事情多，除了科研还有教学，他们分工合作，几年下来，在育种取得重大进展的同时，教学质量也得到学校师生的一致好评。荣廷昭长期致力构建适合玉米所发展的大雁团队模式，确保了团队的整体和优秀人才培养的资源优势。2018年，玉米所申报的四川农业大学玉米遗传育种团队获得了中国作物科技创新团队奖。

懂得感恩和传递帮扶是玉米所老师的遗传密码。感恩首先是感恩共产党，这是荣廷昭在2003年当选院士表彰会和后来多次工作总结会上的肺腑之言，没有党也就没有今天玉米所和他自己的一切。玉米所在他的督促和引领下，长期重视党建工作和对年轻教师们的思想教育，并融入到实际的业务与生活之中。对玉米所艰苦创业起步阶段有过关键帮助的李实蕡老师去世后，不管多忙，荣廷昭教授每年都会去看望师母，尽可能地提供帮助。研究室自己培养的研究生潘光堂、黄玉碧、曹墨菊、唐祈林相继毕业并留在了这个团队，他们在学习期间就深切地感受到了这个集体的温暖，留校后在生活、工作、家庭、感情等方面都得到了无微不至的照顾。为玉米所发展出份力是最好的报答方式，没有严格的考核制度，年轻人也自觉地将更多精力投入工作。潘光堂、黄玉碧和李晚忱教授后来常说：每次看望老师都成了自己的饕餮盛宴，完了还会打包带走。这让他们毫无顾虑迅速地投入工作，安定下来后，他们完美地"复制"了老一辈的优良传统，让后来越来越多的年轻人如高世斌、兰海、沈亚欧、周树峰、卢艳丽等安心地加入这个团体。

提携后进与注重年轻人培养，是玉米所持续发展的重要保障。"80后"的卢艳丽，在读博士期间就因为表现优秀，被荣廷昭特地选派到国外留学开展联合培养并获全国优秀博士学位论文，回国留校后不负众望，先后荣获国家自然科学基金优秀青年基金资助、中国青年女科学家奖、中国青年科技奖等荣誉。近年来，又一批新的"85后"博士青年教师相继加入团队，为玉米所的后续发展增添了新血液。

吃苦耐劳是玉米人必备的基本素质。玉米是典型的异花授粉植物，为控制玉米的授粉方式，他们得人工套袋授粉。天刚亮就下地，全副武装，早上一身露，露干一身汗，汗干一身盐。一个玉米品种的育成，顺利时也得15个生长季节，为加快育种进程，老师们每年冬季都要到南繁基地，也就是冬季到南方再种一季。按地理位置，玉米所老师们首先选择的是海南，因为位置偏远，交通不便，需带着材料和行李辗转一个多星期才能到达，汽车、火车、轮船交替换乘。后来因海南适宜播种时间晚，收获种子也迟，加上路途运输，在四川春播就显得非常紧张，经几年多地试验后，老师们在云南元江县几经比较和搬迁，终于在景洪找到了相对适合的南繁基地，但工作依然艰苦。忙的时候天没亮就出门，天黑才回住地，中午就在路边馆子花十几分钟吃碗米线，就这样玉米所老师们在这里度过了 20 余个冬天。

建所以来，玉米所培养了一大批硕士和博士，他们服务和贡献于农业战线及其他多个领域。玉米所对研究生的培养有着自己的特殊要求，那就是踏实认真、吃苦耐劳。每年新生开学典礼时，荣廷昭总要告诫研究生学习期间都得有田间实践经历，这已成为玉米所不成文的传统。这使得玉米所毕业的研究生每年都成"抢手货"，他们到用人单位往往能直接上手，迅速成为业务骨干和管理干部。现西南地区农科院所和企业中从事玉米育种的知名专家及领导干部，多数都是玉米所培养的毕业生，正为发展我国的玉米产业做出贡献。

营养所团队的"川农大精神"

动物营养研究所

四川农业大学动物营养研究所源于 1936 年建立的四川大学农学院农学系畜牧兽医研究室，1962 年成立四川农学院畜牧兽医系家畜饲养教研室，1979 年成立动物营养及饲养研究室。1986 年，经四川省高等教育局批准，正式成为四川农业大学正处级建制的研究所——动物营养研究所。2020 年，动物营养研究所迎来了 34 周岁生日，同时也迎来了践行"川农大精神"的 20 年。20 年来，在"川农大精神"的指引下，营养所风雨兼程，砥砺奋斗，阔首前进！

"奉献、协作、求实、创新"团队精神的提出

杨凤先生是动物营养学学科的奠基者，是该学科在川农大建设和发展的领军人。为了实现自己科学救国的终身志向，杨凤先生响应周恩来总理的号召，于 1951 年放弃即将获得的博士学位，毅然回到祖国，1952 年在四川大学农学院创建家畜饲养教研室。1956 年四川大学农学院在雅安独立建院后，杨凤先生在此扎根，为动物营养学科的发展辛勤耕耘一生。1986 年杨凤先生创建了动物营养研究所（正处级）并担任首任所长。建所之初，杨凤先生庄重宣言："要培养一批人才，争取成为全国重点学科，在学术上走在前列。"否则，"生则寝不安眠，食不甘味，死则死不瞑目。"言犹在耳，掷地有声。杨凤先生一生把科研出成果、教育出人才作为自己奋斗不懈的目标，是"爱国敬业，艰苦奋斗，团结拼搏，求实创新"这一"川农大精神"的实践者，同时他又把"川农大精神"化作自己的行动来感染、熏陶、培育年轻教师和学生，他经常给年轻教师和学生讲"献身、协作、求实、创新"的科学精神，并将其作为所训，身体力行。近朱者赤，见贤思齐，继任所长们向杨先生看齐，在陈代文教授任所长期间，营养所领导班子与时俱进，将杨先生提出的八字所训升华为"奉献、协作、求实、创新"，从此成为动物营养研究所的团队精神。

杨凤先生一生爱岗敬业，艰苦奋斗，始终将工作放在首位，一次又一次放弃组织上给予的休养度假机会，念念不忘"三子"：给年轻人"开铺子（创造工作条件）、铺路子、搭梯子"。为修建现代化教学科研所需的实验猪场，杨先生奔波于申请和争取经费的路上；为培养学生过硬的专业能力；杨先生无论多忙多累，都要亲自指导学生的开题报告、实验设计、实验实施，还亲自给研究生上专业英语课。在他的带领和感召下，一批中老年同志也乐做人梯，当铺路石子，甘于奉献。在 20 世纪 80 年代中期，所里十几

名教学科研人员，先后有 8 位年轻人脱产学外语和上电大，7 名年轻人出国。他们的工作都由中老年同志无偿承担，这些老师们不仅毫无怨言，甚至有人将作为主研获奖的机会让给年轻同志，认为这是年轻人发展的敲门砖。

"奉献、协作、求实、创新"的团队精神，在杨凤先生、王康宁研究员、陈代文教授、吴德教授和余冰教授的带领下，在一代又一代营养人传承发展中，在动物营养所的发展史上立下丰碑，成为动物营养人最宝贵的精神财富。

"奉献、协作、求实、创新"团队精神的内涵

动物营养研究所"奉献、协作、求实、创新"的团队精神，不但凝结了杨凤先生及老一辈川农营养人对人生实践的深刻思考，更是深深影响和鞭策着我们一代又一代年轻的动物营养人。

淡泊名利，无私奉献。杨凤先生几十年如一日甘于寂寞、淡泊名利、甘坐冷板凳，演绎着最富色彩的育人和研究人生，也感召着动物营养研究所继任所长王康宁研究员、陈代文教授、吴德教授和余冰教授，为动物营养研究所，为畜牧学科的发展殚精竭虑，夜以继日地奋斗在管理、服务、科研和育人的第一线；为了兼顾管理和科研，没有周末，没有假期，除了吃饭和睡觉的时间，奔走于办公室、实验室和实验基地，潜心学科发展、科学研究、人才培养和社会服务。同时，这种精神也深深感染了动物营养研究所行政、实验室和实验基地管理的老师和年轻教师们。他们从未将努力工作当作换取名利的筹码，而是当成自身职业素养的必修课，常常牺牲节假日为研究所教学、科研做好服务工作。杨凤先生及营养所老师们表现出来的这种淡泊名利、甘于牺牲的奉献精神，既体现了中华民族的传统美德，又体现了当今社会的时代风范。

精诚合作，甘为人梯。动物营养研究所一直秉承着团队合作的优良传统和良好氛围。正是依赖精诚合作的团队精神，动物营养研究所猪营养团队和鱼营养研究团队取得了一系列重大研究成果，2009—2019 年 10 年间一举拿下 4 个国家科技进步二等奖，5 个四川省科技进步一等奖。而纵观国内高等院校和研究院所，一个团队在 10 年间连续拿下 4 个国家大奖的教学科研单位屈指可数，在畜牧行业更是绝无仅有。

动物营养研究所一直注重人才的培养和学科传承。杨凤先生在培养传承人方面做出了最好的表率，想方设法给年轻人"开铺子、铺路子、搭梯子"；继任所长王康宁研究员、陈代文教授、吴德教授及现任所长余冰教授将年轻人的发展放在首位；学术带头人周小秋教授和张克英教授甘为人梯，高度重视团队年轻人的发展，继承杨先生遗志，为年轻人的发展铺路搭桥，出谋划策，无私奉献，提供人力、物力支持。在所领导和学术带头人的关心和帮助下，营养所的年轻人一步步成长起来，逐步在科研、育人、社会服务等方面崭露头角，涌现出了一批青年才俊。

"奉献、协作、求实、创新"团队精神的传承

杨凤先生的弟子们秉承先生志向，带领几代人，勠力同心，精诚协作，弘扬"爱国

敬业、艰苦奋斗、团结拼搏、求实创新"的川农大精神，秉承"奉献、协作、求实、创新"的学科团队精神，紧紧围绕创建一流学科的战略目标，开拓创新，励精图治，推动学科建设不断发展。他们用智慧和汗水铸就了"条件平台是立所之基，学术队伍是兴所之本，人才培养是荣所之魂，科学研究是强所之路，社会服务是富所之道"的治学办所理念，踏出了一条农科教、产学研结合的学科建设之路。2019年动物营养研究所被评为"全国教育系统先进集体"。这一殊荣无疑是对动物营养研究所多年来在科学研究、人才培养、社会服务、文化传承等多方面成绩的褒奖，也是对几代川农动物营养人砥砺奋进的肯定，充分证明了"奉献、协作、求实、创新"的团队精神具有强大的生命力。

创先争优，凝心聚力，学科建设成效显著。在几代川农营养人的共同努力下，在"奉献、协作、求实、创新"团队精神的感召下，动物营养所的平台建设和学科发展成效显著。目前研究所实验室面积达5500平方米，教学科研试验基地占地面积60000多平方米，拥有价值7000多万元的各种现代化仪器设备，实验室和教学科研实验基地建设达到了国内一流水平。研究所拥有教育部、农业农村部、四川省重点实验室、教育部工程研究中心、四川省2011协同创新中心、西南区生猪优质与安全协同创新中心等各级平台。在一流平台的支撑下，学科建设成效显著。1989年动物营养学科以总分第一的成绩被评为首批国家重点学科，2001年、2007年又连续两次蝉联国家重点学科殊荣，成为学校进入国家"211工程"大学的重要推手。在2012年教育部学位中心公布的全国学科评估结果中，以本学科为重要支撑之一的畜牧学学科排名全国第四，植物学与动物学学科进入ESI学科排名全球前1‰。在第四轮学科评估中，动物营养所在畜牧学一级学科获评A−，作为畜牧学和农业科学学科群的重要组成学科入选国家和四川省一流学科建设学科。

凝练创新，团结拼搏，团队建设显优势。2005年，在时任所长陈代文教授的带领下，营养所领导班子主动求变，求实创新，对整个队伍进行了一次创新性"整编"，为营养所的快速发展奠定了坚实基础。根据已有的主要研究方向、研究基础，结合教师意愿，研究所凝练出猪营养、家禽营养、水产动物营养、反刍动物营养和饲料研究五大主要研究方向，在各自学术带头人带领下有计划、有步骤地开展研究，以岗定人，在目标方向上逐步自我完善壮大，不断破浪前行。如果说此前的营养所是一艘战舰，那么"整编"则让它成为一支舰艇编队。目前，猪营养方向已经发展出种猪营养和仔猪及生长育肥猪营养两个实力子团队，虽均以猪为研究对象，但一队"火力"集中于改善我国种猪繁殖性能和终身产肉量，一队则瞄准仔猪和生长育肥猪生产过程中的健康（抗病力）、高效和优质等问题，在产业相关问题的研究上互为补充，集体攻关。经过沉淀和积累，近年来，这两个方向的研究成果均获得了国家科技进步二等奖。2005年"整编"之初，水产动物营养和反刍动物营养均只有1人，但经过15年的发展与沉淀，周小秋教授已带领水产动物营养团队斩获国家科技进步二等奖2项，四川省科技进步一等奖2项、二等奖1项；张克英教授成为国家水禽体系岗位科学家，王之盛教授也成为国家肉牛产业技术体系岗位科学家，充分展示"整编"之后的团队发展优势。

营养所每年召开一次全员参与的学科建设会促进了各个团队相互取长补短。在会上，一方面对各团队一年来的科学研究、人才培养、社会服务等现状、成果及国内外相关研究进展等情况进行总结和分析，在比较中找差距、找方向，也找自信，形成了团队间你追我赶、相互促进的良好氛围。另一方面，各团队提出自己的研究和发展计划，通过整体统筹、相互协调，既解决资源利用等方面"撞车"的问题，也在广泛交流中相互借鉴启发。"肉兔消费大省是四川，但养殖大省却是山东。我们是不是还可以补充对兔的研究？一方面我们的研究不足，另一方面产业发展有需要。"正是在这样的会议后，营养所开启了家兔营养方面的研究，并晋升了一位家兔营养教授。

如今，营养所在团队建设和教师队伍建设方面均取得了较好成绩，拥有一批国家级人才计划高级专家，也有一批在国内有较大影响力的中青年专家，形成了一支学缘结构合理、富有活力、创新能力强的学术队伍。团队已成为科技部重点领域创新团队、教育部创新团队、农业农村部创新团队、四川省青年科技创新研究团队。

严谨治学，求实求是，严控人才培养质量。作为国家首批硕士点、博士点的动物营养研究所，30 年来在实现人才培养的职能定位中，在"奉献、协作、求实、创新"团队精神的指引下，探索形成了一套严进严出、分类培养、团队指导、重过程管理、"产学研"深度融合的拔尖人才培养体系。

"对学生负责，严谨治学，严格要求，求实求是"是营养所导师们达成的共识。杨凤先生对入门研究生的欢迎词是："欢迎到地狱来旅游！"周小秋教授要求学生："实验一开始，就必须住在实验场！"曾有延期几年尚未毕业的学生到吴德教授办公室请求"放一马"，吴德教授耗费数小时给学生做思想工作，让他明白科研和学术来不得半点虚假。就在 2019 年夏，在外审专家全部审核通过的情况下，营养所答辩委员会的老师们严格把关，给予一位博士生、四位硕士生"还不够好"的学位论文"认真修改后再重新答辩"的决议。

在严谨治学，严进严出、不容"注水"的育人氛围里，人才培养质量自然优良。"动物营养学""饲料学"被评为国家级精品课程；3 门课程入选省级精品资源课程；3 部教材被评为国家级优秀教材；陈代文教授荣获国家教学名师，他带领的团队被评为首批国家教学团队；获"全国优秀博士学位论文"提名论文 3 篇，国家教学成果二等奖 3 项，四川省优秀教学成果奖 5 项。毕业生因作风朴实严谨、基础理论扎实、实践创新能力强，深受用人单位好评。90％以上的毕业生从事与营养相关的工作，其中从事技术工作的占 85％～95％。他们分布在国内 20 多个省区市及美国、加拿大、英国等，不少已成为行业领头人或业务骨干，获得行业领域的高度认可，也为营养所赢得了"动物营养界的黄埔军校"的业界好口碑。

艰苦奋斗，求实创新，教学科研成果丰硕。善谋者行远，实干者乃成。川农大动物营养人个个是奋斗者，是一群别人眼中的工作"狂人"。这里无论专家学者还是科研助理，工作量都绝对饱和，加班加点是每个人工作的常态。吴德教授是出了名的"拼命三郎"，做访问学者时因极致的实验强度被人称作"疯子"；在陈代文教授的脑海里，没有节假日概念，每一天对他来说都需要争分夺秒，需要忘我投入；周小秋教授总是早上 7 点半就到办公室开始忙碌，几乎全年无休；张克英教授一直在和时间赛跑，要"为后面的年轻人铺开摊子"；余冰教授小小身躯却有大大的能量，长年累月奋斗在办公室，"起得比鸡早，睡得比狗晚"就是她真实的写照。还有更多的"70 后""80 后"中青年骨干，他们担起了科研任务的具体实施，在人才培养、对外服务中挑起大梁，从没人叫苦叫累，推脱逃避。年轻教师认为："看着老师们都是这样'拼'过来的，感觉没有理由不去好好做。"言传身教，一种属于川农动物营养人的"艰苦奋斗"精神和气质就这样被传承着。

正是这种艰苦奋斗和顽强拼搏，动物营养研究所近年来在动物抗病营养、母猪系统营养、淡水鱼健康营养和家禽营养代谢与需要、饲料数据库和生物饲料开发利用等方面进行了大量创新性研究，取得了一批标志性成果。近5年承担科研项目672项，科研经费13881万元，发表学术论文714篇，其中SCI论文537篇，先后获得省部级及以上科技成果奖42项，其中主持获国家科技进步二等4项，部省级科技进步一等奖7项、二等奖9项，获国家授权发明专利70项。通过"校校"和"校院所"融合培养模式改革与应用，研究生的理论创新能力显著提升，培养的博士生获全国百篇优秀博士论文提名3篇；发表论文有3篇总被引频次连续2个月进入全球TOP0.1%，入选ESI热点论文，另有周小秋教授团队指导的10篇学术论文入选ESI全球"热点论文"。

注重传承，讲究创新，学科文化影响力大。动物营养研究所将学科文化、学术规范与道德诚信教育内容纳入培养方案，严格执行《团队学术道德规范》。加强学生思想与传统文化教育、增强学科认同感、责任感和使命感；继续发扬"奉献、协作、求实、创新"的动物营养所团队精神，搭建学科、研究机构、实践基地三结合的育人平台。举办"追溯学科发展历程，传承团队发展精神"系列活动，传承和弘扬"川农大精神"。定期邀请学科退休和在职的资深专家为整个学科师生讲学科发展和科学研究的历史，让动物营养与饲料科学学科精神、"川农大精神"深入每一个人的灵魂，并作为动物营养与饲料科学学科的基本文化底色贯穿于人才培养的始终，形成严谨、民主、宽松的团队风气，团队凝聚力、协作能力增强。连续举办11届教职工家属联谊会，对全体在岗教职工的努力以及退休教职工和家属的大力支持表示感谢。出版《纪念杨凤先生诞辰100周年画册》，举办纪念杨凤先生100周年诞辰纪念活动，传承和弘扬团队精神，全方位加强学科宣传，营造良好文化氛围。

曾有"211工程"评审专家评价："营养所的团队精神是'川农大精神'的重要组成部分！"多年来，正是秉承着"奉献、协作、求实、创新"的团队精神，动物营养所人拧成一股绳，精诚团结，奋勇向前！

成就底色是辛勤汗水画出的灿烂。天道酬勤，厚德育人，川农大营养人在践行"爱国敬业，艰苦奋斗，团结拼搏、求实创新"的"川农大精神"中，创造了一流业绩和辉煌成就。在未来，川农大营养人将继续站在时代的前沿，追求卓越，奋勇争先，继续在"川农大精神"的光辉照耀下续写精彩，再创辉煌！

不停歇的"摆渡人"

理学院

　　参天古树枝入苍穹，万丈高楼耸入云端，必定在人所不见处有根系深埋，地基稳固。于自然科学而言，数理化可谓根基；于非数理化专业课程体系而言，数理化基础课程是否也当作此拟喻？从事数学教学 34 年的理学院院长陈涛教授连连摇头，他不无玩笑地说："还没那么'高大上'，最多只能算是沙石，都算不上水泥！"

　　在以生物科技为特色，农业科技为优势，多学科协调发展的国家"211 工程"重点建设大学、国家"双一流"建设高校四川农业大学，就有这样一群"淘沙选石"的匠人，秉持着"川农大精神"，数十年如一日默默耕耘在三尺讲台。在人才培养过程中，他们的贡献不易评价，他们的作用难以量化。理学院党委书记黄乾明感叹："他们就像摆渡人，只是把学生安稳地送到对岸，不间歇往返。"

　　理学院的渊源可追溯到 1956 年四川农学院由四川大学独立迁至雅安建院，从四川大学数、理、化、生等基础学科抽调部分骨干教师，同时接收了一批全国重点大学优秀毕业生，组建数学、物理、无机及分析化学、有机与生物化学等教研室。这些教研室最初分别隶属于四川农学院农化系、农学系和牧医系，1983 年底上述教研室从各系分离出来成立四川农学院基础部。2003 年，成立生命科学与理学院，由教研室改设数学系、物理系、化学系。随着专业招生规模及专业建设水平的发展，2014 年 3 月 5 日由原生命科学与理学院拆分建立理学院，设应用数学、应用物理、应用化学、化学生物学等 4 个系，各系除了完成各专业人才培养工作外，依然承担着全校数理化基础课教学的重要任务。

承其志　紧握"爱国敬业"之炬

　　"传道授业解惑"乃师之根本，然师亦有师。可以这样说，基础课课堂讲台上的人在变，他们承担的工作任务在变，而课堂背后的业务、传统从来没有变。新进教师入职后的 1~2 年都必须为老教师担任助教，在老教师的指导下完成听课、作业批改，老教师手把手带着做实验准备等工作。新教师开始授课后，也会不定期地接受老教师的听课和督导。

　　"数学公式的教授需要大量的推导演算，在过程中体现数学思维的逻辑性、严谨性，高察伦老师的板书都是精心规划设计的，我的板书就是向高先生学习的。"即使吃了那么多年的"粉笔灰"，1994 年来校工作的杜世平回忆起在黑板上奋笔疾书与课堂学生思路"共舞"的时候，眼睛里也是闪烁着光芒，映射出他对教育事业、教学工作的热情与执着。他还清楚地记得有一次高察伦教授来听课。课后，高先生仔细地给他指出不足，离开时，已年近八旬的高先生需要人搀扶着走下楼梯。这一幕始终印刻在杜世平的脑海里，他被高先生这种敬业精神感动，至今，高先生的教学"六认真"仍然深深地影响着他。

张金秀副教授长期讲授"有机化学"课程，积累了丰富的教学经验。90年代后期，面对基础差、底子薄的职教和文理兼收的文科学生，老师教得费劲，学生学得吃力，张金秀看在眼里急在心里。她开始利用休息时间义务给学生集体补课，从高中的化学知识开始，一点点帮学生梳理，对于学习特别困难的个别学生还单独进行指导。数十年过去，学生对她的亲切称呼从"张妈妈"变成了"张奶奶"。"张老师对学生作业都是全批全改，作业本在办公桌上堆成山。"邹平教授回忆起张金秀老师，"敬业、认真"是他提得最多的词。而在邹平的实验课堂上，无论学生做到多晚，他都守候在旁，耐心指导、讲解，直至最后一个学生离开。教法、技巧是有形的，可以有意识地学习、模仿；敬业精神是无形的，但它却有一种强大的力量，促使着人们下意识地去追随。

在基础课教学历程中，涌现了如高察伦、杨德彰、丁体明、张金秀、黄乾明、赵茂俊等一大批敬业奉献、教学水平高超的教师，他们先后获评"全国师德先进个人""全国模范教师""四川省师德标兵""四川省优秀教师"等荣誉。他们在长期的教学工作中形成了忠诚党的教育事业，对教学工作认真负责的好传统和教书育人、为人师表、严谨治学的风范，努力用人格魅力去征服学生、用真情实意去关爱学生，既传授知识、解惑答疑，又积极推进思政教育，以强烈的责任感和事业心把教书育人融入到课堂教学中，以实际行动传承"川农大精神"。

修其业　永葆"艰苦奋斗"之姿

老一辈榜样在前，后辈必从善如流。

1998年，王开明去往四川大学攻读硕士研究生，恰逢学校招生人数开始逐年增加，而教研室因教师退休、离职等多重因素叠加，困难成倍增长。最为困难的一个时期，汪建、詹永欣两位教师及两位实验员承担了70多个教学班的全部物理理论课和实验课教学。

谈及20多年来的教学经历，王开明却淡淡一笑："好像没啥特别的，就是20年如一日地上好物理课"。然而"上好"二字谈何容易！2001年学成归来，王开明开始与教研室老师并肩作战。当时理论课教学班人数从50~60人陡然增至180人，"那时没有话筒、音响，上课全靠吼，最多的时候我一天要吼8节课。"从那时开始慢性咽炎就伴随着他。

物理实验室不够，就将实验从早安排到晚，老师、教室、仪器设备全都一起轮轴转。由于使用率太高，设备损耗严重，当时物理教研室的每一位老师都是兼职"维修工"，坏了自己修，自己调试，只为保证正常教学运转，到了假期才能请厂家来进行大规模维修。同一时期，类似困难也出现在有机化学、无机及分析化学教研室，可再大的困难也必须克服。实验室不能动，仪器不够，老师们就想法让实验课程内容轮换起来，让学生流转起来。化学老师们都成了"排课高手"：全教研室的老师每学期都要用半天的时间对全校的化学实验课进行初排；试运行一周后，再进行微调直至排定；每天开出五轮实验，从早上 7：50 到晚上 10：00 左右，周末也无休。

2005 年 10 月，雅安校区第二教学区第十一教学楼竣工投入使用，教学环境得到极大改善，数理化基础课实验室使用面积由 3000 多平方米扩大到近 10000 平方米。间间实验室变得敞亮开阔，老师们都笑称仪器设备住进了"豪宅"。

2010 年 10 月，成都校区正式启用，为了完成成都校区基础课教学任务。数学系、物理系、化学系抽调精干力量开始轮流到成都校区授课，开启了"候鸟式"的工作、生活模式。跨校区上课的老师们工作上基本都同时承担着班主任工作、专业课教学、本科生指导、科研等任务，生活上他们是父母，同时也是儿女。应用化学系程琍老师多次承担成都校区教学任务，其间，母亲患有眼疾需要手术，她心急如焚却不能守护床前；儿子中考在即，她万般牵念却不能陪伴左右。成温邛高速路上披星戴月的来来回回记录了这群"淘沙选石"匠人的责任、付出和牵挂。2012 年，学校启动校区间人员调动，随着部分教师编制调入成都校区，校区间数理化基础课师资不足的问题才稍有缓解。

应变局　勇闯"求实创新"之路

创新不仅仅在形式和内容，更在于思维和理念的更新迭代，不囿于成见。数理化基础课看似内容恒定、理论经典，但随着学校招生规模的扩大、现代化教育手段的丰富，对课堂内容、授课形式、水平都有了新的要求。"淘沙选石"的匠人们并不拘泥于书本和陈规，带着对育人事业的热情和责任，他们勇于创新，为育人效果的提升不断思考着、尝试着、探索着。

2004 年起，在时任化学系主任王仁国教授的带领下，化学系教师开始尝试打破在基础课教学中传统实验附属于理论课的旧机制，将实验课程独立设置，减少印证性实验，增加开放性实验和综合性实验，使学生能循序渐进地在基本技能、综合能力两个层面上受到系统训练。

同时，随着计算机在教育教学中的普及应用，在黄乾明、赵茂俊等教师的带领下，开辟了多门化学基础课程网上辅助教学平台，积极探索计算机软件在实验课中的运用。2004 年，由代先祥老师主持的"计算机模拟实验应用于化学教学的研究"获四川省教学成果三等奖。2005—2007 年，无机及分析化学和有机化学课程也先后入选省级精品课程。

2012—2015 年，数学系、物理系、化学系陆续着手分层次分类教学模式及综合考评体系的探索，从以往简单的以农科、工科区分，到立足农林高校专业特点设置不同层次、类别授课对象的教学侧重点、难度、学时数、考核方式区别，再到由教务处牵头协调，与各学院、专业多次召开教学研讨会，寻找基础课内容与面向学生的专业特色、专业应用的结合点，将基础课的纯理论具象化，形成新的更高层次的教学效果增长点。历经数年，已经形成内容丰富、质量较高、特色鲜明的农林高校数理化基础课培养体系。

各系将一系列的探索和改革成果提炼总结，形成了一批优质规划教材、教辅教材、多媒体课件和教改论文，教学改革成果还获得过学校一等奖。

2019年10月底，应用化学系实验室主任王晗光终于等来了期盼已久的好消息——"乙酰苯胺的合成及表征虚拟仿真实验"入选省级示范性虚拟仿真实验教学项目。虚拟仿真实验能够形象化地完成某些毒性大、操作高危、仪器不可及的实验内容，实现环境保护、师生安全和教学目标三者之间的平衡。

"能入选真的是从2015年开始，全系老师没松劲、没松气、努力得到的结果。"谈及申报过程，作为负责人的王晗光有讲不完的故事，从引导视频的脚本编写、拍摄、剪辑到完成招标、虚拟仿真视频的制作，大到实验内容的选定，小至二通活塞的角度，无一不渗透着全系老师的心血。王晗光还记得，有一次为了某个实验操作细节需要与制作公司当面说明，黄乾明老师星夜兼程从温江返回雅安；在提交申报材料的前一个月，为赶时间，王晗光从外地出差返回时与刘宽老师还在机场，他们就围绕需要改进之处进行了两个多小时的探讨……

同样是在2019年底，应用数学系也收到捷报：在2019年"高教社杯"全国大学生数学建模竞赛四川赛区获奖名单中，学校参赛队荣获国家级二等奖1项，省级二等奖5项、三等奖5项，是参赛至今获奖数量最多的一次。1997年，学校开始组织学生参加数学建模竞赛，成绩不甚理想。数学教研室的老师们勇挑重担，为了更好地指导学生，他们在教务处的支持下，与计算机系老师联合利用假期参加各种相关培训并自学，自己先学深、学透，再每人负责一个模块培训学生。此后学校"优秀学生标兵"的答辩席上，数学建模奖项成了优秀学子们反复提及的展示亮点。这并非巧合，"数学建模是跳出传统的基础课课程，更好地培养逻辑思维能力、数理能力、分析能力、计算机综合应用能力的学习方式，这些能力对于自然学科研究十分重要。"对于接下来如何提高数学建模在学生中的影响力，推进数学建模在数学教学中的作用发挥，应用数学系主任王建军感觉有许多话要说，有许多事要做。

回首过往，用"20年如一日"这句话就能简单概括，而触及点滴，又岂是一句话就能轻松带过？在数理化的基础课讲台上，新老川农人不断续写着"川农大精神"的壮丽篇章，他们是一群人，也可以看作是一个人，因为他们的意志品质与精神境界并无分别。展望未来，我们底气十足，在建设一流农业大学的征途中，我们必将步履不停，勇往直前！

艰苦奋斗孕育生命之花

生命科学学院

鲁迅先生在《生命的路》一书中曾写道:"什么是路? 就是从没有路的地方踏出来的,从有荆棘的地方开辟出来的。"这句话可以作为生命科学学院的一个写照。

忆往昔　峥嵘岁月甘为人梯

在学校宣传片《看见川农》中,88岁的李桂垣老师推开标本陈列馆大门,拿起当年亲手制作的鸟类标本娓娓道来的场景,成为片中最动人的瞬间。沿着李桂垣布满沟壑的掌纹,时间脉络追溯到20世纪,在那个教育事业百废待兴的年代,无数心系"三农",无畏艰难献身党的教育事业的身影——浮现眼帘。

独立建院之初,复杂的社会环境下,小麦遗传育种学家颜济与杨俊良夫妇的科研工作从未间断。动荡年代下,办学条件异常艰苦,要想"白手起家"更是雪上加霜。在身体与环境的饥困中,两人依旧潜心教学与科研,先后率领科研团队研究出"大头黄""雅安早""竹叶青"等品种,并在"文化大革命"期间选育出优质小麦品种"繁六""繁七"及其姊妹系,成功将很多人从"找饭吃"的窘境中"营救出来",解决了"双蒸饭"(在熟饭的基础上加水再蒸,让米粒变大,分量才会"多"一点,师生吃得"饱"一点)的问题。作为唯一参与国际小麦族研究协作组的两位中国人,颜济与杨俊良以生物学染色体组型为依据,在小麦族新属上取得了巨大发现,5年时间,国际专家跟随他们前往西藏、新疆、青海、甘肃、川西高原等地采集小麦族植物,完成《小麦族生物系统学》共五卷的编写与修订,全面汇总了当今世界对禾本科小麦族生物系统学的研究材料,对世界小麦族育种科研产生了巨大影响,也为全球生物学学科的发展奠定了基石。

"可以说哪里有小麦族植物资源,哪里就有杨先生的足迹。"在艰苦的考察路途中,年过半百的杨俊良仍旧日夜不分,席地坐在颠簸的车厢内。她曾不止一次地提道:"川农作为'211工程'大学,靠的就是脚踏实地、打牢基础,只要打好基础,任何研究方向都可以开展。"这句话也是著名生物化学与分子生物学家端木道的终身信条。

"端木老师讲课水平很高,那是大家公认的。""先生的讲课入耳入脑,如余音绕梁,三日不绝。"在许多学生心中,端木道都是自己的人生导师。在学生培养上,他始终强调两点:一是坚实的理论基础,二是扎实的基本技能。他十分重视学术梯队的建设,不计名利,甘为人梯,珍惜人才,提携后进。在端木道的支持下,教研组先后有多位教师及教辅人员参加了不同程度的进修,为学科建设发展奠定良好基础。教研组也形成了老

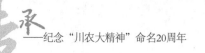

一辈爱护小一辈的传统。为解决学生杨婉身赴德留学的后顾之忧，年逾古稀的端木道代其上了近4年的本科课程，坚持奋斗在基础教学一线上。

"具有前瞻性""远见卓识"是端木道留给同事的深刻印象。他与杨凤教授强强联手，首创了学校不同学科长期固定横向联合的科研教学模式，为整个基础课学科的发展做出了榜样，推动了学科的蓬勃发展。

这些教授植物学、生物化学、生物物理学等课程的大师们勇辟蹊径"打江山"的故事至今仍旧为后人传颂。他们缔造和践行的"川农大精神"，亦成为无数学子心中永远的丰碑。

"川农大在艰苦的环境中办学，老一辈创下来的基业不能丢了，同时也不能停留在既有的基础上止步不前。"1996年，留学归国的杨婉身始终记得端木道先生多次来信的殷切嘱托。担任基础部主任后，她紧跟时代脉搏，积极探索教育教学改革之路，把为基础部谋求"新出路"作为最重要的工作。她找到的第一个突破口就是鼓励各课程骨干教师攻读学位再深造，提出"教学与科研并重"的新定位。这一举措将转变从事基础课教学教师的"教书匠"角色，力求靠提升师资队伍学术水平来实现科研反哺基础课教学。在杨婉身的带领下，基础部从一条腿走路变成了两条腿走路，多出的"一条腿"使学科前进的步伐变得愈加快速稳健，但要想"双腿走得好"更得"两手抓得牢"。第二个突破口就是开办生物科学本科专业，通过专业建设促进学科发展，这个想法得到了当时分管教学的副校长郑有良的大力支持。2001年，在学校大力支持下，学院决定借鉴国家理科基础科学人才培养"基地班"模式开办生物科学本科专业。然而当年学校的招生计划申报已经截止，"基地班"到底能不能如期办起来？学校破例允准开展了一次特殊的招生：2001级新生进校后，在所有一本重点分数线以上专业的学生中再次发起专业申报，最终留下的42位学生成为首批生物科学专业学生。这批学生2005年毕业时大学英语四级通过率90.5%，六级通过率66.7%。一次性就业率100%，64.3%的学生考取研究生，分别被北京大学、浙江大学、中国科学院、四川大学等十余所高校和研究所录取，考研率居全校第一，专业教学运行评价居全校同年级本科专业第一。同年，生物科学专业被学校评为优秀专业。

突破了学科与专业建设瓶颈，基础部也逐步打开了新局面。在紧跟学校进军综合性院校步伐的同时，杨婉身带领基础部教师在夹缝中找出路，一点一点拓宽了生物化学课程的建设及学科发展的道路。就在第一个生物科学专业招生的同年，她所主持的教学改革项目获四川省第四届教学成果一等奖，为了让更多青年教师脱颖而出，在申报时她把自己排在最后，最终她的名字没有出现在获奖名单中。

传薪火　生命不息奋斗不止

"上端木道、杨婉身老师的课就是一种享受，课上从没有一句无用的话。"学校首届优秀教师标兵、校级教学名师陈惠在川农大任教已33年，回忆起初到基础部任教时，做回"学生"的模样，她认为教学的基本功正是在那时"被"打牢打实的，"那时要想上台讲课需得听课整整两年，还要跟随研究生一道进行考试，考不过就不行。"新老教师长期的互听互评已成为传统，在定期的教学研讨中，包括端木道等老一辈教师在内，全体教师都要一一拟定专题分享所习得的学科前沿动态，防止固步自封。所谓"学不可以已"，老一辈教师以身作则、艰苦奋斗、严谨治学的教学风范成为青年教师的榜样，教师们纷纷选择"再出发"，在学校及学院支持下重新"回炉"深造。陈惠攻读完博士学位时，已是她任教的第17个年头，但奋斗之路从未止步，她立即着手建设学院的第一间微生物实验室。面对"白手起家"的困难，陈惠下定决心，"不能因为基础弱、起步晚就止步不前。万事开头难，办法总比困难多，没有条件就创造条件上，老一辈不也是这样过来的么？"空荡的教室随着一年又一年、一点又一点的积累先后搬进了基础仪器设备，一间又一间实验室相继建设起来，容纳了一批又一批学子在这里探索生命的奥秘。秉承着艰苦奋斗的"川农大精神"，陈惠将科研之路越走越宽，先后申报并成功主持了国家自然科学基金项目、科技部和省科技厅等多项科研项目。2015年，她所主持的"新型饲用植酸酶和纤维素酶的创制及其应用"获得四川省科技进步三等奖。

"坚持做下去，终究会被科学所青睐。"在生命科学学院一直不缺少像陈惠一样默默耕耘、静待花开的生科人。2018年，生物化学与分子生物学系主任吴琦带领的苦荞科研团队成功获批两项国家自然科学基金面上项目，而当年全国关于荞麦类的项目只有7项。如今，他的苦荞研究成果已在国际领域中有一定影响力，然而在长达14年潜心科研道路中，他也遇到过经费难题，于是就有了那个"把一分钱掰成两半用的吴琦"；他曾经做的研究不被领域内的专家看好，但埋头苦干、坚持到底使他成为荞麦研究领域内的"先锋"。他认为，作为川农大教师，艰苦奋斗是不可或缺的精神品格，作为生科人，亦要时刻担好薪火相传的重任。

潜移暗化，自然似之。"传、帮、带"和"双培养"机制是学院教师队伍传递薪火的重要法宝。在老教师带领下，各系室的青年教师形成了无假期"坐班制"的习惯，白日里穿梭于教学楼的忙碌身影，黑夜中一排排亮眼的灯，办公室和实验室俨然已成为老师们的第二个"家"。教学质量特等奖获得者郭晋雅是青年教师队伍中的一员，是代表学校理科课题组参加2020年四川省青年教师讲课大赛的唯一选手。那时，她不仅要熬更守夜准备材料，同时还要兼顾12名本科生及2名研究生的论文指导。"我是代表学校'出战'的，无论如何也要做到最好。"在她眼中，艰苦奋斗是学院每一位教师的常态，"前辈们对待教学科研好像总有用不完的劲儿，看到他们努力奋斗的样子，传承感与使命感就会油然而生。"在双重"法宝"的培养下，青年教师成长迅速。如青年教师曹晓涵在张怀渝教授的重点指导下，获国家自然科学基金1项，主持省级教改项目1项，发表教改论文1篇，指导科研兴趣培养计划2项；李成磊在导师吴琦教授的指导下，获国家自然科学基金1项，课件作品《基因工程》荣获全国多媒体课件大赛三等奖，在"青年学者论坛"中荣获二等奖。

目前，学院专任教师中，青年教师占比69.57%，具有博士学位教师比例达到93.48%，具有海外留学经历教师比例达到54.35%。是什么不断吸引着诸多青年先后选择川农大进入生科院？学院教授、哈佛医学院博士后蔡易坦言："桃李不言，下自成蹊，崇高的'川农大精神'正是漫漫科教路上的人生追求，能够与一群斗志昂扬、志同道合的'战友'并肩作战，使我更加笃定了当初的选择。"

争朝夕　精神孕育生命之花

从第一届生物科学专业的仅 42 名学生发展到如今 1600 余名学生的生命科学学院，在"川农大精神"的引领下，学院将艰苦奋斗作为重要内容传承与发展，将"生命不息、奋斗不止"的生科文化融入教育教学的方方面面，着力营造"以文化人，以文育人"的育人环境，努力提升学生的综合素质。在"川农大精神"与生科文化的共同孕育下，艰苦奋斗的精神早已深深扎根生科学子心中，不断涌现出众多优秀典型。

"每次走过十二教一楼的走廊，'生命不息、奋斗不止'的字眼总能让我感受到振奋人心的力量。"被清华大学生命科学学院录取为直博生的生物技术 2015 级毕业生陈梦莹在川农大的求学之路像是一路绿灯闪着光芒，可奋斗背后却藏着只有她自己才能体悟的苦涩：不厌其烦的组织观察，屡战屡败的实验结果，没日没夜的拜读文献。而每当遇到阴霾时，与老师倾心交谈，总能使她拨开云雾，拓宽视野。陈梦莹将艰苦奋斗诠释为"苦中作乐"，凭借着不服输、勇攀登的一股劲，她的成绩连续 3 年始终保持在同年级同专业双第一，在繁重的学业中担任过班长、团支书、校展览馆解说团团长，并成功撰写学术论文两篇，荣获国家奖学金、全国英语口语测评一等奖、全国大学生生命科学创新创业大赛一等奖等 20 余项荣誉奖励，毕业时分别获得了清华大学、浙江大学、中科院遗传发育所、中科院生化细胞所和北京生命科学研究所的"offer"。在离开川农大时她曾说："我将带着川农大人的精气神远赴他乡继续深造，迸发出更加耀眼的'生命之光'。"

"生命科学就是我的本专业。"在 2019 年新疆和田县年度教师公开课大赛上，以最高分获评一等奖的罗磊自信地答道。他是学院 2014 级毕业生，学校第七届研究生支教团团长，曾服务于新疆和田县第三小学。在校四年里，他学习了多个操作性很强的课程，熟练掌握了各类显微镜、移液枪、离心机和分光光度计等实验器材。课外他积极参加学院生命科学节、四川省大学生生物与环境科技创新大赛，进入学院布同良老师所在的实验室从事研究。正是由于对生物科学的浓厚兴趣和打下的坚实基础，使他在支教中成长为一名诲人不倦的科学教师。"学生工作的锻炼，使他成长很大。"始于学生工作中的尽心尽力，他成长为校学生会主席、市学联主席，4 年的学生工作培养了他的责任心和事业心，这些难能可贵的财富陪伴着他去到艰苦的边疆，去到祖国最需要的地方发光发热。就在支教快要结束时，罗磊因腹部绞痛难忍进了医院，"你这个肾结石不小，建议你尽快入院手术。""医生，我是一名支教教师，还有一个月就要回内地了，如果住院，学生的课程就全耽误了，您先给我多开些药。"这就是罗磊，他想在沙暴肆虐的和田站好最后一班岗。

谋发展　砥砺前行争创一流

生命科学学院的前身为生命科学与理学院，最早源于学校的基础科学部。2003 年初，学校在原基础科学部理学学科基础上组建生命科学与理学院。2014 年，在学校学科布局战略调整下，生物技术和生物工程专业分别从农学院和动物医学院调整到生命科学学院，自此，生命科学学院进入建设"三生"专业的新时期。

从"厚基础、宽口径、通识教育和个性化专业教育相结合"的人才培养模式到培养兼顾学术研究和应用开发的复合型人才。学院始终将教育教学质量视为学院办学的生命线，将人才培养的目标着眼未来，与时俱进，在夹缝中求生存，在创新中求突破。在人才培养过程中，不断涌现出以曾宪垠、丁春邦及陈惠教授为代表的优秀教师。他们热爱学生，为人师表，在工作中铆足干劲，用深厚渊博的学识教导学生；他们团结奋斗，用朴实无华的精神感染彼此，以实际行动践行"川农大精神"，营造了良好的育人环境，形成了人人带头争创佳绩、群策群力促进建设的优良氛围。近3年，学院教师承担了国家级、省部级等纵向及横向科研课题60余项，其中国家自然基金项目15项，年均到位经费近300万元；有省级科研创新团队1个；累计发表科研论文300余篇，其中SCI论文200余篇。

随着时间推移，学院在学校大力支持下不断加大投入力度，艰苦的教学条件得到持续改善：现建有2个实验教学中心、4个实验室、1个研究室、2个标本馆（室），实验室总面积达到约11000平方米；拥有高效液相质谱联用仪、高效气相质谱联用仪、荧光定量PCR仪、多功能超级酶标仪、叶绿素成像仪、激光共聚焦显微镜、流式细胞仪和倒置荧光显微镜等仪器设备1000余台件，总值近5000万元。学院还与25家企事业单位合作建立了实习实训基地（其中夹金山国家森林公园动植物野外实习基地1个），校企联合实验室1个；在雅安校区农场还有植物种植和水产养殖校内基地。

经过多年建设，学院发展也逐步取得成效：拥有了生物学一级学科博士学位授权点和博士后流动站，可以从6个学科方向招收硕士和博士研究生，并先后建成省级重点学科2个，省级一流专业和省级特色专业1个，校级一流专业1个，校级特色专业1个。2019年，"生物工程"学科上榜软科世界一流学科排名，2020年1月，继"植物学与动物学"和"农业科学"后，"生物与生物化学"学科进入前1%的ESI学科，成为学校第三个ESI前1%的学科。

积土成山，非斯须之作。从第一个实验室到20余个实验室的建立，从第一个专业的建设到"三生"齐头并进，就像是印证了陈惠老师当初的"下定决心"，如果没有选择在艰难中起步，没有生科人"下定决心"的执着奋斗，如何成就如今的生科。20余年风雨兼程，不艰苦吗？非也，而是众人都朝着前方埋头奋斗，早已不畏艰苦、不觉艰辛。

"经过半个多世纪的艰苦奋斗，生命科学这一门'年轻'的学科在川农大的成长之路，正是川农独立办校辉煌蓝图中的一个缩影。"现任院长曾宪垠如是说。"为教育事业呕心沥血、奉献一生的老一辈，薪火传承、勇担使命的新生代教师，追求理想、砥砺奋进的青春少年。在川农大，生命科学从一片空白到满堂花开，是因为这三代人的辛勤耕耘，始终根植于心的正是同一种精神。"学院党委书记丁春邦发出这样的感慨。

其实这世上本没有路，走的人多了，也便成了路。生命科学的道路从来只有起点，没有终点，精神不灭，生命便是永恒。

家国情怀凝聚奋进力量　助推新工科向前发展

机电学院

从 1958 年成立农机系起，机电学院在 60 余年的办学历史中，传承和践行着"川农大精神"，无论时光荏苒，岁月变迁，依然初心不改，薪火相传，用实际行动谱写着一篇篇"川农大精神"的机电华章。

立德树人　创优争先　打造优良师德师风

新形势下，学院充分发挥"川农大精神"这一宝贵精神财富的引领作用，始终将"爱国敬业"作为全院教职员工认同和遵循的思想意识、价值理念，不断提升教师的职业理想，挖掘根本动力，打造优良师德师风。

学院将高校教师职业行为十项准则列入年度常态化学习教育重点，利用全院教职工党员组织生活会和教职工政治学习时间，持续开展师德师风教育工作。学院系统宣讲《教育法》《高等教育法》《教师法》和教育规划纲要等法规文件中有关师德师风的要求，贯彻学习相关会议精神，宣传普及《高校教师职业道德规范》。通过专题学习、典型案例评析、优秀教师事迹分享等多种形式，丰富学习内容，增强师德师风教育效果，帮助教师们树立正确的教育观、教师观和学生观。

学院建立"院、系（室、中心）、教师"三级师德师风监督体系。其一，学院全面统筹师德师风建设工作，重点监督各系（室、中心）对本部门教师师德师风工作的具体落实情况，定期抽检，建档立卡。各系（室、中心）主要负责人将年度师德师风监督工作纳入年终述职内容。其二，进一步明确各系（室、中心）主要负责人为第一责任人身份，通过与学院党政签署《责任书》，具体落实"组织领导、学习内容、自律工作、督促检查"等四个方面的细化要求，压紧压实岗位责任，层层传导监管压力。其三，教师通过与系（室、中心）签署《承诺书》，进一步明确岗位职责和新时代教师职业行为十项准则，从政治方向、社会公德、学术规范、廉洁自律等方面践行师德师风相关要求，并接受系（室、中心）主要负责人的具体监督管理，其师德师风落实情况将纳入年终考评内容。

学院制定《机电学院师德师风考核办法》，各系（室、中心）成立师德师风考核工作小组，采取教师个人自评、学生参与测评、考核工作小组综合评定等多种方式进行，确保考核工作的客观、公正。学院将平时考核和年底考核相结合，学年末，将教师在师德师风方面取得的成绩或违规情况一并纳入教师师德师风档案，作为教师职业生涯的重要记录。考核结果分为优秀、合格、基本合格、不合格四个等次。

学院为每一位老师建立"师德师风档案",对本院教师的师德师风情况进行跟踪记录,尤其是在教师管理班级、教书育人等方面有优秀师德师风表现的要适时记录,有违反职业道德行为的要在其档案中记录并进行警告提醒。管理要落到实处,制定专人负责,及时更新。

学院制定《师德师风建设工作系列活动评选方案》,每年开展"本科课堂教学质量奖""优秀班主任"评选活动,在教师节前开展"师德师风模范教师"和"师德师风先进党支部"评选活动,挖掘典型,树立榜样,促进师德建设工作健康发展。

学院建立诚勉谈话制度,发现教师在师德师风方面有不好的苗头和倾向性问题时,各系(室、中心)负责人应及时对其进行诚勉谈话。师德师风考核不合格者年度考核应评定为不合格,并在教师职务(职称)评审、岗位聘用、评优奖励等环节实行一票否决。学院建立一岗双责的责任追究机制,对教师严重违反师德行为监管不力、拒不处分、拖延处分或推诿隐瞒,造成不良影响或严重后果的,要追究系(室、中心)主要负责人的责任。

"全国十佳农机教师"马荣朝同志,"优秀共产党员"许丽佳、康志亮、黄鹏同志等人充分发扬艰苦奋斗精神,带领团队共获得国家自然科学基金项目1项、农业农村部玉米产业体系专项1项、国家重点研发计划2项、省级科研项目5项,发表核心及以上期刊科研论文62篇,其中,SCI收录论文13篇、EI收录论文29余篇,主研项目获四川省科技进步一等奖1项、三等奖2项,主持项目获四川省科技成果鉴定2项,获授权发明专利18项。

育人为本　铸牢信仰　指引学生人生方向

学院紧紧围绕"思想引领"这一首要任务,以习近平新时代中国特色社会主义思想为统揽,结合"川农大精神",紧扣思想引领、学风建设、创新创业、社会实践、志愿服务等主要工作,打造机电特色育人品牌,全面推进思政教育取得新成效。

2017年以来,"优秀党务工作者"赵娟、"优秀辅导员"李建华等身体力行,做好学生成长的引导者和指路人,累积指导学生开展主题党日活动、示范性党团组织生活、两会时政交流会、"不忘初心、牢记使命"等思想引领活动30余次;结合疫情防控新形势,积极动员全院学生认真学习习近平总书记关于疫情防控工作的重要讲话精神,致敬战斗在一线的各行业工作者、志愿者与参与者,表达对战胜疫情的信心与心愿;开展"抗疫祝福、心系武汉"祝福视频及《疫冬尽去,春花开》MV录制、"胜战役、学党政"防控知识竞赛、"青春飞扬、同声战役"朗诵活动、"众志成城、抗击疫情"主题征文活动等活动,提高自我防护意识,坚定理想信念,激励他们用实际行动践行初心使命,做好疫情防控的"宣传者"和科学防护的"践行者",传递温暖与希望。

学院创建学风建设新模式,实行"无手机课堂"制度、"课堂出勤台账"制度和"课堂协同巡查"制度,形成了三位一体的学风监督管理体系;辅以"考核奖惩"机制、"反馈调节"机制为核心的两大支撑体系,务求学风建设常态化、制度化。持续开展学习交流活动，营造良好的学习氛围，在全院师生共同努力下，学院获评 2018 年校级"学风建设优秀奖"。

学院创新开展社会实践工作，不断推进爱国荣校教育。学院通过参观红军纪念馆、校史馆，组织"川农大精神"学习等活动，让学生爱国荣校入脑、入心；围绕社会热点，进乡村、访社区，结合专业知识、拓展品牌活动，依托学院校内外实习实践基地，每年近 200 人深入龙头企业进行专业实践活动（2020 年除外）。同时，聚焦社会热点，培育家国情怀，拓展青雅小康行、拾遗等品牌活动。

在全国各高校共青团暂无举办"团员再教育"品牌活动先例的情况下，学院首创红色"12·9"团员再教育新模式。在学校学生处和校团委的大力支持下，已与共青团雅安市委、成都航空职业技术学院校团委、大型国有企业京东方等多方协同开展校地、校际、校企团建交流与合作，将团员理论教育与创新创业、发展地方产业相融合的红色实践有机结合，引导广大团员青年提升团员意识，勇担时代大任。活动开展以来，共计校内 23 个学院，校外 3 个学院，192 支红色专项实践团队，4000 余名团员青年参与，开展讲座培训 10 余场。

学院推广党建＋志愿模式，加快团干＋社工＋志愿者联动队伍建设，每年开展志愿活动近百次，依托专业特色，开展机电心公益、茶旅人、儿童编程科技公益志愿行三大专业特色品牌活动。2014 年以来，学院共获个人、团体荣誉 200 余项，连续 6 年获校级优秀志愿者队伍，连续 2 年获得省级优秀公益项目，连续 4 次获得校级优秀公益项目。

创新驱动　质量引领　助推新工科发展

新工科建设是我国高等工程教育对未来发展的崭新思维和深度思考，是深化高等工程教育改革的必然路径。新工科强调引领性、创新性，旨在培养多样化、创新型卓越工程师人才，为我国产业发展和国际竞争提供智力和人才支撑。

机电人立足"求实创新"，院长许丽佳教授围绕新工科人才培养目标，一方面坚持实施"以学生为中心，以成果为导向、持续改进"的 OBE 工程教育认证理念，依照"德才兼备、全面发展、通专平衡、追求卓越"的人才培养理念，加强农业技术与工程技术的跨界交叉，构建以立德树人为根本导向、人才培养为中心的质量文化，培养具有扎实基础理论素养、宽广全球视野、浓厚"三农"情怀的创新型卓越工程师人才和行业技术人才；另一方面，创新开展人才培养目标、培养方案等新工科建设内容研究，探索多学科交叉的培养模式、以学生为中心的教学模式、新工科专业建设与管理模式及协同育人实践体系，通过持续实践和优化，构建创新型工程教育组织模式。

农业农村部玉米产业技术体系岗位专家张黎骅教授按照新工科理念建立学科交叉与产业导向的人才培养模式，设计满足产业发展的人才培养目标，以学校机电学院农机/电气/电子专业为例，构建工工交叉、工农交叉融合为特色的人才培养方案，组建多学科交叉的"微专业"并设立特色创新实验班，满足学生多兴趣、多发展方向的多元化培养需求，自主跨学科、跨专业选课，使得学生具备综合知识体系、自主学习能力、创新创业能力、解决复杂问题的实践能力。

康志亮教授建立以学生为中心的教学组织模式及多学科交叉融合的课程体系，建设双语课程、促进国际互换生项目，依托"互联网＋"采用翻转课堂、线上线下混合式教学手段，并辅以技能树、虚拟仿真实验等；以学生为中心设计教学内容，增设新工科与新农科交叉的产业新技术、新成果教学研讨，建立以"课程学习成果"为导向5个维度的教学组织过程；开展跨学科通识技能训练，组建多学科交叉的导师团队和学生实践团队，实行大二全员导师制，构建四个协同的实践教学体系。

陈霖教授建立多层次、多维度的专业建设与管理模式，构建"知识复合、能力复合、思维复合"的课程平台，设置专业交叉的机械电子基础、MATLAB程序设计等大基础课程，实行宽口径的机电专业融合；要求人文类课程学分，实现文理交融，使学生形成多学科专业知识架构；以行业需求为导向修订人才培养方案、设置专业核心课程，创新教学方法和教学手段，突出知识、能力、素质并重的教学理念。

许丽佳、张黎骅教授等人构建"开放管理、渐进培养、以赛促训"的实践平台，依托机电工程实训中心、2个校级虚拟仿真实验室和创新创业俱乐部，采用"实验时间、实验空间、实验内容"自主选择的开放式管理制度，构建起基础型、综合型、创新型三个层次的实验内容，举办职业生涯规划大赛和创新创业选拔赛等，将专业实训项目与专业技能竞赛相结合，促进学生实践能力与工程能力的双向提升。2008年至今，学院学生立项大学生创新训练计划76项、科研兴趣项目190项、专业技能提升项目36项，四川省科技厅苗子工程项目7项，大学生创业补贴71项；学生参与发明专利授权31项，实用新型和外观专利357项；本科生参与发表论文131篇，获省级及以上竞赛奖227项；举办机械创新设计大赛、电子设计大赛、电气工程师技能大赛、内燃机装配调试技能大赛、实用软件大赛等专业技能大赛36项。他们依托机电工程实训中心、40余家校外就业与创业实践基地和卓越工程师培育基地，通过与企业、研究所等合作横向项目、签订战略合作协议，实现多团队、多技术集成的协同攻关与合作；通过在培育基地的生产实训项目、卓越工程计划及产学研项目，促进人才培养与社会需求的精准对接。2008—2019年，累计参加卓越工程师培育计划3495人，获培育基地的一致好评；有591人升学攻读硕士研究生，其中"985"或"211工程"高校录取占比达75％以上。2017—2019年，毕业生就业率平均达到95.60％，就业质量逐年提高，学院连续四年获得"就业先进单位"称号。

决战脱贫　聚力乡村振兴　做好社会服务

学院党委与雅安市委党校、雨城区南郊乡党委签订党建互联共建协议。两年来，创新开展"党建助推脱贫攻坚"学习服务实践活动，组织20余支学生党员团队深入雨城区南郊乡、名山区蒙顶山、芦山县飞仙关镇等地开展扶贫调研，组织700余名入党积极分子走村串户进行政策宣讲、座谈采访、文艺汇演。

学院加强与成都、南充、雅安等市深度合作，健全以产研院为重点的新型科技服务体系，许丽佳教授主持的市校合作项目"基于高光谱图像的雅安市猕猴桃品质无损检测技术及其推广应用",较大程度上增加了种植户的收入,促进了雅安市猕猴桃产业的可持续性发展;黄成毅副教授主持的"名山区茶园土壤改良关键技术研究"项目、邹志勇副教授主研的"轨道交通安全屏蔽门智能监控系统的研发"项目,助力雅安农业和工业经济的健康持续发展。学院各教工党支部还结合自身学科专业(机械、电子)优势,分别与入驻经开区的王老吉大健康产业(雅安)有限公司、四川迪岸轨道交通科技有限公司、四川高铭科技有限公司等企业签订教学实习基地和院企共建联合实验室协议,为雅安民营企业的快速发展提供了坚强的科技支持和人力支撑。张黎骅教授和邓家波老师赴南充指导玉米机械化精量播种试验,对疫情影响下如何进行任务分工、如何进行人员安排,特别是即将开展的土地耕整等问题进行了沟通和协调,并对试验田进行了实地考察,对播种机具进行检查和调试,以确保当年玉米机械化精量播种能顺利实施。

在新型冠状病毒肺炎疫情发生后,口罩短缺成为各地面临的共同难题。雅安市康乐医疗器械有限责任公司由一家主要生产脱脂纱布口罩企业火速转型生产医用口罩,经过近两天紧张调试后,该设备不能自动分拣,且鼻梁压条无法压合,致使整个生产线无法实现自动化运转。学院温洪、莫愁2名党员教师主动请缨,奔赴企业生产现场提供技术支持,通过对该设备传感器安装位置、分拣高度等重要参数的精密测算和调试,在当晚11点全面实现设备自动化运转。当被领导问及相关事迹时,他们表示"在国家大灾大难面前,自己作为一名党员,能给国家做点事是应该的,不用宣传"。

吃苦耐劳　团结拼搏　打磨优良品质

2014年来,机电学院毕业生2167人奋战在祖国建设的各个战线,不畏艰难险阻,吃苦耐劳,敢于拼搏,充分发挥专业优势,筑梦科技,在电力设计、航天技术开发、军品研发、信息技术等领域展露风采,为中国科技的发展贡献力量,受到用人单位和社会各界的一致好评,多家龙头企业主动来校招聘,指明要机电专业学生,90%用人单位对学院毕业生表示满意。

电气自动化专业2001级毕业生廖国刚在军品、卫星研发领域取得了不少成就,他和研究所共同研制的立方星卫星,已于2018年12月7日随沙特卫星在酒泉卫星发射中心成功发射升空并进入预定轨道,至今天地通信正常,卫星状态正常。回想起在川农大求学的经历,他表示所学知识在研发行业有了用武之地,经过多年的实践,如今将所学知识融会贯通,为国家科技领域贡献出自己的力量,他感到非常开心和自豪。晏慧,农机2003级毕业生,躬身教学科研一线,成果突出,先后任职于日本北海道大学研究员和重庆科技学院机械与动力工程学院教授。何建军,自控1995级毕业生,成都翰东科技有限公司创始人,川农大为他提供了很好的平台,让他积累了经验、丰富了内涵、增长了知识,坚定了科研方向的决心,是他创业成功的关键因素。廖堂伟,农机1994级毕业生,创办深圳聪慧信通科技有限公司,依靠先进技术淘金海外市场,成为自主创业典型。

18年前,一纸通知书将王志强带到了川农大,毕业后,他成功考取选调生,在组织的安排下奔赴大凉山干起了基层工作。4年前,他到任美姑县阿波觉村,成为驻村第一书记,走上扶贫攻坚第一线,抓好党建、村纪治理、开展脱贫攻坚等方方面面的工作、协调项目资金、对接工程项目……在王志强的带领和村"两委"的配合下,2018年阿波觉村已经实现标准脱贫,并取得了极大工作成果,当地居民生活质量得到极大改善。

数十年风风雨雨,历经无数悲欢,不忘的是川农大人的初心,不畏清寒逐梦来,励志成才勇担当。一届届优秀机电学子,不忘"川农大精神"的教诲,敢于担当、奉献,展现川农大风采,传递榜样力量。

奋斗的力量：川农食品前行记

食品学院

从成立专业到组建系室再到独立建院，从专科到本科，从省级特色专业到国家级一流本科专业建设点，从一个二级学科硕士点到 2020 年申报一级博士点，食品学院从专业建立至今已走过 34 年。三十而立，川农食品在挫折与困难中奋进；三十而励，川农食品的奋斗故事由川农食品人娓娓道来。

从无到有　艰苦创业

1978 年 12 月，十一届三中全会提出以经济建设为中心的发展指南，为解决长期以来我国农产品单一、加工程度低和保藏时间短等问题，社会急需专业的农产品加工人才，食品学科成为重要发展学科之一。

1987 年，川农食品科学系应运而生。来自畜牧兽医系、动物卫生检疫教研室、园艺系果蔬贮藏加工教研室及农机系的老师们组成食品科学系。廖家棠、邓继尧、蒲彪、陈一资、邬应龙等老师成为食品科学系的第一批老师，廖家棠为第一任系主任。虽然雅安地处偏远，但依然有有志之士加入川农，一起建设食品学科专业。

现任食品学院副院长秦文教授，当时 21 岁，本科毕业于西南农业大学农产品贮藏及加工工程。作为川农子弟的她，放弃赴外发展的机会，毅然回到雅安，投身食品科学教学和科学研究。站在讲台上，秦文面对比自己年龄还大的学生当起了"小老师"。办法总比困难多，她克服缺人手、缺教材的困难，系统梳理本科期间的笔记，思路清晰地为学生板书，教给他们知识。"幸好我读书期间是个上课认真听讲的好学生！"回忆当时的场景，秦教授历历在目。

第一批食品科学的教师们心怀赤诚的家国情，无论面对多差的条件、多大的困难，总是用积极乐观的精神去创造成绩。在十几平方米的家里，没有写字台，就把备课本放在膝盖上写教案；以前完全没接触过的课程，就不计时间地熬夜准备。虽然这段岁月在叶劲松老师眼中"堪比红军在延安那么艰苦"，但他依然开设并上好了第一门课程"蛋品学"。专业老师少怎么办？时任食品实验室主任的李诚，千方百计抓住一切机会吸引学校各条战线上能切入食品领域的老师加入。当时在师资科工作的刘书亮因为和李诚在公共洗漱台一同洗菜时聊起并了解到食品营养科学，便决定加入一起搞食品微生物。

条件没有，创造条件！为了研究如何制作饮料里的人造珍珠，在学校缺仪器没场地的情况下，秦文利用自家的锅碗瓢盆在家里厨房开辟了一片"实验专用区"。最终在这片"实验小天地"诞生的人造珍珠饮品被一个企业用 600 块钱买下，秦文实现了科研成果的第一次转化，她也为得到这第一桶金而感到非常激动与欣慰，更坚定了在科研道路上继续前行的决心。没有经费参加行业会议的秦文，尽管收入不高，也要自己掏钱去北京参加食品科学技术学会年会。正是这样的敬业精神，秦文受到中国食品学会秘书长的称赞，会议现场就有一位企业老板表示被这股艰苦奋斗的劲头给打动，赞助了火车票。在这段艰辛创业的时期，有一些人撑不住离开了川农，但绝大多数老师靠着"艰苦奋斗"的精神支柱和把专业办下去、办好的信念选择了留下。

1993 年，食品科学系正式更名为食品工程学院。次年，开始招收真正属于食品专业的本科班，但仍然和师资弱、经费少、条件差这"三座大山"捆绑在一起。

"那个时候实验条件差，实验室少，虽然城后路有两层楼的食品加工楼，但配套非常不齐，实验课用蜂窝煤灶配家用的铝锅来制造热源，直到 1998 年左右才换成液化气灶。"第一届食品科学与工程本科班的班主任杨勇和陈安均回忆道。他们自己花钱买材料在家做预实验或把家用电器搬到实验室、售卖实验产品回收成本等方式，硬是克服了困难。

那时，每门工艺课程的实验课基本上都在 28 学时以上，为保证按质按量完成这些实验，老师们开动脑筋，勇于创新，充分利用校内外资源，加强院企合作，为学生提供了丰富的实践教学。正因如此，学生参与的实验非常多，学到的知识一点不比国内其他高校少。

蒲彪带领专业老师、学生帮企业研发生姜汁饮料。没有榨汁和过滤的设备，大家就用土方法捣碎，再用纱布过滤，最后用手挤了好多桶姜汁。泡涨发白的手不仅酸软还火辣辣的，吃饭时连筷子都拿不起来。著名的"元宝鸡"也是在这个阶段被研发出来，李诚利用家里的厨房条件摸索出了配方，"最怕的就是实验条件不足使产品变质、配方不合理导致的失败。"科研经费不足，就靠老师自己工资支撑实验，后来帮企业研发了产品，收到一些实验用的玻璃器皿赞助，这才一点一点克服困难。90 年代，给学校生产的数千斤香肠，用的都是使用了很多年的家用绞肉机，二三十斤每缸的香肠料都是老师、学生们纯手工搅拌，每天忙到晚上十点以后才下班回家休息。冬天晚上，汗流浃背，手臂被川味的麻辣调料浸得火辣辣……

校外的蛋糕面包店、冰激凌店、食品厂都是学生成才的训练场。学院定期组织教师带领学生到工厂跟班轮岗实习，统一购买折叠床，同吃同住，充分保证了教学质量。"1994 年冬天，我带学生到金堂县国营罐头厂实习，不仅开展专业实践，更是融入工厂生活。"陈安均回忆当年"苦并快乐着"的场景很动容。

"五六个人，七八杆'枪'"，在这样艰苦的条件下开设专业，食品人没有轻言放弃，用立德树人的责任心上好课、育好人、办好专业。

借力东风　奠定学科基础

1995 年，伴随学校机构调整，食品专业与所有授予工学学位的专业合并一起，成立信息与工程技术学院。

虽然老师们外出参会常常面对专业属性不够突出的尴尬，但食品人那份"外界不看好，但我们都憋着一股劲，非要做出点成绩给他们看"的热血与决心让时任系主任的蒲彪眼里充满了光。

1998年12月，川农正式获批进入"211工程"重点建设高校行列，开启了学校发展的新时代，食品学科的发展也迎来新机遇。

"铆足劲，加油干！"食品科学系的老师们又一次热血沸腾。找方向，寻发展，通过努力，蒲彪带领食品学科成为作物学、园艺学和畜牧学"211重点建设学科"的带动学科，科研经费、实验设备得到明显改善。气相色谱、液相色谱等食品安全、食品品质检测所需的常规大型设备逐步武装起来。

学院组织教师考察国内有关食品院校与校内优势学科，参加相关座谈会，鼓励老师们到国内高水平院校攻读学位，积极参加国内食品院校的学术会议，主动参与本科专业标准的制定和修订工作，争取教材编纂，参与全国性教材建设……一步步拓展，一步步前进，学院师资水平不断提升。"大部分老师才真正了解到其他学校的发展状况，对本专业的认识加深了，真正理解了什么是研究、学术，这对我们院的研究生培养起到了关键作用！"杨勇感谢学校学院的培养。

越是困难越向前。虽然当时学校的食品学科还缺乏社会行业的广泛认可，与国内各大高校同类学科竞争，优势也不突出，但申报硕士点，是前进路上必须啃下的硬骨头！"团结就是力量"，学校高度重视，举全校之力，整合资源，丰富申报材料，食品专业的老师挑灯夜战准备材料、撰写报告，有时候一段话反复斟酌修改好几次，从雏形到定稿，不知经历了多少回黑夜明灯。答辩当天，学院领导、专业教师骨干蒲彪、陈一资等亲自上场陈述，受到专家组认可，最终获得"农产品加工及贮藏工程"二级学科硕士学位授予权。2003年，食品专业又获得"食品科学"二级学科硕士学位授予权，成为省内最先拿到两个二级学科硕士点的学校之一（全省有两所学校）。同年，学校批准成立食品质量与安全专业，从一个食品科学与工程专业到两个专业，是食品学科发展的一大步。

2005年下半年，学校接受教育部的本科教学工作水平评估，以评促建，食品专业发展迎来又一个转折点！

"食品科学系成为专家组重点检查对象，围绕以评促改、以评促管、以评促建，我们加油行动起来！"时任工学院副院长的李诚带领老师全面加快硬件软件建设，食品系第一次拥有属于自己的实验教学楼。

改造原本为教室的三教为实验室，划分功能层，按照食品加工、食品分析检验的属性来改造装修，从墙、顶的装修，水、电、照明、通风等统统改造，食品系所有老师忙得不可开交。上课、带学生之余还要马不停蹄地设计装修图纸、检验装修，装修完毕后，大伙又一起搬运安装仪器设备、准备本科教学评估检查所需的各种材料，熬夜通宵制作展板……那段时间，大家都是"拼命三郎"，系主任秦文和副系主任张志清一直奋战在第一线。正是这样的拼搏精神，食品系圆满完成了抽查试卷、讲课、实验、访谈、参观、考察等一系列评估内容，得到评估专家一致好评！

此次本科教学评估让食品类专业的教学工作走向了规范，并且在制度上、思想上、行动上，将人才培养尤其是本科教学工作的重视程度提到了一个新的高度。

独立建院 蓬勃发展

自1988年起成立专业到2009年，食品学院几经更名，食品人在实践中探索，在改革中创新，在积累中升华，脚踏实地，一步一个脚印，逐步提升自己的办学特色，用勤劳、智慧、顽强的双手逐渐在四川乃至全国打出川农食品的品牌！

随着社会对食品质量安全的需求不断增加，国家对食品专业人才培养的要求也进一步提高，食品专业学子逐步成为社会上抢手的"香饽饽"。2009年，得益于学校战略调整，食品学院正式成立！

"雄关漫道真如铁，而今迈步从头越。"院领导班子带领19人的新学院，多措并举推进学院建设：配合学校制度建章立制，完善内部管理制度，规范管理院内各项事务；加大力度积极引进优秀人才，一大批优秀青年人才加入川农食品学院；不断完善人才培养方案，加强教育教学改革，细分专业成立专业包装工程系；稳步推进平台建设，现代化仪器设备逐步丰富；立足专业特色，探索形成培养创新型高素质食品新人的思政工作新途径，不断提升人才培养质量，其间涌现了被李克强总理接见的全国自强之星创业英雄张文梅等大批优秀人才，学生不断在"挑战杯""创青春"大学生创新创业比赛中获得全国银奖、省金奖等50余项奖励……

学院不断凝练方向，瞄准国家对农产品加工及贮藏工程的需求，在果蔬采后科学和畜产品质量与安全方向不断取得丰硕成果。学院主持和承担了国家级和省级重大科研项目近100项，横向课题及科技推广项目100余项，在国内外各级学术刊物上发表论文800余篇，其中SCI、EI、核心期刊600篇，热点论文3篇，高被引论文5篇，出版教材、专著50余部，获省部级以上科技成果奖近20项，其中主持获得科技进步二等奖2项、三等奖3项，获得国家发明专利、实用新型专利授权400余件。

学院目前拥有"食品科学与工程"一级学科硕士学位授予权，"食品加工与安全"农业硕士、"食品工程"生物与医药工程硕士专业学位授予权，"园艺产品采后科学""畜产品质量与安全"2个二级学科博士点，设有"农产品加工及贮藏工程"省级重点实验室1个，省级工程中心5个，校企共建博士（后）工作站3个，校级研究所（副处级）1个，已具有培养博士、硕士、普通本科、职教本科、成教、网教与自考等人才的能力，食品学院成为办学类型和办学层次齐全的教学研究型学院，近三年软科排名在20~30位，稳居全国前30%，世界排名200~300位。

乘风破浪 继往开来

为了更好地适应当前食品加工和安全的新形式，助力食品学科快速发展，在学校的支持下，于2015年12月在雅安校区正式成立了唯一一个研究所——食品加工与安全研究所（副处级建制），并于2018年1月建成了食品学科公共实验平台。平台以食品学科的基础科学问题研究为主，不仅为校内科研、教学、学科建设提供实验场地和科研设备支撑，还面向社会和区域经济需要提供技术测试与专业服务，对学院的快速发展起到了非常重要的作用。

许多年轻的食品人正用奋进的姿态续写食品学院新的成长。"90后"刘书香从美国华盛顿州立大学博士毕业后，回校从事食品加工与安全研究所的专职科研，面对博士课题内容与国内行业需求脱钩的困难，她立即调整思路，瞄准四川省农产品贮藏加工，积极钻研，获国家自然基金青年基金1项。目前拥有一套国际领先水平的热致死时间单元装置和水分活度控制仓，被评为四川省特聘专家、天府英才。

毕业于四川大学的吴贺君博士，到校后被川农务实创新的氛围深深感染，5年来专注农产品加工废弃副产物高值化利用开发新型绿色包装材料研究。2020年暑假，由他带领的植物源食品开发与资源综合利用团队，再在 *Food Hydrocolloids*（中科院一区，TOP期刊，IF7.053）发表论文1篇。这是吴贺君在食品包装领域的又一创新成果。目前他在国内外重要学术期刊发表论文12篇（其中有5篇食品科学领域Top期刊，2篇同时入选ESI全球热点、高被引论文），指导学生创新创业项目获得"挑战杯""互联网+"等比赛省级金奖2项、银奖1项。

年轻的食品人不仅用心搞教学、聚力冲科研，还用青春热情与奉献为学院的发展汇聚青春力量。作为学科秘书的刘韫滔，不仅个人科研做得好，还一心一意为学科发展不记个人得失；李美良作为年轻的系主任和党支部书记，主动作为，尽心尽力，为食品科学与工程成为全国一流本科专业建设点积极贡献力量，建设支部工作室，成为全校首批10个"双带头人"教师党支部工作室；2016年成为食品质量与安全系系主任的陈洪，面对当时系上教师平均业绩分太低和教学科研热情不高的困境，规范制度，建队伍，搞培训，做分享，鼓励全系老师逐步形成自己的教学科研特色，近2年，全系平均业绩分翻倍增长……

众人拾柴火焰高，2019年底，学院迎来了两件大事。

11月23日，由食品学院承办中国农业工程学会农产品加工与贮藏工程专业委员会学术年会在雅安校区隆重召开，来自国内外150余家单位近700名专家学者参加会议。此次年会的筹备历时近6个月，不论是刚入职的新教师还是学院的老教师，全体教职工全心、全情投入，从交通到住宿、从会场到宣传，每一位教师都坚守岗位，保质保量地完成了自己的工作，把热情和尊重传递给了每一位与会的专家和学者。这次会议为行业交流、政产学研结合和科技成果展示搭建了重要的平台，提升了学校食品科学与工程学科在国内外同行中的影响力，也为我国农产品加工与贮藏产业发展与升级注入新动能。

12月31日下午5点10分，副院长张志清在食品学院教职工QQ群中发布了一条消息："重磅发布！食品科学与工程专业上了国家一流专业建设！"所有教职工无不为此欢欣鼓舞，激动落泪。

"2019，完美收工。""终于松了口气。""食品学院明天会更好！"QQ群内欢腾不已。"这是学院的大喜事！全体教职员工们辛苦了！学院新年最好的礼物！"学院领导也在群中为朝气蓬勃的学院、为团结齐心的食品人点赞。

在学院申报"双一流"的总结会上，院党委书记曾小波讲道："民以食为天，食以安为先，食品行业是永远的朝阳产业。随着人们对美好生活的实现，食品安全和营养健康的要求更高，所以学院的责任更重，发展更加光明。学院的健康发展得益于学校的制度以及结合学院自身特色的做法，保障青年教师们有盼头、有奔头，大力弘扬'川农大精神'，在学院营造一种团结、奋进、温暖、开心的学院文化。"

成功申报首批国家级一流本科生专业建设点，在食品学院的征程上画下了浓墨重彩的一笔，翻开了崭新的篇章！

不忘初心，砥砺前行。食品学院将在这个新起点继续传承和发扬"川农大精神"，乘风破浪，勇往直前，继续书写川农食品奋进故事，全力以赴再创新成绩。

在培养农业信息化科技人才中书写使命担当

信息工程学院

百年川农，栉风沐雨。翻开川农大发展的历史长卷，一代代川农大人秉持兴农报国之志，默默耕耘在农业科教第一线，艰苦创业，求真务实，为中国农业发展进步培养了大批人才，他们的风骨自成丰碑，并逐渐形成了"爱国敬业、艰苦奋斗、团结拼搏、求实创新"的"川农大精神"。多年来，信息工程学院将自身发展融入到学校发展的历史进程中，信工人将"川农大精神"内化于心，外化于行，以培养农业信息化科技人才为己任，一路奋进，砥砺前行。

焦聚专业建设　艰苦奋斗奠基石

学院的历史最早要追溯到 20 世纪 80 年代初。1981 年，时任校长杨凤先生在见到国外计算机的蓬勃发展后，特批购置了全校第一台 CBM 计算机用于科研计算。这台电脑的购置，成为信息工程学院诞生的契机。作为见证学院发展的"元老"，王超教授谈道："在农业大学办纯工科专业，确实非常不容易，我们一路都是摸着石头过河。"1981 年至 1993 年的 12 年间，信息工程学院的前身"四川农业大学计算机中心"几乎承担了全校研究生的科研计算，以及本科生的计算机通识教学工作，然而这期间，中心包括王超在内的老师总数最多不超过 10 人，最少的时候只有 2 人。为了满足大量的科研计算需求，他们白天上课、备课，晚上扑在计算机前做计算分析，不计回报、默默甘当学校科研进步的"幕后砖石"，为相关专业和学科的发展做出了较大贡献。

随着社会对计算机专业人才需求的增大，1993 年，中心成立了计算机系，迎来了第一批计算机电算化专科生。此后连续 7 年，在时任系主任王超的带领下，投入大量精力，坚持不懈申请计算机本科专业办学，直到 2000 年，历经多次失败才终于尘埃落定。2001 年，计算机专业因扩招一下子达到 10 个班，学生人数翻几番，让本来就紧张的师资更显捉襟见肘，老师们肩上的教学和课程压力空前，骤然紧缺的师资成为学院发展道路上的最大障碍。由于雅安地处川西偏远山区，加之学校待遇不高，人才吸引力度不够，师资严重不足的情况持续了七八年之久。"教师人数不足，连基本的教学任务都难以完成，又如何保证教学质量？"看在眼里，急在心里，为了尽量缓解不利情况，王超通过各种渠道，想尽办法，抓住一切可能网罗教师的机会"到处挖人"，甚至邀请雅安军工厂专业对口的大学毕业生兼职代课。全体专业教学老师勠力同心，不顾疲倦，全力确保本科教学任务圆满完成。在那期间，心系川农大的王超老师，不仅拒绝了省农科院高薪挖人的橄榄枝，更放弃了去美国进修的宝贵学习机会。

与杨开渠、杨凤、周开达、颜济等心系三农、无畏艰难献身农业科教事业的川农奠基人一样，信息工程学院的前辈们虽然没有惊天动地的伟业，但更多的是作为一名普通高校教育工作者，扎根一线，坚守初心，在教学岗位上持续发光发热，为莘莘学子照亮成长前路。另一位"元老"人物，土生土长的"川农二代"，63岁的退休教师宋勤，同样将自己人生的大好年华奉献给了学校和学院，他以"实干家"为自己注解，诠释对"川农大精神"的传承和践行。"条件差就克服！没有条件就创造条件！"作为最资深的机房实验室教员，他参与并见证了学院计算机从无到有、从少到多的全过程。1990年，在学校的支持下，计算机中心获得了一笔建设资金。为了最大化节约成本，资金被全部用来购置电脑配件，宋勤等6位实验室老师不辞辛苦，自己动手组装了40余台电脑兼容机，用最低的成本完成了两个新机房的建设。早在专业建设之初，宋勤就敏锐地认识到，仅仅通过校内实验室建设并不足以为专业发展提供支撑，绝不能让学生"闭门造车"，要"多出去长见识"。于是，他想办法挖掘社会资源，与雅安移动、网通、电信等运营商建立良好关系，让所授课程的所有同学有机会通过实地走访参观开阔眼界，增长行业见识。2000年以后，随着学院规模的扩大，为了满足越来越多学生的教学实验需求，现任学院副院长、时任计算机实验主任的李军副教授多方协调，争取实验室建设资金和场地支持；在没有足够建设资金的情况下，他带领老师们选择牺牲休息时间，自己踩着三轮车给实验室"搬家"，装机、布置网线、安装防静电地板，忙活了整个假期才让新的机房在新学期到来时，按期投入使用。至2014年，学院实验室从四教到逸夫楼再到育新楼，中间历经几次大规模的搬迁和重新建设，实验室建设面积扩大数倍、软硬件设备增至1000余台件，校外基地建设初具规模。

以1981年为起点到2014年学院正式成立，其间经过多次改组，经历最艰难的岁月，但正是有着像王超、宋勤这样老一辈信工人发扬"艰苦奋斗、团结拼搏"的"川农大精神"，硬是在最有限的人力、物力条件下一拳一脚、披荆斩棘，完成了专业建设有关的师资、基础教学设备、外部资源的原始积累，为后来学院的发展奠定了基础。他们扎根雅安、不惧困难，在言传身教中彰显潜心育人的风骨与魅力，影响并感召了新一代信工人养成了"修德敬业，包容进取"的优良教风和"爱岗敬业、精益求精、脚踏实地"的严谨治学态度。

重视教学质量　求实创新谋发展

2014年独立建院以来，乘着信息产业快速发展的东风，信息工程学院也步入了发展"快车道"，随着招生规模和转专业人数的增加，自2017年起，学院本科生人数已连续4年位居全校之最。然而，由于配套的师资力量不足，博士及高级人才引进非常困难，生师比失调越来越严重，对人才培养也提出了更高的要求。作为教学型学院，在信工人眼里，"川农大精神"的传承和践行最直观的体现就在教书育人的三尺讲台，学院始终以不断提升本科教学质量为追求目标。

穷则变，变则通，通则达。"其实，信工院生师比失调的问题一直存在，只是程度不同而已,学院也一直在思考并探索如何在生师比失调的情况下提升本科教学质量。"为此,在历任领导的主持下,学院出台了一系列相关政策,如《信息工程学院教学实施意见》《信息工程学院课程建设管理办法》《信息工程学院课程实习、实训管理办法》《信息工程学院奖教金评审办法》等,从制度和激励机制上保障各个教学环节改革的实施。学院副院长穆炯教授经过多方研讨和论证,主张从研究控制影响本科教学质量的每一个环节入手,通过"环节控制+考核检验+实训强化"形成一整套适应信息化人才培养,以课堂教学为主线、教学团队建设为支撑,注重学生实践能力培养的教学质量提升体系,得到了学院老师的积极响应和大力支持。老师们发扬求实创新的"川农大精神",将专业技术优势充分发挥到教学控制的各个环节,自主研发了《课程学习平台》《虚拟实验室平台》《机考平台》《学生实习实训平台》,按需融入多个智能化管理模块,通过多平台线上资源协同作用,实现教师对学生学习中各个重要环节的全程监控、互动和管理,不仅有效提升了教师的管理能力,为学生学习创造了更多的学习渠道;而且将教学与社会需求通过公司项目实训有效地链接在一起,提升了学生的学习积极性和就业能力。

当然,更为值得称道的是学院对青年教师成长的关注,一方面给予更多的培训提升机会,通过"引进来"和"走出去"加强高端学术交流,开拓专业视野,让教学内容紧跟信息时代的发展与需求;另一方面,为每位新进教师配备一名教学经验丰富的老教师,"老带新"的帮扶模式不仅让青年教师教学水平快速提升,更通过耳濡目染实现学院优良教风和"川农大精神"的薪火相传。

正是由于学院的重视、良好的成长环境和教师自身的努力与坚持,信息工程学院多名老师获得本科课堂教学质量奖,自2018年起已连续三年分别由潘勇浩、周蓓、倪铭斩获学校"本科课堂教学质量奖特等奖"荣誉称号。提及他们的教学理念,扎根本科教育二十六载被学生亲切地唤为"潘 Sir"的潘勇浩谈道:"作为一名老师最重要的就是职业责任感。只有本着对学生认真负责的端正态度教学,才能让学生有所收获。"他凭借独特的教学模式,将晦涩难懂的定理、枯燥的概念以幽默风趣的语言和生动的"段子"呈现出来。例如,讲到数据库表中的主键时,他会告诉同学们,"主键不能为空值,你们知道为什么吗?因为,一个人必须得有'主见'!"不仅直观易懂,让人印象深刻,甚至在课后还可以通过这些"段子"复习课堂的知识点。对于周蓓而言,"教学工作就是一场修行,且修行之路没有尽头。课堂上所有的游刃有余都不是一蹴而就,一定是经过不断尝试、不断总结、不断学习和提高才实现的。"她认为,除了掌握好的教学方法和经验,还必须注重讲授课程的知识技能,钻研、积累行业经验并将其转化为生动的课堂案例和拓宽学生视野的切入点。倪铭则认为,"课堂是有生命的!教学效果可以由老师精心设计教学内容,通过'自编、自导、自演'来实现。"他坚持以"学生为主体,教师为主导"的教学理念,针对课程重难点内容,以学生"学"好每个知识内容,不断完善"教"的导向设计为最终目的,认真进行课程内容的设计,形成了一套"问题—关联—讨论—探究—反馈"的闭环式教学方法。"逻辑清晰、流畅、舒适",是许多学生对倪铭认真对待课堂教学的评价。

不论是潘勇浩的"段子"、周蓓的"修行",还是倪铭的"编导",都无不体现出信工院老师对待本科课堂教学的"创新"理念，而这也正是信工人践行求实创新的"川农大精神"内核之所在。

坚持与时俱进　人才培养显成效

信息工程学院从建院之初，到现在发展为本科生人数全校第一的大院，在人才培养方面紧跟社会需求，始终坚持与时俱进。首先，经过多年的建设，学院人才培养条件不断提升。2014年，新建4个物联网工程专业实验室，建设2门校级优质特色课程；2015年，获得省教育厅"农业信息工程"高校重点实验室项目；2016年，"农业工程"一级学科点申报成功；2017年，自设二级学科点"农业信息工程"开始招生；2018年，新建1个虚拟实验中心，推进建成仁寿农业物联网实验基地；2019年，成立"数字农业工程技术研究中心"，1个数字农业工程实训中心；2020年，已成立12个专业综合工作室，先后与30余家单位签订了协同育人与校外实践基地合作协议。其次，在本科人才培养中注重行业发展的前沿性。2017年修订的本科人才培养方案，从架构、覆盖面、新技术等方面都体现新的高度，新纳入数据挖掘、Python等当前信息科学中较新的技术，各专业主要新增或更新的专业类课程达10门；为了适应工科类专业特点和市场需求，将校企合作模式引入实训课程的教学，紧扣社会需要和行业热点设计实训内容，将部分实训内容依托学校农业背景融入农业物联网和农业信息化等新农科元素。

信工学子在"川农大精神"的熏陶和感召下，自觉追求进步，勇于挑战自我。近4年，积极参与"ACM国际大学生程序设计竞赛""蓝桥杯全国软件和信息技术专业人才大赛""发现杯全国大学生互联网软件设计大赛""华迪杯·中国大学生计算机设计大赛"、四川省ACM程序设计大赛等专业赛事，累计获得国家级奖项16项，省级奖项84项。值得一提的是，2019年6月，罗鑫、何雨航、刘禹辰三名同学组建一支学校代表队参加国际大学生程序设计竞赛中国邀请赛暨丝绸之路程序设计竞赛，摘得铜牌一枚，这是学校学子在ACM-ICPC相关赛事中获得的第一枚奖牌，在学校ACM发展史上具有里程碑式的意义。

学院人才培养质量的显著提升也直观地在就业质量上得到体现。近4年来，学院每一届推免研究生的"211工程""985工程"高校录取率均达到100%；考取研究生、出国（出境）留学深造的学生人数逐年增加；进入世界500强、上市公司、国企、央企、公务员、事业单位等的学生比例逐年上升，专业对口率达90%以上。2020年，更有毕业生李瑞杰同时拿到阿里、腾讯、字节跳动、微软、IBM等IT行业领军企业的工作邀约，毕业生的质量得到用人单位广泛好评。

此外，经过多年积累，2020年6月，信息工程学院本科生发表SCI论文也实现了零的突破。2017级本科生姚远舟和余昊扬在蒲海波教授的指导下，将人工智能相关技术应用于畜禽养殖，以共同第一作者在SCI收录期刊 Entropy 上发表学术论文，影响因子2.494。这不仅是信工院本科学子首次以第一作者在SCI期刊发表学术论文，也是学院确定并强化数字农业研究厚积薄发的实践成果。

初心引领未来，使命呼唤担当。"川农大精神"是一代代川农大人缔造的宝贵精神财富，更是激励后人不断奋斗的动力源泉。在前辈们奠定的基础上，信工人定将以"川农大精神"为指引，用饱满的激情和无比崇敬的态度不怕困难，前赴后继，在创新人才培养和提升教学质量中不断探索、进取，做学生成长路上的良师益友，为学校扎实推进"双一流"建设贡献力量。

秉承川农"精"髓　水院继往开来

水利水电学院

　　水利水电学院是在四川农业大学信息与工程技术学院的农业水利工程专业、水利水电工程专业、农业建筑环境与能源专业基础上建立起来的。2014年建院之初，连像样的办公室都没有，设施设备严重稀缺且陈旧不已，师资力量严重匮乏，当时全院教职员工仅24人，其中博士1人、在读博士3人，管理人员5人。小小的队伍扛着巨大的压力与担子，全院教职工秉承"川农大精神"，抓住机遇，乘势而上，在人才培养、师资队伍、学科建设、科学研究和社会服务等方面不断取得新成绩。

　　目前，水利水电学院已有教职工46名，其中正高、副高职称12人，中级职称24人；获得省部级项目、成果10多项，获得国家发明专利、实用新型专利150余项，发表论文100余篇，出版专著、教材10余部。近年来，学院注重教风建设，通过教师教学经验交流会、青年教师讲课比赛等形式打磨教师授课技巧，提高教学质量，形成良好教风，2018—2019学年度学生评教中学院满意率为95.6%，位于雅安校区第一，全校第七。学院定期表彰学风优良的集体和个人，制订学业困难学生帮扶计划等活动，狠抓学风建设，连续3年学院毕业率和授位率保持100%，考研升学率连续5年持续增长，获评2018年学风建设示范奖。此外，学院积极推进校地合作，以科研实习基地为承载，在项目合作、人才培养、创业指导等方面形成稳定的共建共享机制，现已签署就业科研实习基地50余个，在成就学院师生的同时更好地为地方社会服务。

　　纵览一路走来的"坎坷"历程，全院师生拧成一股绳，在"川农大精神"的思想旗帜下辛勤耕耘，历经变迁与沧桑，终于迎来水利水电学院朝气蓬勃的今天。

师之"精"业

　　近年来学院以人才培养为着力点，以研究生升学为重要靶向，升学人数从2015年的21人增加到2020年的151人，升学率实现连续5年持涨，每年都创新高！这些成绩背后，离不开众多老师的敬业与奉献。

　　2020年农业水利工程系升学率高达35.6%，较2019年增长10%。这背后，是系主任张志亮教授在传统策略基础上，充分利用大数据对考研情况、考研人数、目标高校分布进行深入分析，提出存在学生报考比例不高、班级差异大、部分高校报考集中、录取率不高等问题，助力学生高效报考。此外，考研升学人次多达17人的班主任代表周曼副教授从班级人多、两极分化严重、女生多等特点出发，通过采取多方位持续鼓励、导师近距离专业指导等措施，获得保研人数多、出国人数多、考取本院人数多等明显成效。

"川农大精神"在学院教师们的默默付出与血汗拼搏中熠熠发光。漆力健来校工作已9年之余，是学院水利水电工程专业的元老之一。在学生眼里，他重探索抓实践、全力引导学生全面发展，奉行不拘泥于实验室的方寸之地、不束缚学习的每一种可能的教学理念，是一位当之无愧的三好老师。为了保质保量完成教学任务，上课之前他至少要花费学生学习课程的两倍时间来备课，在授课过程中他巧妙地将自身工作经历与课本知识紧密联系，深入浅出地将书本知识形象化并加以延伸。三尺讲台之外，漆力健喜欢带着学生去野外做实地实验并跟随指导点拨。办公室的一角陈列着不同河流的水样，见证着他遍布雅安大小河流的足迹。此外，漆力健喜欢启发学生从实际问题中去发现和探索，从而激发学生创造力。"不要轻易否定"是他的口头禅。在他的指导下，2016级学生吴成城连发两篇EI论文，成功作为科研苗子推免，并带领两支竞赛队伍参加第六届全国水利创新设计大赛，均获得全国二等奖的佳绩。

曾赟是学院宝贵的"砖"，哪里有需要、他就去哪里。2003年，作为学校农业水利工程专业创办伊始的第一位专业课教师，他扛下五门专业课的教学重担，每年教学工作量超1000个学时。他积极投身专业建设，善总结、勤规划，每个学期他都会用近一个月的时间来筹备专业大会，总结上学期工作、用心分析专业各班成绩，表彰优秀、鼓励后进。提到教学，曾赟常说："教学既要授人以鱼，又要授人以渔，除了教知识，更要教方法、教思维，让学生在学习中逐渐形成创新思维和工程思维。"他用心设计教学环节，把工匠精神发挥到极致，采用多种教学手段打造"艺术"课堂，斩获学校首届"本科课堂教学质量奖特等奖"这一殊荣。2020年，学院薛珂老师经过层层角逐，再次为学院争光，成为川农大最年轻的特等奖获奖者，日常的积累和扎实的基本功是他的绝对优势，耐心打磨、反复推敲的品质给他护航，灵活的思路和开阔的视野是他的加分项，独具特色、颇有亮点的说课风格是他的"杀手锏"，"团队作战"是他的方针与战略。

学院还有一位广受学生欢迎的贴心"梁姐"——梁心蓝老师，产假未休完便提前返校忙于教学安排的是她，在学生低谷时期做到不离不弃、全程鼓励与指导的也是她。科研方面，她用实际行动践行"艰苦奋斗"。她说，科研就得一步一步来，把一个个问题逐一发现、逐一钻研、逐一攻破，慢慢地整个系统就会完善起来，"我这一辈子都会研究我们川西高原的土壤，来填补我们专业这方面的空白"，谈到这里她的眼神里充满了坚定。对待教学工作，她同样精益求精，在课堂上呈现的每一个章节、每个知识点、每一句话甚至每一个字，她都会匠心钻研、用心雕琢；课堂之外，她生动地结合自身的成长与宝贵经验，从哲学的观点和社会学的专业视角，开阔学生的视野。

学之"苦"研

"川农大精神"离不开学子们从一而终的切身践行。自古云"学无止境"，在水利水电学院不仅仅可以看见苦心钻研、努力学习的学生，更可以看见老师与学生共同探讨、共同求实创新的美好画卷。

2017—2018学年优秀学生标兵、浙江大学直博生、第十二届全国水利优秀毕业生——贺鹏光坚信"唯有埋头，方能出头"。他优秀的学业成绩来源于每天至少8小时的学习，室友还在睡梦中的时候，贺鹏光早已穿过清晨的梧桐大道前往图书馆，身边的同学都戏称他是"教室留守儿童""图书馆钉子户"，他对学习的坚持，打进校以来从未间断。贺鹏光上课永远坐在第一排，下课常常追着老师问问题，"我不把问题弄清楚，心里就堵得慌。"有一次，他拿着几只粉笔在四教后面的空地上边写边画，等了老师几个小时，只为了弄懂工程测量实验报告里的问题。而正是这种"对待细节不马虎，仔细推敲寻真理"的学习干劲，让他从众多学子中脱颖而出。精诚所至，金石为开，贺鹏光的必修课加权成绩和综合素质测评成绩曾连续两年在同年级同专业排名第一。

"川农大精神"是一种传承，更是一种使命。2018—2019学年优秀学生标兵、中国科学院大学录取为直博生——刘啸宇笑着说："仿佛是一种使命吧，我可是我们家里第三代水利人呢。"刘啸宇的祖父辈都从事水利水电相关工作，这使得她对水利水电产生了浓厚兴趣。填报志愿时，在鼠标点击"水利水电工程"的那一刻起，她便接过了家族建设水利事业的接力棒。在一次泥石流旧址考察中，她痛心地感叹道："看着那些被冲毁的建筑，心底蔓延起强烈压抑，那儿的石头高三米多，但泥石流发生时一刻，却不堪一击，自然的力量太强大了。"那一幕画面至今让她历历在目，彼时她便暗暗立志"将所学知识实践于水利科学管理，实现水患提前预警，将自然灾害防患于未然"。当然，使命的践行离不开从一而终的奋斗，她日复一日地在图书馆里查阅并收集大量资料，风雨无阻地骑着自行车实地走访青衣江河段的水文站采集相关的信息，记录下每一个河段区域的水文特征，逐渐摸索出了一套属于自己的水资源评价体系，最终在学院老师帮助下完成的全英文EI论文也凝聚了她在科研期间所有的积累和心血。

"川农大精神"是鼓舞着水院学子保持永不懈怠的精神状态和一往无前的奋斗姿态的强大精神支柱。在校期间，家庭经济条件困难的艾丽坤一直把"川农大精神"中的"艰苦奋斗"作为自己的座右铭。为帮忙减轻家庭负担，她是当之无愧的勤工俭学"代言人"，艾丽坤曾做过学院助管、机房网管、家教、火锅店服务员等兼职。深知一切来之不易的她更懂得珍惜这份宝贵的学习机会，艾丽坤在学习中不敢有丝毫懈怠，别人付出一分，她就付出十分，成绩优异的艾丽坤凭借德智体全面优势曾多次获得国家励志奖学金。毕业后，她参加四川省选调生考试，最终顺利进入成都市水务局，将所学所得从学校带入社会，将"川农大精神"延续到自己的岗位。

"川农大精神"是一种延续，即便学子们已迈入社会，"川农大精神"依旧鞭策着他们在各岗各业中务实工作，发光发热。投身贫困地区基层，倾心助力阿坝茂县脱贫攻坚工作的2009级农业水利工程专业毕业生肖印感叹道："'川农大精神'激励着我在学习、生活和工作中保持高度自律。"回想起那个在校园里迎着清晨第一缕阳光进入教学楼开始复习巩固、常常去图书馆打卡、翻阅书籍、扎实基础，参加各类比赛实践的自己，肖印的脑海里总能浮现出一句话——"艰苦使人进步，自律使人自由"。2013年，已经获得三峡集团"offer"的肖印毅然放弃了优厚的工作待遇，带着满腔热情与热血抱负来到了阿坝茂县，投身脱贫攻坚工作。当提及为何做出这样似乎旁人难以理解的选择时，肖印骄傲地说道："我父亲是一名军人，他把自己的一生都奉献给了国家，我也想和他

一样，为国家做出自己的贡献。"

基层扶贫工作总伴随着难忘与艰辛，面对建设水池和前期选址难、艰苦环境下大量测绘、高差与水压测算难、高原地区山体渗水引起的水源点选择难的种种困难，肖印跟着当地水利团队逐一攻破，从山上引水，经过沉水池、过滤池然后到农户家中，半年时间，肖印穿坏了4双鞋，走了不知道多少路，只为让那最偏远的村子也能喝上最干净的水，只为打破村民们到取水点从村上走山路要两个小时的困境，历经艰辛肖印总算完成了自己的小小夙愿。后来，肖印还被抽调到县上参加茂县的百村千池微水灌溉工程，在全县范围内参与了很多农田灌溉工程的修建。基层脱贫工作除了非同寻常的艰难，还总是伴随着难以想象的危险。在一次寻访贫困户的任务里，路遇塌方的肖印被困车内，几乎陷入绝望，而当时他的两个同事在贫困户家中连同贫困户一起被掩埋，不幸殉职。面对与死神擦肩而过的黑色记忆，肖印没有丝毫后退，他依然怀揣着初心誓死坚守在基层，"既然做了公务员，就要尊重自己的职业，不能忘记'全心全意为人民服务'的初心，得真正为老百姓做点什么。"最终，在当地各单位同仁的共同努力下，茂县在2017年通过了四川2017年度脱贫攻坚"1+3"考核，最终摘掉了贫困县的帽子。

"川农大精神"还承载着水院学子们对专业的认可与对行业的热衷。曾于南水北调工程担任10年项目经理、目前任职中国葛洲坝集团延安葛洲坝陕建高速公路投资有限公司法人负责人的2001级农业水利工程毕业生陈谋建分享道："毕业15年，'川农大精神'一直是我职业生涯前进的不竭动力，走出学校后才能真正体会到老师的谆谆教诲和良苦用心。"当聊到南水北调建设，他自豪地说："南水北调中的世界最大渡槽工程的纪录一直由我们刷新。"陈谋建曾参与的漕河渡槽、沙河渡槽、湍河渡槽一直是南水北调的标杆工程，均获得行业内和国务院南水北调办公室一致好评与高度认可，项目建设又快又好，取得了很好的社会效益和经济效益，获得全国文明工地、安全工地等殊荣，还获得30余项专利、一项国家级工法以及6项省部级工法，一批新工艺、新技术获得省部级科技进步奖。此外，项目建设受到国家高度重视与关注，国家文联组织和央视曾协同到项目组织了一场送文化下乡文艺演出。现任职于四川省都江堰管理局、参与大型灌区改造建设农业水利工程的2001级毕业生杨孌罟根据自己多年的行业积累由衷地分享道："从都江堰、小浪底枢纽、三峡枢纽等水利工程发挥的作用就能体现水利的重要性，干水利的人其实就是改变自然、调和自然的人，水利行业其实是一个'服务行业'，通过合理配置区域水资源，为经济社会发展服务。当前生活生产供水的保证率很高，但是农业灌溉保证率和灌溉水利用率还偏低，这与我们对农田水利有关的基础研究有很大的关系，特别是灌溉试验方面的研究，学院可以尝试与省内运行中的灌溉试验站签订人才培养协议，他们有设备有地方、我们有人，可以实现合作共赢。"

"川农大精神"鼓励着"蹒跚问世"的平凡水院学子们在祖国边疆熠熠放光。目前任职于新疆兵团第七师北方集团三利公司的2008级农业水利工程专业毕业生李娟，主要负责分公司的水利工程投标工作，瘦瘦弱弱的一个平凡女子却在祖国边疆搞起了水利工程。当谈到为什么去到了新疆，她笑着说："就像一场说走就走的特殊旅行吧，来新疆后，这边的条件其实说辛苦也不见得，不都说干一行爱一行，到一个地方爱一个地方，主要就是去习惯去适应吧。我很幸运，兵团是一个很包容的集体，不管你来自什么地方，只要你拥有一颗爱国爱疆的心，都能在这里找到适合的位置。"前 6 年李娟一直坚守在一线，克服艰苦的条件，顶着繁重的工作内容，从前期投标工作、各种进度支付到后期完工结算工作都要她一一经手，作为施工单位的一员，面临着业主、监理、设计、质监站、实验室、各相关单位检查组、自己公司检查组、各工种农民工兄弟、后期结算的一审和二审等巨大挑战，耐着性子厚着脸皮奔走于各种人员之间的交流沟通与博弈协商，一线的艰苦历练铸就了她个人能力的飞速提升。毕业八年余载至今，李娟已参与多个水电站的修建，以及七师各团场的各种水利工程建设，其中奎屯河三级水电站是最大的一个项目，有新疆最长的砂砾岩隧洞，工期紧、条件艰苦，最后完美收工。当问到一个女孩子在新疆干工程辛不辛苦，李娟骄傲地感慨道："干工程的人，特别是水利工程的人，都有一颗很强大的内心。因为我们的事业是利国利民之大计，不管工程大小，为的是民、为的是国！每次路过自己参建的工程都特别有成就感，瞬间觉得所有的辛苦都变成了值得！"

水院学子勤学苦干的样子被看在眼里，水院教师言传身教的努力被记在心里，也正是众多亲躬苦干如川农牛的水院人在科研创新这块土地上代代耕耘，挥洒汗水，为祖国农业的发展进步提供了源源不断的新鲜血液。相同的字眼，在岁月更迭中焕发出新的生机，不同的时代对应着不同的"川农大精神"内核，一脉相承的"川农大精神"，在时代变迁中会诠释出新的丰富内涵，也会衍生出更多更丰富的内容。传承和发扬"川农大精神"是每一位川农大学子应尽职责；同时，川农大教师在践行"川农大精神"时的敬业付出与苦心钻研的精神，同样是我们所应继承和发扬的。作为水利水电学院的一分子，我们更应将"川农大精神"与水院特色、水院实际相结合，在实践中让二者碰撞出更和谐悦耳的旋律，用行动谱写属于水院的"川农大精神"华丽乐章！

文化育人报国路　逐梦扬帆再起航

人文学院

2020年注定是不平凡之年，学校迎来"川农大精神"命名20周年。大学之"大"，非谓有"大楼"之大也，最重要的是一种文化精神的传承与弘扬。近年来，人文学院在学校党政的坚强领导下，将学院工作融入学校"211工程"建设和国家"双一流"建设的大局，坚持"文化+"战略定位，坚守"教书育人、立德树人"初心，坚定"爱农兴农、强农报国"信念，全院教师数十年如一日默默耕耘三尺讲台，将"爱国敬业、艰苦奋斗、团结拼搏、求实创新"的"川农大精神"熔铸于心，将"追求真理、造福社会、自强不息"的校训和"学生为本、学术为天、学科为纲、学者为上"的治学理念外化于行，用文化力量筑忠诚之魂、培时代之星、育担当之才，书写出了学院立德树人、传道授业的新高度。

以文铸魂　筑"爱国敬业、艰苦奋斗"忠诚之魂

文化是一个国家、一个民族的灵魂，同时也是一所大学的精气神之所在。在中华民族伟大复兴的时代背景下，文化强国上升为国家战略，文化事业与文化产业迎来了大发展大繁荣的春天，加强人文教育的重要意义不言而喻。从"正心、修身、齐家、治国、平天下"的中国传统人生理想，到"穷则独善其身，达则兼济天下"的积极而乐观的人生态度，再到耳熟能详的"爱国敬业、艰苦奋斗、团结拼搏、求实创新"的"川农大精神"，都有"爱国""敬业""自由""平等"等字眼不断闪现，在这每一句豪言壮语的背后，有一份人文学院教师对"爱国敬业、艰苦奋斗"的执着与忠诚，有一份"不忘初心、砥砺前行"的人生信条与励志，他们用自己的教育大爱和人文情怀，承诺对党和国家教育事业的忠诚，书写对民族、社会与人民的担当，演绎了一曲曲动人心弦的爱岗敬业、艰苦奋斗之歌。

教师是太阳底下最光辉的职业。学院中文系教师，他们不忘初心、守望相助，在一次又一次的课堂教学上，用优秀传统文化教育人、关爱人、指引人，把中国传统文化故事、智慧熔铸在知识的讲授中，把爱国、敬业、富强、民主等社会主义核心价值观贯注在对学生的倾心教导中，承担起爱岗敬业、以文铸魂的育人责任。管理系教师，他们在一项又一项的学术研究中，聚焦人力资源开发、基层治理和乡村文化振兴，始终坚守科学精神，培养学生独立、自由和批判的能力，以科学的精神和品格影响学生，不断践行对"三农"事业的不懈追求。

甘将心血化时雨，润出桃花一片红。中文系发展遭遇困境之时，系主任李峰教授挺身而出，不畏艰难，带领全系教师逆袭而上，经过数年的努力，汉语言文学专业成为全校最受学生喜爱的十大专业之一。10余年来，李峰教授始终坚持严以律己的行为示范，"不断提升自己"与"持续扩充学识"是她十年如一日的坚守，每次课前的认真备课是她对课堂和学生的尊重。

"翻译理论与实践"课程是为英语专业高年级学生开设的一门专业基础课，密切关系着学生英语专业技能的提升和发展。课程负责人张梅老师带领课程团队，顺应信息技术发展的需要，改革传统单一的以讲授为主的教学方式，采用线上与线下混合式教学，利用超星学习通的网络平台，加强课程资源建设，合理地制定翻译课程教学大纲，打磨教学设计。通过线上和线下教学的有机融合，引导学生在实践和思考中，实现知识积累、能力提升和素质养成。为拓宽学生的实践机会，课程组刘星好老师积极协调，搭建平台，组织同学们参加译国译民翻译服务有限公司的在线实习项目，在校内课程的基础上进行专题深入和拓展学习，进行大量翻译实践，训练翻译技能，聆听名校名师讲座，为学生将来的职业发展打下基础。为提高学生的核心竞争力，课程组还积极鼓励学生参加各项翻译比赛，戢焕奇老师指导欧阳瑞秋、谢佳秀、杨清、黄于芯等同学，先后获得了韩素音青年翻译奖、《英语世界》杯翻译奖、全球华文青年文学奖以及"语言桥"翻译奖。从事中英文化比较教学的英文系彭雪老师，坚持以文化的思维启发学生求知探索，在课堂中把传统知识与潮流时事相结合，让同学们在传统与现代的结合中愉快学习，实现更好教学效果，始终用一颗温暖的心守护着同学们的校园时光。此外，英语系的高怀勇教授、行政管理系的张劲松教授、人力资源管系的岳龙华教授、文化产业管理系窦存芳教授等，他们把文化教育与学生的专业训练相结合，让学生既感受到中国传统优秀文化的魅力，也强化了学生的专业能力训练，在课堂教学上取得了实实在在的好效果。

以文育人　培"追求真理、自强不息"时代之星

人文学院始终把"以文育人"作为学院人才培养的最大特色，切实做到学生专业教育与素质教育相结合、全面发展与个性发展相结合、教育教学改革与教书育人相结合，树立起了"文化强素质、以德育英才"的育人理念，让人文情怀与文化传承的精神深深扎根人文学院的沃土之中，在长期的办学实践中，逐步摸索出了一条富有学院发展特色的"文化＋"人才培养模式。

汉语言文学专业把"文化＋能说会写"的复合型人才作为培养目标，既重视弘扬与传播优秀中国传统文化，又重视学生跨文化交际能力、中华文化国际传播能力与汉语教学推广能力。英语专业则把"文化＋外事、翻译、教育"的复合型人才作为培养目标，重点培养能在对外文化交流、中西文化比较、外语教学、传播和推广中国文化精神方面的人才。人力资源管理专业把"文化＋现代管理"的复合型人才作为培养目标，坚持用"文化"融入人力资源管理专业人才培养的各方面、各环节，用文化思政引领专业创新型人才培养。行政管理专业把"文化＋行政管理"的复合型人才作为培养方向，重视培

养一批懂政治、懂法治、懂经济、懂文化的复合型管理人才。

学院推进实施人才培养"苗圃计划",培育具有担当精神的时代新人,既重视人文素养的培育,又重视专业理论、专业知识和专业技能的培养,重点培养"厚基础、宽口径、高素质、与社会需求紧密结合"的复合型人才。为把"以文育人"的人才培养理念根植于人才培养的全过程,学院各门课程都制定了与专业人才培养目标相吻合的教学大纲,并严格按照教学大纲的总体设计抓好人才培养的"最后一公里"。同时,学院还按照"强化实践,注重创新,全面发展"的思路,积极开辟第二课堂教学,将理论与实践相结合,开设各专业技能提升计划、理论学习、课外实践、竞赛比赛等实践活动,极大地提升了学生学以致用的创新精神和实践能力。

以文化人　育"求实创新、造福社会"担当之才

近年来,在"川农大精神"十六字箴言的熏陶和教师循循善诱的教导下,学院学生不仅在多个国家级或省级比赛中屡获佳绩,获得省级以上荣誉和表彰等共计200余人次,而且人文学子也找到了心之所向——不管路径如何,一定要心有理想,肩有责任,让自己的生命在文化的浸染中变得丰厚,变得更有意义。

"我希望自己能够带着五六百本书的记忆离开。"优秀学生标兵余凯说。大学期间,他始终坚持用阅读的高度度量学习的厚度。他坚持寻文学初心、以梦想为笔、为时代写作,用笔尖所及表达生活中的酸甜苦辣和奇思妙想,在读写中不断提升文学创作的人文高度、文化气度和艺术气韵。

以墨作剑的优秀学生标兵杨林舒,不仅作品在国际上展览,本人也成为中国书法家协会会员……多项荣誉和奖项的背后,是她勤耕不辍的坚持练习。对杨林舒来说,书法是她热爱的东西,只有耐得住性子,才能悟其要领,臻于至善,而她所追求的并不只是个人书法水平的提高。一代人有一代人的使命,青年人有青年人的担当,在她的理想中,还有对中国书法的弘扬与传承。

勤学踏实的包宏伟,用行动践行"川农大精神"。"我明白,想要成为一名汉语国际传播者,扎实的专业基础是第一步,而外国语能为我叩开世界的大门。"为此,包宏伟参加了全国英语口语测评大赛等30余项赛事并取得了优异成绩。同学们总是用"神龙见首不见尾"来形容终日浸泡在图书馆和自习室里的她。在一次次孤独前行的路上,她披荆斩棘,不忘初心,在见证了许多黎明前的鱼肚白之后,她遇见了更好的自己:申请联合国在线志愿者、参加校内外赛事……包宏伟在提升自我的同时,用行动传播中华文化。

新型冠状病毒肺炎疫情之下,不少人文学院学子挺身而出,踊跃投身抗击疫情志愿活动,唱出了一曲曲青春赞歌。来自文化产业管理专业的王岳娆同学,无惧危险逆行于大街小巷,将手中的疫情资料单分发到社区的每一户。她说,危急时刻,作为川农大学子,自当有一份责任,尽自己一点力量为社会做出贡献。汉语言文学专业的王雪,主动参与社区工作,向住户宣传疫情知识;行政管理专业的吕浩男,先后走进3个社区的83户住户家中,排查登记420余人,协助社区工作人员开展"健康证"的办理工

作……

法捷耶夫曾说："青年的思想愈被范例的力量激励，就愈会发出强烈的光辉。"范例和榜样的力量无声但强大，它们不仅是一面镜子，更是一面旗帜。在他们的指引和感召之下，人文学子将借榜样之力成就自己人生的辉煌之路。

岁月不居，时节如流，弦歌不辍，薪火相传。无论时代的浪潮如何翻涌，相信在"川农大精神"润泽下的人文学院将更加人文蔚然，而人文师生们将始终把握航向，将"人文情怀"与"川农大精神"紧密联结，书写新时代的人文华章。

新时代"川农大精神"的法学传承

法学院

作为进入 21 世纪才逐步成立的四川农业大学法学学科，由法学、社会工作、政治学与行政学三个专业共同构成。其诞生和发展的脉络，既与国家法治化建设的提出与高速发展进程相吻合，也与"川农大精神"的凝练和提出基本同步。虽并未像学校其他百年专业一般经历过那些艰难困苦、跌宕起伏的岁月，却也感受到"川农大精神"的召唤，秉承着"川农大精神"的内涵，体现出新时代"川农大精神"的法学传承。

建设社会主义法治中国的守正精神

"法，国之权衡，时之准绳也。"作为川农大法学人，新时代"川农大精神"的法学传承就是要坚持中国特色社会主义法治道路的守正精神，深入贯彻落实习近平总书记提出的"新十六字"方针，为全面推进科学立法、严格执法、公正司法、全民守法培养社会主义法治人才，服务建设社会主义法治中国。

四川农业大学法学专业，其前身源于 1994 年设立的社科部马列教研室法律课程组，刚组建的时候只有专职教师 1 人，却承担着学校所有专业的法律基础和经济法教学任务。2003 年，人文社科学院成立，法律课程组并入思想品德教研室，3 名专职法律课教师需要承担学校近万名学生的法律基础和经济法教学任务。正是这样繁重的教学任务，让老师们看到了中国法治建设的时代需求和法学学科发展的未来前景。正是在这样一种使命感的召唤下，老师们在繁重的教学任务之余，秉承着川农大"艰苦奋斗"的优良传统，从未忘记专业建设和学科发展的需要，连续三次向学校申报成立法学专业。2002 年，成教学院设立了成人教育和远程教育的全日制法学本科专业，日益扩大的招生规模使我们看到了法学类专业的发展前景和未来需求。与此同时，学校也意识到要想进一步发展为综合性大学，在国家法治化建设背景下，法学学科的建设越来越成为国家、社会和学校急需解决的问题。2003 年，法学专业申报成功，并于 2004 年正式招生，四川农业大学的法学学科发展进入新的历史阶段。

自法学专业成立以来，法学系师生紧随我国法治社会建设部署，积极参与地方立法、提供行政决策咨询等社会服务，不仅助推科研能力向成果的转化，也为地方法治建设、经济发展贡献了专业力量。近年来，法学系 11 名教师担任四川省法学会刑法学会、四川省法学会商法学会、四川省法学会资源与环境法学会、四川省立法学会、四川省法学会教育法学会等协会的副会长、常务理事和理事，6 名教师分别担任四川省教育厅、乐山市人大常务委员会和雅安市人大常务委员会等单位的咨询专家库成员。法学系教师先后培训成都、绵阳、德阳、雅安等地公务员和基层村社干部千余人，主持起草、修改地方性法规《四川省河长制湖长制工作管理条例》《四川省种子管理条例》《雅安市新村聚居点管理条例》等10余部。

2018年，在《雅安市村级河（湖）长制条例》立法工作中，法学系教师带领10余名学生，走访雅安市内多地进行实证调研，收集全国34个省级行政区内上千份河（湖）长制有关文件，为雅安市村级河长制的创新性立法做出了突出贡献。该条例走在了全国村级河（湖）长制立法实施的前列，受到凤凰网、《四川日报》等多家媒体报道。2019年，基于丰富的立法积累和"涉农涉基层"的专业定位，由法学系负责起草的《四川省河长制湖长制工作管理条例（草案）》，在与多所高校同时竞标中胜出。教师多次前往成都与省立法工作小组进行会谈，并辗转四川省多地实地调研，立法成果获得委托方高度认可。2019年6月，法学系承担四川省民商事司法参考性案例库的建设工作，吸纳研究生、本科生近20名开展原创法律案例的收集、比较、优化、撰写工作，形成的研究成果不仅将作为四川省民商事司法审判的重要标准，更催生了法学系原创案例库的建设，丰富了专业教育的素材。此外，法学系的社会服务实践工作始终秉承着"实事求是，求真务实"的原则和理念。协助促进地方成功立法固然重要，但评估认定"不宜立法"也是参与基层治理、发挥智库功能的重要方式。2019年8月，在《雅安市非机动车管理条例》立法评估工作中，法学系教师带领学生前往雅安市天全县、名山区等地开展实地调研。在正值暑期的烈日下，实地走访区县非机动车管理的具体情况，对雅安市非机动车管理情况做出了科学的立法评估。评估报告认为，在没有地方性立法的前提下，部分区县对机动车管理已有明确的方案且实施情况良好，综合执法局也处于改革阶段，因而最后认定对非机动车管理进行地方立法时机不成熟、立法必要性不足。该"不宜立法"的评估报告为雅安市立法工作提供了权威参考，有效减少了不必要的立法负担，为提升地方治理体系治理能力做出了专业贡献。

上述工作不仅彰显了法学系与地方政府部门合作立法、服务地方法治建设的突出业绩，也弘扬了教师主导、学生协助、师生传承的精神风貌，有效地拓展了传统课堂的深度和广度，体现了"川农大精神"在法学系的传承与创新。

目前，法学专业每年平均招收本科生170余人，每年有70多名学生转入法学专业，在校本科生达890余人。此外，2015年获学校批准，自主设立马克思主义法学二级学科硕士点，在校研究生20余人。历届法学专业学生法律职业资格考试（2018年前称"司法考试"）一次性通过率（A证）均在50%左右，远超全国10%通过率的平均水平。法学专业的毕业生在各级党政机关、司法机关的比例达45%以上，覆盖中央、省、市、县、乡等国家机关，遍布全国各地。

十多年来，川农大法学人始终坚持中国特色社会主义法治道路的守正精神，通过人才培养、科学研究和社会服务等工作，不断为建设社会主义法治中国添砖加瓦。

构建社会主义和谐社会的服务精神

进入 21 世纪之后，随着经济社会的发展，中国已经全面进入社会主义建设的新时代。社会问题、社会风险、社会治理等问题日益成为中国政府和民众关注的焦点，成为构建社会主义和谐社会的核心议题之一。其中，通过良好有效的社会服务，化解基层矛盾、维护社会稳定、保障民生福利成为当前中国社会建设的基本思路。社会工作正是在这样的背景下兴起和发展的新兴专业。2006 年，党的十六届六中全会提出要"建设宏大的社会工作人才队伍"；随后，"社会工作人才"被列为《国家中长期人才发展规划纲要（2010—2020）》中的六类重点建设人才之一；近年来，"促进和发展专业社会工作"更是连续四次被写入国务院政府工作报告。

四川农业大学的社会工作专业，正是乘着国家推进社会建设、发展社会服务、推动社会工作人才队伍建设的东风发展起来的。作为四川省首批设立的社会工作专业之一，2004 年正式开始招生，从最初的 2 位专职教师、40 名本科学生，发展成为现有专兼职教师 20 余人、在校生人数近 400 人、每年招生规模全省同类专业第一的专业，亦正是在"川农大精神"的感召和鼓舞下取得的发展成果。从 2008 年"5·12"汶川地震至今，无论是灾害服务的临时安置区，还是灾后重建的板房重建区；无论是社区治理的街头巷陌，还是精准扶贫的田间地头，都能看到四川农业大学社会工作专业师生的身影和足迹。作为川农大法学人，新时代"川农大精神"的法学传承就是构建社会主义和谐社会的服务精神，深入贯彻落实党的十九大提出的实施乡村振兴的"二十字方针"，通过社会服务打造"共建共治共享"的新格局，为实现产业兴旺、生态宜居、乡风文明、治理有效、生活富裕的宏伟目标贡献川农大法学人的智慧和力量。

作为中国灾害社会工作专业委员会的副主任委员单位（秘书处单位）和中国农村社会工作专业委员会的理事委员单位，四川农业大学社会工作专业从 2008 年"5·12"汶川地震后开始参与灾后重建。2008 年 7 月，夏日炎炎，师生们顶着 40 多度的高温，在彭州市小鱼洞镇、龙门山镇的灾后废墟上搭建起"儿童活动中心"，为当地灾后儿童提供安全和稳定的庇护场所；2008 年的 11 月，寒风凛冽，师生们受四川省委组织部委派，会同学校心理咨询的专业力量在什邡市蓥华镇为当地基层干部提供心理援助。2009 年之后，高校社会工作专业师生在灾区建立了 4 个长期灾后重建工作站，其中绵竹市清平乡和汶川县映秀镇的 2 个站点就由川农大社工专业负责。这一扎就是 5 年，在"川农大精神"的感召和鼓舞下，川农大社工的师生们扎在灾后一线、扎在大山深处、扎在田间地头，帮助灾区民众从住房重建到社区重建再到经济重建，面对困难甚至危险也从未退缩。2010 年 8 月 13 日，整个汶川灾区次生灾害暴发，"8·13"特大泥石流一夜之间淹没了整个清平乡。而当天川农大社工的 11 名师生正在清平乡社工站，面对突如其来的灾害，他们没有退缩也没有慌乱，而是利用专业知识帮助政府有序撤离村民，做好临时安置的协调和安抚工作，没有水喝就教村民收集雨水过滤，没有床睡就把猪圈的门板拆下来过渡，终于在断水、断电、断粮三天后，和全体乡民一起乘坐军用直升机撤离。

"5·12"汶川地震之后，四川农业大学社会工作的专业力量还直接参与了芦山地震、茂县泥石流、九寨沟地震等灾后服务，支持了青海玉树地震、云南鲁甸地震的灾后重建工作。作为全国社会工作中灾害服务时效最长、领域最宽、类型最多元的专业，承接国务院、四川省委组织部等政府部门和联合国儿童基金会、壹基金等国内外基金会委派的各类社会服务项目30余项，资金总量1200余万元，服务人群10余万人。学校社会工作专业的社会服务多次受到上级领导、服务单位的肯定和表彰。2013年，时任四川省委常委的李登菊同志专程到校调研社会工作专业的发展和社会服务开展情况，指示"川农大的社会工作专业有基础、有特色，要更好地为地方社会经济发展服务"。2017年，社会工作专业教师因为社会服务效果显著，获得四川省委省政府表彰。

服务基层治理现代化的奉献精神

2013年，党的十八届三中全会通过的《中共中央关于全面深化改革若干重大问题的决定》提出要推进"国家治理体系和治理能力现代化"。2017年，党的十九大明确提出了当前我国社会主要矛盾的变化，成为推进社会治理创新的现实依据。2019年底，党的十九届四中全会将社会治理定位于当前阶段中国特色社会主义制度在社会层面的根本性体现，并明确表达为治理体系和治理能力两个方面的现代化建设。而国家治理体系和治理能力现代化关键在基层，实现基层治理现代化不仅需要法治人才、社会工作人才，也离不开党政管理、基层治理人才。

四川农业大学政治学与行政学专业成立于2010年，成立之初旨在培养服务"三农"的党政管理人才，现已发展成为培养系统掌握当代中国政府运作机制的党政管理、基层治理人才。目前，政治学与行政学专业共培养了300余名毕业生，其中在县、乡镇从事基层党政管理、基层治理服务工作的占60%以上。此外，政治学与行政学系师生秉承"川农大精神"的优良传统，紧随国家精准扶贫、脱贫攻坚等战略部署，承担或参与了西部地区精准扶贫实施方案、脱贫攻坚规划的制定、实施和评估工作，国有企业党建规划制定工作、地方政府经济社会发展规划制定工作等，研究报告多次被地方政府采纳，助力西部地区乡村振兴、农村脱贫，不断践行服务基层治理现代化的奉献精神。

10余年来，通过川农大法学人的不懈努力，专业建设从无到有，师资力量不断加强，招生规模不断扩大，人才培养质量不断提升，社会服务效果不断呈现。在未来，法学院全体师生将继续秉承新时代"川农大精神"的法学传承，围绕新时代国家建设和社会发展需求，守正创新，服务奉献，为社会主义法治中国建设、和谐社会发展、基层治理现代化努力奋斗，为建成富强、民主、文明、和谐、美丽的社会主义现代化强国贡献力量。

传好"川农大精神"接力棒

体育学院

大学精神既是大学最富典型意义的价值取向和精神特征，也是大学文化的核心和大学生命的灵魂所在。长期以来，体育学院不断弘扬"川农大精神"，用好"川农大精神"，使其成为学院发展的精神之基和力量之源，孕育出独有的学院精神和育人理念；突出爱国敬业传统，强化师德师风建设，提升教师职业理想打造优良教风；加强学生理想信念教育，积极开展各类活动，注重实践和奉献，用体育特有的艰苦奋斗和顽强拼搏助推学生优良学风；坚持立德树人，让学生成为践行社会主义核心价值观的主力军，得到社会各界的肯定，对学院的发展和学生的成长成才发挥了巨大作用。

用"川农大精神"精髓契合体育精神凝练育人理念

"川农大精神"是学校百余年办学历程中铸就的宝贵精神财富，也是激励川农大人奋发图强的强大精神动力。体育学院正是一代代川农大体育人在"川农大精神"的熏陶和引领下，用自己的心血铸就而成。从1956年的四川农学院教务处体育教研室，先后经历了基础部体育教研室、社科部体育教研室、基础部体育系、人文社会科学学院体育系、艺术与体育学院体育系等发展历程，从2003年仅有社会体育指导与管理专业，到2010年设置体育教育专业、2017年设置休闲体育专业，其间战胜了无数困难，几十年的努力终于成就了今天的体育学院。

体育学院的学院文化和育人理念是深深扎根于川农大土壤中，汲取"川农大精神"作为内在养分，生长出的具有川农大和体育特色的果实。"崇德、修身、尚勇、敦行"的学院院训和"尚文勤练、积健图强"的学院精神要求师生爱党爱国爱校，树立德行，顽强拼搏，敢于挑战，脚踏实地的行动，勤奋学习，刻苦训练，用今天的艰苦奋斗去造就明日的强大。"立德树人、文化塑人、技能强人"的办学宗旨，以及学院口号"和谐凝聚团队力量，拼搏勇创学院辉煌，做有内涵、有品位、有文化的体育人"要求师生心系三农，奉献三农，凸显专业"涉农"特色，以体育的荣誉精神展现学校风貌，以体育的拼搏精神激励自我，让师生在体育教学、体育竞赛和体育服务中强健体魄并获得健全的人格品质，实现学院的发展。

用"川农大精神"提升教师职业理想打造优良教风

"川农大精神"是一种忘我的科研精神和对事业孜孜以求的追求精神。在新的形势下，学院充分发挥"川农大精神"这一宝贵精神财富的作用，挖掘其献身于教育工作的根本动力，教育和引导广大教师承接老一代川农大人的优良传统，践行艰苦创业精神，把国家、民族和学校利益置于个人利益之上，形成"爱国爱农、厚德博学、敬业奉献、诲人不倦"的优良教风。

党建引领，厚植爱党爱国情怀。一个支部，一个堡垒；一个党员，一面旗帜。坚持把党支部建在系上，坚持"双带头人"，积极开展"双向培养"，把"爱岗敬业，认真履行教师职责"作为合格教师党员的标准之一，以好的党风带动优良教风的形成；发展优秀青年教师充实党员队伍；开展"树榜样对照学"活动，分别设置优秀党员管理服务、教学等示范岗 8 人、优秀基层示范党支部 1 个，引导党员在工作、学习、生活中约束言行，自觉增强宗旨意识，创先争优、走在前列。制定了"九必须，八不准"、《体育学院教师课堂行为规范》等制度，要求教师"忠诚教育、爱国守法、爱校明礼、爱岗敬业、热爱学生、厚德博学、勤俭自强、团结协作"。

自强不息，拼搏勇创学院辉煌。作为川农大人，"兴农报国"是不变的追求。邓跃宁在 38 年前，服从国家分配来到雅安，成为一名教师。面对只有一个泥巴足球场的简陋场地条件，他和体育老师们学裁缝搞套裁，在足球场中又设立了篮球场、排球场等，还不能互相影响使用。晴天一身灰，雨天一身泥，天不亮就要出早操，天黑了再回家，这都是当年的真实写照。在专业发展上，他提出既然是"211"农业院校中的体育专业，那这个专业既要高大上也要接地气，学生既要往高处走也不能忘记服务三农的社会责任。学院在三个专业中均设置了与三农的相关课程，同时签约农村实习基地，把体育送到农村第一线。

20 世纪末，我国在农村体育、农村学校体育等方面的研究仍是空白，邓跃宁对农村体育进行了大量研究，发表了《西部农民与体育活动相互关系的调查分析》等大量论文，出版《农村体育问题》等著作 3 部，主编全国农业院校、四川省高校规划等教材 11 部。他提出应该以西部大开发、成渝经济区建设、地震灾区发展振兴等重大发展战略机遇为契机，以新农村试点地区、天府新区、城市周边地区为引领，以行政村为抓手，按照不同区域的实际情况，准确定位，分区域推进发展、优势区域优先发展、"多点多极支撑"发展，推进四川农村体育的整体快速发展。他主持的项目获得四川省人民政府哲社成果三等奖，连续获得五届四川省人民政府优秀教学成果奖；他所主持的体育课程是四川省重点课程、精品课程和全国体育课程评估优秀学校；他所领导的体育团队是四川省"优秀教学团队"。邓跃宁工作勤勉，诲人不倦，被评为四川省人民政府"有突出贡献的优秀专家""省级教学名师"。

川农大人自强不息、拼搏奋进的精神，不仅体现在攀登高峰时的团结协作，还表现为传承薪火，甘为"人梯"的良好职业道德。在体育学院，和谐凝聚团队力量的口号从来不是空话。体育人充分发扬"传、帮、带"的优良传统，由各系室落实教师对青年教师进行"一对一"的帮助、培养；定期召开"师德建设座谈会"，组织青年教师学习校史院情，学习和体会"川农大精神"蕴含的"兴农报国、振兴中华，艰苦创业、自强不息"的精神实质，引导青年教师立德、立言、立身。

三亮三比，强技能正师德师风。通过亮身份、亮职责、亮承诺，比技能、比作风、比绩效，学院教职工主动签订《师德师风承诺书》，务实作风，在教学上形成你追我赶的良好精神风貌。学院自成立以来，三次获得本科课堂教学质量特等奖，余威更是以全校第一的成绩获此殊荣。没有一蹴而就的成功，对余威来说这只是"积累"的结果，量的积累才能成就质的飞跃。"尚文勤练，积健图强"的学院精神深深镌刻在学院师生的心上，展现在行动上。"艺高为师，身正为范"，余威初来川农大执教时，武术教学没有器材，更没有场地，既然没有条件，那就自己创造条件，于是她带领学生搬根长凳子练劈叉，搬块垫子练摔打。她总是言传身教，亲身示范，不知疲倦地给同学们讲解，与同学们一起练习武术基本功，虽然很累，但是很开心。作为一名老师，她希望自己的课程能够让学生感兴趣，通过课堂有获得感，因此她积极参加说课和武术等比赛，不断提高自身教学水平和专业能力，只有这样才能将更多的知识教授和反馈给学生，给学生正确的引导和更好的起点，做好学生的"引路人"。"川农大精神"是一种务实的精神，脚踏实地，一步步走，学院教师秉持"严""实"作风，以实际行动擦亮体育学院招牌，在学生自我成长性评价中，社体系全校排名第一，体教系全校排名第八。

用"川农大精神"筑牢学生人生信念助推优良学风

学院坚持"立德树人、文化塑人、技能强人"的办学宗旨，将"川农大精神"作为精神之钙，注入学生学习生活的方方面面，把好学生世界观、人生观、价值观这个"总开关"，让学生在刻苦学习、刻苦训练、服务奉献中真正形成振兴中华的人生信念，实现中华民族伟大复兴的中国梦。

活动导向，加强理想信念教育。在新生入校之际，开展新生速"融"计划，过学习校史、参观校史展览馆和专题会议等形式，集中进行"川农大精神"和学院精神的教育活动。实施"党旗引航工程"，2019年，选树"江姐班"9个；为新生小班聘任"红色领航员"7名，开展学生党员"五个一"活动；以庆祝新中国成立70周年等纪念活动为契机，开展"传承红色基因，讲好红色故事"主题实践教育等一系列学习、宣讲、讨论主题教育活动，突出爱国主义传统。开展积健讲坛、优秀学生交流会、毕业生党员大会、考研动员大会等活动，邀请校内外专家、校友、优秀学生等进行分享交流，帮助学生树立起人生理想。

体育服务增强社会责任感。秉承"追求真理、造福社会、自强不息"的校训，学院积极组织社会实践和志愿服务活动。近年来，学院共组织超过2000人次学生参与到第三十九届校运会、体育文化节，教职工运动会、中国户外徒步赛等校内外30余项赛事的组织策划和赛事服务工作，开展南郊乡小学支教、田家炳中学支教，"坐班族"体育、约健身等日常社会实践活动，让学生在志愿服务和社会实践中锻炼本领，形成感恩社会、回馈他人的社会责任感。

以"赛"促练，锤炼品格本领。青年是苦练本领、增长才干的黄金时期。对于体育专业学生而言，必须在体育训练和竞赛中锤炼品格、练就本领。学院现有游泳、田径、健美操等 13 支专业代表队，每支代表队均有每周 2 次的日常训练，在比赛前还会进行集训，学生把爱国情、强国志、爱校心转化为刻苦训练的具体行动。集训几乎是每天进行，最长时每天训练超过 9 小时。学生在日复一日的训练中，不仅提高了专业技能，还培养出顽强拼搏的精神和敢于直面挑战的勇气。顽强拼搏是艰苦奋斗、开拓创新的敬业进取精神的具体体现，与"川农大精神"强调的"团结拼搏""艰苦奋斗""爱国敬业"不谋而合。近年来，学院学子参与四川省大学生田径运动会、四川省大学生校园定向赛、四川省大学生武术套路锦标赛、四川省健美操啦啦操体育舞蹈比赛、全国学生武术锦标赛等体育竞赛，累计竞赛获奖 305 项，其中一等奖 108 项、二等奖 115 项、三等奖 82 项。连续 3 年，人均竞赛获奖数量位居全校第一。

用"川农大精神"助力学生德育践行社会主义核心价值观

人无德不立，核心价值观其实就是一种德，既是个人的德，也是一种大德，就是国家的德、社会的德。习近平总书记指出要加强社会主义核心价值体系建设，积极培育和践行社会主义核心价值观。其价值实质与"川农大精神"和"中华体育精神"高度一致。"川农大精神"是嵌入了社会主义核心价值观的田野标本，体育是对社会主义核心价值观的生动培育和践行。体育运动中的训练、竞争、协作等可以带给人勇气、坚持、自信心、进取心和决心，培养人的社会品质：公正、忠实、自由。学院毕业生吴松在成都地铁的四号线上，因为一只手耍手机同时淡定帮助残疾人的乘客突然走红网络，被网友亲切称为"单手哥"。来自凉山州金阳县的彝族小伙阿力日哈 2019 年创办四川省昂和花椒开发有限公司，帮助家乡花椒产业发展。他和团队在 1 个月内拜访了成都的 1270 家火锅店，两年时间里累计签约小龙坎等餐饮企业超 100 家，代销农村滞销花椒 10 万余斤，使家乡农户增收 213 万元。他负责的基于凉山州金阳县椒农的精准扶贫创业项目"麻味蜀乡——把控生产源形成销售制高点"获得四川省第六届"互联网＋"大学生创新创业比赛省级银奖、校级一等奖。

17 年来，学院毕业生 1437 人，他们奋战在祖国建设的各个战线，充分发挥专业优势，不畏艰难险阻，吃苦耐劳，敢于拼搏，受到用人单位和社会各界的一致好评。多家大型企业主动来校招聘，指明要体育专业学生，学院连续 3 年实现就业率 100％，于 2019 年荣获毕业生就业工作先进集体，90％用人单位对学院毕业生表示满意，多家大型企业点名要招川农大体育人，他们"敬业奉献，吃苦耐劳，团结拼搏，科学求实"的优良品质和较强的实践能力受到社会认可。

扬精神之帆 耀艺传之光

艺术与传媒学院

艺术不在于传授，而在于唤醒和鼓励，艺术不在于载体，而在于精神内核的表达。当艺术遇上"川农大精神"，既是一面精神旗帜，也是一种独特农业院校的灵魂坐标，在川农大与师生之间搭建起一座精神桥梁，年轻的艺术与传媒学院把"川农大精神"贯穿于办学全过程，艺传师生实践、继承和弘扬"川农大精神"，走出专业的象牙塔，放眼大农业，着手大设计，服务大农村，用设计服务农业，以艺术点亮乡村，用艺传人特有的精气神与时代共振，烛照当下的精神力量，在川农大的土地上熠熠生光。

爱国爱校 爱院爱岗 凝艺传之魂

"川农大可以没有我，而我不能没有川农大。"原校长郑有良教授曾经深切地表达了对于母校川农大的真挚感情，川农大人对于祖国的热爱、对于所做事业的热忱，在一代代人身上淋漓尽致地体现着。学院师生不断从"川农大精神"、川农大文化、川农大人中汲取营养，构建了"厚德、尚美、博学、笃实"学院文化，挖掘出学院发展的精神动力，精心绘制爱国、爱校、爱院、爱岗的同心圆。

中青年教师是学院教师队伍的中坚和主体，他们主要来自中国艺术研究院、四川美术学院、四川大学、澳门城市大学、韩国启明大学、韩国清州大学等国内外知名大学和研究机构，教师来源的多元化，有力地促进了学术交融。当他们从世界各地奔赴川农大，"川农大精神"的感召力、凝聚力和生命力，成为引领老师们发展的"文化"标杆，一代代川农大人的奋斗轨迹激励着学院师生自强不息、砥砺前行。

作为艺术创作者，不能缺席于时代，有责任呈现人民的生活和歌颂伟大新时代的日新月异，让爱国主义之船扬帆，驶向理想的彼岸。学院师生通过"艺术作品与时代辉煌的碰撞""庆祝新中国70周年美术作品展""爱国主义海报设计"等专业活动平台，在创作中诠释文化自信和爱国爱校情感。4年多来，2万人次参加、20余场爱国主题教育活动、1000余幅作品等正是艺传师生爱国爱校的真实写照。

学院石旭老师的《脊梁——两弹一星功勋科学家》《钢骨铁筋》、冯先强老师的《诗意大运河》等一批导向鲜明、思想深刻、观众叫好的优秀作品，把师生们对祖国的无限热爱、对幸福生活的赞美诉诸笔端。一幅幅作品背后是老师们夜以继日的付出，好的作品是"养"出来的，一幅作品的创作常常需要半个月、一个月，甚至一年半载，需要灌输大量文化知识与实用技巧，需要教师们自掏腰包购买工具不断练习、需要耗费功夫和生活阅历来滋养，需要日复一日重复练笔，用时间、金钱、精力去不断实践。不仅如此，学院罗康老师以向上向善青年为原型，讲述川农大当代扶贫故事，挖掘"川农大精神"新时代内涵，从寻道具，招演员，改剧本，到放弃假期，编剧、导演小品《扶贫日记》，一边对台词，一边推敲打磨，一遍又一遍，一熬就是一个通宵。罗康老师为了鼓励和赞扬学生的这种热情和努力，自费为大家购买了解暑饮品，看着学生们满足的笑容和高涨的干劲儿，一切都是值得的。该剧获得校内外广泛认可，先后获省级奖项2个。他们用积淀、用汗水，默默诠释和践行新时代的"川农大精神"。

学院党委把"川农大精神"作为党建思想政治工作的核心素材，充分发挥其在学院思想政治教育中的巨大作用，制定了《师德师风建设实施方案》《学风建设实施方案》等制度，形成了学院的《党建和思想政治工作文件汇编》。学院依托本校红色教育资源，围绕"川农大历史""川农大英烈""黄大年式教师团队"等开展先进典型教育，讲好"川农大精神"，述说川农大往事，增强师生了解川农大、认同川农大。

立德树人　强农兴农　立艺传之本

"川农大精神"既是一面精神旗帜，也是一种独特农业院校的灵魂坐标。在新时代下，"川农大精神"不仅仅是"爱国敬业、艰苦奋斗、团结拼搏、求实创新"这十六个大字。如何贯彻落实好党的教育方针，紧紧围绕立德树人这一根本任务，担负强农兴农的使命担当，是"川农大精神"新的时代内涵。而作为教学型学院，如何抓好人才培养质量，培养"一懂两爱"的川农人是学院安身立命之本。

团结拼搏的进取精神是川农大人攻坚克难的强大精神动力，在当前各方面条件都已得到极大改善的新时代，更是成为学院激励师生积极进取的精神食粮。围绕"川农大精神"强化"灵魂工程师"队伍建设，通过引进与培养相结合，实行"新进教师顶岗实习"制度，加强新进教师培养工作；通过"示范课""观摩课"等形式向青年教师传经送宝；开展教师讲课比赛和教学质量奖评选，促进教师进一步转变教育教学观念，提高教师教学水平和能力，促进教师快速成长；选用责任心强、教学经验丰富的老教师作为青年教师的指导教师，进行"一帮一""多帮一"，在"备、教、辅、改、查"等各个教学环节上给予指导；通过实施教师分类发展计划，明确教师个人发展定位，结合学校双支计划艺术专项，加大对教师创作、科研和教学等方面的奖励和扶持力度，使每一位教师有所长、有所专，促成教师分类、多元发展局面。

作为年轻的学院，不断探索具有川农大元素的艺术人才培养模式，凝练办学特色，逐步明确坚持艺术学科为主体，推动多学科交叉融合发展，依托学校涉农学科背景和优势资源，有针对性地创新教学模式、完善课程体系、加强师资队伍建设，培养心系"三农"、掌握扎实专业知识、具有川农大人特质的高素质设计与传播类人才。积极实施思想政治教育课程，把"川农大精神"贯穿于教学、艺术创作的全过程，培养艺传学子"心系'三农'、振兴中华"的意识和服务三农的能力。例如，致力于地方农业产业园区规划、田园综合体的新媒体推广，推动了四川省广安市乡村文化振兴规划的朱举老师；服务于区域农业品牌的开发与传播，构建了德昌县区域农产品公用品牌策划与推广校地合作项目的弓伟波老师；潜心科研，为非物质文化遗产保护提供了重要依据的张池老师；关工委李枝军老师每年定点联系学院青年教师与学生，言传身教，模范引领，执着坚守，用自己的行动践行新时代"川农大精神"。"在这里，奠定了我一生致力于广告学教育的事业基础；在这里，我学会了如何做一名合格的大学老师，如何为发展好四川农业大学的广告学专业而努力。"学院广告学专业第一批老教师之一的朱彬教授在谈到自己与学院朝夕相处共成长时说道。

惟求实而可以创新，惟立德方能树人。"川农大精神"让艺传人在团结拼搏道路上执着追求。学院构建了具有"涉农"特色的"以赛促教，以展促学"的教学模式，依托校内实践平台，探索出"院内—院际—校外"逐级竞赛实践模式，通过"涉农项目进课堂"院内外竞赛、"涉农命题进比赛"毕业设计、"涉农项目进选题"实践教学环节，强化学生专业技能，强化学生专业素质和职业能力的培养。课程作品展、实习成果展、毕业设计展以及农业品牌创意设计展都在引导学子为精准扶贫出智出力，作为学院积极探索产学研相结合的教学模式，已经成为学院的一张"名片"。近年来，学生在中国大学生广告艺术节学院奖、全国大学生广告艺术大赛、金犊奖等赛事中获得包括全球金奖 2 项、全国金奖 10 余项等 1600 余项奖励，同类比赛获奖数量和等级位于四川高校第一。一次次展览，一幅幅优秀的艺术作品，是师生们在学习生活中的一次次梳理和总结，也是学院教育成果的一次次全面展示，更是川农大艺传学子在艺术的舞台上迸发出熠熠生辉的光芒，同学们的艺术梦想将从这里扬帆起航，艺术为时代而歌的集结号角也将从这里吹响。

点亮乡村　服务社会　塑艺传之形

"求实"是态度，"创新"是方法，"求实创新"的科学精神已成为学院发展中与时俱进的引导力量。党的十九大提出的乡村振兴战略不仅向我们提出新时代助力农业发展的新任务，而且为年轻的艺术与传媒学院点出了奋进方向。"我们是川农大的艺传学院，不同于专业类艺术或传播学院。学院要发展，一定要紧跟着国家、四川省还有学校的农业项目需求走，积极去思考我们能为精准扶贫、为乡村振兴、为优秀传统文化的挖掘与传承传播做些什么，并积极加以实现。"学院班子在学院要怎么走这一方向问题上保持着高度统一。

"川农大精神"百余年来的深厚文化传承成为推动艺传学院前行的最强大力量，即使遇到困难，大家也始终坚守那份初心，共同克服一个又一个困难。学院在申报成立四川农业特色品牌开发与传播研究中心之初，没有相关经验，在困难面前，大家没有退缩，向川农大知名的专家、领导请教，跑科技处、农发院寻找各种可用资料，上网查询类似中心的架构和功能设置，一切都是从零开始，加班熬夜成了家常便饭，好不容易申报材料写成了，但仔细推敲又存在诸多漏洞，眼看提交的截止时间到了，大家并没有气馁，在反复推敲下，申报书一改再改，品牌研究中心最后申报成功。

学院实践传承"川农大精神"新时代意蕴，围绕设计服务农业、艺术点亮乡村，求兴农报国之实、创强农惠民之新。学院通过举办四川农业品牌发展论坛、参加"省农业创意设计大赛""雅安市竹编设计大赛"等省市级比赛，主持和指导学生完成课题助推艺传学院向前发展；教师们深入凉山州德昌县、广安市前锋区等地开展扶贫工作；师生们积极参与面向雷波县千万贯乡、马湖乡和布拖县乐安乡等地举行的农业品牌创意设计公益赛，开展区域公用品牌策划与推广等社会服务。学院师生围绕艺术创作、主题墙绘、美育支教等开展艺术进乡村社会实践、志愿服务，累计组织团队 500 余支，参与师生上万人次。学院助力乡村振兴，为乡村插上了艺术的翅膀。学院党委也在 2019 年获雅安市绿色发展示范团队命名，获雅安市先进基层党组称号，获四川省先进基层党组织称号。

各美其美　美美与共　扬艺传之美

"川农大精神"是学校在百余年的办学历程中铸就的独有精神财富，是学校文化最为核心的价值追求。按照"厚德、尚美、博学、笃实"学院文化目标，老师们在平凡的教育工作岗位上，从点滴小事做起，用实际行动实践、传承和弘扬着"川农大精神"，让团结拼搏永不退役的帆，在新征程里以青春的形象扬起，齐心协力演绎出发展的交响曲。学院创意设计实验中心从原来只有一间的实验室和仅有的修了又修的教学电脑，到现有基础画室、平面制图室、摄影室、提案室、交互实验室、二维动画制作室、印刷实验室、多媒体数字实验室、数据采集实验室等教学场地场所 30 余间；从原来不足 20 台旧、缺的胶片相机设备条件，实现拥有苹果电脑、眼动仪、数码相机、摄像机、雕刻机、数字印刷机、丝网印刷设备、包装成型和书籍装订等教学辅助设备 540 余台，学院教学条件日新月异。学院师资队伍不断壮大，从最开始的 20 余人到目前 40 余人，先有冯先强老师实现学校国家艺术基金零的突破，后有石旭老师首次入围五年一届的全国美术展览，学院影响力不断加强。

学院紧密结合自身办学特色和学科特点，以弘扬"川农大精神"为主线，围绕"心系'三农'、振兴中华"育人主题，积极探索构建多元文化、多元评价、多样发展、多样成才的"四位一体"育人体系，让学生在多元的文化中丰富自我，在多元的评价中认识自我，在多样的发展中奠基自我，在多样的成才中实现自我。学院涌现了四川省最美女大学生陈凤、国际奖项实现零突破的赖宇、两获国家级金奖的童磊、斩获 7 所英国名校"offer"的胡文东等优秀学子，毕业生平均就业率保持在 95% 以上，出国留学人数增长了 3 倍。

着眼未来，学院将继续践行、弘扬"川农大精神"，充分领会"川农大精神"新时代内涵，担负好立德树人根本任务、履行好强农兴农使命担当，努力探索"川农大精神"的艺术与传媒实践之路，在服务好学院本科建设、科学研究以及人才培养的同时，强化党建引领，服务地方经济，助力乡村振兴，紧随学校步伐，跑出艺术与传媒学院高质量发展的加速度。

以绣花功夫　培养美丽城镇建设人才

建筑与城乡规划学院

2020年,是"川农大精神"命名20周年。2020年,也是建筑与城乡规划学院组建的第六个年头。在学校领导下,全院师生奋力拼搏,以"川农大精神"为引领,以"强农兴农为己任"为目标,在本科教学、人才培养、科学研究、社会服务等方面取得了长足进步。

夯实教学　凸显特色

"川农大精神"是在学校长期办学历程中,通过实践逐步形成的。

学院成立之初,在校区率先实现所有专业在高考志愿"一本"批次招生,并顺利完成首批五年制学生的招生计划,各个专业的市场需求大,发展势头良好。

学院领导班子很快发现,发展不能单单依靠市场需求及学校的帮扶,必须在短时间找到适合自身发展的道路。学院通过"请进来、走出去"的方式,面向乡村建设领域的巨大人才需求,借助学校塔尖学科的传承优势,通过特色课程的设置,确定了培养具有专业优势和乡村特色的建筑大类高素质复合型、应用型人才的办学定位;提出了以本科教育为主,继续教育为辅,积极发展研究生教育,构建相对完整的育人体系的多层次办学目标。学院以"双一流"建设为契机,积极响应"一流本科"建设倡议,既抓学科建设,又抓专业建设,在夯实专业的基础上,进一步明确教学型学院的建设重点与发展方向。

围绕"乡村"特色,学院通过实地考察调研、以专业技能竞赛为依托孵化项目参加国家级比赛、多形式展出师生作品等营造良好的学术氛围;整合和延伸专业教学实践平台,搭建理论联系实际的学习载体,把课堂搬到"村寨""展厅",在实践中学、在竞赛中学,切实提高学生的专业学习兴趣,有效提升课堂教学质量。例如,城乡规划专业师生多次赴理县桃坪羌寨、宜宾李庄古镇、通江县泥溪镇等地开展教学实践活动;学生利用无人机、激光测距仪、三维激光扫描仪等对传统建筑、村落及周边环境进行详细测量,使用快速速写绘画的方法对实践地的内部空间环境和建筑风貌进行记录,通过走访调研了解村落(村寨)发展历史等。同时,学院充分把握实习实践契机,积极搭建校地合作平台,先后与阿坝藏族羌族自治州理县甘堡村、成都市郫都区先锋村、通江县泥溪镇等地建立了合作关系,每年有100余名学生前去基地进行实地调研、开展学习、实践活动。

在此基础上，学院涌现了一大批立足传统村落保护、"互联网＋"乡村、传统民居研究的科研兴趣小组及创新创业团队，在各项赛事中取得了良好成绩。其中，"云觅农情电子商务有限公司"的《互联网＋乡村＋VR全景漫游》荣获第六届全国大学生电子商务"三创"赛全国二等奖、四川省一等奖、第三届"创青春"四川青年创新创业赛金奖，《青鸿归乡：探寻川东北第一古村落》荣获第四届全国大学生"发现传统村落"调研大赛一等奖，《原·生》获2018年度全国高等院校城乡规划专业大学生乡村规划方案竞赛三等奖等。

学校110余年的办学过程中，形成了一批办学历史悠久、学术积累厚重、社会影响广泛的优势专业和学科。依托优势专业的积淀，"村镇"逐渐成为学院专业与学校优势专业之间的交叉与借力点，把"课堂"搬进乡村不仅仅是学院发展、人才培养的需要，更重要的是，能使更多的川农大学子、建城学院的"建造者"们在实践中锤炼意志品质，深刻体会与理解"川农大精神"的内涵，更加接地气地服务于国家的乡村振兴战略。

突破瓶颈　担当作为

2014年组建学院的时候，学院仅有1位教授且临近退休，博士学历教师占比不足10％，良好的生源质量及市场需求与学院实际办学水平不平衡。为此，学院主动出击，向学校要政策，要指标，院领导带队先后赴西安、重庆等地相关高校进行招聘宣讲，诚邀优秀毕业生加盟学院。2016年，学院起草制定学院2020发展规划，从师资队伍建设、高素质人才培养、教学科研平台建设等方面进行全面规划，明确建设目标。2020年，学院较为圆满地完成了各项指标任务。学院重点关注现有师资的成长与发展，在引进人才效果不佳的情况下，通过支持教师学历进修、经费保障、建立团队等措施，在较短时间稳定了队伍，提高了教师的业务能力，师资队伍建设初见成效。

在师资队伍趋于稳定的基础上，学院从抓科研、搭平台两方面，启动学院学科建设，助推学院持续发展。

面对科研基础薄弱、高层次人才相对缺乏的实际情况，学院调整优化科研政策与思路，以青年教师为突破口，紧紧围绕项目申报做文章，积极谋划，内部挖潜，推进科研工作开展。一是启动了科研前期资助计划。结合学院科研成果奖励办法及年终奖分配方案等相关激励措施，学院要求35岁以下的青年教师积极申报各级各类科研项目，为后期发展积蓄能量，鼓励所有博士学历教师积极申报国家自然科学基金等高水平项目，并对申报个人及申报团队进行资助与奖励。二是组织专家学者进行评议指导。学院多次邀请行业内专家做客学院与师生交流，传授科研项目申报与结项、发明专利申请和高水平学术论文撰写等经验，对青年教师从事科研工作进行全方位辅导。同时，鼓励科研团队之间互相交流，共同探讨及分享行业最新动态、研究热点以及项目、论文撰写方法等。三是创造条件，营造科研氛围。学院全力支持教师参加各类学术会议，开拓科研视野；鼓励青年教师通过进修、培训、竞赛等方式提升科研实力及业务能力；积极推进国际化办学，主动承办国际性、全国性学术会议，在交流中开阔视野，在合作中取得双赢。

在持续改善科研激励机制与提升平台条件的推动下，学院充分发挥老教师传帮带作用，为青年教师站好讲台提供强有力的支撑，大力组建中青年结合的团队搞科研，以科研促进教学，以教学推动科研，极大地调动了青年教师的积极性和主动性，促进了青年教师的快速成长；推选青年骨干教师担任系主任或专业负责人，并先后组建科研团队、课程建设团队 5 个，各团队间定期举行学术交流、汇报及授课竞赛。据不完全统计，自2014 年建院以来，学院青年教师发表 SCI、SSCI 等收录论文百余篇，主持包含国家自然科学基金在内的省级及以上的科研项目 37 项，主编（主译）或参编教材 14 部，发表核心收录论文 66 篇；获得全国高等学校城乡规划学科优秀教研论文奖、四川省社会科学优秀成果三等奖、四川科技进步二等奖、省级教学成果一等奖等荣誉。

学院清醒地认识到自身不足，围绕国家战略需求，学院因地制宜，整合资源，积极培育和构建科研平台。一是精准定位，寻求突破。结合学校优势，发挥专业特色，紧扣乡村振兴、精准扶贫等国家战略，充分考虑区位优势、经济优势和学科发展现状，主动服务行业企业和地方经济建设，用社会服务带动平台建设，助推学科发展。学院先后承担天府新区、雅安市天全县、宜宾市筠连县等地区的村镇规划设计及乡村振兴战略规划等社会服务项目，主持"川西北藏族村庄布点优化及政策研究""广安市前锋区美丽新村建设技术集成与示范""旺苍县高阳镇关山村幸福美丽科技新村建设技术集成与示范""基于人居环境评价的新农村社区优化建设研究"等省部级科研项目。二是探索"科研—教风—学风"管理模式。作为教学型学院，工作的重心与突破口主要在本科教学上，通过积极主办、承办国际国内学术会议和专业竞赛，调动师生积极性，提升学院知名度，寻求合作机遇；通过制定科研评价政策和激励机制，合理分配教学、科研工作的时间，在保证本科教学的基础上，激发团队参与科研的积极性与主观能动性；通过整合资源，分析形势，挖掘自身的比较优势，形成可持续的潜在核心能力，并始终贯穿在本科教学、科学研究、社会服务等工作中。通过不断的努力，学院现有省级虚拟仿真实验室一个，省级示范课程一门。

凝心聚力　精益求精

青年教师的成长，年轻学院进步的背后，深藏着许多动人的故事。

"我在笔筒中静静地看着陈川老师的座位，我想起他两度腰椎间盘突出入院治疗，裹着'束腰'支撑着，半天的课程结束后，每次都说是再多看两小时的设计，往往一看就是一整天，惹得送他来上班的家属又气又爱。"陈老师是有爱心的班主任，为了培养班上的学生阅读专业期刊的兴趣，他自掏腰包花费近 3000 元给学生定了两款最前沿的杂志。陈老师一直坚持让学生们分享案例，培养他们的汇报能力，并积极点评互动，他与学生之间构建起像家一样的温暖之情。

"能干、踏实、幽默、和蔼可亲的董翔宇老师，几乎每天都在办公室给学生看看看，改改改。他的课多是在晚上，白天时间看不完的设计，2017 级学生、2016 级学生、2015 级学生、2014 级学生，都要来找董老师聊天，董老师耐心地指导大家，却因过度劳累在办公室晕倒了。"

"作为年轻教师，江文老师深知科研的重要性与必要性。他一直潜心科研，牢记学术为天的初心。由于白天的教学任务及处理事务性工作，没有大段时间能够全面静下来开展科研工作，他利用碎片时间及夜晚时间，常常阅读、搜集资料、撰写论文到深夜。初心不忘，终有回报。"入职4年，江文获校级本科课堂教学质量一等奖，入选双支计划第五层次，以第一作者发表SCI、SSCI、EI收录论文15篇，出版专著1部。申请立项国家级和省部级项目9项，获得了四川省科技进步奖二等奖、四川省社会科学优秀成果三等奖和雅安市哲学社会科学优秀成果三等奖。

为了解决问题、撰写报告、总结材料……熬了多少个通宵，李琦自己也记不清了。李琦几乎从未有过假期甚至周末，就像永动机一样废寝忘食。她跑场地、买材料、请工人……顶着炎炎烈日组织试验；为了项目顺利鉴定，连续40个小时未合眼赶制报告；为了报奖通过，连续一周没有回家。她一直记得当时推开家门，正准备卸下一身担子却听见1岁的儿子喊自己阿姨的情景，做科研再苦再累都没有掉一滴眼泪的她，听到儿子这一声呼唤后竟泪如雨下。

"张凌青真的是热爱他的专业，在职读博要求高，难度大，但学院的事情，特别是涉及专业发展的事情，他从不推诿！"入职9年来，担任城乡规划系系主任、党支部书记，获本科教学质量特等奖，发表学术论文16篇，省级虚拟仿真实验项目负责人，成功申请"双带头人"工作室，并带领支部获评雅安市先进基层党组织等荣誉称号。

……

翻开近几年的通讯稿件、会议记录、采访记录等，一件件鲜活的事迹见证着学院的每一步发展。这些鲜活事迹中的主人，在过往的学习经历中似乎与川农大没有任何关系，但他们中惊人的相似是由一种共同的烙印形成的，它印在他们的价值追求和意志品质中，那就是"川农大精神"。

"川农大精神"犹如一座丰碑高高耸立在学校改革发展的前沿，它不仅记载和镌刻着学校百余年艰苦创业的辉煌历程与成就，还以其丰富的内涵和鲜明的特色带领和鼓舞着一代又一代川农大人在追求真理、造福社会的征途上做出更大贡献。期待下一个20年，建城学院一直在前进的路上。

土木人跑出发展加速度

土木工程学院

从原城乡建设学院家底最为薄弱的专业,到今天的四川省一流本科专业,从一个专业发展为一个学院,土木工程专业经历了怎样的奋斗历程?从高学历教师一只手都数得过来,到如今60％以上教师都是国内外一流大学博士,还有3名引进人才,这是如何实现的?从办学已经七八年,社会还不知道川农大有个土木工程专业,到如今成为中建、中铁、中交等央企招聘人才的核心院校之一,这是怎么做到的?这是一批默默践行着"川农大精神"的土木人用十年如一日的坚持写就的。

从无到有　经历的艰苦奋斗

2004年土木工程专业开始本科招生,招生后的5年内仅有2名硕士、数十名本科学历教师,教学科研条件也是捉襟见肘,仅能满足基本教学需要。土木工程专业是当时城乡建设学院家底最为薄弱的专业,更别说与川内开设该专业的其余学校比较了。

就是这样的办学条件,终于在2010年迎来该专业招聘的第一位博士郭子红。他放弃了西南科技大学给出的引进人才优厚待遇,选择回到川农大与昔日的恩师共同建设专业。那会儿,收入待遇不高,日子过得紧巴巴。同时,作为学校、学院非优势专业,没有一台像样的仪器设备可以做研究,专业发展前景并不明朗。问及为什么选择回来?"不忘本",简单的三个字是他最有力的回答!

次年,郭子红接下了土木工程专业主任的重担,兢兢业业、忘我工作,一年365天至少超过300天都在办公室加班,这一干就是9年。那时,他时常与老师朱占元一起,交流讨论专业建设的问题。使命在肩,倍感责任重大。那时的土木工程专业,由于师资匮乏,老师能上什么课,学生就学什么,培养方案并未严格按照本专业教指委的要求执行;由于学得不系统,学生的毕业设计简单粗放,工程能力与行业要求还有相当差距,以致专业开办好几年了,却毫无知名度可言。

摸清情况以后,郭子红从最基础的干起,优化培养方案、规范毕业设计。他从不为困难找借口,只为落实想办法。师资匮乏开不出相应的专业课,那就边学边教,自己带头多上一些。曾有一学期每周4门专业课(其中3门新课),周学时达到20学时以上,几乎是不分白天黑夜的备课、上课,有3门课程评教满意度100％。不只他自己,当年土木工程专业很多老师周学时几乎都是现在规定学时的一倍以上。毕业设计不规范,达不到行业要求,他带领专业老师从设计方案、计算机设计以及手算设计等,逐一进行详细规范，提高标准要求，整理成《土木工程专业毕业设计规范》供师生参考。同时郭子红加强对学生的指导，在要求学生之前先严格要求自己，无课时也坚守办公桌前，方便学生随时可以找到自己，及时解决学业困惑。这些花去他很多时间与精力的工作，并不立竿见影，但他深知这些基础工作的重要性，并把它们做到了极致。

就这样十年如一日的坚持，这位大家公认的"老黄牛"，用惯有的勤奋和踏实，为土木工程专业的发展做出了巨大贡献。正是有着一批像他一样的土木人，将小我融入大我，无私奉献，土木工程专业终于逐渐有了起色。2011 年土木工程被学校批准为校级重点建设学科，2012 年土木工程专业获得省级卓越工程师项目。同一时期，学校还与同济大学、天津大学齐名，在建筑工程施工全国重点建设职教师资培训中，连续 2 年位列学员评价全国前三。2013 年获得建筑工程施工全国重点建设职教师资培养培训基地，并获得 200 万元的基地点建设资助，为提升教学科研条件起到了积极作用；同年获批村镇建设防灾减灾四川省高等学校工程研究中心。2014 年建筑与土木工程专业硕士点获批并于次年开始招生……直至 2019 年获批四川省一流本科专业，土木工程专业一路"开挂"，绝非偶然。

拼劲十足　这是一支充满战斗力的队伍

无数个夜晚的二教办公室，经常灯火通明，从教师办公室、实验室到研究生学习室，都能看到土木人伏案工作的身影。2014 年土木工程学院成立前，仅有 1 项国家自然科学基金项目，当时无论从人才队伍、科研条件还是科研氛围来讲，均还有一段较长的路要走，不拼搏进取怎么行。

学院发展离不开人才的支撑，2014 年以前学院仅有几名博士，学缘结构也较为单一，高职称教师寥寥数人。而栽下梧桐树才能引得凤凰来。在学校的大力支持下，学院科学筹划，先后购置了电液伺服结构实验系统、冻土动三轴测试系统等一批先进高端的大型试验仪器设备。2015 年厂房拔地而起，同年学院有了第一位引进人才，此后中科院、东南大学、日本北海道等十余位国内外高校博士纷纷加入，2020 年再度新增引进人才 2 名，目前已有博士教师 22 人、教授 4 人、副教授 15 人，科研条件以及师资队伍的提档升级，极大促进了学科专业发展。

招得进还要留得住、用得上，惜才爱才是不二法宝。学院积极为这些年轻的学术骨干搭建平台，根据他们的研究方向，从并不宽裕的设备经费中，先后购置了岩石剪切机、泥石流模型试验槽、桥梁健康检测系统等设备，以支持他们开展研究工作，可喜的是这些设备均有国家自然科学基金项目以及学科领域内高水平论文的产出。在职称晋升中，不论资排辈，拿教学科研成果说话，让这些年轻老师有奔头，到校仅三年的蒋先刚老师就凭借良好的教学科研成果评上了副教授。同时，还制定正向激励政策，设立教师发展专项扶持基金等，多措并举激发老师们干事创业的热情，形成比学赶超的良性竞争氛围。

作为教学型学院，科研的作用当然是为了推动学科专业的发展。学院首位引进人才肖维民老师刚一到校就担任了学院研究生秘书，那时学院研究生工作刚刚起步，还处于摸着石头过河阶段。作为引进人才，尽管有着不错的科研经历，但面对繁重的行政工作以及教学任务，他仍然选择暂缓手中的科研项目研究，专注于学位点建设以及人才培养工作。"责无旁贷"，是他对自己当时转移工作重心的回答。随着 2018 年学院第一届硕士顺利毕业，学位点顺利通过评估，学位点建设的诸多工作走上了正轨，终于有了更多时间继续自己的研究课题。同年，他收获了到校后的第二项国家自然科学基金项目，低调内敛、无私奉献、用行动说话，这是肖维民给身边师生树立的榜样。

到校三年就获得自然科学基金 1 项、发表 TOP 期刊论文 4 篇的蒋先刚老师，也是一个用实干给师生树立榜样的老师。作为院士的学生，在中科院蒋先刚受到了良好的科研训练，博士毕业后来到川农大，面对新的环境，他主动结合学校的研究特色和要求，开展新的研究工作，一切都需从头开始。加班加点是蒋老师工作的常态，在讲授好本科课堂教学的同时，搭建实验平台，每一件事情都要亲力亲为，从买钢管到拧螺丝，虽然辛苦，却很快乐，因为这些都是成果产出的基础。有了平台后，指导学生实验设计，在与学生们忍受风吹日晒、战胜体力疲劳的情况下开展了大量的物理实验，经常加班到深夜，常常忘记回家时间。大年初一的早上准点到办公室写基金……正是这种忘我专研的工作精神，才有了之后多篇文章的发表以及自然基金的获得。

像肖维民、蒋先刚一样有拼劲的土木人还有很多很多，这支有战斗力的团队，年年都有基金收入囊中，至今已有 11 项。他们身体力行，手把手带学生，从 2015 年首次招生研究生，短短 5 年已培养硕士毕业生近百人，研究生在校规模突破 100 人，培养质量也渐入佳境。近两届硕士毕业生在中科院大类 4 区以上期刊发表论文 10 余篇，其中 TOP 期刊论文 4 篇，2019 届硕士毕业生程炫豪更是以第一作者身份在本学科领域的顶级期刊 *Construction and Building Materials* 等发表论文 2 篇，目前最高影响因子已达到 4.4，而这一水平已达到很多"985 工程""211 工程"高校在本学科领域的教师招聘标准。

影响提升　打造知名央企朋友圈

时间倒退回 10 年前，那时到院招聘的"中"字头企业寥寥数家。毕业生想进入像中建一局这类的大型国企，只有去西南交大、四川大学甚至成都理工等学校"碰运气"。出去找工作的学生回来向学院老师反馈，用人单位好多都不知道我们。尽管出于对"211 工程"高校培养人才的认可，一些学生历经折腾终于成功签上这些单位，但老师们心里仍然像堵着一块大石头，难以舒展开来。

怎么办？先从加强人才培养工作抓起，必须严格严格再严格。土木工程专业主任郭子红带领所有专业老师开始了夯基础的工作，去企业调研，邀请企业一起参与人才培养方案的修订，增设和规范课程设计，抓实实践教学过程管控，严把毕业设计关，从人才培养全过程提升学生综合专业素养和工程能力。在土木工程学院，老师常常带着学生一起加班加点，做项目研究、指导毕业设计、修改课程设计等，老师们的爱岗敬业也深深影响了学生，一位已毕业的学生回忆道："记得在做毕业设计的时候，无论何时，指导老师总在办公室。有时已经晚上 10 点，他仍耐心细致地给大家讲解，真的特别敬业，我们再不认真做毕业设计都不好意思。"受到老师的严格要求和潜移默化的影响，毕业设计质量逐年进步，学生工程能力逐步提升，到企业后上手也越来越快。

与此同时，学院领导、老师主动出击，通过主动拜访、签订院企合作协议，共建教学实践与就业基地，探索人才联合培养、技术创新合作等，逐渐打响了川农大土建专业的社会声誉。往届毕业生也凭借扎实的专业功底，以及川农大学子身上普遍具有的吃苦耐劳精神和高度的责任心，以优异表现成为川农大土木"活招牌"。土木工程专业2016届毕业生岳栩民，毕业不足5年，已快速成长为中建新疆建工西南分公司项目经理。提起岳栩民，该公司董事长竖起了大拇指，"去年，四川一大型市政工程项目，这小子给我挣回了不菲产值，吃得苦、有能力，目前该工程二期项目，对方点名还要他干。"正是缘于企业对学校土建人才的高度认可，促成了学院与中建新疆建工（集团）旗下两家子公司的首届校企定制班顺利开班。学院现已与以中建、中铁、中交等知名央企为代表的40余家企业签订了校企合作协议，形成了长期稳定的合作关系，同学们在自己学校就能与这些世界五百强企业零距离面对面。看到培养的学生逐步得到了知名央企的青睐和追捧，老师们心中的大石头才终于落了地。

现学校副校长、原土木工程学院院长朱占元感触颇深，"10年前，举家从雅安来到都江堰，经历过要人没人、要条件没条件的艰难阶段。10年间，学院师资队伍、教学科研条件方方面面都有了极大的变化，引进人才、海归博士、'985工程'大学博士加入，有了硕士点，带上了研究生，评上了省一流，在川内逐渐有了影响力。这些放在10年前，想都不敢想，当时就一个想法'加油干'。"

是的，加油干，土木人！做好"川农大精神"的朴素践行者，跑出新时期发展加速度！

旅游十年求发展　砥砺奋进赢未来

旅游学院

2009 年 11 月，学校根据都江堰校区紧邻"都江堰·青城山"世界文化遗产地的地理条件，旅游类专业的办学历史、办学条件及旅游管理学科专业发展建设需要，正式组建旅游学院。学院的建立，彰显了学校依托农林学科优势，加快旅游学科专业建设的信心与决心。学校一直非常关心、关注和大力支持旅游学院的发展与建设，党政领导曾多次到学院调研和指导学院的党建思想政治、师资队伍建设、学科专业建设、科学研究、社会服务、文化建设等多项工作。

短短的 10 年，学院已经在党建、育人、学科建设、专业发展、科研与社会服务等工作方面取得较为显著的成绩，实现了从专科到本科再到有研究生学位授权点的"三级跳"。回顾 10 年历程，旅院人坚信"一种梦想，可以凝聚力量；一种信念，可以攻坚克难"。立德树人，激励旅院人为培养人才不懈努力；"川农大精神"，指引旅院人为"强农兴旅"砥砺前行。

"艰苦奋斗"向前行

人才培养质量是学院发展的生命线，学科建设水平是学院的核心竞争力。

2019 年 5 月 6 日，教育部网站发布《国务院学位委员会关于 2018 年学位授权点专项评估结果及处理意见的通知》，四川农业大学旅游管理专业学位授权点（以下简称MTA）的专项评估结果为"合格"。评估结果肯定了学校 MTA 的办学质量，也成为推动学院全面提升学科专业建设水平、提升人才培养质量的动力。

得知评估结果的那一刻，学院党委书记卢昌泰长舒一口气。他的思绪回到 2013 年，那是学院艰苦奋斗、创业拓荒最为关键的时期之一，学院启动了 MTA 申报工作。

心有方向，行有定力。当时，旅游管理类专业人才匮乏，获得旅游管理专业博士、硕士学位的教师只有 6 位，其中旅游管理博士只有 1 位。申报经验缺乏，研究成果不足，申报成功可能性不大，一个个现实的困难摆在眼前。

"学科建设是构筑学院核心竞争能力的必由之路"，"百分之一的希望，也要百分之百努力"，时任学院主要领导杨启智、卢昌泰亲自挂帅组织申报工作组，放手让当时唯一的旅游管理博士郭凌老师负责，有计划有分工地推进申报准备工作；郭凌、孙根紧、朱玉蓉三位"80 后"老师勇挑重担，加入工作组，具体承担材料搜集与撰写工作。

申报经验不足怎么办？一个字"学"！申报书不出彩怎么办？一个字"磨"！没有申

报答辩经验怎么办，一个字"练"！学院领导一次次带队向兄弟院校取经，工作组一遍遍对标申报要求完善材料。对于申报工作，那是一段艰难而又充满力量的时光。在郭凌记忆里，"办公室的灯光经常凌晨两点才熄灭，周末无休更是常事，为了用好一个词常常争论不休"。而当时，她的儿子不满 4 个月。她说："新教师培训的时候，就知道川农大人有'川农大精神'的指引。学院正处于建设关键期，旅院人要有旅院人的奋斗与担当。"

2013 年 5 月 21 日，这是一个重要的日子。时任副院长邓维杰心有忐忑而又充满斗志，他将代表学院参加 MTA 申报答辩。尽管经历了一次次模拟答辩，他与时任院长杨启智还是早早来到成都大成宾馆，抓紧答辩前最后几小时，一次次排练，拿捏好每一句答辩词，精准每一个演示动作，准备评委可能提出问题的回答预案。在 15 分钟答辩中，邓维杰很好地展示出了川农大人的风采。答辩结束不久，学校研究生院领导反馈答辩效果，感叹"是今天所有答辩人中最好的"！

历尽艰辛，玉汝于成。2014 年，卢昌泰心里的那块"石头"终于落地，国务院学位委员会批准四川农业大学设立 MTA 授权点。旅院人喜极而泣，这是对学院传承"川农大精神"、艰苦奋斗求发展的最好褒奖。

基于申报 MTA 积累的经验，伴随专业教师的不断引进，科研成果的持续积累，发展目标的更加清晰、特色亮点的鲜明彰显，学院再接再厉、精心谋划，于 2016 年申报成功旅游管理二级学科学位授权点。此时，距离学院成立仅有 6 年时间。

如今，学院学科已经基本成型并加快建设，MTA 有在校研究生 50 人，校内导师 19 人，行业导师 17 人，已经培养毕业了 3 届共 13 名研究生。旅游管理二级学科硕士点有导师 18 人，在读研究生 58 人，首届 7 名研究生顺利毕业。学科点的建设，为学院发展奠定坚实基础，为旅院人深入传承"川农大精神"、践行"强农兴旅"使命创造了更好的载体和更高的平台。

"团结拼搏"求发展

"行囊里装满父辈的期望，脚步中踏着年轻的向往……"2015 年的金秋 9 月，MTA 新生黄雪梅按时报到，开启新的人生旅途。她不仅是 MTA 招收的第一个研究生，也是当年仅有的一个 MTA 学生。

立德树人，聚力前行。"一"的内涵如此丰富，超出想象。第一年招生，且仅有一个研究生，"一"不仅标志学院研究生培养"零"的突破，也标志着旅游管理人才培养提档升级，学科建设拉开新征程。在激动与憧憬中，学院面临确定学科方向、打造学科特色、凝练学科优势的挑战，尽管研究生培养经验"一无所有"、管理心得"一穷二白"，但旅院人始终秉承"川农大精神"，一股劲打拼，一条心前行，为培养高质量学生不懈努力。

2015 年的 MTA 课堂，总会看到一个老师与一个学生的教学场景，这被旅院人生动地描述为"硕士研究生享受博士生待遇"。学院没有因为仅有一个学生而降低培养要求，而是认真做好教学的各环节工作。哪门课程由哪位老师承担更合适，理论与实践课时如何分配，如何将培养目标在课程体系中一以贯之，如何将理论和实践融为一体，如何做好学生日常管理工作，这些都是学科建设起步阶段面临的问题。

查阅资料、校外调研、校内交流、专业研讨，学院围绕 MTA 研究生培养与师资队伍建设多管齐下。在课程师资配备上，经验丰富的教授、激情洋溢的博士和见多识广的行业专家，联袂而行、优势互补。"老"教师不断学习提升教学技巧；吸纳年轻博士进入课程教师组，为研究生培养补充"新血液"。

MTA 研究生培养注重专业技能，如何开拓契合培养目标的校外实践教学基地？为了做好"旅游产业经济分析"的实践教学安排，孙根紧等老师几乎"跑断了腿"，他们拜访成都周边 20 余个乡村旅游景区，最终选择在都江堰茶溪谷景区建立实践教学基地，聘请景区总经理探讨理论课程和实践教学设计。从无到有、精心遴选，携手合作、共创共建，这是所有课程教师团结拼搏、提升教学"含金量"，确保研究生培养质量的"基本动作"。

MTA 研究生同时要完成符合质量要求的硕士学位论文，学生该掌握哪些旅游研究方法呢？这是摆在"旅游研究方法"任课教师陶长江和蒲波面前的问题。两位老师利用学院提供的在岗培训、学术交流等机会，向中山大学 MTA 授课教师交流取经，并在学院进行心得分享。课程组教师倾心交流、凝聚合力，只为打造研究生"金课"一诺千金。

延续文化，建设队伍。学院非常重视学科文化建设。尽管当时只有一位研究生，但是学科点老师、班主任、指导老师每学期都会组织相应的专业实践、科技文化活动，着力弘扬"川农大精神"，践行"尚旅尚学，至善至远"院训，努力建设"崇尚旅游，筑梦学术，立德树人，强农兴旅"的旅游管理学科文化。

学科建设对师资队伍建设提出迫切需求，师资队伍建设促进教师成长与发展，最终实现学科与教师的共同成长。目前学院已有教师 42 人，研究生导师 20 人；具有高级职称的 17 人，占比 40.5%；具有博士学位的教师人数 15 人，占比 35.7%；具有硕士学位的教师人数 13 人（其中 2 人系在读博士），占比 31%。教师队伍学历结构、职称结构、年龄结构、学缘结构日趋合理。

MTA 申报工作组的郭凌和孙根紧两位老师先后获评四川农业大学优秀学科点负责人，朱玉蓉老师成长为干练的 MTA 教育中心办公室副主任兼教学秘书，对研究生教学管理工作了然于心。学院所积累的 MTA 课程建设、学业管理和日常管理等宝贵经验，为未来 MTA 研究生的规模培养、高质量培养提供了保障。

"求实创新"勇探索

学院 MTA 学科点的建立与不断发展，是旅院人 10 年来砥砺前行的一个缩影，彰显着旅院人践行"川农大精神"的决心与步伐。从建立之初仅有 1 位学生到如今的 59 人，实践教学基地从 7 个到 16 个，校内导师从 7 人到 19 人，双师型导师从 0 人到 5 人，培养方案从 1.0 版到 3.0 版……经历了"零"的突破，以及不断加强内涵建设的艰难历程，较快地推动了学院学科建设华丽升级，并朝着高质量建设目标勇往直前。

唯求实，才能守成。最初为培育好首届的唯一一名研究生，学院倾注了大量心血。黄雪梅在校期间获得"一等学业奖学金"1次，获"优秀研究生"称号；主研纵向课题2项，发表论文4篇，学位论文盲评成绩92.4分，毕业后入职高等院校担任专业教师，继续为"强农兴旅"培养人才。

在"强农兴旅"使命召唤下，学院面对专业人才数量和质量难以满足社会需求的现实，整合师资、基地等校内外资源，建立"国家乡村旅游人才培训（教学）基地""西部乡村旅游培训基地""四川省文旅厅大小凉山旅游扶贫促进中心"等省部级社会服务中心，为全国培养大量乡村旅游和休闲农业人才。互联网时代的到来，学院继续"求实创新"，探索"强农兴旅"高端人才资源共享新模式，让人才发挥更大价值。学院7位年轻老师被聘为"四川文旅云讲堂签约培训导师"，10位老师被聘为四川省休闲农业协会专业期刊"休闲农业"的顾问、主编以及编委。

唯创新，才能制胜。MTA人才培养方案遵循"厚基础，全覆盖"原则，课程体系凸显"农旅融合"特色，确保"精旅游、通农业"人才培养的规格与质量，也为年轻教师快速成长提供平台。

一批又一批的MTA导师瞄准乡村振兴对农旅融合发展的战略要求，在农旅融合领域进行创新性研究，获得学界高度认可。郭凌教授对乡村旅游持续脱贫、社区治理、文旅融合等四川乡村旅游发展的重大理论与现实问题展开研究，立项主持国家、省部级科研项目15项。其中12个项目聚焦乡村旅游领域，3个项目聚焦乡村旅游持续脱贫，撰写40余篇学术论文，于2014年入选国家旅游局旅游业青年专家培养计划，2018年入选四川省第十二批学术和技术带头人后备人选，2019年获"改革开放40周年四川旅游业创新突出贡献人物"荣誉。

MTA授权点申报成功以来，学院教师在乡村旅游、休闲农业、生态旅游、节事策划与运营管理等方向承担国家自科基金1项、国家社科基金2项，立项省部级课题39项，总经费68.285万元。在 *Tourism Management* 和《旅游学刊》等高水平期刊发表收录论文86篇，主编专著9部、主编与参编教材7部；获省哲学社会科学优秀成果三等奖3项、二等奖1项，四川省科技进步三等奖1项，文化和旅游部优秀研究成果奖1项。

MTA建设的起跑，招生规模的扩大，培养方案的优化，促进了研究生培养质量和办学实力显著提升，学术成果持续积累。学生在校期间在《旅游学刊》《旅游科学》等CSSCI期刊上发表了10余篇农旅融合及会展节事领域的学术论文。

MTA的建设既是起点也是支点，它成功撬动了学院在教学、科研、社会服务等方面的全面升级，开启了学院"强农兴旅"的新征程。旅院人未止步已经取得的成绩，当前着力于打造科研和社会服务平台，吹响了求实创新、抢抓新一轮发展机遇，为"强农兴旅"做出更大贡献的响亮号角。

"爱国敬业"赢未来

"爱国"不是一句口号，而是一个个具体的行动；"敬业"并非一项任务，而是一颗颗追求崇高理想的丹心。学院坚持"党建引领，推动发展"，以MTA为起点推进学科平台建设，努力实现人才培养与服务社会的"乘法效应"。

党建引领，服务社会。学院党委希望每一位旅院人都把自己的发展愿景与学院建设发展紧密地联系在一起，激气发力、同舟共济、荣辱与共，努力培养人才，服务社会。学院十分重视党支部建设和党风廉政建设，注重加强教师特别是青年教师思想政治工作，切实关心青年教师成长，引导教师践行立德树人根本任务，做有"知旅、爱旅、育人、兴旅"情怀的好教师。

2014年至今，学院在生态旅游、休闲农业与乡村旅游的特色方向，围绕旅游扶贫、乡村振兴、生态旅游等领域进行社会服务，取得傲人成绩。2015年至2020年，新增社会服务项目30余个，总经费约500万元；组织20余名教师前往20多个贫困地区开展旅游扶贫与脱贫攻坚第三方评估工作，100%全覆盖入户调查，为贫困地区脱贫攻坚、实现乡村振兴贡献力量。学院还抓住校地合作机遇，将农创、农旅、农养等融合发展新高地，承担旅游规划、项目策划、人才培训等工作。邓维杰教授带领团队进行生态旅游与大熊猫国家公园建设与管理研究，让学校成为四川承担中国—挪威政府支持的"雅安大熊猫国家公园建设示范项目"的"唯一高校"，邓维杰也被大熊猫国家公园管理局聘为全国首批36名专家之一。

学子成长，筑梦青春。教书育人不是冰冷的教条，而是教师对学子发自内心的爱。MTA与旅游管理二级学科硕士点初创，在职读研与跨专业生源比例较大，教师利用课余时间为学生补习专业知识和研究方法。2017级旅游管理硕士研究生张淑华，本科毕业于艺术类专业，在导师朱玉蓉悉心指导下，克服专业基础薄弱、研究方法不熟练等困难，发表收录论文4篇，获研究生国家奖学金及研究生学业一等奖学金等诸多荣誉，毕业后被重庆三峡学院人才引进为旅游管理专业教师。2020届毕业生武凤娟顺利被四川省休闲农业协会录用。

高水平学科是专业发展的依托，专业是学科展开人才培养的基地。在休闲农业与乡村旅游、生态旅游等方向凝练的特色、积累的成果，直接推进了旅游管理等本科专业的内涵式发展，凸显了"川农大精神"薪火传承的重要元素。

学院出版全国第一本《休闲农业开发与管理》本科教材，开设全国第一门"休闲农业开发与管理"特色课程，签约13家休闲农业与乡村旅游实践教学基地，把"强农兴旅"使命成功融入人才培养的各环节，从而不断提高本科人才培养质量，涌现出一个个获得行业、社会认可的优秀毕业生，一件件"把青春写在祖国大地上"的优秀毕业生事迹。

2014届旅游管理专业毕业生阴昌吉，作为学院的优秀校友，被旅院人亲切地称呼为"昌吉哥"。2014年阴昌吉经学校推荐，四川省委组织部选聘，到泸县基层做了一名大学生村官，驻扎基层5年，组织高校老师下乡支教近1000人次，支持20个乡镇留守儿童教育工作，为超过5000个家庭提供免费暑期教育，为6万人次农村留守儿童带去陪伴。他还牵头开展云龙镇"2+1"电商扶贫帮扶计划，解决收入不达标贫困户5户，解决就业30余人次；携手腾讯、支付宝、淘宝等企业策划"云龙村寨产业扶贫帮扶计划"，募集善款165万元；携手微笑明天基金会新农基金策划"乡村振兴—产业扶贫"

项目参与第六届中国慈善展，帮助云龙村寨的产业扶贫计划获得了社会广泛参与和支持。

2019 年，阴昌吉的个人事迹被"学习强国"报道，"昌吉哥"成为旅院人的骄傲。学院多次邀请他以"知农爱旅追梦人"等为主题，与学生党员、入党积极分子做专题交流。"昌吉哥"用自己的行动将"川农大精神"生动地传递给了学弟学妹，把学校对他的培养与爱回馈给了社会。

10 年的成绩，给了学院底气，也赢得了学院发展的未来。2020 年，是学院新 10 年开局之年，同时迎来"川农大精神"正式命名 20 周年，学院师生将不断学习感悟、传承践行"川农大精神"，共同谋划好新 10 年学科专业建设、院系发展、师生发展的未来思路，切实明确目标任务，努力践行"以立德树人为根本，以强农兴农为己任"的使命担当，凝聚才智，扎实工作，开拓创新，行稳致远，不断推进学院内涵式、高质量发展，不辜负学校、社会的厚望和期盼，为把学校建设成为"特色鲜明、国际知名全国一流农业大学"，把学院办成有特色高水平、国内外知名的旅游学院不懈努力。

商院学子的"担当"与"拼搏"

商学院

百余年前，有这么一群人，他们从习西学兴中华之革新路上而来，以"兴中华之农事"为己任，在川农大百余年的办学历程中，几代人不断传承、积淀形成了宝贵的精神财富——"川农大精神"。百余年后的今天，商学院把"川农大精神"贯穿育人全过程，一批批学子在"川农大精神"的熏陶滋养下，以赤子之心、爱国爱校之情，用"担当"与"拼搏"诠释并赋予"川农大精神"新的时代内涵。

心中有爱为国担责 投身公益展现青年作为

"爱国"是"川农大精神"十六字箴言中的首义，它不仅体现在献身革命的江竹筠、王佑木等先烈，无私奉献的杨开渠、杨允奎、杨凤、周开达、荣廷昭等川农前辈身上，而且体现在同是川农人的商院学子身上。

2020年初，新型冠状病毒肺炎疫情暴发，广大青年纷纷请战，做最美逆行者，用自己的青春之躯筑起一道防疫之堤，有效地阻击了病毒的蔓延。在这些不惧风雨、勇往直前的青年中，有一个娇小的身影格外引人注目，她就是刘仙，川农大商学院2007届电子商务专业毕业生，也是一家餐饮公司的创始人。

2月初，她了解到武汉许多医护人员吃不上热饭，便决定带队赶去武汉为医护人员做饭。经过与当地相关部门沟通后，她作为志愿者获准进入武汉。2月3日，她写好遗书，带着厨师和食材，驾车从成都"逆行"14个小时于次日凌晨时分赶到武汉。稍事休息，她便很快建立医疗保障用餐基地。一个多月的时间里，她每天送出400~600份盒饭，累计达2万多盒，支援了21家医院。送餐的过程中，刘仙发现医院缺乏医疗物资，于是又在百忙之中挤出时间，千方百计筹集紧缺医疗和生活物资。在她的号召下，社会各界纷纷伸出援手，包括演员黄晓明、吴京等社会爱心人士也慷慨解囊，最终购买和募集防护服12304件、医用口罩4.3万片、医用手套5.3万双，物资捐赠金额约350万元，支援医院49家。

疫情之初防护设备不足，刘仙便用雨衣作为防护服。她身披雨衣、手拿盒饭的形象迅速传遍网络，人们亲切地称她为"雨衣妹妹"。联合国官方网站在4月初刊登了全球10位年轻人参与"新冠肺炎抗疫"的故事，"雨衣妹妹"便是其中之一。

4月初，凉山发生森林火灾，火势迅速蔓延。正处于返蓉隔离的雨衣妹妹不能亲自参与救灾，便派出代表带上饮用水、面包等物品，以最快的速度送达指挥部，为灭火消防官兵、当地群众送去支援。而今，雨衣妹妹创立"雨衣公益"，吸引了全国上万志愿者积极投身各种爱心活动。

刘仙在武汉的壮举是千万中国青年舍身抗疫的一个缩影，更是川农大学子传承践行"川农大精神"的真实写照。

有人问刘仙，究竟是什么力量促使她在这场战"疫"中选择做一名坚定的逆行者？刘仙的回答质朴而诚恳：新时代中国青年应该心怀祖国，要有责任和担当精神。回顾商学院的办学历史，不难发现"责任与担当"俨然成为学子们最醒目的标签。"5·12"汶川大地震，2008级财务管理的段彦会震后积极奔走，为板房区的受灾群众义务支教，在灾后重建工作中贡献了自己的一份力量；2015级市场营销的刘小兰四年如一日，坚持在都江堰爱心家园做志愿服务工作，用爱心传递爱心，用生命影响生命；2016级资产评估专业的李佳聪致力于帮助贫困的优秀学子享有优质的教育资源，2018年入选第22届全球青年大会中国代表，2019年作为中国青年代表赴美国参加第68届联合国公益组织大会，并受邀在会上做交流发言，向各国代表分享"林荫公益"教育经验。一支支社会实践团队更是以扎根基层、服务社会为己任，在边远山区支教、参与脱贫攻坚调研、做特教机构的志愿者……这些商院学子用实际行动践行着爱国敬业的"川农大精神"。

有志者事竟成　拼搏让人生更美丽

"拼搏"，是"川农大精神"十六字箴言中的一个关键词。正是因为一代又一代川农人不屈不挠、团结拼搏、勇攀高峰，川农大才实现了从偏居一隅到一校三区协调发展，从农业专门学校到"211""双一流"建设高校的跨越式发展。

"拼搏"，是学院的文化"基因"。拼搏精神源于对"优秀"不竭的追求，在学院奋发向上的整体氛围中，优秀成为一种习惯。大家以先进带后进，形成你追我赶、向上向善的良好竞争格局，最终谋得共同进步与发展。

拼搏精神给予商学院学子巨大的精神动力。"我们是商院学子，四年的积淀让我们相信：日复一日的坚持终会开出梦想的花来。"汤时蓝和王月在采访中都提到了这句话。作为2015级财务管理（教育）专业的学生，她们深知：学院历届职教学生英语和数学基础都不太好，本专业每年考研成功率在5%以下，要想考上清华、北大的研究生似乎遥不可及。但是汤时蓝和王月却秉持"勇气＋努力＋坚持＝我可以"的信念，怀揣"清北"深造的梦想，走上考研的"独木桥"，将压力转换为进取的动力，坚定不移地朝着自己梦想努力前进。"比找绝版的教材更难的是怕同学和家人的不理解"（汤时蓝），"每天学习超过12个小时算拼搏吗？沉迷于学习到次日才想起昨天看书忘了吃午饭和晚饭算拼搏吗？"王月其实也不知道怎样去定义拼搏。勤能补拙是良训，一分辛劳一分才。正由于在"川农大精神"的内在激励下，坚持拼搏，励志双妹终圆"清北梦"。

学院不仅重视培养"拼搏"精神，也重视营造"团结拼搏"氛围。学子们深知：在拼搏进取的道路上，他们并不是孤独的个体，他们背后有其他商院学子、师兄师姐、老师们的支持和鼓励。学院逐渐形成互助、合作氛围，不仅有财务管理专业2012级6名

女生在四年大学生涯中相互扶持、比学赶超，创造了全部成功保研的战绩，成长为众人眼中的"学霸"，书写着"传奇"故事，而且出现了连续两届学生会主席团成员全部保研、出国，两届学生会主席均获"优秀学生标兵"荣誉的神话。

青年兴则国兴，青年强则国强。商院学子深知：只有始终保持奋进拼搏的姿态，才能练就过硬本领，投身强国伟业。于是他们将小我融入大我，将爱国之心转化为报国之行的"捷径"，心怀"川农大精神"，在各自的岗位上书写着精彩的人生故事！

弘扬"川农大精神"
打造继续教育健康持续发展之路

远程与继续教育学院

继续教育一直是四川农业大学办学的重要组成部分，党的十八大以来更是乘风破浪、开拓前行，学历继续教育从积极拓展办学空间到不断优化结构再到内涵发展，在籍生增长至3.39倍，办学收入增加到2.5倍，非学历继续教育从指令性办班到适应社会需求办学做特色再到服务国家战略创品牌，以前所未有的精、气、神实现跨越式发展，为学校发展和"双一流"建设、满足社会需求做出了川农大继教人应有的贡献。

困局：问题与挑战

党的十八大以来，中国特色社会主义进入新时代，各项事业稳步推进。继续教育工作面临着政策、规模、结构、重点等方面的深刻调整。如何振奋精神、适应新时代新要求，推进继续教育内涵式发展，这是学院一直在不断思索、探究和完善的课题。

挑战一：如何确保安全办学、监管到位？继续教育领域不时出现违规宣传、群体代考、学历注水等事件，给高等学历继续教育的声誉带来严重损害。与此同时，多省教育主管部门推进落实监管责任、开展学习中心评估，有的省限制高校只能设三个学习中心，有的省取消省外高校招收专科生等。四川农业大学校外学习中心在2017年最多时达到800多家（自建学习中心137家、奥鹏中心722家），遍布30个省（区、市），如何承担好办学主体责任，杜绝乱宣传、乱承诺、乱收费、中介招生、跨区域招生及考试组织不规范，确保办学安全和质量，成为最紧要的问题。

挑战二：如何在招生受限情况下，力保每季的招生数量和质量？除了各省（区、市）的限制，2016年教育部继续教育专业设置办法出台，网络教育招生专业受到很大限制，学院招生专业由原有的76个减少到37个专业；2018年秋开始，全国高校网络教育协作组提出各校网络教育单季招生不超过2万人且本专科比例不低于1∶1的要求，同时高职高专连年扩招，这些都对学院招生有较大冲击。如何尽快从做"大"做"强"到做"精"做"优"，不断优化生源结构、提高生源质量，充分发挥继续教育功能，助力学校"双一流"建设，这是第二个大问题。

挑战三：信息技术迅猛发展，资源建设和支持服务如何跟上质量提升要求？全球信息化浪潮突飞猛进，继续教育领域风起云涌，课件建设质量要求高、网络教育平台运行压力大，MOOC、微课和金课、金专业建设、直播授课、云点播、移动学习、身份认证、人脸识别、在线考试答辩、云阅卷等各种新技术和新要求令人应接不暇。反观学院，设备资源更新速度如何跟上新时代的新要求，如何做好"线上线下"混合式教学，如何提升学生"时时学、处处学"的学习体验，如何更加科学地评价学生学习，如何做好百万科次考试组织、提升评卷质量，都亟待回答。

挑战四：如何利用有限的人员配置实现精细化服务管理？实现高质量发展必然要求管理服务精细化。远程与继续教育学院管理着学校网教、成教、自考等学历继续教育和培训、等级考试、职业技能鉴定等非学历继续教育工作，与相近职能规模的兄弟院校相比，学院专职管理人员数量不足一半，但要服务好全国一百多个学习中心十多万继续教育学生。如何推进治理体系现代化，实现管理服务精细化，任重道远。

挑战五：非学历继续教育如何服务国家战略、树立品牌？从脱贫帮扶到精准扶贫再到乡村振兴战略，是对改革开放以来"三农"工作思路的重新梳理与调整，是党和国家对以往农业农村发展战略的凝练与升华。学院肩负科技支撑、人才培养和社会服务的重大责任。非学历继续教育是被动适应、"找米下锅"，还是主动思考，如何拓展领域、凝练特色、树立品牌、快速发展，这些都是亟待解决的问题。

一个个浪头打来，68所试点高校中14所先后退出学历继续教育行列，14所停止了高起专招生，更多的学校大幅度压缩了招生规模。对于坚守者，每一项都是严峻的考验！继续教育转型发展，学院该以什么样的精神状态突破困局？

破局：创新与发展

创新才有出路，发展才是硬道理，"破局"二字更多地体现在喷薄而出的"川农大精神"和生动示范的管理模式上。

机制体制是关键。学院坚持以管理制度建设为根本，以创新学习中心管理体制为主线，以建立健全质量监控体系为支撑，以完善利益分配机制为动力，坚持废改立，修订形成《高等学历继续教育管理办法》《非学历继续教育管理办法》和30多个文件细则，涵盖制度建立、队伍建设、合作办学、教学管理、培训评估等全方位各环节，成功构建和应用以管理链为支撑、知识链为核心、教学链为保障、效益链为动力的"四链协同"人才培养模式，充分调动并激发教学学院、省管中心、学习中心（教学点）及教师职工努力干好继续教育事业的向心力、凝聚力和创造力。

安全第一是底线。学院始终把安全办学规范管理摆在首位，牢记老院长"火山口"的比喻，时刻警醒。校领导坚持参加继续教育工作会，强调坚持社会主义办学方向、落实立德树人根本任务，严格执行国家、教育主管部门和学校各项要求等。学院更是不断强化新建学习中心准入和培训机制，从严审核异地生和前置学历，仅2017年就审核异地生14185人，其中9385人未录取，把好入口关；推进电话回访、巡考全覆盖、机动巡考和评估制度，综合运用通报、走访、约谈、扣减招生奖、限制招生计划、暂停招生乃至中止协议等措施确保招生安全、考试安全，一旦发现问题苗头，及时处置不过夜；完善进退机制，审慎发展新学习中心，顶住各种压力相继关停近百个自建学习中心，奥鹏授权学习中心逐步调减至 42 个,不断优化结构和布局。学费收缴方式由学习中心代收、交分成款调整为由学生直接在网上全额缴费再结算,确保了办学资金安全。

一定的规模是基础。2012 至 2017 年学院抢抓机遇,优化布局,深耕中西部和江浙闽沿海。在面临规模缩减的背景下,学院力争不浪费一个名额,省外异地生、省内异地生大幅减少,本科率从不足 30% 提升至 50% 以上,生源质量稳步上升。在院党政领导下,招生办 2019 年新设了网络教育备选报名系统,2020 年面对新冠疫情又开通线上实名制报名系统和入学考试人脸识别技术,既实现了精准控制招生规模、调整本专比例,又防止了生源流失。2019 年学院着力发展成人教育,审慎考察增设教学直属班,成人教育招生录取人数当年实现翻番。

质量把控是核心。切实把质量作为生命线,构建科学有效的质量保障体系。学院组建继续教育教学督导委员会、教学质量监控小组和资源建设委员会,对整个教学环节进行全方位的指导、监控和评估,强化师资队伍建设和专业建设,激发内生动力;深化教学管理模式改革,积极探索完善学院、省管中心、学习中心"三级管理"体系,推出学习中心(教学点)月考核和评估制度。2019 年巡查评估 250 余个学习中心(教学点),通报 15 家,约谈 8 家,停止招生或授权 4 家,不断完善导学、助学、督学,改进考试内容和考核方式,促进深度学习和效果。2019 年学院再次启动人才培养方案修订工作,落实教育部新要求,着重在课程设置、思政课程、实践环节、师资配置等方面进行全面完善,形成《网络教育专业人才培养方案(2020 年版)》。学院紧跟信息技术发展一手抓自主研发、一手抓购买消化,上线移动学习、人脸识别、云阅卷等新技术,新建新型录播室、每年至少更新 60 多门网络课程并实现课件质量提档升级;严格实行毕业论文(设计)过程管理、实行查重制度,严格论文答辩和毕业资格审查,确保毕业生质量,授位率逐年提高。

服务国家战略是宗旨。学院继续教育以"川农大精神"为引领,依托农科特色优势,着力培养学生"三农情怀"、服务西部投身基层意识和服务农业农村发展的能力。截至 2020 年,学校累计培养继续教育毕业生 35 万余名,其中西部地区毕业生占 44.38%。学院先后获批农业部现代农业技术培训基地、国家级科技特派员创业培训基地、全国新型职业农民培育示范基地、四川省干部教育培训基地等 10 余个部省级基地授牌,非学历教育近 10 年培训各类人才 3 万余名,其中 2006 年全省万名村支书培训、2019 年千名全省优秀农民工村支书示范培训和青年农场主创业孵化,形成具有全国影响的培训品牌。在 2020 年疫情期间学院遴选 20 门特色网络课程免费向社会开放,主动服务决战疫情防控、决胜脱贫攻坚,获评"2020 中国教育'停课不停学'突出贡献奖"。

奋进:坚守与奉献

在"川农大精神"感召下,在学校党政领导下,院党政班子带领全院教职工,深刻把握继续教育发展规律,牢记为学习中心服务、为学生服务的宗旨,坚守岗位敬业奉献,敢于担当奋发有为。

领导关怀暖人心。为了解决发展中不断出现的难题，学校党政班子及历任主要领导始终高度重视、亲切关怀、热情支持继续教育工作，通过党委常委会、校长办公会、工作推进会等指导推进继教事业发展。分管校领导经常深入学院，率领院班子研判形势，直面挑战，致力于体制机制创新，坚守办学方向、严守安全规范底线、不断推进高质量内涵发展。学校的高度重视和大力支持是继续教育战线信心、智慧和力量的源泉。

党建引领明方向。学院坚持围绕中心抓党建，凝心聚力促发展。以党建引领办学方向，以思想政治工作深化教育引导，持续加强组织和作风建设，深化党风廉政建设保障健康发展。通过党总支例会、党政联席会等严格执行"三重一大"集体决策，加强学习中心进退、招生、经费、招标、毕业授位等重要领域和关键环节的风险防控。在与学习中心交往中秉持"亲、清"原则，严格要求、耐心指导、热情服务、不添麻烦。每年组织主题党日活动、每学期讲党课、每周抓学习。院工会也通过丰富多彩的活动发挥着独特作用。学院多次组织党建助学活动，2019年，教工党员捐资12万元资助8名品学兼优的本科贫困新生并落实了联系人。2012年省残疾人农技培训班捐助困难学员黄菊花、班主任张山莺带头捐助班上学生等故事，都使学生、学员体会着川农大人的温暖。

党政班子勇担当。学院党政班子不负学校重托、牢记使命担当，面对继续教育发展新形势、新挑战、新瓶颈等问题，坚持"安全办学、规范办学、高质量办学"宗旨，集体分析研判、深入调查研究、强化顶层设计、做实布局谋篇，在危机中育新机，于变局中开新局，团结拼搏，建立健全管理体制机制，以高度的事业心和责任感统筹继续教育各项工作，形成了爱岗敬业、爱院如家、爱生如亲人的学院文化氛围，凝聚成了一个特别团结、特别能战斗的集体。

团结拼搏齐奋斗。在有限的人力资源制约下，精细化服务管理只有通过自身"强筋健骨"，一人多岗、一岗多责、一专多能的人才队伍建设来弥补。院领导率先垂范，真抓实干，教职工比学赶帮，争先恐后。周末和寒暑假往往是继教人更忙碌的时刻，全院仅2015年就累计出差70万公里。网络教育一年4次课程考试，仅2019年就达130余万科次，一次组织命题组卷、组织考试、试卷发收、阅卷登分多达11万多袋、50万份，重达10吨。工作环环相扣，年复一年。2018年11月底新公开招标的印刷厂突然提出不能按时完成任务。为保证考试正常进行，全院各科室紧急抽调人手几乎"接管"印刷车间，连续奋战三昼夜硬是抢了出来！每逢课程考试，总是全院出动，大家肩负巡考、调研等任务走南闯北。学习中心遍布全国各地，有的巡考地点路途偏远、条件艰苦，甚至还存在社会治安问题，但大家都没有丝毫抱怨和胆怯，总能克服困难圆满完成任务。

爱岗敬业守初心。陈东带领教务团队敢打能胜、不断优化岗位和职责，力争发挥每人专长；她以身作则，上有老人在住院、下有孩子要高考，工作需要说走就走。崔毅负责网络教育学籍管理的10年来，共办理毕业证书近28万份。为了能让毕业证及时发放到学生手中，他主动放弃了节假日、寒暑假，几乎全年无休。"软件天才"闵小杰把岗位看作实现人生价值的平台，工作积极主动，先后自主研发、改进了许多管理系统和小程序，大幅提高管理效率。黄小燕到院后很快独自承担起学费核算、差旅报账、培训收支等财务繁重工作，克服各种困难，自觉加班，从无怨言。令人感动的事例还有很多，有手术未痊愈就忙于工作的张晓泉、丁鹏，有怕影响工作拖到暑假才安排手术的舒敏、马学兵、熊能，还有常年奔波于雅安、温江等地，难以兼顾工作与家庭的张宇、魏守海等人。有能力全面、乐于奉献的特聘副科级"老"员工刘奇、唐娅，有服从工作安排、多次被调整科室和岗位的杨俊卿等，还有从最初的"小白"到现在"多面手"的兰洋、张家柠、杨苏航等新同事。

"川农大精神"滋养着一代代继教人，也在不同的时代被赋予了新的内涵，不变的是引领川农大人在追求真理、造福社会的征途上做出更大贡献。党的十八大以来，学院受到全国高校网教协作组奖励9个、省级奖励5次；获校优秀教学成果特等奖1项，获校共产党员示范团队1个，两支部先后获学校"先进基层党组织"称号；教职工有5人获校级优秀共产党员，3人次分别获2016年学校践行"三严三实"优秀干部、2017年校扶贫攻坚先进个人、2020年管理和服务先进个人；11家联合办学单位获全国优秀校外学习中心等荣誉。荣誉记载着光荣的过去，也昭示着美好的未来。"川农大精神"是我们奋发有为、立德树人、强农兴农的强大动力，值得所有继教人用一生去践行。"爱国敬业、艰苦奋斗、团结拼搏、求实创新"这16个字不仅镌刻在校园的石头上，更是辐射在学院文化中、烙在每个川农大继教人心中的印记，激励着我们甘于奉献、勇于创新、乘风破浪、开拓前行！

"川农大精神"引领都江堰校区快速发展

都江堰校区

2020年是"川农大精神"正式命名20周年，也是都江堰校区在"川农大精神"指引下，主动搭乘学校改革发展快车，凝心聚力谋发展，一心一意搞建设，不断实现转型升级和跨越发展的20年。

都江堰校区从诞生起，便与川农大有着割舍不断的联系，近20年来，都江堰校区历经并入川农大、灾后重建、校区更名、学院组建、抗击疫情等大事，蜕变为学校一校三区中一方有力的触角。一路走来，校区师生对"川农大精神"从初知初识到深刻体悟、全面融入再到躬身实践、传承发扬，"川农大精神"慢慢在都江堰校区生根萌芽并逐渐成为校区日新月异发展的不竭动力。

从初识到领悟

2001年，都江堰校区前身——原国家级重点中专四川省林业学校在奋勇走过48年峥嵘岁月之后，踏上了跨入新世纪后发愤图强、奋力追赶的光辉历程。

并校之初，来自教师、学生等群体的质疑声不断，不少林校人想不通，尤其是一些老教师，在他们心中，不舍与担心并存。同时，一些中青年教职工也担心着自己的前途与命运，担心并入川农大以后可能出现落聘甚至自谋出路的问题。为了让林校在并入川农大后实现逐渐过渡、平稳发展，川农大在自身条件艰难的情况下依然做出了"不辞退（原林校）一个人""把所有人都安排好、发展好"的重大决定，分校领导多次在各种场合向师生传达并入川农大的优势，肯定了并入大学后师生发展的平台更高了，也更好了。但是，分校成立后，学生时常觉得"这里不像一所大学"，茶余饭后也常有师生笑称这里是一片被遗忘的土地，就连在称呼上也是习惯性地把现在的分校叫作林校。即便是周围的市民遇到学生问路，出租车司机遇到打车到分校的客人，听说要去川农大的时候，也是一头雾水，待搞清后免不了揶揄地说道："啥子川农大嘛，就是林校嘛。"的确，当时的师生们自身也习惯把雅安校本部称作"总校"。一个"总校"、一个"分校"，虽有调侃，但也透露着大家的归属感、融入感还不强，还没有从心底里把自己当成川农大的一分子。

然而，一场地震，还原了"分校"与"总校"的血肉联系。

地震发生后，学校领导冒着余震即刻赶赴都江堰，从雅安抽调过来的大巴车把学生安全疏散回家，从雅安运来的物资源源不断地送到校区，从雅安抽调的建设者以最快速度挺进校园。

与此同时，分校教职工视灾情为命令，克服重重困难，日夜奋战，短短 45 天，分校恢复教学秩序，成为全省极重灾区第一所也是唯一一所原址复课的高校。

"地震之后，我们加深了对学校的思念，更加珍惜来之不易的学习机会。"2005 级学生陈邦艳说，"感谢学校领导和老师们为学校的恢复重建所做的工作。我们心怀感激，一定要努力学习！"

2009 年，就在灾后重建热火朝天开展之际，学校决定为都江堰分校"升格"，正式命名为都江堰校区。这不只是一个名称的改变，它更是理顺校区发展的重要举措，也让大家伙儿觉得"终于名正言顺了，找得到奔头了"。

"我们有个共同的名字——川农人。"2012 年 9 月，毕业五十载后 1962 级校友回校聚会时深深感慨。"我此前都说自己是省林校的，今天我也可以骄傲地说我是川农人！"雅安市天全县妇联主席罗明芬在建校 110 周年暨原四川林校并入学校 15 周年座谈会上说。这也是所有都江堰校区师生的共同感受，我们都是川农人，继承着同样的"川农大精神"血脉。

从深悟到融入

最初，对"川农大精神"，校区师生的认识还很肤浅，缺乏感同身受的切身体会，但是经历了地震后的灾后重建、转型升级，尤其是在筹备 110 周年校庆的很长一段时间里，对学校的认识产生了质的变化。川农大是省内唯一一所从偏远城市走出来的"211"工程大学，也是留学归国率最高的大学。学校原校长郑有良在《川农往事》一书的序中有一句肺腑之言："本以为自己 1978 年 3 月开始就成了川农人，今日方知唯有认真精读后才可能成为真正的川农人。"是的，也只有真正搞懂了川农大当初是如何在偏远城市独立建校，如何通过半个多世纪的自力更生、艰苦奋斗，取得今天非凡成就的历史，你才能真正理解"川农大精神"的精髓，你才会真正地明白"川农大精神"这 16 个字并不是简简单单的几句口号，而是一步一个脚印实实在在干出来的。正是在这样一种精神的鼓舞与感召下，都江堰校区的师生们心往一处想，劲往一处使，克服了校区发展过程中的一个又一个困难，在不到 20 年的时间里，实现了由中专到国家"双一流"建设高校特色校区的追赶型跨越式发展。

分校刚成立时，面临着专业学科方向不明确、基础设施建设不足、师资水平不高等重重考验，为尽快弥补中专到本科的较大差距，学校制定了从中专过渡到大专再到本科的渐进式转型发展战略，通过"打方向""第二批本科录取""调整学院或专业到分校"等方式，支持分校本科专业发展，短短两年时间，分校实现了从中专到本科的连级跳。

随着办学层次的提升和办学规模的扩大，原有的基础设施条件已经远远不能满足教学科研的需要，为了满足高校建设的需求，遵循"在原有基础上打造一个精美校园"的思路，学校加快了分校的基础建设步伐，从学生宿舍、图书馆、运动场的修建改造到教学实验设备采购、实验室建设等，分校的办学条件得到了质的飞跃。

万事开头难，并入川农大以后，分校学生规模不断扩大，而师资严重匮乏，常常同一门课，要教中专、大专、本科不同层次的学生，对于老师来说也是一种挑战。为适应从中专教师到大学教师的转型，时年已经45岁的陈东立老师于2003年考入北京林业大学攻读博士学位。"刚并入那会儿，师资还是很紧张，当时地信专业的一些专业课都需要我来上。既要忙教学，又要读书，人到中年家庭事务也不少，常常需要北京、都江堰两边跑，还是很不容易。"陈老师感叹道。作为分校培养的第一位博士，陈老师成为教师学历晋升的表率和示范，由此在教师中掀起了一股学习提升的热潮。从2001年并入到2008年底，分校已培养了22名硕士、7名博士，这与学校对分校教师攻读学历学位全额报销的政策倾斜密不可分。同时，学校也不断加大人才引进力度，形成了以鼓励校内教师提高为主，积极引进高职称高学历、高素质人才为辅的师资队伍建设模式，逐渐培养出一支能够适应以本科教学为主的教师队伍，完成了从中专教师到大学教师的转型与蜕变。

2009年，分校更名为都江堰校区后，进一步明确办学体制，实行延伸管理，校区在此基础上主动适应、全面融入，接轨学校搭乘发展快车，在众志成城取得抗震救灾胜利后，学校以灾后重建为契机，实施了一批新建或扩建项目，教职工公寓、室内运动馆、游泳池、第二教学楼、研究生公寓、高层次人才公寓等项目陆续立项并投入使用，供电增容改造、雨污分流、热水进寝室等项目也成功实施，校区基础设施建设迈向新台阶，办学条件实现了提档升级。除此之外，校区办学实力也大幅增强，2011年土木工程、工程管理2个重点本科专业首次面向全国招生，吸引了省内外的拔尖学子前来就读。2014年，校区4个学院均拥有硕士学位授权点，办学层次在短时间内实现了从专科到普通本科，再到硕士点学科的重点跨越，学科专业布局得到了全面优化。村镇建设防灾减灾工程研究中心、农业特色品牌开发与传播研究中心等高水平科研平台的相继搭建，也为进一步吸引高质量人才注入新动力。师资队伍建设力度不断加强，学校通过"外引内调"等方式陆续招聘硕士、博士160余人，吸引引进人才前来应聘。2015年，土木工程学院第一个引进人才肖维民博士报到，来到学校后，学校全力支持其破格评聘副教授，学院还为其科研起步积极创造条件，引进了岩石力学方面的实验设备，"有了平台方向，优秀人才都愿意来了"，并纷纷成长为课堂教学、专业学科建设的中流砥柱。

在不懈的努力与拼搏下，都江堰校区在管理体制改革、学科专业建设、师资队伍力量壮大、教育教学质量提升、科学研究水平、社会服务、基础条件建设等诸多方面，伴随着学校的不断发展和壮大，实现了全面的追赶和跨越，成为学校"一校三区"办学布局中的重要组成部分。

从传承到践行

回望过去，校区的发展也并非一帆风顺，2008年的特大地震给校区带来了沉重的打击。灾害发生了，校区一方面迅即组织师生员工积极展开自救；另一方面发扬大爱精神，主动打开大门接纳数万名都江堰市受灾群众来校避灾，不到300亩的校园内，最多的时候容纳了5000多名师生和近4万名受灾群众，成为都江堰市最早最大的一个受灾群众安置点。震后第8天，时任中共中央政治局常委、国务院副总理、国务院抗震救灾总指挥部副指挥长李克强来到都江堰市，专门视察了都江堰分校校园，他对分校师生在抗震救灾中的突出表现进行了高度赞扬，"感谢川农大分校在抗震救灾中做出的贡献，希望广大师生们更加团结一心，众志成城，夺取抗震救灾的最后胜利。"灾难面前，校区师生舍小家顾大家，凭借着一腔热情，用实际行动诠释着"川农大精神"，这是川农大人的团结、担当与奉献。

时隔12年，新型冠状病毒肺炎疫情暴发，腊月二十八，校区在学校领导下，第一时间快速响应，迅即与所在社区建立联防联控工作机制，联合对师生情况开展全方位摸排。1月24日，校区成立新型冠状病毒肺炎疫情防控工作专班，校区班子成员和社区负责人靠前指挥，有时因工作需要，哪怕是凌晨，仍在安排和协调防控各项工作，在都江堰市的机关科级干部，也每天坚持在门卫上带班，严守第一道防线。2月中旬，在疫情防控最吃紧的那段时间，校区设立临时蔬菜超市，解决了校园封闭后教职工的生活物资问题。物资采购的问题解决了，困扰大家的理发难问题又出现了。为此，校区专门设立"应急理发店"，曾经做过理发师的校区银杏宾馆服务员胡秀主动请缨，担起了义务理发的重任，尽管那段时间她的儿子腿部受了伤，也需要人照顾。5月中旬，学生返回阔别已久的校园，烈日炎炎下，校区保卫人员化身"临时搬运工"，校园巡逻车也变成了"行李摆渡车"，主动帮同学们搬运行李。这些都只是疫情下的川农大人以实际行动助力疫情防控阻击战的一个个缩影，这些暖心的举动给疫情防控工作带去了丝丝暖意，这是川农大人的爱与责任。

12年，一个轮回的时间，从地震到新冠疫情，变的是时间，不变的是川农大人敢于担当、勇于拼搏、团结奋进的精神内核。

所以，才有地震时医务人员不顾自身安危冲进校医院抢出药品为受伤师生包扎止血；疫情来临时，医务人员继续冲锋在前，全方位做好防控宣传、体温监测、校园消毒等工作。

所以，才有地震时保卫人员始终工作在救灾一线，冒雨卸下救灾物资，维护物资分发秩序，定点看护危楼；疫情来临时，保卫人员依然义无反顾取消休假，从大年初一开始24小时全天候值班，为师生守好校门这一道安全防线。

所以，才有在地震最艰苦的时候，师生们4个人共用一瓶矿泉水，一包方便面分成八份，一片面包传来传去，谁也不肯咬多一口；才有自己受伤满身血迹还不忘指挥学生避险的老师；才有在疫情防控物资最紧张的时候，为了节约口罩，大家在口罩里面缝上一层又一层纱布，一戴就是好几天，只为把口罩留给更需要的人。

这种患难与共的经历成为大家最宝贵的精神财富，这种无私无畏的大爱、崇高的社会责任感、攻坚克难的勇气和团结协作的团队力量是对"川农大精神"的完美注解。无论是往日的抗震救灾精神还是今天的抗疫精神，都是"川农大精神"的延续、传承和丰富。

灾难和疫情，锻造出校区万众一心、团结拼搏的钢铁集体；新的机遇和挑战，增添了校区艰苦奋斗、求实创新的发展锐气。

廿年风雨，廿年奋斗，都江堰校区在发展奋进中奏响了一曲川农大人砥砺前行的辉煌乐章；未来，都江堰校区将继续弘扬"川农大精神"，以更加饱满的热情开拓创新、奋力拼搏，创造出更加耀眼的成绩。

强农兴农担使命　人才培养创一流

研究生院

1906—2020 年，川农大人薪火传承，担负着"兴中华之农事"使命，推动着四川农业教育走向繁荣。2000 年以来，"川农大精神"如脊梁般挑起了一个高校的社会历史感与责任感，指引着学校研究生教育由小到大，由弱到强，实现跨越式发展，为国家和地方经济社会发展输送了大量高层次人才，鼓舞着学科建设追求卓越，勇创一流。

主动担当　积极作为　始终坚守高等农林教育的初心

在"川农大精神"的感召与引领下，一代代川农大人始终与祖国同行，立足巴蜀大地，牢守强农兴农初心，力行立德树人职责，勇攀农业科技高峰，为现代农业发展和服务乡村振兴贡献力量。

著名水稻专家杨开渠教授、著名兽医专家陈之长教授、著名玉米专家杨允奎教授、著名动物营养学专家杨凤教授、著名动物遗传育种学专家邱祥聘教授等老一辈川农大人是学校学位与研究生教育的先行者，他们从零起步，艰苦创业，于逆境中铸就光辉形象和不朽业绩，激励着一代代川农大追梦人在研究生教育中青蓝相继，阔步前行。

在新时代的研究生教育事业中，又成长起来了一大批如陈代文教授、周小秋教授、程安春教授、吴德教授、陈学伟教授、杨明耀研究员、李明洲教授、卢艳丽教授、叶萌教授等学术大咖、教学名师、育人楷模；有如潘光堂教授、周永红教授等多年潜心耕耘，爱岗敬业，教学科研和研究生行政管理工作两不误的知名专家；也有更多坚守一线，爱岗敬业，默默无闻的研究生培养管理工作者。这一个个闪光群像，时刻秉承"川农大精神"，在有形中为学生传道授业解惑，于无形中言传身教感染学生。

二十载如歌岁月，"川农大精神"弦歌不辍，薪火相传，见证着学校学位与研究生教育的蓬勃发展，在学位授予体系、研究生招生规模、师资队伍资源、研究生教育国际化方面"数"说着一段段可喜成绩。

学校着力完善学位授予体系，由 2000 年 1 个博士、1 个硕士学位授权一级学科发展为 11 个博士学位授权一级学科、18 个硕士学位授权一级学科，具有农学门类 8 个一级学科博士授权（全国高校仅 4 所）。

2000—2020 年，博士研究生招收人数由 30 人增至 183 人，增长了 5 倍；硕士研究生招收人数由 179 人增至 2196 人，增长了 11 倍。博士学位授予人数由 9 人增加到 137 人，增长 15 倍；硕士学位授予人数由 65 人增加到 1359 人，增长近 20 倍。

2000 年，学校仅有研究生导师 10 余人。2020 年，学校有研究生导师 1131 人，其中博士生导师 300 人，硕士生导师 744 人。45 岁以下导师占比 75.7%。

2007 年实施公派项目以来，学校选派 668 名研究生出国深造，其中联合培养博士377 人，攻读博士学位 255 人，联合培养硕士 28 人，攻读硕士学位 8 人，派出规模和数量均居西部高校前列，留学多集中在哈佛大学、剑桥大学等世界排名前 100 名的高校和德国马普研究所等世界知名研究机构的优势学科专业。

求真务实　推陈出新　持续加快研究生教育改革

"川农大精神"与变革相伴，自 20 世纪初国家危亡、兴办农业通省学堂之际，即孜孜以追求真理，不等不靠扎实开展教育改革，尽心尽责尽力培养有科学理想和兴农信念的优秀人才。

2000 年以来研究生教育逐步由管理转为治理，站在新时代的坐标上，为了适应新时代对人才培养的新要求，学校持续推进研究生教育改革。但改革之路怎么走，如何实现研究生教育高质量发展，是摆在研究生教育面前的一道必答题。

为了不断健全研究生培养机制，从 2004 年至 2018 年的 14 年间，仅研究生培养方案就修订了 6 版。其中尤以 2018 年版培养方案修（制）订工作最为严格和全面，涉及全校 11 个博士一级学科、18 个硕士一级学科以及 17 个专业学位类别（领域）。在修订之初，由副校长陈代文教授牵头，多次组织研究生院相关负责人调研、讨论形成修（制）订总体原则。在修订过程中，由各学科点组织相关培养单位领导、学术带头人及骨干，充分调研兄弟院校，结合自身情况反复研讨，多方征求意见，形成修订方案。在方案定稿前，又经两次校学位评定委员会评议审议，历时近 1 年 10 余次的汇总和修改，最终成文印发。

同时建立健全规章制度，制定并修订了《研究生学籍管理条例》等。2007 年召开首次全校研究生培养工作会议，2011 年召开学科建设与研究生教育工作会议，2014 年、2016 年、2018 年、2020 年反复修订《研究生导师管理办法》《博士研究生管理办法》《硕士研究生管理办法》等文件，以适应研究生教育快速发展的趋势，并进一步完善《研究生国家奖学金管理办法》《研究生学业奖学金管理办法》《研究生三助一辅管理办法》《研究生高水平成果奖励实施细则》《研究生特困助学金评选细则》，构建奖、助、勤、贷、补五位一体的研究生多元化奖励和资助体系。制定《研究生党支部管理办法》和《研究生班主任管理办法》，积极开展新生入学教育、科研诚信道德教育、毕业季感恩教育等各类主题教育，完善研究生会机构建设，形成了一校三区研究生会统筹、协调、联动的工作模式。研究生院通过一系列政策和措施的实施落地，为研究生成长成才和全面发展提供主动型、指导性服务。

立德树人　教育创新　努力培养德才兼备高层次人才

"川农大精神"与时代相搏，有志有恒，迎着风霜坚强生长，把勤奋和努力作为一种精神传承，于不可能中创造可能、于可能中追求进步，淬炼拼搏精神以感染新时代的文化传承人和社会建设者。

以学而不厌为导向，在学校多举措鼓励与支持下，研究生高水平学术成果产出丰厚。先后有5篇学位论文获评全国优秀博士学位论文，占作物学全国优秀博士学位论文总数的三分之一；6篇学位论文获全国优秀博士学位论文提名。20篇学位论文获四川省优秀博士学位论文，49篇学位论文获四川省优秀硕士学位论文。从2009年起，全校博士研究生每年发表SCI论文50多篇，到2019年，博士生SCI/SSCI发表总篇数已增长6倍，影响因子总和增加11倍，篇均影响因子由1.6提升到2.95。

在学校相关部门的支持下，2018年，在时任研究生工作部部长的李明洲教授带领下，党委研工部系统且全面地分析了近3年全校研究生论文发表、专利成果和奖金额度3项指标，结合研究生奖励政策现况，制定了《研究生高水平学术成果奖励实施细则》。据统计数据，在当年申报中，符合条件的高水平论文总量达532篇，占学校同时段同类论文发表总量的41.5%。申报论文中影响因子超过5.0的论文69篇，影响因子超过10.0的论文5篇，最高影响因子30.41，奖金总额达110.38万元。其中不乏朱紫薇、石辉、周练、许有嫔、倪祥银等以共同第一或第一作者身份在 *Cell*，*Science*，*Nature Genetics*，*Autophagy*，*PNAS* 等国际高水平杂志发表文章的研究生。

此外，近年来，研究生培养质量得到显著提升。毕业研究生在高校、研究机构、政府部门、大中型企业等就业，成为科技能手、管理骨干和创新领军人才。其中不乏国际国内领军人物，如芝加哥大学教授龙漫远；国家杰出青年，如复旦大学杨洪全、卢宝荣等；创新创业典范，如致力沼气工程、获总理鼓励的金柳等青春创业者。

攻坚克难　勇攀高峰　砥砺创建世界一流学科

"川农大精神"与卓越相逐，虽偏安一隅但不止于埋头钻研，始终瞄准前沿、接轨国际一流，求真、求实、求效，推出人才培养、科学研究与技术推广的新成效、新经验，推出省属农业高校的新标签、新品牌，以开拓进取为动力，做学科文章，不断提升影响力和竞争力。

1988年、2007年动物营养与饲料科学、作物遗传育种先后被批准为国家级重点学科，2007年动物遗传育种、预防兽医学被批准为国家级重点（培育）学科。2017年8月，畜牧学、作物学两个学科顺利入选四川省一流学科；2017年9月，学校入选一流学科建设高校，建设学科为作物学（自定）。

2002—2004年第一轮学科评估，畜牧学参加评估，排名全国第8；2006—2008年第二轮学科评估，作物学、畜牧学、林学、兽医学参加评估，分列全国第4到第7；2011—2012第三轮学科评估，作物学、畜牧学、林学、兽医学、风景园林学、草学参加评估，分列全国第4到第7；2016—2017年第四轮学科评估，学校12个一级学科入围全国前70%，1个学科评为A类，8个学科评为B类，3个学科评为C类。

2015年7月，学校农业科学、植物学与动物学2个学科进入ESI排名全球大学和科研机构前1%。2020年1月、2020年7月，学校生物学与生物化学学科、环境/生态学学科先后进入 ESI 排名全球大学和科研机构前 1‰。2020 年 5 月，农业科学排名率为 3.41‰，植物学与动物学排名率为 2.27‰，进入全球 3‰。

2020 年 6 月 29 日软科发布 "2020 软科世界一流学科排名"，学校 5 个学科上榜。其中，农学学科排名全球前 50 名（内地 6 所农林高校排入全球前 50 名），兽医学学科排名全球前 100 名。学校入榜学科数居内地农林高校第 7 名，居在川高校第 4 名。

今后一个时期，学校学位与研究生教育要认真贯彻习近平总书记的指示精神，以立德树人为根本，强农兴农为己任，坚持用 "川农大精神" 育人，紧紧瞄准科技前沿和关键领域，不断完善人才培养体系，创新和完善产学研人才培养模式，加快培养造就符合党和国家事业发展需要，打下 "川农大精神" 烙印的大批德才兼备的高层次人才，为实现我国农业现代化做出川农大人应有的更大贡献。

以"川农大精神"绘就绚丽青春

校团委

20 年来，学校共青团在"川农大精神"的指引和感召下，始终把握时代发展脉搏，牢记青春使命，围绕学校发展目标，筑牢青年理想信念，团结带领广大团员青年不断探索，锐意进取，为建设"双一流"农业大学书写属于川农青年的绚丽篇章。

凝心铸魂　用"爱国敬业"浸润青春底色

十年树木、百年树人。青年是国家的根，只有根扎得深，铺得广，大树才能茁壮成长。用爱国敬业作为青春的底色，培养一批具有坚定理想信念、浓厚家国情怀的社会主义建设者和接班人始终是学校共青团工作的根本任务和根本职责。

我们组建青年讲师团，邀请一大批专家学者、党政干部和专职团干部走上团团大讲堂与青年面对面，互动性地展开宣讲交流，《传承百年五四精神与新时代青年担当》《疫情狙击战中，如何汲取爱国主义硬核力量》《川农大红色光荣传统》《2020 中美战略博弈解析》……一段段光辉的历程、一个个鲜活的实例、一组组真实的数据，演绎着一堂堂生动鲜活的"爱国微团课"。颜济、邱祥聘等老一辈川农人受邀做客青春大讲堂，讲述他们的青春报国故事，分享他们心中的家国情怀。全国向上向善好青年、四川省五四青年奖章、大学生自强之星、四川新青年等青年典型榜样纷纷做客"川农青年"，述说青春爱国故事。"青春心向党·建功新时代""青春战'疫'，携手同行""我与祖国共奋进——国旗下的演讲""青春告白，致敬祖国""五四精神·传承有我"等一大批主题团日活动在润物细无声中温暖学子心房。在亲耳聆听与亲身实践中，爱国敬业浸润为一代代青年学子永恒不变的精神底色。

作为一所有着百年发展历程的高校，红色基因一直在川农人的血脉流淌。我们深挖红色校史文化，根据马克思主义早期传播者王右木、英勇无畏的革命先烈江竹筠等一大批英烈校友故事为原型创作的《曙光》《燎原》《浴火红梅》等原创艺术作品搬上校史舞台剧；展现百年川农人坚守兴农报国使命，风雨兼程、砥砺前行的《长河》《麦望》《迁雅之路》《顽石》《扶贫日记》，让师生感受到川农人代代传承的爱国情怀；改编的《新长征路上的摇滚》《国际歌》《茉莉花》《我和我的祖国》，更是以学子喜闻乐见的快闪形式在校园点燃青春热情，激发师生用歌声向祖国发出深情告白。

在国家民族的危亡之际，先辈校友们唱响了最坚定的青春之歌。也正是在这种爱国情怀的代代熏陶和培育下，2020 年的疫情防控阻击战中，川农青年集体迸发出的爱国力量也是让人为之一震。千余名青年学子坚守在社区服务的公益岗口，奋战在物资搬运的补给线上，守护在医院门诊的咨询窗前。他们主动亮明身份，积极向社区报到，当好疫情防控的战斗员、宣传员、保障员。在 8000 余次、10 万余小时的志愿服务中，涌现出被联合国点赞的最美校友"雨衣妹妹"刘仙，用一天时间筹集到 9 万余元为武汉一线医务人员购买防疫物资的大一新生李沐，与妈妈一同上战场的王欣然，在俄罗斯通过"人肉"快递为祖国捐献 9000 余个口罩的校友张洋，主动申请并成为"疫苗 II 期临床试验志愿者"支凌晖，用舞蹈、歌声致敬最美逆行者的大学生艺术团……他们既是抗疫斗争中涌现出来的青年典型，更是当代川农人把小我融入大我，奉献社会和热爱祖国的一个缩影。青年学子在祖国危难之际，选择用最朴实的行动践行着代代川农人传承的爱国情怀。

扎根基层 用"艰苦奋斗"渲染青春本色

天将降大任于斯人也，必先苦其心志，劳其筋骨。中华民族向来以特别能吃苦耐劳和勤劳勇敢著称于世。历史和现实都表明，一个没有艰苦奋斗精神做支撑的民族是难以发展进步的，一个没有艰苦奋斗精神做支撑的个人是难以自立自强的。艰苦奋斗作为青春最厚重的本色，无论是迁雅独立建校后的归国"三杨"，还是扎根田间把论文书写在田野大地上的周开达院士，"艰苦奋斗"一直以来是川农人最闪亮耀眼的名片，年轻的川农人也学着前辈的模样，勇往直前，忘我奉献，用所学回馈社会所需。

每年的寒暑假，3 万余名青年学子组建千余支团队围绕"爱国力行勇担当，青春奉献心向党""献礼 70 华诞实践筑梦·弘扬五四精神青春担当""聚焦新中国伟业七十年·助力新时代改革新征程"等主题，来到基层一线，深入贫困乡村开展脱贫攻坚、乡村振兴、爱心助学等丰富多彩的实践活动。

全国 100 个志愿服务先进典型的"情系三农"实践团队，用 7 年时间扎根在雷波、通江、仁寿的扶贫一线。炎炎夏日，蚊虫叮咬，每天背负二三十斤设备，跋山涉水，走 10 余公里山路。7 年的接力，他们用青春的脚步丈量出 4000 公里的漫漫扶贫路。帮扶养殖场 400 余个，服务农户 6000 余户，助力 512 户农户脱贫，打造出"雷波黑猪""仁寿鹌鹑＋梨""通江藤椒下散养梅花鸡"等特色扶贫产业。这些都是年轻学子们扎根乡村、助力脱贫攻坚交出的漂亮成绩单。

成立于 2015 年的"渭川千亩科技助农"团队在专业老师的带领下，5 年来爬山头、蹚河流、钻果林，挨家挨户实地调研考察水果产业发展困境，针对性开展技术帮扶，川内 10 余县市的贫困地区都留下同学们的青春足迹，获得中国青年志愿公益创业大赛全国银奖。"汉源甜樱桃""阳光·糖心苹果""汶川俄布村脆李"这些打造出来的特色地域水果品牌成功让 3000 余名果农脱贫致富。

全国"大学生创业英雄 100 强"的女博士彭洁，从本科到博士，从田间试种到成立公司，从亩产 1000 斤到 4000 斤，10 年如一日地扎根紫色马铃薯种养开发研究的她，已坚持 6 年在脱贫攻坚路上前行。目前紫色马铃薯种已在古蔺、甘孜等多个贫困县大力推广，种植规模超 3000 亩，累计受益农户超 3000 余户，促进农户每年增收 1620 万元。

全国高校十佳社团——学生爱心站从 2010 年开始的"塑梦"团队已连续 11 年扎根凉山州甘洛彝族自治县阿尔乡眉山村小学开展爱心支教。简陋的环境、闭塞的大山、语言的障碍，重重困难都未能阻断"塑梦"团队 10 余年坚持不懈的爱心传递。他们扎根深山，用实际行动书写着新时代川农人的奉献与热爱，他们用脚步踏出一条无悔的爱心之路。

众志成城　用"团结拼搏"描绘青春亮色

单丝不成线，独木不成林，"团结拼搏"不仅是打破艰难险阻的攻城锤，更是让青年团结一心战胜困难的制胜法宝。沧海横流，方显英雄本色；磨难当前，更见如磐初心。青年学子在团结拼搏精神的指引下，上下齐心，团结一致，为民族的复兴、学校的发展奉献着磅礴的青年力量。

"4·20"芦山地震发生后，团结拼搏的川农学子众志成城，团结一心，1 万多名青年志愿者第一时间投身到抗震救灾的第一线。雅安各大物资中转站有他们奔波的身影；市人民医院、中医院有他们奔跑的步伐；当雅安血库告急，数百名川农学子自告奋勇地挽起衣袖献出一份份"救命血"；当雅安市民涌向学校避灾时，志愿者又自发组织 24 小时不间断巡逻确保民众安全。在赶赴重灾区开展"复课支教""重建乡村""畜禽疫情疫病防控"的志愿服务队伍更是他们毅然的选择。"川农大的志愿工作很有成效，感谢川农大志愿者为抗震救灾做出的努力。"青年学子在抗震救灾期间义无反顾的行动，受到时任四川省委书记王东明点赞和肯定。

青年学子不单在祖国需要时选择迎难而上，在学校发展的每个时间节点都可以看到青年奋勇拼搏的身影。为确保疫情期间学生返校复课工作顺利开展，2000 余名身穿红马甲的志愿者主动投入返校复课的各项志愿服务工作：检测体温、搬运行李、交通指引、核对数据……在学校 110 周年华诞，1100 名身着白色志愿服的志愿者来回奔波在校友报到、维持秩序、迎送嘉宾的路上。

每年 9 月那台精彩纷呈的迎新晚会，总会给新到校的川农人留下深刻印象。台上一分钟台下十年功，每个动作、音乐、视频、道具的完美精准配合，是 400 余名演员和 200 余名负责道具、视频、灯光、音效的同学经过十余次的反复彩排磨合。每个优美的舞姿、每句精彩的台词、每首动听的歌曲、每支悠扬的合奏，都是演员们牺牲寒暑假，利用每天 10 余小时高强度训练，经过反复上百次甚至上千次练习磨合的结果，每个精彩节目和完美瞬间的呈现都是"团结拼搏"精神在青春舞台上的一个缩影。

行稳致远　用"求实创新"勾勒青春成色

行远自迩，与时偕行，百年川农的风雨历程既有脚踏实地的埋头苦干之行，又有开拓进取的强农兴农之志。新时代的青年学子始终秉持"求实创新"的"川农大精神"，不断攻坚克难，开拓创新。

太阳初升的麦立方，烈日当头的九曲廊桥，凌晨时分的梧桐大道，总有一群充满活力的年轻身影穿梭其中，严谨求实是他们的工作作风，守正创新是他们的前行路标，服务同学是他们的初心使命，他们有一个共同的名字——四川农业大学学生会。面对新形势、新要求，校学生会始终坚持问题导向，对照党的期望、团的要求和同学需求，大胆革新工作格局，不断锐意改革进取，用实际行动践行"求实创新"的"川农大精神"：构建常代会—执委会两翼工作模式、改革运行机制、精简机构设置、严格遴选条件、坚持从严治会、打造校园精品……校学生会改革始终走在全国高校前列，改革成效多次被全国学联和团中央点赞肯定，省内高校纷纷前来交流、取经。

在新媒体发展实践中，我们不断求新求变，构建新媒体矩阵，打通服务青年"最后一公里"。从"两微一端"到融合集聚8个新媒体平台，学生融媒体中心从无到有、从有到兴，无不体现出"求实创新"的精神内核。其中"微观川农"微信公众号"粉丝"近8万，清博指数常年位居全省高校第一、全国高校榜前列。多篇聚焦时事热点、宣传身边典型的高质量推文被全国学联、中青网等媒体平台转发或报道，学生融媒体工作也得到省委书记彭清华的关心和点赞。

在学术科研的主战场，创新创业训练营、创客大讲堂、投融资对接会、创新创业赛事的举行，让一大批富有开拓创新精神的青年学子在科学研究的沃土上生根发芽。"粮农卫士"团队成员把病虫害防治与大数据有机结合，开发出"病虫害识别"APP，对着昆虫"扫一扫"，马上就能为用户提供专业解决方案。目前系统样本已涵盖80万余张病虫害图片，识别准确率达93%以上，项目也获得7项软件著作权和1项发明专利。"孺子牛创客坊"团队成员经过1350个日日夜夜，2400次筛选与驯化，运用现代生物技术，依托两大核心技术转化，开启了天然牛黄高效培育的新征程，他们为9670万的中风等急重症患者带来新的希望。

凡为过往，皆为序章。在新的历史征程中，学校共青团将继续围绕立德树人这个根本任务，在校党委的领导下，坚持以"兴中华之农事为己任"，以"川农大精神"为引领，聚焦主责主业，切实为培养"一懂两爱"高素质人才继续不懈奋斗。

一群人一件事　川农牛品牌诞生记

新农村发展研究院

在宁谧的川农大校园里，有一组知名度甚高、曾引来众多媒体报道的景观——"川农拓荒牛"雕塑群。如今，"川农牛"成为一个新品牌，它串联起"川农大精神"的精神特质，折射出些许这所精神殿堂的光辉色彩。

"川农牛品牌"诞生于"川农大精神"

四川农业大学始建于 1906 年，彼时正是民族风雨飘摇的时代。一所农业学堂诞生于以农耕文明著称的天府之国——可以说，从诞生那一刻起，就承担起了"拓荒耕作"的使命。老一辈川农人秉持崇高理想，在技术领域中拓荒，成长为中国近代农业科学的"成都中心"；在思想领域中拓荒，涌现出了包括江竹筠在内的一批先烈；在千难万苦中拓荒，成为国家"211 工程"和"双一流"建设高校。

正是这种拓荒精神，传承着百年不灭的璀璨星火，最终凝聚出令人瞩目的"川农大精神"。"爱国敬业、艰苦奋斗、团结拼搏、求实创新"，每一个字、每一笔画，都浸透着一代代川农人在拓荒中付出的汗水、泪水甚至鲜血。

2006 年，这座诞生于仓库之中的学堂，迎来了她的 100 周年华诞。校庆期间，一组名为"川农拓荒牛"的雕塑被悄然安放在校园中的草坪上。著名雕塑家陈箫汀先生回忆创作这组作品的来源："夕阳西下，放牧归来的牛群缓缓行走着，牛的身子在夕阳中变得模糊，只剩下了由阳光勾勒出的脊背，展现了无与伦比的生命之力与美。"

牛，是农耕社会的图腾。几千年的耕种生活所形成的农耕文化里，终生耕田犁地、开垦荒原的牛，被认为是盗取天仓谷种下凡拯救黎民百姓的社稷神，是中国的"普罗米修斯"。

这组雕塑的设计理念，高度契合"川农大精神"的精髓。因此，它才得以从众多作品中脱颖而出，成为百年校庆纪念雕塑群之一。而当它一进入校园，就受到了学校师生员工的无限喜爱。"搬一次川农牛"被数以万计的川农人票选为"毕业前必须要做的 10件事"之一，成为当之无愧的"初代网红"，而且至今热度不减当年。

因循"川农大精神"，"川农拓荒牛"得以诞生。随后，它将走出"校园景观"的单一价值，成为深入人心、活生生的"川农大精神"的传承载体之一。

"川农牛品牌"活化"川农大精神"

四川是农业大省，也是脱贫攻坚任务最艰巨的地区之一。2017年，习近平总书记在参加十二届全国人大五次会议四川代表团审议时，就农业供给侧结构性改革、脱贫攻坚等提出了要求："四川农业大省这块金字招牌不能丢，要带头做好农业供给侧结构性改革这篇大文章，推进由农业大省向农业强省跨越。"

1906年9月，四川通省农业学堂建校训词就指出："故不能不提倡农学，以为振兴农业之预备。"2019年9月，习近平总书记在给全国涉农高校的书记、校长和专家代表的回信中指出，"中国现代化离不开农业农村现代化，农业农村现代化关键在科技、在人才"——毋庸置疑，擦亮四川农业金字招牌，既是川农大百余年前出发时的初心所在，也是当下继续前行、建设一流农业大学的使命所在。

2017年，成都市农业领域唯一新型产研院——成都都市现代农业产业技术研究院（以下简称产研院）由四川农业大学等单位联合建成，成为深化学校社会服务体系布局，助推四川脱贫攻坚和乡村振兴战略高质量部署落地落实的重要举措之一。

根据四川省委省政府部署，擦亮四川农业金字招牌，主要围绕打造"川字号"农产品金字招牌，加快建设现代农业"10+3"产业体系，推进农业大省向农业强省跨越。川农大的切口在哪里？换言之，应该选择什么样的"招牌"？

新成立的产研院将目光瞄向了"川农牛"。2018年，四川农业大学正式将"川农牛"品牌授权产研院使用，随后产研院全资子公司成都川农牛科技有限公司（以下简称"川农牛公司"）组建成立，旨在"川农牛"品牌标识下，依托川农大的技术、人才和社会公信力，结合新零售模式，以供应链为重点切入口，通过产品倒推技术和人才，形成以"牛产品""牛人""牛技术"为核心板块的"牛生态"体系，打造川字号"农产品"尖点，实现尖点扩散、引领行业示范。随后，"川农牛云平台""川农牛e购""川农牛生鲜""农科e站""蓉e检""CNG农业链"等先后上线，一个围绕"川农牛"品牌为核心的价值输出版图逐渐成形。

"川农牛e购"于2018年上线，一是布局优质产品体系，主攻绿色粮油、安全肉产品、特色农产品3大产品方向，分学院重点收集近年来四川农业大学相关科研单位部分可转化、可推广、可应用的新品种（系）、新技术、新发明和新产品，并形成川农牛—孺子牛产品数据库。二是助力全川精准扶贫。开通地理特色馆，覆盖10余个贫困县，包括凉山州盐源县、雷波县，阿坝汶川县，甘孜泸定县、道孚县等。举办"实力助农·产品说话—雷波县国家扶贫日""川农牛拓荒计划——公益营销大赛"等系列活动，基于"双创+公益扶贫"模式，依托川农大技术、人才服务的贫困地区农业产业，把当地优质农产品上行"川农牛e购"，通过高校学生产品营销大赛，建立地区品牌和产品销售通道。活动上线100余款产品，吸引参与学生超过20000余人次，并把所得4万余元利润全部投入到贫困山区学校的建设、学生的教育中，用于改善大凉山地区的教学环境、教学质量以及扶贫扶智事业，既增强了当地农业产业发展的内在动力，又建立了大学生创新创业的人才交流平台。三是加强与优势基地合作。合作优势基地包括微牧农庄、采蜜小镇、久天农场、川农牛功能性蔬菜基地、川农牛葡萄彭山基地、川农牛樱桃新津基地、川农牛荣玉鲜食玉米简阳基地、川农牛鲜米丘北基地等 60 余个，产品覆盖生鲜、水果、干杂、米面粮油、蛋禽肉类、休闲零食、烘焙蛋糕、熟食等板块。四是进行部门业务细化。共建川农牛水产事业部、川农牛蛋禽事业部、川农牛果蔬事业部、川农牛粮油事业部等，打通产前、产中、产后的各个环节，对优质农产品进行包装、销售、品牌孵化，促进完整产业链的形成，形成川农牛科技尖点农产品生态圈。五是提升平台知名度。平台累计客户数突破 3.5 万人，商城曝光次数达到 120 万人次，累计成交额突破 700 万元。

"农科 e 站"平台已完成线上架构搭建，开放一个网页端主域名、五个分类公众号，一个微信小程序为涉农各类主体开展服务。运行一年多以来，已搜罗包括四川农业大学、成都农林技术科学院、四川省农业科学研究院等科研院所的专家、技术信息近千份；收集企业信息和技术需求信息约 400 份；服务科技创新团队 20 余个，签订 10 余个成果转化协议，签订 10 余个咨询服务协议。成功引入以色列 Kamedis 公司共建亚太药用植物创新中心，成功引入沃尔夫农业奖获得者依兰切特教授来四川与四川农业大学相关研发人员共同组成技术攻关团队，推进以色列农业技术与我方技术融合并落地产业化。

"蓉 e 检"平台于 2019 年正式启动，被纳入 2019 年四川省科技基础条件平台项目。目前已建成食品、农产品、饲料、涉农工程、环境等面向 5 大行业细分领域的共享实验室，取得 CMA 和 CATL 双认证资质，获得软著 1 项，具备 3000 余项检测能力，实现线上服务检测企业及机构 60 余家入驻；四川农业大学 252 个实验室、14 个公共实验室、7 个公共耗材库已加入 R-LAB 共享实验室管理系统，实现预约登记近 2 万次；引导线下检测技术培训千余人次。

"CNG 农业链"平台在 2019 年 12 月 12 日召开的成都（温江）科创赋能农业科技成果转化大会上正式启动，入选 2019 年省经信厅数字经济与实体经济融合创新优秀案例，"'川农牛'农业链公共技术平台关键技术研发项目"获成都市科技局批准立项。平台已完成基础硬件（分布于上海、成都、广州、北京、重庆等城市的 8 个算力节点）设施建设、系统软件及配套工具的研发，发布了《CNG 农业链技术白皮书》，形成了针对特色农产品单品的链化方案，正式启用"CNG 农业链溯源 & 防伪查询系统"。

但"川农牛"并不止步于此。《乡村振兴》杂志在一篇报道中写道：所谓"川农牛"，并不是说"川农大很牛"，而是指"川字号农产品很牛"。也就是说，在服务于擦亮四川农业金字招牌的过程中，"川农牛"既有良好的实践切入点，又有无限的创新外延和想象空间。

"川农大精神"是川农大宝贵的精神财富，也必将随着时代的发展被注入全新内涵。可以说，"川农牛品牌"的建立，也是将"川农大精神"深化发展、具象活化的重要体现之一。

"川农牛品牌"践行"川农大精神"

2020 年是"川农大精神"命名 20 周年。老一辈川农人取得的成绩，是在"川农大精神"的鼓舞下，"从田地里踩出来的，从畜禽舍里蹲出来的，从山林里钻出来的"。

时代进入到今天，"川农牛品牌"将继续在"川农大精神"的指引下，将互联网、5G、区块链、供应链金融等最前沿的尖端技术、应用场景载入到"擦亮四川农业金字招牌"的过程中，让我们可以更有效率地"踩田地间、蹲畜禽圈、钻老林山"，更为快捷地将最新科技成果从实验室直供百姓餐桌。

通过"农科 e 站"平台，建设专家、技术、需求、企业库，研发团队和技术需求方均可通过登录系统，发布研发成果或技术需求信息，并通过线上平台匹配给专业的技术经理人团队，对贫困地区的农业产业以及农产品进行技术输出、优质品种输出、人才输出、产业孵化，形成优质农产品。

通过"蓉 e 检"共享实验室，我们可以快捷地实现食品、农产品、环境、工程、生物医药五大领域的检验测试，从而为全国各地农业从业者和科研人员提供标准化、专业化服务，为农业生产提供决策支撑。

通过"CNG 农业链"，我们可以迅速分解物联网、大数据、质量安全、农业金融及保险、供应链管理等存储点，将产品面积、生产管理、供应链等方面的要素转换为不可逆代码，实现优质农产品品牌保护并且用以指导生产环节。

通过"川农牛 e 购"平台，我们可以将农户生产的符合条件的优质农产品进行包装、推介，促进产品通过川农牛供应链体系向教育部"e 帮扶"销售平台、国务院扶贫办中国社会扶贫网、阿里巴巴盒马生鲜、永辉超市等渠道分发，为老百姓带去实实在在的获得感。

时至今日，"川农牛 e 购"平台已累计上架川农大专家教授、校友、区县的优质产品 1600 余个；覆盖 10 余个贫困县 100 余个产品，包括凉山州盐源县、雷波县，阿坝汶川县，甘孜泸定县、道孚县等。2019 年，川农牛公司入选温江区优秀互联网企业，"川农牛"荣膺"中国农产品百强标志性品牌"，"川农牛农业链公共技术平台"作为唯一农业区块链项目入选四川省经信厅 2019 年数字经济与实体经济融合创新示范项目……

"川农大精神"指引"川农牛品牌"

面向未来，"川农牛品牌"将继续在学校党委的指导下，在农发院和成都产研院的领导下，将"川农大精神"贯穿始终，不忘初心、牢记使命，为擦亮四川农业金字招牌贡献"川农大品牌"。

爱国敬业。2020 年是决胜全面建成小康社会、决战脱贫攻坚的关键之年，"小康不小康，关键看老乡"，"川农牛品牌"团队将持续深化"川农大精神"的教育浸润，注重将党和国家的农业农村方针政策落实于行。尤其做好品牌整合与输出工作，力图在推进全省"三品一标"农产品和"川农牛品牌"实现初步互动，提高"三品一标"农产品的竞争力，为推进四川从农业大省向农业强省跨越助力，为党和国家脱贫攻坚部署与乡村振兴战略助力。

艰苦奋斗。遥想两年多前，"川农牛品牌"初肇的日子里，没有独立的办公区，首批员工在学校的一个会议室里集体办公，硬件、经费等各方面俱不充分，团队仍旧坚持了下来，如同"仓库中诞生的四川通省农业学堂"一样，希望"会议室里起步的川农牛品牌"能够铸就辉煌。我们深度参与了全省四大连片特困地区的农产品品牌建设与营销等工作，依托川农大技术、人才服务的贫困地区农业产业，联合凉山彝族自治州雷波县政府，基于"川农牛电商平台＋特色农产品＋公益"模式，组织"实力助农·产品说话—雷波县国家扶贫日""川农牛拓荒计划"等系列活动，深入贫困山区，将当地优质农产品推介上行至"川农牛 e 购"，通过高校学生产品营销大赛，建立地区品牌和产品销售通道。希望"川农牛品牌"能持续在贫困地区生根发芽，让更多贫困地区的农产品能与"川农牛品牌"共同成长。

团结拼搏。"川农牛品牌"的建立，离不开学校师生员工、在外校友的支持和协作。近年来，我们尤其加强了和学校招生就业处、校友会的联系和互动，与很多在农业领域创业的校友共同推进建设"川农牛品牌"，取得了多方共赢的效果。例如，以横断山区贫困县乡的优质核桃为原料，依托四川省科技扶贫万里行核桃产业专家服务团（59 团）首席专家万雪琴教授的技术研发与指导，通过对压榨设备和工艺的改进，采用"1＋1至简冷榨工艺"，提炼出高品质鲜榨核桃油，打造"川农牛·横断山高原精选老核桃""川农牛·横断山核桃油"两大优质单品。以"高校＋政府＋企业"的模式，发起"川农牛双创示范街"项目，建立"川农牛品牌"农产品的深度体验中心，真正将贫困地区的土豆、玉米、面条等优质产品带出大山，结合市场需求，打造出川字号尖点农产品体验场景，建立起产品供应链条及销售通道。目前已上线川农牛草莓番茄、川农牛酒、川农牛鲜米、川农牛香米、川农牛彩色挂面等 50 余种产品。

求实创新。在生产上求实，例如，在和农户、合作社等生产经营主体的合作过程中，承担"技术桥梁"作用，就他们迫切需要解决的生产问题，邀请相关专家学者及时研判跟进，切切实实地解决农户生产上的难题。在场景上创新，将持续坚持互联网思维做品牌农业，将新经济、新零售、5G、区块链、媒介互动等最新技术运用到"川农牛品牌"的全过程，建立起川农牛产品 CNG 区块链＋七星评价体系，实现一颗番茄的品质全程溯源，增强"川农牛品牌"公信力，不断寻求"川农牛品牌"的终极拼图。

爱国敬业、艰苦奋斗、团结拼搏、求实创新。"川农牛品牌"弘扬和传承"川农大精神"，以"牛"性精神为内核，倡导新耕读文化，秉承尊重农业从业者的本性态度，以打造尖点农产品为己任，坚守"读为农，耕从心"的农人情怀。在新的征程中，从本性出发，依理性行事，高扬理想旗帜，走出坚实步伐，我们肩负历史的使命，为社会、为人民、为祖国贡献一份力量。

践行"川农大精神" 谱写审计新篇章

审计处

百年川农,精神永驻!

经过一代代川农人努力拼搏,铸就了"爱国敬业、艰苦奋斗、团结拼搏、求实创新"的"川农大精神"。这既见证历史,也指引未来。川农内审人作为川农一分子,承担着学校"健康卫士"的神圣职责,一直以来,内审人在"川农大精神"的指引和鼓舞下,不断负重前行。

"爱国敬业、报效祖国"是审计工作争创一流业绩的原动力

爱国敬业的奉献精神是"川农大精神"的内生力,更是审计工作争创一流业绩的原动力。

审计,重任在肩。没有显赫的地位、没有如潮的掌声、没有清闲的空隙,伴随的只是沉重的责任、枯燥的数据、奔波的背影。但川农内审人在以杨开渠、杨允奎和杨凤等为代表的老一辈知识分子热爱祖国、热爱学校,一生奉献在农业科技战线上的精神的影响下,把"爱国敬业、报效祖国"的精神深植在爱岗敬业、争创一流业绩的行动中。他们把使命牢记心间、把责任挺在前面,用实干苦干诠释了对审计事业的热爱和对岗位的珍惜。

爱国诠释担当。川农内审人对经手的审计项目审细审透,对查出的问题深挖根源,对违规违纪的问题不姑息手软,对应追缴的资金不拖延懈怠,对督促整改不走过场。在对学校原后勤服务总公司领导干部离任经济审计中,发现了对下属单位监管不到位、执行合同不力的问题。先是当事人员以各种理由推脱责任,试图不了了之,但内审人员本着实事求是和高度负责的精神,加班加点仔细核对会计资料,通过数据说话,把问题做实,最后当事人员主动配合,合理合法予以妥善解决,为学校追回经济损失 100 余万元。在对成都校区重点学科楼音乐厅装修工程复审中,发现虽然设计单位设计了该项内容,但是根据内审人员的专业知识判断,在实际的施工中承包商一般不会完成该道工序,在已有多方签字认可的情况下,审计人员顶着重重压力,经受住层层考验,凭着不服输的韧劲和坚强毅力,揭示出承包商确实没有按图施工,最后在中介公司初审审减 10% 以上的基础上再次复审审减 4%,审减资金 21 万元。对雅安校区综合教学楼工程造价结算的审计更是历经波折。该项目 2005 年底中介公司就完成初审,审计处在复审中,克服了审计力量不足、审计手段落后、施工单位久拖不决等重重困难,凭着求真务

实的精神，历经 10 余年，最终取得施工单位认同，为学校节约资金 160 多万元。该项目先后经过审计厅、教育厅的两次审计，无一差错，得到了审计厅和教育厅领导的肯定。

"艰苦奋斗、自强不息"是审计工作争创一流业绩的推动力

"艰苦奋斗、自强不息"的创业精神是"川农大精神"的特色，也是学校内审工作在人员少、工作量大的困难条件下取得一个又一个成绩的重要推动力。

学校内审人员常年只有 4~8 人，从事审计工作的人员最少的时候只有 4 人，要负责三校区的工程审计和经济责任审计，工作量大，人员严重不足，学校又经历了两次大地震，加上本科教学评估以及学校领导干部轮岗，20 亿元左右的灾后重建资金和几十位领导干部的离任经济责任审计。如何在保证质量的前提下提高效率，是摆在审计处面前的难题。

奋斗解决难题，拼搏体现价值。在"川农大精神"浸润下成长起来的内审队伍面对难题敢闯敢试，面对矛盾敢抓敢管，面对急难险重任务豁得出、顶得上。正是这支队伍牢记自身职责，始终坚守不动摇，苦干实干不懈怠，面对金钱、利益的诱惑不为所动，面对威胁、报复不为所吓。在对成都校区学生公寓的结算造价复核中，经审核竣工资料后现场踏勘发现，该工程的竣工资料与现场部分不符。原设计走道及楼梯全部为彩色水磨石、铜分格条，但现场实际上仅底层做了彩磨，其他楼层均为普通水磨石、玻璃分格条。施工单位以该工程已经通过社会审核并且送审资料管理单位等已签字确认为由，要求审计人员做出让步并承诺好处，被严词拒绝，最终仅水磨石一项就审减了十几万元。在学校领导带队对成都校区学生活动中心工地例行巡查的过程中，我们发现施工单位报送的基础混凝土换填量高达 1500 多方，依据惯有的职业敏感和经验断定，换填量可疑，立即要求施工方钻芯取样，严查相关资料，最终仅混凝土换填一项就为学校节约资金 30 多万元，类似的事情不胜枚举。

近 10 年，审计处完成了 540 个工程项目的结算审计，送审金额 173950.97 万元，审减金额 17201.29 万元，审减率 9.89%。其中自审项目 407 项，审计金额 24872.24 万元；完成领导干部经济责任审计 62 位，审计金额 243271.7 万元，为资金的安全高效、领导干部权力的规范运行做出了贡献。

"团结拼搏、开拓进取"是审计工作争创一流业绩的保障力

团结拼搏的进取精神，是学校事业持续前进的不竭动力，更是审计工作争创一流业绩的保障力。团结才能形成合力，拼搏才能抓住机遇。审计处领导班子紧密团结真抓实干，敢于开拓创新，同时又能严格要求，率先垂范，带领内审人员不断推动审计工作迈向新台阶。

团结突显大局。撸起袖子加油干，是态度，更是行动。2019 年底，学校临时增加了对龙江路宾馆的审计调研工作，而审计处仅有 3 名财务审计人员，要按时完成本年度

的审计计划 2 个单位的 9 位中层领导干部的离任审计和 4 个单位的中层领导干部任期审计，涉及审计总金额 88506.26 万元，又要在当月完成龙江路宾馆 2017 年 1 月至 2019 年 10 月的经营收支及合规情况的审核调研。非常时期行非常事，处领导立即对工作重新做了分工，迅速调整到"5+2""白加黑"的工作模式，迎着朝阳出，踏着晚霞归，无周末无午休，连续奋战一个月，最终圆满地完成了领导交办的任务，为领导的科学决策提供依据。2015 年崇州基地 2300 多亩的土地整理项目，40 多公里的道路沟渠收方，全处仅有 6 人，又正值盛夏，承包商催得紧，学校要求高，面对此种困难，处领导带领同志们迎难而上，把两个科室的 6 人分成 2 组，大家顶着烈日，冒着酷暑，忍着蚊虫叮咬，艰难地在杂草丛生的道路沟渠上丈量着长度，在两个科室人员的通力合作、共同努力下，历时半个月终于完成项目的收方，该项目审减资金 213 万元，审减率达 13.55%。

"求实创新、勇攀高峰"是审计工作争创一流业绩的永动力

求实创新的科学精神是学校为社会培养大批高素质人才、不断推动改革发展的不竭动力，也是审计工作开拓创新、勇攀高峰的永动力。

创新诠释使命。审计工作既要严格依法，又要不断创新。内审人在当好学校的"监督员"和"守护神"，发挥好"免疫功能"的同时，不断创新方法，敢为人先。审计处为节约审计资源，提高审计效率，推进了党政同审；为加强审计宣传，推行了审计进点会和任前告知制度；为加强审计整改，推行了三单制度。审计处率先对学校建设资金实行领导监督、多部门联动监督和审计监督等三重监督机制；对送审资料实行施工单位向建设单位承诺、建设单位向审计处承诺的"双承诺制"；对建设工程进度款实行"三审制"，结算造价实行"四审制"。一系列工作制度执行极大地规范了资金的管理，确保了资金的安全。学校基建工程审计的创新做法得到了雅安市审计局和四川省审计厅的肯定，撰写的文章被推荐在四川省审计厅主办的《现代审计》上发表，郝晓芸处长和刘宇凡高级工程师先后在全省内部审计培训会上做审计经验交流发言。

数字凝聚深情，奖牌见证荣誉。川农内审人正是在"川农大精神"的指引和鼓舞下，开拓创新，取得了一个又一个成绩。审计处先后被评为"2014—2016 年度全省内部审计先进集体""2016—2018 年教育系统内审先进集体"，2 人被评为"四川省内审工作先进工作者"，4 人次分别被学校评为学校"十佳管理工作者""优秀党员""优秀党务工作者"，6 人次获得年终考核"优秀"，2 人晋升高级职称。

在新形势新要求下，审计处将继续传承和弘扬"川农大精神"，严格按照习总书记"以审计精神立身，以创新规范立业，以自身建设立信"的要求，树牢"四个意识"，坚定"四个自信"，做到"两个维护"，不忘初心、牢记使命，围绕学校中心工作，切实履行好"监督、评价、建议"的内部审计职能，确保学校健康、持续、稳定发展，为推动学校建设一流农业大学贡献内审力量！

弘扬"川农大精神" 共克时艰担使命

——记成都校区建设回顾

国资基建处

在鱼凫国都这片数以千年的农耕热土上，四川农业大学成都校区挺立于此。窗明几净的教室里洋溢着青春的笑脸，灯光璀璨的舞台上展现着青春的律动，就连图书馆前的一亩方田，都满是生机勃勃的翠绿。而令人难以想象的是，这样一片生机盎然的热土，在仅仅11年前，还只是一片一望无垠的农田。"5·12"汶川大地震后，有一群川农人，怀揣着灾后重生的希望，怀揣着回归故地的梦想率先来到了这里。这群人心知肚明，他们要完成的不仅是一份工作，更是川农大发展历史的新篇章。

肩上责任重大，必须不辱使命！没有时间去思考会遇到多少的艰难与困苦，只有一股从心底涌起的自豪感在催促、在鼓舞、在支撑着他们前行！是的，他们就是成都校区的建设者们。

"时间紧、任务重、要求高、困难多、压力大、无退路。"这18个字，是学校党委副书记，学校原基建指挥部指挥长张强对成都校区建设任务的精要概括。为了在这一场已持续11年之久，如今仍在砥砺前行的持久赛中不断获胜，基建指挥部的全体同志始终践行着"爱国敬业、艰苦奋斗、团结拼搏、求实创新"的"川农大精神"，用行动担当使命，以奉献诠释责任，不断总结经验与教训，用心谱写出一曲动人的建设者之歌。

爱国敬业 坚守原则 最大限度维护学校利益

2009年，自启动成都校区建设以来，学校建立了"主要领导负总责、分管领导直接抓、专职队伍具体抓"的工作格局。成立以分管基建的副校长为指挥长、相关职能部门负责人为副指挥长的基建指挥部，并从学校基建、后勤、纪检监察等部门抽调工作人员组成专职队伍，全力以赴来啃下这块硬骨头。在基建任务最重时，工作班子人数甚至超过40人。

建设初期，校区附近人烟稀少，一到夜晚成为名副其实的黑夜王国。但就是在这一片夜色中，指挥部办公区的天空却始终透亮，因为这里的每个夜晚都是灯火通明。在忙过白天的具体事务后，大家每晚都要聚在一起讨论建设方案、规划施工进度、破除施工难点等。对于指挥部的同志来说，节假日、晚上加班，早已是家常便饭。指挥部经常召开专题会议，反复学习学校修订的《基本建设管理办法》《四川农业大学灾后恢复重建资金管理办法》《成都校区建设重要事项决策办法》《成都校区建设工作纪律》等多项制度，以确保校区建设的每一个步骤、每一个环节都符合学校规范，都能有章可依。为让廉洁奉公扎根在大家的心里，每一位指挥部的工作人员都郑重地签署了"廉政承诺书"，以确保整个团队始终在风清气正的建设环境中踏实做事。

在建设项目招标过程中，同志们始终坚持公开、公正、公平、科学的原则，坚持四个"严格"来办事：始终严格按照招标核准文件规定的招标方式、招标范围进行招标，从未出现肢解项目规避招标的情况；严格按照规定在指定媒介上发布招标公告和中标结果，招标信息公开，无任何暗箱操作；严格按照国家招投标管理办法的相关规定编制招标文件，招标文件中所涉及的核心条款坚持集体审核、集体确定；严格执行整个招标过程始终在政府相关职能部门的监督之下有序进行。10余年间，正是这份爱国敬业、坚守原则的精神，正是这份脚踏实地、不谋私利的作风，换来招标工作未出现任何违规违纪的情况这一令人骄傲的成果。

踏实的作风不仅体现在自我规范上，也体现在"建筑材料规范"上。众所周知，建筑材料认质认价是个细致活儿。为了确保成都校区建材的质优价廉，指挥部实行市场调查、集体认可制度。从厂家市场价、网络、政府经济信息价等多方比较获取第一手信息，逐一核对相关产品型号、规格，然后通过材料部、工程部、投资控制部等集体认可的承建商报送建筑材料，以最大限度地挤干"水分"，花最少的钱办好事。以学生宿舍项目的一款蹲便器为例，最初建筑商报价 320 元一套，最后核价为 220 元，每个节约100 元。单独来看，这点钱好像并不显眼，可学生宿舍有 2400 多间，每间的材料多花100 元，成本就会增加 24 万多元。不算不知道，一算吓一跳。上千种材料，每种材料的量特别大，因此看上去不起眼的几块钱单价差都可能导致数万、数十万元的总价差。所以每一位参与材料核价的工作人员在审核材料和价格时都是"分毫必争"。建筑材料进入施工现场时，审核材料的同志们更是一丝不苟，练就一双"火眼金睛"，多次识破建筑商在施工过程中"鱼目混珠""偷天换日"的手法，让材料厚度不达标、品牌与工程量清单不符、现场材料与样品不符等现象在学校工地上无处遁形。同志们坚守"不合格不进场"的原则，所有不符合规定的建筑材料只有一种处理办法就是"清场重来"。这样的事情太多太多，"敬业守信，最大限度地维护学校利益"是指挥部全体同志的共同追求。

艰苦奋斗　真抓实干　全力确保工程建设质量

成都校区实施第一期工程，也就是"5·12"汶川地震都江堰灾后异地重建项目的时候，周围人烟稀少，连辆公交车也没有。学校党政领导班子多次亲临施工现场指导项目进展，解决项目瓶颈；对指挥部的同志们嘘寒问暖，十分关心大家的生活。大家虽然每天都过着寝室、办公室、工地、食堂四点一线的生活，心里却是美滋滋的。那时，同志们也有不少"娱乐活动"：一起围观高高的塔吊上的灯是否温暖依旧，一起看看施工现场新房进度如何，一起聊聊对未来美丽的成都校区的美好畅想……这些，都是当时真实的生活写照。闷热的夏季，女同志总是穿着 T 恤衫、牛仔裤，脚踏一双平底鞋，只因为这身装备去工地方便；男同志不约而同地穿着蓝黑色系的深色衣服，原因都是耐脏。毕竟在这里的日子都是"晴天一身灰，雨天一身泥"，再爱美的人也顾不上爱美。为了保证工期顺利推进，他们以工作为重，以大局为重，舍小家顾大家，浑然忘却个人困境。这里的每一个人从不抱怨，在指挥长的带领下，大家拧成一股绳，劲往一处使，"全力以赴地把成都校区漂漂亮亮地盖起来"是这个团队强有力的精神支柱。

切实抓好建设项目的管理，确保工程建设质量是指挥部的首要任务。项目日常管理中，指挥部在坚持实行工程质量终身负责制、合同管理制和工程监理制的同时，周密组织，严格管理，建立了工程质量三级管理制度：对每个项目配备 2 名甲方代表，及时全面掌握施工现场情况，定期参加工程监理例会，随时监管工程质量。指挥部下设的工程部定期和不定期组织所有甲方代表巡查施工现场，共同查找并解决施工中存在的质量问题和安全隐患，共同把好建设项目质量第一关（现场关）。指挥部经常性地参与市场调查，及时了解建筑市场材料最新动态，做到心中有数；材料管理员与监理人员一同全程参与见证施工单位材料抽样送检工作，把好建设项目质量第二关（材料关）。工程质量第三关由总工程师负责。指挥部授权总工程师在工程质量管理方面有最高处置权。总工程师在可能出现危及工程质量情况时有权提请监理发出整改令和停工令，施工单位必须立即提交书面整改意见并采取必要的整改措施。

除此之外，为加强甲、乙方在工程管理上的沟通和协调，确保工程进度和质量，还实行了指挥长联系项目制度，明确每一位副指挥长联系一个建设项目，及时了解该建设项目的进展情况，协调解决工程建设中出现的各种问题，化解各种矛盾，强化对工程质量的监督管理。

团结拼搏　群策群力　推动成都校区建设又快又好发展

为确保成都校区建设决策正确、管理规范，预防违法违纪和决策失误，指挥部建立了集体决策的工作机制：对建设项目、内容、标准的确定或变更；施工企业和材料、设备、服务提供商的选择和准入条件的设定；招标文件、合同、补充协议等文件的制定；5 万元以上的工程、设备、材料、服务费用的使用和款项拨付；工程分包、二次招标范围及其方式的确定；重大工程技术方案确定或变更；安全或质量事故的处理等事项的决策必须至少有 3 人参与研究和讨论，绝不容许"一言堂"的出现。

这样的例会，从第一家施工队伍进场算起，仅在头几个月便召开了近百次。工程部的同志曾这样回忆：除施工例会外，按照指挥部会议制度，根据工程事项的性质，分别召开全体工作会议、指挥长会议、指挥长扩大会议等，集体研究问题、讨论方案，做出集体决定。在决策过程中充分尊重专业技术人员的意见，从而有效地增强决策的科学性，如工程量清单编制、材料定价、招标文件核心条款等关键内容都是经专业人员把关，指挥长扩大会议审核通过方才实施的。学校也因此被投标企业和一些评标专家评价为"精明的业主"。依法决策、民主决策、科学决策、集体决策、分层次决策是成都校区建设正确决策的法宝。说到团结拼搏，不得不提起成都校区正式投入使用前 100 天。那是一个艳阳天，指挥长神情凝重地召开 100 天冲刺动员大会，会上大家群策群力，逐一分析影响施工进度的"绊脚石"，对最后阶段的 20 项重难点工作的具体做法、完成时间、责任人进行了详细部署并落实到人。从那以后，指挥部便进入紧张有序的倒计时战斗态势，大伙儿挑战极限，用最大的努力，珍惜用好每一天，确保目标实现。没有了周末和假期，只有动脑筋、想办法、添措施、求突破。在大家的齐心努力下，有效地解决了道路总平、绿化、运动场等配套建设项目与主体建筑项目后期交叉施工，互相牵扯制约、矛盾交织的困难现状；解决了因招标过程中频繁流标，造成材料供应严重滞后，多个工地已出现怠工待料的尴尬局面，实现了精准而高效地同时处理 13 项主体项目和 10 余项配套项目的后期安装装饰材料等细节问题。记得一份加班统计表显示出，在进入百日倒计时的第 64 天以来，指挥部多数同志在岗天数近 60 天。正是全体指挥部工作人员的团结奋进、集体合力，才能有效推动成都校区建设又快又好地发展。

求实创新　争分夺秒　保障各建设项目按期投入使用

成都校区的建设是一项与时间赛跑的工程，特别是"5·12"汶川地震都江堰灾后恢复重建项目、"4·20"芦山地震灾后重建项目，以及农业科技创新及实训中心等中央投资项目更是如此，必须严格按照国家的项目进度要求，高效优质地确保项目安全、有序地推进并投入使用。但是，因新建一个大学校区工程量实在巨大且项目众多，在招标工作中，流标的情况时有发生。流标就意味着下一环节的工作不得不推迟。尽管多次流标都是投标企业操作不规范或者投标企业未满三家造成，并不存在学校工作失误，但是眼看时间白白流逝，大家都非常着急。为了把在流标中浪费的时间"夺"回来，指挥部的同志们开动脑筋想办法，不仅及时总结了投标企业常犯的低级错误，反馈给代理机构提醒投标企业，而且还打出了"悲情、贴身、紧盯"三个创新工作法，争分夺秒抢时间。"悲情"，招投标前，有些项目的招标控制价需要到政府财政评审中心评审，负责投资控制的同志尽管腿脚不便，仍坚持不懈地到相关部门跑上跑下，一趟又一趟，其认真负责的工作态度让评审的工作人员十分感动，评审工作因此进展很顺利。"贴身"，项目申请立项、招标文件备案需政府相关部门的批复，为了节约一切可以节约的时间，招标办的同志们常常带着电脑和打印机在省、市发改委和招标站"蹲守"，发现问题立即处理，第一时间完成备案工作。省级主管部门要求报送的项目文件材料，办公室总是第一时间呈上，并时常作为范本被主管部门提供给其他高校或单位参考，工作中表现出的川农大人对于这个项目的重视和决心让政府部门管理人员非常认可。"紧盯"，招投标工作需要由代理机构来完成，而代理机构人少事多，一个人需同时代理多个业主的项目是极为普遍的事。为保证代理机构为学校"多干事"，指挥部使用"紧盯"战术，全程跟着跑，催促进度，使得代理公司的人看到指挥部的同志都害怕，连声道："饶了我们吧，我们的其他项目也得做啊！"最典型的例子便是学校运动场项目，这是政府实行电子招标后，第一个电子招标成功的项目，从招标文件备案到发布招标公告，只花了 3 天时间。而代理公司同期接的其他单位的同类项目，半个月还未通过备案。正是有这样一支工作队伍，成都校区才能在启动建设的一年半后实现首批学生入住新校区，不断刷新学校的建设历史。

11 年来，成都校区（含崇州教学基地）整个建设工程及配套设施投资规模近 15 亿元，新建教学楼、食堂、图书馆、学生活动中心、学生宿舍、研究生公寓等建筑面积543023平方米。其中投资规模5.6亿余元的"5·12"灾后重建项目和学校自筹资金的二期建设项目同时启动，这在学校建设历史上绝无仅有。基建资金、招投标、施工现场管理等工作都具有极强的政策性和专业性，管理难度空前，特别是一些灾后重建项目，对资金的使用要求非常严格，既要保证执行的合法性和决策的科学性，又要保证在国家规定的时间完成建设任务，真是件不易之事。无论面临多少的困难，成都校区的建设者们总能持续发扬"川农大精神"，共克时艰担使命，敢打硬仗，能打硬仗，在经受重重考验后，圆满地确保了各建设项目安全竣工并按期投入使用。这份意志与行动，这份一往无前的奋斗姿态，也必将在助力学校创建一流农业大学的壮丽征途中发光发热！

"川农大精神" 新传人

CHUANNONGDA JINGSHEN XINCHUANGREN

陈代文：一辈子干好猪营养这件事

杨 雯

人物简介：陈代文，二级教授、四川省学术和技术带头人、国家级教学名师；国务院学位委员会学科评议组成员，教育部动物抗病营养重点实验室主任，国家生猪产业技术体系岗位科学家，中国畜牧兽医学会动物营养分会理事长，四川省饲料工业协会会长；从事猪营养教学研究和人才培养工作，研究领域为营养与免疫、营养与猪肉品质；主持获国家科技进步二等奖 2 项，省部级一等奖 3 项，其他奖 10 项，2019 年获四川省科学技术杰出贡献奖；发表 SCI 收录论文 200 多篇；获国家级优秀教学成果二等奖 1 项目，四川省优秀教学成果一等奖 2 项，指导的 2 篇博士论文获全国优秀博士论文提名奖。

"我是养猪的。"陈代文喜欢这样介绍自己，他说这话带着调侃，但更多是自豪。作为我国动物营养学界的知名专家、猪营养研究领域的重要领跑者，他率领团队为四川乃至全国生猪养殖业贡献良多，曾两获国家科技大奖，2019 年度又被授予"四川省科学技术杰出贡献奖"。

为"川猪安天下" "以身相许"猪营养事业

在陈代文看来，潜心治学和关注社会不可分割，他常说："生产上存在什么突出问题，科研工作者就有责任去研究解决。"

生在广安农村的他，1979 年报考大学，没填报与农牧林相关的专业却被学校畜牧专业录取了。养了一辈子猪的父母非常失望，儿子上了大学竟还要继续和猪、牛、羊打交道。他们更没想到的是，陈代文在这条路上越走越远，研究养猪成了他的终身使命。

在跟随我国动物营养学奠基人之一杨凤先生学习期间，陈代文几乎跑遍了四川所有养猪的县，这让他了解了"川猪安天下"的重要意义，也深感"养猪人"责任重大。中国是世界第一猪肉生产和消费大国，生猪产业又占四川畜牧总产值的 60%，多年来饲养量和出栏量一直处于全国第一，是四川农业金字招牌中的金字招牌。但长期以来生猪产业一直面临着生产成本过高、产业竞争弱、环境污染严重、安全隐患突出、优质饲料紧缺等突出问题。面对这些问题，他率领团队在营养与猪的健康和高效生产方面开展了系统研究，并不断突破。

20 世纪 80 年代初，因为猪肉生产效率低，百姓买肉得凭肉票，吃顿猪肉不容易。

"面对国家的事情,科技人员必须挺身而出,没有任何价钱好讲!"解决低效问题,陈代文认为自己这个从事营养研究者责无旁贷。

由于营养研究的需要,很多实验尤其是营养代谢实验要求数据准确,研究人员必须守在猪圈,长时间和猪在一起,这就注定了"猪营养的研究论文只能写在猪圈里"。为了搞研究,陈代文曾在内江一处猪场一待就是3个月,在猪圈里搭了张床,和猪儿住在一起。80年代初的冬天,猪场里没有任何保暖设备,晚上常只有1~2摄氏度。自己吃不饱穿不暖,但他却把猪儿照顾得像自己的儿女,用拖布把猪圈拖得干干净净;猪儿一叫随时查看;生崽了一刻不离地看顾;为了保证实验数据准确,采样标本不落地受污染,还直接用手接过粪便……

经过多年无数次反复试验,陈代文和团队确定出了猪生长全程营养需求参数150个,制定和修订中国《猪饲养标准》。在理论上,他构建的生猪生产效率评价新指标,即以每头母猪终身生产优质瘦肉量和每千克瘦肉饲料消耗量为指标的评价新方法,推动了生产效率的快速提升。在技术上,他于1985年建立的仔猪阶段营养技术,比国际上提出的"三阶段"饲养法还早3年。这一技术的应用使肉猪生产效益大大提高,在肉猪出栏量和产肉率保持稳定的情况下,四川母猪年饲养量从600万头降低到400万头。成果在全国10多个省(区、市)推广应用10余年,产生直接经济效益115亿元。2010年,他主持的"母猪系统营养技术与应用"获国家科技进步二等奖。

"国家和社会的需要,就是科学家的责任"

陈代文身上透着科学家的强烈社会责任感,他常说:"国家和社会的需要,就是科学家的责任。"

20世纪90年代,他受邀参加一次猪饲料添加剂鉴定会。这种添加剂可大幅提高瘦肉产量,换回可观收益,深受企业和农民欢迎。当专家们对新产品投去赞赏的目光时,陈代文却泼了冷水,认为新产品存在安全危害,喂过这种添加剂的猪将对人类健康造成潜在威胁,强烈反对通过鉴定并推广。若干年后事实证明,他当时极力反对的新产品,就是后来被公众高度关注、国家明令禁止的"瘦肉精"。

陈代文曾算过一笔账:中国目前每年消耗的工业饲料约2亿吨,以平均值估测,其中动物吃后没被利用而浪费掉的能量,相当于1.6个三峡大坝的年发电总量。"我国养猪生产成本比国外要高一倍,养活5个人的粮食只能产出养活1个人的肉。""在中美贸易摩擦前,国家每年进口大豆、豆粕、玉米超过1亿吨,其中大部分被猪吃了。在贸易摩擦中,大豆就成了卡我们脖子的商品。"说起今天的中国生猪养殖实际生产中,仍然需要提升的效率,还有安全问题、肉品质问题、环境污染问题……都让他感到如鲠在喉,时不我待。

在陈代文的脑海里,没有节假日概念,每一天对他来说都需要争分夺秒,需要忘我投入。即使在拿到国家大奖后,他也从没想过要休息一下,而是在新的起点上继续孜孜以求。他说:"要改变现状我们一刻也不能懈怠!"

意识到进入新世纪后人们吃上"放心肉"的需求日益增长,他带领团队又开始进入猪抗病营养新领域，率先提出猪营养抗病理念，用"食疗"代替"药物"，以此减少抗生素等对人存在安全隐患的药物在养殖中的使用。

"你们还准备抢动医的饭碗?"一开始，各种质疑的声音纷至沓来，甚至团队中也有年轻人提出放弃，但陈代文没有气馁，困难反而激发了他的斗志，"国际上没有，那就让我们走在前列。"

10多年里无数个日夜的沉潜钻研，他终于带着团队在国际上首次构建了全新的猪抗病营养原理和技术体系，建立起全世界第一套猪抗病营养需求参数，成为安全、健康养殖的突破性技术，为老百姓实现从没有肉吃到有肉吃、从有肉吃到放心吃的转变提供了有力的科技支撑。2018年，陈代文凭借这项成果再次获得国家科学技术进步二等奖。2020年，已经是连续第三年国家以政府采购的形式购买和推广这项成果。它在全国的广泛应用已累计创造了80多亿元的直接效益，减少使用抗生素6000吨，少死亡猪200万头，少排粪污400万吨。

从"入行"到现在，在难题上连续突破，两次拿到国家科技大奖，陈代文的秘诀是："研究的课题要对国家社会发展、科学进步有意义;同时，不三心二意，在一个事情上深挖下去，哪怕一辈子就做好一件事。"

"希望用5到10年的时间，让我们的养猪技术在生产实际中达到国际先进水平。"从"有肉吃"到"放心吃"，如今，陈代文和团队又瞄准了下一个目标——让百姓能吃上高品质的猪肉，实现"开心吃"。

"随着科技发展，未来生猪产业是多学科交叉、第一、二、三产业融合的高新技术产业。""未来动物营养研究的中心一定在中国!"对此，他信心十足。

周小秋：人生需要不断自我加压

李劲雨

人物简介：周小秋，教授、博士生导师；四川农业大学学术委员会主任，教育部教学指导委员会委员，新世纪国家百千万人才工程国家级人选，国务院政府特殊津贴专家，国家农业科研杰出人才，全国优秀科技工作者，国家现代农业产业技术体系岗位科学家，四川省首届杰出人才奖获得者，教育部新世纪优秀人才支持计划人选，天府杰出科学家，四川省学术和技术带头人，四川省创新奖章获得者；以第一完成人主持获国家科技进步二等奖 2 项、省科技进步一等奖 2 项、省科技进步二等奖 1 项；以唯一获奖人获通威股份公司科技创新特别贡献奖 1 项；以第一发明人获国家授权发明专利 17 项；指导研究生 100 余名；以第一作者和通讯作者在国际权威期刊发表 SCI 收录论文近 200 余篇；副主编专著和参编专著 6 部。

周小秋的本科、硕士和博士三个阶段都就读四川农业大学，循着周小秋教授一路走来的足迹，不难发现老一辈川农人缔造的"川农大精神"一直融入在他的血液中。

忠于选择　坚持到底

1990 年 7 月，研究生毕业后，周小秋便留在学校动物营养研究所工作。

在猪场 3 年的养猪锻炼，既修炼了他独特的工作作风，也训练了他的基本工作能力、研究能力、管理能力和操控能力。后来，到仁寿下乡锻炼一年，使他的科研工作更加接地气，更加懂得当时的生产实际和社会需求，为运用能力的提升夯实了基础。

留校后，周小秋成为图书馆的常客，他发现水生动物营养研究在全国农业高校中还是一片空白，便很快锁定了个人研究方向。他大着胆子在没有教材的前提下，申请为本科生开设一门课程——鱼的营养与饲养学，以此开启水产营养方向的教学科研工作。一切都从零起步，"当时是三无，无钱无场地无人。"周小秋笑着说。

营养所领导和杨凤先生对这位有想法有干劲的年轻人很是支持，拨给他老板山的两间房子作为实验室。虽然离家不到 10 分钟路程，周小秋却搬到了山上，住进了实验室，家人给予了他极大的支持。由于鱼饲料不同于猪饲料，对保鲜的要求特别高，所有能用上的工具统统贡献出来。行李、被褥也抱到了实验室里，为了做好手上的实验，实验室成了他需要时刻呵护的"婴儿房"。

条件再差　绝不抱怨

周小秋说，人家是快乐工作，我是工作快乐。

工作是原因，快乐才是结果。那些充满挑战的岁月留给他的都是深深浅浅的快乐。"条件再差，绝不抱怨。"他说，他的"心情管理学"受杨凤、端木道、陈可容、刘守恒、周开达、荣廷昭等老一辈大师影响甚多。

在攻读杨凤先生研究生时，见面的第一回，杨老就不无戏谑地说："欢迎到地狱来旅游！"从这一句中，周小秋领略到多重意思：做学问一则要甘于清贫、清苦，二则要耐得住寂寞，三则可以收获快乐。

后来他在遇到困难时常常用这句话来自勉，为自己打气。水生动物营养研究在学校从无到有、从弱到强的过程正是周小秋追求快乐的过程。

周小秋的经历，力证了正确选择和坚持是成功人生的关键一步。

在他看来，选择的原则一般有两种：一种是优势、特色原则，另一种是差异化原则。他选择了差异化，从最具优势的猪营养研究领域转到空白的鱼营养研究领域，他的研究品种坚持了市场化、差异化和聚焦原则，研究领域从一般的营养代谢研究转到影响营养效果表达的关键营养调控：消化力、消化道健康、抗病力和水质质量。

"一个人要做到忠于自己的选择，从中修炼自己的意志力。"他说。

事业起步时，他不得不面对3大"拦路虎"：第一个是"硬件拦路虎"。基础为零，研究条件、资金和人为零，他要面对从零起步的挑战。鱼是低等动物，在试验条件下养活非常不容易，而他只对养猪很熟悉，对鱼一点都不了解。第二个是"软件拦路虎"。科研启动之初，手上没有任何资源。第三个是"认同拦路虎"。鱼的营养研究起步晚，主要集中在需要量和物质代谢为主，他集中研究的领域当时认同度不高，发表文章尤其困难。

周小秋选择了一条以"虎"为伴的路。他告诫自己："忠于自己选择就是尊重自己。忠于选择就获得了成长原动力。忠于选择，就获得了成长的加速度。忠于选择，就可能取得更大的成绩和成功。不断地选择就等于选择了原地踏步和退步，就会怀疑自己的能力和失去了动力。"

克服困难　创造奇迹

周小秋的第一步是做好研究策划、确定研究方向，将研究品种聚焦到建鲤，将研究领域聚焦到营养和饲料与鱼的消化吸收能力、肠道健康、抗病力和水质质量的关系，后来再聚焦到我国养殖量最大的品种草鱼，研究领域聚焦到营养和饲料与器官健康、鱼肉品质的关系。其次，他确定年度计划、制定路线图，确定好每年应该做哪些营养素、饲料和添加剂，并逐渐确立一套有效可操作的研究方案，让它成为研究、执行及落实的依据，也成为查找问题、解决问题的一项重要依据。

在2006年以前，他是一个"光杆司令"。鱼营养研究存在季节性，易出问题。2006

年以前由于资金有限，试验受到了极大限制，他不得不忘记星期天、节假日、白天和晚上；不得不在出差回来后第一时间赶到办公室、试验室、试验场；不得不在计划、方案和实施过程中反复讨论、反复论证、及时跟踪和落实到位；不得不对学生和团队正确的结果及时解读和分析；不得不想方设法为企业服好务，获取经费支持。

他的成长就是这样被逼出来的。

他心中形成了"困难和难题是成长的发动机，成长的过程就是克服一个又一个困难和解决一个又一个难题的过程"的理念。他的学生们认为，周小秋老师本身就是一本教科书，他为了科研目标会不惜一切地去努力，去拼搏，去实现，在他的工作中，这成了习惯，成了一种深入血液中的自觉。

扎根基层　与企业成长

功在当代，利在千秋。把科研成果转化为生产力，为国家和社会做出贡献，这是每一位科研人员追求的目标。

鱼营养研究优势转化为产业优势，周小秋再次做到了成功。

我国淡水养鱼存在发病率和死亡率高、用药量大和经济损失严重等问题，极大地威胁了鱼产品安全和产业健康可持续发展。因此，社会上前来寻求技术帮助的企业很多，周小秋选择与9家企业建立博士工作站或紧密合作。他带领团队帮助企业解决技术创新的难题、提供技术指导，企业每年也将提供上百万元科研经费，博士工作站搭建起科学技术进入企业生产线的平台。

在转化科研成果过程中，他和团队不只转让成果，还提供后续的人才和技术服务，也就是"嫁女儿"的同时还送"嫁妆"，扶持企业走好"最后一公里"。企业的需求会给周小秋的研究提出了课题，让他和他的团队在研究中选题更准。比如，健康营养饲料技术的提出，来源于鱼的消化力和抗病力弱，水质恶化，肠道疾病，发病率、死亡率高和肉质下降，企业经济损失惨重的问题，需要解决鱼肠道等器官健康、机体健康，以及降低水质污染的营养和饲料的治本技术，为企业带去了上百亿元的经济价值。

他的科研之路，做到了研究企业实际，有效地结合、消化、整合形成系统技术，提供综合技术支撑。他的鱼营养研究，也为企业解决难点问题提供指导和帮助，研制竞争力强的产品，为效益提升和企业的发展提供科技支撑，使技术价值转化成上百亿元的经济效益。

程安春：初心不变烧旺炉

李劲雨

人物简介：程安春，教授、博士研究生导师，排名第一获国家技术发明二等奖1项、教育部技术发明一等奖2项、中国产学研合作创新成果一等奖1项、中国发明创业成果一等奖1项、中国优秀专利奖1项、四川省科技进步一等奖1项、四川省科技进步二等奖3项、国家发明专利30件、国家一类新兽药证书1项、国家二类新兽药证书1项；带领兽医学教师团队入选全国首批"黄大年式教师团队"。

目光炯炯，思维迅捷，沉稳大气，语气温和，程安春以独特的气场向外辐射着一股坚毅的能量。"程安春"这个名字，早在几年前因"鸭传染性浆膜炎灭活疫苗"的研究获国家技术发明二等奖备受关注，后又获评"四川省优秀共产党员""天府杰出科学家"等。

不了解他的人，羡慕于他所获取的各种荣誉和光环。熟识他的人，则被其优秀的政治思想道德素质、刚正不阿的性格、饱满的工作热情、扎实的工作作风钦慕。

20世纪90年代初，还是20多岁小伙子的程安春刚研究生毕业留校不久。因为通过研制生物制品帮助养殖企业有效控制了鸭病毒性肝炎的发生和流行，他拿到了生平第一笔科研经费——500元，抵得上他好几个月的工资。那一刻，他为自己能真正解决生产实际问题而兴奋不已，同时也让他深感科研真正的生命力在于结合生产实践。

科研：生命中的重要内容

年轻时，缺经费、无仪器等困难都难不倒他，与企业合作争取经费、自制操作台……程安春带领团队克服一个又一个困难，针对"鸭传染性浆膜炎""鸭病毒性肝炎"等严重危害养鸭生产的重要传染病展开系统深入的研究和推广应用。

20多年的执着坚守，他带领团队首创了"鸭传染性浆膜炎灭活疫苗"，获得国家一类新兽药证书，成为国际上第一个研制成功并广泛应用于预防鸭传染性浆膜炎的疫苗；突破鸭病毒性肝炎弱毒活疫苗研发的技术瓶颈，获批为国家二类新兽药，结束了我国没有既可用于雏鸭免疫也可用于种鸭免疫，并通过母源抗体来保护雏鸭的鸭肝炎疫苗的批文和规程产品的历史，为有效预防该病的发生提供了重要的技术手段。这些新药在我国养鸭业中的广泛应用大大降低了养殖风险、降低了养殖成本，增加了养殖收入，减少了动物产品中的药物残留、环境排放及公共卫生影响，取得了良好的社会效益和生态

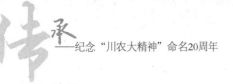

效益。

团队：推崇"旺炉"规律

"一个熊熊燃烧的火炉，即使投入一块湿毛巾进去，也会燃烧起来。"

"自己就是一个烧炉工。"把炉烧旺的理念是程安春带领兽医学教师团队入选全国首批"黄大年式教师团队"的有力武器。

为了把炉火烧旺，他作为团队负责人率先垂范，常常没有节假日，亲自到养殖场采样、实验操作。这份动力的源泉，一半是他严谨的科研精神，认为"科学研究需要亲自做才能发现问题"；另一半则是他对于打造良好团队风气和氛围的重视，"搭建一个让每个成员都能切实感受到自己是团队这个平台的主人，是我多年来一直在做的事""只有心情愉快，工作效率才最高"。

"把学院作为团队来经营"，在党政班子及师生共同努力下，党建思想工作与日常教学科研管理工作深度融合，"和谐动医、奋进动医、幸福动医"逐渐成为学院的特色文化，"建好班子，带好团队，锻造有战斗力的师资队伍"成为推动工作的有力抓手，1个根本任务（人才培养）和5个基本功能（教学、科研、社会服务、文化传承创新和国际化）得到兼顾和平衡发展，在努力营造开放合作和互相欣赏的学术氛围、构建勤奋敬业追求卓越的荣誉体系、力推全体师生共同进步和共同实现等方面取得突出成效。

在程安春的带动下，团队始终保持着高昂的战斗力，斩获多项荣誉。团队在聚焦"动物疫病防控理论和技术"的研究中形成了比较优势明显、特色鲜明的方向，对严重危害我国水禽养殖生产的重要传染病进行了系统深入研究，形成重大成果。部分领域研究水平达到世界一流，如近年来，全球73.5%的研究"鸭瘟"的SCI论文出自该团队。团队成员先后获国家技术发明二等奖1项、国家科技进步二等奖1项、教育部技术发明一等奖2项、四川省科技进步一等奖5项、中国产学研合作创新成果一等奖1项、中国发明创业成果一等奖1项、中国专利优秀奖1项。团队研究成果转化用于我国动物养殖业的疾病预防超过100亿头（只），经济社会和生态效益显著。

管理：科学思维做强学院发展

作为一院之长，心系全院和兽医学学科发展是分内的事儿，但以独特的创新精神，不断推动学院人才培养、科学研究、社会服务、文化传承取得新成绩，给予同事们从未料到的惊奇。

程安春刚上任不久，便让动物医学院组建了教授委员会，全院所有教授均参与学院管理，在引进人才、科研课题申报、大型仪器的采购与分配等重大议题前，被随机抽选进入教授委员会的成员参与专题管理讨论，把全院行政管理做到真正意义上的透明化。学院召开教学质量推进会，让师生海选院级教学名师并对获选者给予每人1万元重奖。研究生的日常管理，不紧则不力、不严则无获，学院在全校预答辩前半年举行一次摸底答辩，通过对研究生的考勤、试验记录等进行"工作状态"评估，集专家组的智慧帮助指导教师和学生提前发现研究内容缺陷，并有充足时间提升研究质量和毕业论文水平。大学老师既要为社会服务，更要有高于社会服务的能力去创造知识，学院成立了动物寄生虫病研究中心等 11 个研究中心（室），要求做深、做透、做强某项研究，既激励了老师凝练科研方向，更让科研仪器设备、研究生力量向中心（室）集聚，最大限度地避免资源整体紧缺和局部浪费的矛盾；仪器设备使用在很多高校是管理上的难题，学院建立的重大仪器公用实验室网上预约制，努力实现仪器设备的高效运转，前所未有地消除了老师们争抢仪器设备等科研资源的矛盾……

一路走来，在程安春和学院班子带领下，学院形成了"幸福动医、和谐动医、奋进动医"的学院文化，全院师生团结一心，呈现积极向上的良好的精神面貌。

陈学伟：用科学保卫粮食安全

张　喆

人物简介：陈学伟，博士生导师，校学术委员会常务副主任，西南作物基因资源发掘与利用国家重点实验室（筹）主任，省学术和技术带头人；四川省植物病理学会副理事长、四川省细胞与生物化学学会副理事长；担任多个期刊编委；获全国首届"科学探索奖"，享受国务院政府特殊津贴，入选国家级人才计划支持，获国家杰出青年科学基金支持，获科技部创新人才推进计划中青年科技创新领军人才、教育部"新世纪优秀人才"、四川省第二届杰出人才奖等荣誉称号；长期致力于水稻重大病害抗性机制与应用研究，在 Cell，Science，PNAS 等主流期刊发表 SCI 论文 60 余篇；成果获 2017 年度"中国生命科学十大进展""中国农业科学重大研究进展""中国农业科学重大研究进展"等。

2020 年初，陈学伟教授再添殊荣，将第二届"四川杰出人才奖"收入囊中。从 1993 年考入学校茶学专业就读，陈学伟教授就开始与川农大结缘。20 多年来，他始终不忘学校的深情厚谊，用辛勤和汗水将"川农大精神"发扬光大。

根在川农

"当初出去时，就想着有一天一定要回来，不是为了出国而出国，也不是为了追求更好的生活而出国。"2004 年赴美，陈学伟先后在加州大学欧文分校、加州大学戴维斯分校从事博士后研究工作，并于 2009 年晋升为加州大学戴维斯分校助理项目科学家。就在事业蓬勃发展的时候，2011 年他选择回国，回到母校工作。

有这样的想法，就不得不提到陈学伟在川农大求学期间的几位导师——周开达、李仕贵、黎汉云。"师从于这些导师是我一生最大的荣幸。"陈学伟说，"老师们就像父母一样在培养教育我，他们毫无保留地把知识传授给我，在生活上处处关心照顾我，这份深深的感情，走到哪儿我也不能忘、不会忘。"

而对学校的情感，更是异常深厚。

1990 年，尽管中考成绩特别优异，陈学伟却因身高缘故落榜中专。1993 年，考大学时，分数超过了重点线，但再次因为身高的缘故，没有被第一志愿学校录取。"当时觉得读川农大也没有希望了，义父却鼓励我，上天不会辜负勤学努力的人。"交织着希望与焦急，他意外地收到了学校茶学专业录取通知书。

被问及为什么会跨专业考研，他的回答很简单："那个时候川农大茶学还没招研究生。"而之所以选择作物遗传育种，师从周开达院士从事水稻研究，只是因为"我们学校的作物很强，而水稻是粮食主食"，家住农村的他天然对水稻研究有种敬意。

出国期间，陈学伟与李仕贵老师一直保持联系与合作，也一直在关注学校的发展。当学校面向海内外诚聘英才的公告发布后，李仕贵老师第一时间告诉了陈学伟这个好消息。虽然此时陈学伟已经晋升为加州大学戴维斯分校助理项目科学家，发展势头较好，但是回国回母校创业的心意更为迫切。"我就是想找个工作，可以投入到自己喜欢的事业中。"他低调而谦逊。

学校也为他干事创业营造着有利环境：300万元引进人才启动经费、150万元杰出青年培养经费，为他启动科研工作提供了支持。学校还特意为他配了3个助手，李仕贵教授也把最优秀的博士生、硕士生分到他的研究团队支持他开展工作，充实实验室人手。

"学校不仅是我智慧启蒙的地方，也是推动科研工作的好平台！"这是陈学伟的肺腑之言。

成在川农

回国返校之后，陈学伟立即投入到水稻抗病研究中。他带领科研团队和国内外相关研究机构多方开展项目合作。"只有交流合作，才可能进步。"陈学伟认为，科研领域合作特别重要。

而这也在他之后的科研成果中反映出来。通过多年努力，陈学伟带领团队利用稻瘟病广谱抗性水稻，终于找到了稻瘟病广谱抗性关键基因，揭示了重要调控机理，成果于2017年在全球顶尖学术期刊 Cell 发表，实现了学校乃至整个西南地区高校在 Cell 主刊发表论文的零突破。该项研究是与加州大学戴维斯分校、中国科学院遗传与发育生物学研究所等国内外科研机构合作完成的。一年之后，他带领课题组又在 Science 杂志发表了和中国科学院遗传与发育生物学研究所李家洋院士团队合作完成的单个转录因子促进高产抗病新型机制这一重大研究成果。这也是一项强强联手的研究。

"这项成果可以说是在多个团队通力合作，共同努力下所取得的，李家洋老师团队主要从事植物发育领域的研究，陈学伟老师团队则侧重植物抗性领域的研究。还有文章的其他作者所在团队都给予了我们莫大的支持。比如文中的部分育种材料是李仕贵老师团队构建并提供，实验中用到的一些实验方法是从王文明老师团队学习的，还有李平老师、吴先军老师在本项目中的实验和技术上给予我们很多帮助和指导，美国加州大学戴维斯分校的 Pamela Ronald 教授、Mawsheng Chern 博士和中科院遗传所的朱立煌老师、周俭民老师对我们的实验思路和论文整理给出了很多非常重要的意见。没有这些老师及其团队的贡献，我想也不会有我们这项研究成果。"该篇论文的第一作者王静博士说。

除了开放的学术思维，陈学伟更是把"求真务实做学问"的精神发挥到极致。虽然发表在 Science 上的研究成果在2017年初已初步成型，但他和团队并没有急于求成，而是又花了一年的时间不断细化实验步骤，补充实验数据，反复验证结果，才最终

公布。

"陈老师要求我们做每一件事、每一个实验都要认真仔细,不能马虎,要做就要做好,做到极致。"学生周晓钢说。

每周举行的读书报告、实验进展报告,每个人都必须认真准备,"开始有人以为其他人做了报告,自己就可以走走过场,结果陈老师一一点名要求学生提问和谈读文献的体会,做得不好就会被批评。这下大家紧张起来,再不敢应付了。"学生袁灿说,"陈老师经常讲,运动员要比赛跑 100 米,平时就要训练 150 米。平时的严格要求才能在关键时候发挥作用。"

严格的要求让学生迅速成长。从 2011 年回国至今,陈学伟教授带领课题组已在 *Cell*,*Science*,*PNAS*,*Autophagy*,*PLoS Genetics* 等主流期刊发表论文 30 多篇,并将理论应用于实践,合作培育水稻新品种 20 余个,产生了显著的社会和经济效益。

如今,陈学伟成为国家杰出青年科学基金获得者,荣获腾讯首届"科学探索奖"、四川省杰出人才奖……一项项重量级的荣誉没有让他迷失自己。他表示,会倍加珍惜荣誉,带领团队继续在提高水稻抗病性、减少农药使用方面下功夫,用科技为农作物的高产、优质提供保障,保卫粮食安全,把四川农业大省这块金字招牌擦得更亮。

李仕贵：做好稻田里的大学问

张　喆

人物简介：李仕贵，博士，教授，博士生导师，水稻所所长，国家杰出青年科学基金、四川省科技杰出贡献奖和何梁何利基金奖获得者，新世纪国家百千万人才工程国家级人选，享受国务院政府特殊津贴专家，教育部新世纪优秀人才支持计划，全国农业科研杰出人才，四川省天府农业大师和四川省学术与技术带头人。中国遗传学会理事，中国作物学会水稻专业委员会理事，四川省遗传学会副理事长，四川省作物学会常务理事。长期从事水稻遗传与育种研究和人才培养。针对西南稻区生态环境，开展了水稻种质资源的深度发掘、创新和利用，定位克隆了系列有重要育种价值的新基因，改进和完善杂交稻的选育方法，形成了提高重穗型杂交稻亲本选育效率的技术体系，育成了蜀恢 527 和 498 等重穗型杂交稻骨干亲本，组配出系列重穗型杂交稻新品种，推广种植 2 亿余亩。先后获国家和省部级奖励 10 余项，其中国家科技进步二等奖 3 项，四川科技进步一等奖 3 项；发表论文 200 余篇，SCI 收录 60 余篇。培养毕业研究生 100 余名，其中博士 30 余名。

在新型冠状病毒肺炎疫情防控期间，水稻研究所李仕贵教授带领团队克服工作模式变化所带来的困难，科研工作不停步，连续在国际著名学术期刊《植物生理学（*Plant Physiology*）》和《实验植物学期刊（*Journal of Experimental Botany*）》发表研究论文。这也是他几十年如一日，发扬"川农大精神"，踏踏实实奋战在水稻育种研究一线的一个缩影。

做科技创新的先导者

"抗逆、品质、安全"是李仕贵教授团队近年来科研攻关的关键词。长期以来，他和团队一直都在为提高水稻的产量、品质而不断努力。他对水稻育种研究的炽热溢于言表："育种就是一个淘沙金的过程。我们根据常识选定了淘金地点，然后就靠经验和运气，育种选育带给了我无穷无尽的奇妙乐趣。"

李仕贵教授充分认识到传统水稻育种主要靠经验和易观察测定的外观性状进行选择，育种周期长、效率低，只有系统学习并掌握现代遗传学和分子生物学的理论和技术，提升育种理论、方法和技术才能在自己的研究领域里创新领跑。

"我们要做的就是把基础研究和应用研究结合起来，在长江中上游形成自己的特色。因此，利用分子生物学技术对重穗型杂交稻进行改良提升、协同创新是重点。"李仕贵对自己的研究方向很明确。针对蜀恢 527 抗倒性不足、难以适应机械作业的问题，李仕贵教授从玉米轮回育种成功经验中受到启发，建立了分子轮回育种方法，育成了新一代重穗抗倒型优质抗病恢复系蜀恢 498 和不育系川农 1A 等，组配出多个新一代重穗抗倒型杂交稻组合。其中，F 优 498 被列为全国主导品种，Ⅱ优 498、川农优 498 被列为四川省主导品种。F 优 498 被农业农村部认定为超级稻，并遴选为长江上游国家区试对照品种，目前正大面积推广应用，取得巨大的社会和经济效益。

骄人的成绩给李仕贵教授带来诸多荣誉：学校首位全国百篇优秀博士论文获得者、学校首位国家杰出青年基金获得者、四川省科技杰出贡献奖、新世纪百千万工程国家级人选、全国先进工作者、全国粮食生产突出贡献农业科技人员、何梁何利基金获得者、四川省农业先进科技工作者、首届天府农业大师项目入选者……

面对诸多荣誉，他却非常低调，"该干啥干啥，踏踏实实做好本职工作"是他一贯坚持的态度。目前，他带领团队主要开展水稻产量、逆境胁迫和稻米品质的遗传基础解析，取得了一系列重要进展，获得的相关成果已在 *Nature communications* 等期刊发表。

将"川农大精神"传承

"都是老先生们创造了良好的环境，他们对我影响很大。"李仕贵对老一辈川农人创造的好条件很感激。

1990 年，李仕贵在学校获得硕士学位后留校。老一辈川农人爱国爱校、敬业奉献、百折不挠、勇攀高峰的精神深深感染了他。1998 年博士毕业后，李仕贵放弃了出国深造的机会，选择回到川农大。"一个新的水稻品种从研发到推广，往往需要十年，人生能有几个十年？老师们的研究已经奠定了扎实的基础，我有责任将他们的科学研究薪火相传下去。"如今，李仕贵教授也像他的老师一样，言传身教，悉心育才，自觉做教书育人的示范者。

"虽然李老师很忙，但他带学生总是亲力亲为，每个学生的研究情况他都掌握得清清楚楚。"

"李老师总是教育我们做研究要踏实认真，实事求是，每一步都走得踏实稳重。"

"我希望他们在科研道路上不要有任何畏难情绪，更重要的是养成一种开拓创新的精神。"这是李仕贵教授对同学的期望。为此，他竭尽所能为学生创造条件。到外地开会，他会有意识地收集国内科研育种新进展、新材料，详细记录了带回来分享。遇有重要的学术会议，他带着学生出去开眼界，长见识。他有意识地与中科院遗传所、中国水稻所及中国农科院等建立了广泛的联系、交流与合作。为了学生更好地成长，在实验室人手紧张的情况下，李仕贵老师依然支持同学们申请到国内外著名高校学习。在他的支持下，有不少同学赴耶鲁大学、加州大学伯克利分校和河滨分校、美国农业部水稻中心等著名实验室从事相关研究。

"作为农业科技人员，我要继续奉献自己的力量，全力推动祖国的农业农村现代化。"李仕贵教授对这份事业感到光荣与自豪。他表示，将继续"做科研、带学生"，做好稻田里的大学问。

方正锋：科教育人我有"三不"

龙泓宇

人物简介： 方正锋，二级教授，博士生导师，曾作为访问学者留学美国贝勒医学院。2018 年入选四川省学术与技术带头人，是中国畜牧兽医学会动物营养分会理事、四川省畜牧兽医学会动物营养分会理事、四川省营养学会会员，以及 *American Journal of Clinical Nutrition*，*Molecular Nutrition and Food Research*，*Journal of Animal Science* 等 10 余家杂志审稿人。主持国家自然科学基金、国家重点研发计划、四川省杰出青年基金和国际国内横向科研合作项目多项，累计发表学术论文 144 篇，其中 SCI 论文 125 篇；获国家专利 17 项，其中发明专利 11 项；获省部级以上奖励 9 项，包括国家科技进步二等奖 1 项、国家教学成果二等奖 1 项、省科技进步一等奖 3 项。

从 2008 年博士毕业来到川农大，到 2011 年由讲师越级晋升为教授，再到近年来，与团队一起接连斩获国家科技进步二等奖和国家教学成果二等奖，经过"川农大精神"13 年的浸润，方正锋在教学、科研、社会服务等战线上齐头并进，走出一条极具个人特色的"三不"发展之路。

课堂教学创新不止

"啊啊啊骨短，生物素缺乏的表现；啊啊啊骨短，也可能缺锰或胆碱……"在方正锋《动物营养学》的课堂上，《五环之歌》的旋律经常在同学们心中响起。

原来，为了让同学们能够快速准确地记住"矿物质、维生素缺乏及其病症"这一课程重难点，方正锋借用流行歌曲《五环之歌》的旋律，自己动手"填词"，创作《矿维之歌》，将矿物质、维生素的营养特点用歌曲生动形象地展现出来。

"也太新颖丰富了吧！""这要是再记不住可真说不过去了。""风趣幽默的老师能让人爱上一门课。"……以《矿维之歌》为代表，以"遇上方正锋，记住重点只要五分钟"为追求，致力于打造轻松幽默、寓教于乐教学模式的方正锋受到众多学生的喜爱。每年都有不少学子因为听了他教授的"动物营养学"课程而选择其作为本科阶段的指导老师。

认真对待每一堂课，认真上好每一堂课，是方正锋从教以来不变的准则。课前，他会结合科研成果，不断更新和补充动物营养学的新知识、新理念，把准备工作做到极致。课间，他着力营造氛围轻松的课堂，结合饲料企业、生猪养猪场生产实际情况，将理论知识由浅入深地传授给学生，激发学生学习热情和兴趣。课后，他注重与学生的互动交流，面对学生的疑惑，总是予以及时耐心的解答。而且，他不仅解答各种专业问题，还会对"搞农业是不是很低端啊？""毕业后我们农业学子会不会受歧视？"等学子心里的顾虑一一进行正面回答。

独具一格的授课方式，对学生认真负责的态度，在学生中超高的人气，让方正锋获得"四川农业大学青年教师讲课竞赛一等奖"，坚定了他继续钻研教学的决心。

校企联姻合作不断

"方教授你好，我们决定继续与贵所开展下一个3年的合作！"这几天，让方正锋颇高兴的一件事，便是世界三大营养添加剂生产厂商之一：安迪苏，决定继续与动物营养研究所开展下一个3年的合作。

3年前，在连续3次获得安迪苏两年一度的全球招标科研项目的基础上，方正锋更进一步，促成动物营养研究所与安迪苏共建"营养与健康创新研究中心"，获国际横向合作经费1500余万元，有力带动了动物营养与健康、节能减排和饲用抗生素替代等领域的基础理论研究及技术成果的转化，推动了动物营养学科的国际化发展。

长期以来，高校重"理论"、轻"技术"，而企业重"技术"、轻"理论"，校企合作时经常会遭遇"科研"和"应用"两张皮这一突出问题。为了将最新科研成果及时转化到生产实践中，以方正锋老师为代表的科研团队，十余年来聚焦校企联动多赢的长效合作机制探索，通过开展行业技术研讨会和网络直播课程等方式，第一时间与企业共同分享科研成果，走出了一条以产品为载体、以学术为灵魂、以科研为抓手、以应用为目标的校企深度合作之路，形成了以企业为主体、市场为导向、高校为内核的产学研深度融合的技术创新体系。与安迪苏的长期合作，便是其标志性成果之一。

不仅是科研成果，方正锋也致力于将"教学成果"——自己带出来的研究生，与企业紧密联合起来。方正锋会根据企业和社会对人才的不同需求以及学生自身的特点，因材施教培养不同类型的学生。十多年来，他培养毕业的硕士生、博士生已在全国企事业单位的工作中崭露头角，赢得广大行业人士的一致好评。方正锋老师也因此荣获"研究生就业先进导师"的殊荣。

助力"三农"服务不休

"老乡，别再用育肥饲料喂母猪了，这样要不得！"2020年5月，当方正锋在普格县看到一些养殖户喂养混乱、饲料单一时，既痛心又着急。

作为四川省生猪创新团队的骨干成员之一，方正锋义不容辞地深入越西县、布拖县、昭觉县、普格县等四川乡村振兴第一线，及时查找生猪养殖户在养殖过程中的不科学、不合理、不规范之处，并及时加以指导和培训。仅在2020年5月，方正锋就马不停蹄地为当地农技人员、新型职业农民、养殖户做过连续多天的现场指导和技术培训，内容涵盖生猪养殖的日常饲养管理、养殖圈舍设计、饲料营养及饲喂、疫病防控等常见问题。

　　"奉献、协作、求实、创新"，这 8 个字既是营养所传承"川农大精神"而孕育出的团队精神，也是方正锋始终坚守的信条。在来到川农的 13 个年头里，他始终站在社会服务和脱贫攻坚的最前线，充分发挥自身在动物营养与饲料科学领域的专业特长，通过与企业联合共建博士工作站、与地方政府签订专家工作站的方式，落实校企、校地合作，指导、帮扶企业和地方发展，以产业带动贫困群众增收。

　　2008 年至 2010 年，"5·12"汶川大地震后，方正锋活跃在安县的灾后重建服务工作当中，通过为受灾群众讲解灾后养殖防疫、生猪营养配比等养殖关键技术，全力协助当地又快又好地发展生猪养殖产业，尽快走出灾难阴霾。2011 年至 2013 年，方正锋又投身于甘孜州藏猪养殖技术指导工作当中，根据甘孜州实际养殖条件，提供藏猪饲料资源开发和饲养管理关键技术，切实解决藏猪养殖户饲料原料短缺、养殖技术匮乏的难题。2017 年至 2020 年，学校对口帮扶凉山州雷波县脱贫攻坚工作，方正锋积极响应学校号召，多次带领研究生深入雷波县进行调研和指导工作，并主持编写了《雷波芭蕉芋猪标准化养殖技术手册》，用于指导雷波县芭蕉芋猪特色养殖。

　　在方正锋十几年如一日的倾心服务下，越来越多乡村生猪养殖模式从粗放、零散、随意的原始养殖，过渡转变为精细、规模、科学的现代化养殖。在帮助养殖户不断提质增效的同时，他自己也被学校授予"社会服务（扶贫）先进个人"。

　　凡是过往，皆为序章。在未来的征途上，方正锋将继续走好自己的"三不之路"，力争取得更多新成绩。

李明洲：科研世界真的很有趣

杨 雯

人物简介：李明洲，教授、博士生导师、省学术带头人、四川省青年联合会副主席、四川省科技青年联合会副主席、中国青年科技工作者协会理事、《遗传》编委等；主要从事猪遗传育种研究，在 *Nature Genetics* 等国际知名期刊发表 SCI 论文 130 余篇；主持的研究成果入选 2017 年"中国农业重大科学研究进展"；主研获省科技进步一等奖 1 项，国家教学成果二等奖、省教学成果一等奖各 1 项；曾获国家有突出贡献中青年专家称号、享受国务院政府特殊津贴、国家自然科学基金"优秀青年科学基金"、省"五四青年奖章"、省青年科技奖、省学术和技术带头人、省有突出贡献的优秀专家。

李明洲十分热爱科学和他的科研事业，对他而言，探索生命世界的未知有着无穷乐趣。他说："兴趣最重要，如果是为了奖励、为了物质而搞研究，不会有坚持的动力，做有趣的事情永远不会觉得辛苦。"正是这种兴趣的引领，让他热爱着自己的事业，在科研路上不断攀登。

31 岁的二级岗教授

李明洲一直专注于猪经济性状的功能基因组学和分子育种研究，在猪骨骼肌生长和脂肪沉积的分子机制领域做了大量出色的工作，部分成果代表了世界农业动物遗传育种研究的前沿水平，在国内外学术界产生广泛影响。

2012 年，以他为第一作者的《猪脂肪和肌肉组织的基因组甲基化图谱》论文发表在《自然－通讯》上，迅速引起了世界各地科学家的高度关注。该杂志一篇文章平均年下载量 1900～2800 次，而他的这篇论文一夜之间就被下载了 2808 次，"完全没想到这么火爆。"因为该论文的国际影响力，学校迅速决定，特聘当时还是副教授的李明洲为二级岗教授，并给予学校另一位通讯作者、动物科技学院院长李学伟教授课题组 300 万元奖助金。

二级岗是仅次于一级（院士级）教授的头衔，在 31 岁成为川农大乃至四川省最年轻的二级岗教授，这对李明洲来说似乎都是"浮云"，他继续沉浸在自己的科学世界里，推掉采访，换了电话号码，每天背着双肩包上课、做实验、看书、写论文，丝毫没有慢下脚步。

一年之后，他和团队又在《自然·遗传》上发表了《比较基因组学鉴定藏猪和家猪的自然和人工选择》，在当年以 35.2 刷新了川农大发表论文影响因子新高。2017 年，以他为第一作者兼共同通讯作者的高水平论文又一次出现在学术期刊《基因组研究》上，影响因子达到 11.35。该成果入选 2017 年"中国农业重大科学研究进展"，成为当年唯一入选的农业动物类研究成果。

6 年之内 3 篇高质量论文，这只是他学术研究成果的一小部分。近年来，他发表 SCI 论文 130 余篇，累计影响因子 430 以上，累计被引 2900 余次。其中，以第一（共同第一）或通讯作者发表 SCI 论文 80 余篇，累计影响因子 260.16，7 篇论文被引过百次，单篇最高被引 350 余次。他担任《自然－生物技术》《自然－通讯》《美国国家科学院院刊（PNAS）》等十余种国际知名学术刊物审稿人，审稿百余篇。在国际国内学术会议做学术报告 20 余次，连续四届受邀在全国动物遗传育种大会上做大会报告。2017 年受《遗传》杂志邀请，作为专刊组稿专家并主笔撰写《组学时代农业动物遗传育种研究》前言。在大家心目中，他就是个痴迷科研的学术"达人"。

心无旁骛遨游兴趣中

"藏猪在那么高的海拔生长，却没有高原反应，多神奇？""成都、雅安、内江三地的距离不远，却有着各自不同的地方猪品种，是不是很神奇？"所有的问题在李明洲那里，越研究越思考越觉得"非常有趣"。

他于 2008 年博士毕业留校，在大学从事科研和教学工作。对他来说，这是一件再惬意不过的事情。他每天的生活简单而又有规律：早上骑自行车去上课，下课后就钻进实验室做实验或者看各种科技文章；回到家基本不看电视，要看也只看纪录片频道。他还在手机上订阅了许多国外的科研文章，每当坐车或坐飞机出差时就拿出来翻阅。

在别人看来，这样的生活未免枯燥，可对他而言，却无时无刻不充满着乐趣。"因为我每天都会接触到不同的科学思想，看到世界各地许多有趣的科学现象和事物。我觉得这些都太神奇了，一点都不枯燥。"

这位"80 后"教授一直保留着看科幻杂志的习惯。"科研需要想象力，你想，如果编码叶绿素的基因可以转给人体，人就可以不吃饭了。"他的思维极为活跃，这使他在科研上闯劲儿十足，"灵感"多多。他一直骑自行车代步，因为对他而言上驾校是"浪费时间"，他舍不得。他经常一边吃饭一边思考某个问题。有一次饭吃到一半，李明洲突然放下碗，匆匆打开电脑。家人以为有什么急事，后来才知他是要及时记下脑海里刚冒出来的"灵光一现"。

他带的六七名研究生曾同去他家做客，竟然"一进去感觉就把他家都装满了"，博士生刘鹏亮说，当时大家惊叹于他的"蜗居"，"完全没想到这就是集国家有突出贡献的中青年专家等 9 个学术头衔和荣誉于一身的知名专家的家"。但在李明洲的意识中，日常的物质条件不必太高，因为科研带来的巨大精神享受已让生活足够"丰满"。

追随一种精神

李明洲出生在雅安一个普通的工薪家庭，他笑称自己在"3平方公里"范围内长大，从幼儿园念到博士，他就读的学校都在雅安。从小他成绩就不错，初中还获得过全国奥林匹克数学竞赛二等奖。他选择川农大，是因为要追随一位自己崇拜的学者。

还在高中时，李明洲从电视上了解到了当年四川省的"十大杰出青年"之一——川农大的李学伟教授的事迹：他在哥廷根大学攻读了博士学位，却始终心系故土，拒绝国外开出的优厚条件和个人业务得到更好发展的前景，义无反顾回到并坚守在川农大这方热土上。他立志要推动中国的养猪事业，30岁便破格晋升为教授，当时已是国际上猪遗传育种方面的专家。

受李学伟教授事迹的感召，李明洲决定向"偶像"靠拢，考到川农大动科学院追随他的步伐。从20岁起，李明洲便跟随李学伟教授做课题、搞研究。"我现在取得的这一点成就，全都是李学伟教授手把手培养出来的。他从学识、科学道德、科研经费等方方面面影响和帮助着我。"对恩师的提携，李明洲充满了感激。

"我国猪的养殖和猪肉消费量均占全球总量一半以上，现在全球猪育种学家都在致力于猪生长和肉质性状的共同改良，让猪肉更营养、健康、美味，我做的基础性研究也许短期内并不能见到什么实际成效，但是需要人去研究。"专注于"猪经济性状的功能基因组学"研究领域，李明洲既享受过程带来的乐趣，也怀揣着一份责任。

传承一项事业

"我现在能取得一点成果，是因为我不是一个人在战斗。"李明洲说。作为"猪分子遗传育种"四川省青年科技创新研究团队的带头人，李明洲重视团队的高质量发展。

"细节决定一切。"这是李明洲常向团队成员强调的。论文共11页，在投给杂志社要求修改时，他却写了整整63页的讨论意见。分析数据作图，哪怕0.01毫米的误差也不允许。图形也多方考虑，一份数据往往要做成柱状图、折线图、扇形图、点状图等多种方式进行对比，看哪一种效果最好，线条粗细、颜色选择、字体大小也要一一讨论。

在猪场采样的时候，为保证样品质量，要求15分钟之内把所有样本采集归类保存，"完全是跟打仗一样。"高强度的工作常常从早上8：00持续到凌晨2：00，回去时闭上眼都是猪肉。"他做科研要求特别高，对细节精益求精。"跟他有着10年接触的一位博士说，"有时我们觉得已经够精细、无伤大雅了，他还是会追求完美，坚持要改过来。"

如今，面对团队的事李明洲也是如此。"你们就在那儿等我，我过来！"为了不浪费课题组年轻学子的时间，开组会他从来是学生在哪儿他就到哪儿，绝不让学生花时间多跑路。"为了不耽误研究进度，他有时刚下飞机就直奔实验室找我们。有一次已经是晚上10点多，一身的风尘仆仆真是扑面而来。"刘鹏亮说，在老师身体力行的带动下，平时团队里没有人懈怠。

科学的世界每一刻都新鲜而有趣，和一群志同道合的人一起在其中探寻一个个未知，李明洲乐在其中。

卢艳丽：探索未知　享受创造

龙泓宇

人物简介：卢艳丽，教授、博士生导师、省学术带头人；主要从事玉米抗逆生物学与分子育种科研及教学工作，在 PNAS，*Nucleic Acids Research* 等国内外主流期刊发表文章 50 多篇；主研选育玉米新品种 10 个，获省科技进步奖一等奖 1 项、二等奖 1 项；长期担任国内外 10 多家期刊的审稿人和《作物学报》的编委；先后主持 20 余项国家及省部级科研项目；曾获全国优秀博士论文奖、国家自然科学基金"优秀青年科学基金"、中国青年科技奖、中国青年女科学家奖和省三八红旗手称号；入选享受国务院政府特殊津贴专家、国家级人才工程项目、省学术和技术带头人。

"我喜欢研究未知领域，去创造知识，并享受无穷的精神乐趣，哪怕这过程中会遇到各种困难。"从求学时代斩获全国优秀博士学位论文，到工作后接连收获国家自然科学基金优秀青年基金资助、中国青年女科学家奖、国务院特殊津贴专家、中国青年科技奖等荣誉，卢艳丽 20 年来的成长经历，也正是她与"川农大精神"同行的 20 年。

不畏艰难向前冲

刚进玉米研究所读研时，第一次到学校雅安多营农场清理玉米种子的卢艳丽发现"工人都比自己懂得多"。

本科就读于学校农业区域发展专业的卢艳丽没有学过生物化学、遗传学，更没有学过分子生物学、基因工程。面对一个接一个看不懂的专业术语，卢艳丽不仅没有感到心烦意乱，反而更是充满干劲，"艰苦奋斗"成为她生活学习的常态。只要有不理解的词句就一个个去查阅弄懂，在实验室一待就是一天，忙到凌晨一两点是常事。

凭着这股子精气神，卢艳丽很快便撕下了"科研小白"的标签，并在研二的时候，跟导师曹墨菊提出想提前攻读博士学位的想法。"感觉自己才刚刚入门，不能就这样读完研究生出去了，既然要做一件事就要做到最好。"

曹老师向"川农大精神"的缔造者之一、中国工程院院士荣廷昭郑重推荐了卢艳丽。多年后，荣院士依然对曹老师引荐卢艳丽那一刻记忆犹新，深深透露出伯乐发现千里马的喜悦。

在随后的求学岁月里，卢艳丽近距离看到了荣院士对"三农"的全心全意，对学校的尽心尽力，对科研的一心一意。荣院士践行、丰富和发展"川农大精神"的身体力行，都在潜移默化地影响着卢艳丽。曾经觉得离自己很遥远的"川农大精神"，慢慢进入卢艳丽的日常生活，成为滋养她不断成长进步的动力源泉。

坚守初心不动摇

由于在科研上的表现出色，卢艳丽获得了以公派博士留学生的身份到墨西哥国际玉米小麦改良中心（CIMMYT）交流学习的机会。留学期满后，她又继续在CIMMYT、澳大利亚Murdoch大学、华中农大等科研机构和高校访问交流。

研究领域十分前沿，很多时候都要靠自我摸索，分析数据需要使用新的软件。为此，卢艳丽继续发挥她不怕吃苦、敢于探索的精神，啃下了20来本全英文说明书，一步步学会了操作分析、提炼总结。

不管在哪里，卢艳丽超强的自学能力都能给对方留下深刻印象。也正因为如此，国外和国内一线城市向她伸出了橄榄枝，澳大利亚、北京的单位都向她提供了优渥的工作机会。

如同她当初选择玉米一样，卢艳丽选择了回到母校四川农业大学。"在外面这么多年，无论身处何处，内心对川农大的爱意却是越来越强烈。"卢艳丽说，以前在母校的时候，看到的是母校的不足，但真正离开母校到了外面，却一直在念叨母校的好。"攻读学位时，我就一心想把先进的理论方法应用到玉米生产实践中，始终以'兴中华之农事'为己任的母校，能给我实现自己初心的平台。"

步履不停求创新

作为人类已测序的基因数量最多的植物之一，一颗小小的玉米粒，有多达10对染色体、约3.2万个基因、23亿个碱基，这就要求卢艳丽经常面对庞大而烦琐的工作量。更令人崩溃的还有不可捉摸的环境和天气因素。她不仅要像农民一样天天泡在田间地头，还得靠天吃饭，遇到糟糕的天气，可能导致鉴定结果的不准确，一些宝贵的突变体材料还可能颗粒无收。

"越是艰难困苦越要咬紧牙关坚持向前。"面对未知的领域，卢艳丽深知只有不断坚持前行，才能有所收获，有所突破。

秉承着这个信念，卢艳丽立足于四川及西南地区对玉米生产的实际需求及特殊的生态环境，始终聚焦"玉米抗逆基因资源发掘与分子育种"这一主研方向，在10余年的时间里潜心研究，穿梭于玉米田间和实验室，发现了一个又一个玉米的基因秘密。

通过长期研究，她筛选、创制了一批抗逆玉米种质资源，构建了集玉米自交系杂种优势类群划分、全基因组分子标记开发方法及其数据库、抗逆基因标记为核心的分子标记育种技术体系；利用链特异性转录组测序等方法鉴定了玉米应答干旱胁迫的非编码RNA，通过全基因组关联分析和遗传定位等多种方法验证了自然反义转录本与玉米耐旱性存有显著关联，揭示了玉米根系表观调控响应干旱胁迫的分子机制，丰富和补充了玉米耐旱的分子机理，为玉米耐旱分子育种提供了新的理论和技术依据。

同时，她带领的科研团队在 *JIPB*，*Nucleic Acids Research* 等国际主流期刊发表 SCI 论文 30 余篇。结合育种实践和需求，发展了复杂数量性状遗传定位的新方法，解析西南玉米"温带×热带"杂种优势模式，参加选育新品种 10 余个，现已广泛推广应用。这一系列的研究成果在国内玉米遗传育种领域受到了一致认可和高度评价，也在国际学术界产生了重要影响。

"我感觉现在研究内容比较系统深入，但在学科交叉融合上还比较薄弱，还需要做更多的尝试，探寻更多可能。"面对众多的赞誉，卢艳丽并没有迷失其中，她将继续带着陪伴她 20 年的"川农大精神"，在玉米抗逆生物学和分子育种等当前研究工作中继续阔步向前。

王静：科研无止境

张　喆

人物简介：王静，中共党员，教授，博士生导师，西南作物基因资源发掘与利用国家重点实验室（筹）副主任。一直专注于水稻产量、抗病等相关分子机制的研究。先后在 Science、Nature Genetics，Plant Cell、Plant，Cell & Environment 等杂志上发表论文 30 余篇；参与培育了水稻新品种 8 个；多篇研究论文被 ESI 收录为热点论文和高被引论文，被 F1000 推荐；研究成果被评选为了 2017 年中国农业重大科学进展、2018 年中国农业科学进展。得到了国家自然科学基金优秀青年科学基金、霍英东教育基金、四川省杰出青年科技人才基金等人才项目的资助，获得了第一届"全国作物学学科青年学者论坛"特等奖，第三届中国作物学会青年科技奖。

以第一作者身份在国际著名学术期刊 *Science* 上发表论文，让大家认识了水稻所青年教师王静。两年时间过去了，尽管多了不少有分量的头衔，但王静依然专心埋头最热爱的科研工作。她说："作为青年一代的川农人，我们更要秉持川农大校训，弘扬'川农大精神'，爱国敬业，艰苦奋斗，团结拼搏，求实创新。"

结缘川农

本科毕业于东北师范大学，在中国科学院遗传与发育生物学研究所完成硕博连读，王静的学习经历似乎与川农大没有什么关系。然而，她与川农大的缘分其实早已结下。

王静有一位表姐，他们一家两代都是川农人。小时候，她经常听他们提起川农大。梧桐大道上郁郁葱葱的梧桐树，梧桐树下川农人团结拼搏、吃苦耐劳的精神都深深地吸引着她。博士毕业时，正值陈学伟老师从国外回到川农大后，组建自己的研究团队，急需人才，王静被陈老师研究思想的前瞻性和对科研的执着精神打动，毫不犹豫选择到川农大开启自己的事业之旅。

参加工作后，王静深刻感受到学校对青年教师成长给予的大力支持，特别是双支计划功不可没。在她看来，每个人都有一个自己的小宇宙，等待着被照亮，被温暖。双支计划就是那个火柴，照亮了每个川农科研人的小宇宙。

"双支计划应该是我工作后得到的第一笔经费。它就像那根火柴照亮了我的宇宙。它给更多的年轻人提供了机会，给我们营造了一个积极向上的科研氛围，让我们可以潜心做自己想做的事。"多年来，王静一直致力于水稻产量与抗性平衡机制的研究。正是

由于学校双支计划的支持，才使得她两耳不闻窗外事，一心只做科研人。

在王静看来，双支计划不仅是经费上的支持，更是精神上的鼓励。"每个人的课题不同，研究有难易。有时候长期没有科研成果产出，内心的煎熬只有科研人才知道。而双支计划作为学校层面的一种认可，其实给予了我们精神上极大的鼓励。"有了认可，有了鼓励，有了精神支柱，工作才有了热情。

而陈学伟老师团队求实创新的精神也在感染着王静。"陈老师对大家要求很严格，科学研究来不得半点马虎，一定要实事求是，要勇于创新，不照搬。"王静说，"陈老师自己全身心投入到科研中，在团队中起到了很好的示范带动作用，大家不认真不努力都不好意思。"

这种饱满的工作热情和对科研的执着也深深影响着学生们。学生周练说："我曾经在跑蛋白的时候在两三个月的时间里，每天跑出来的都是白板，什么条带都没有。看见结果也会丧气，但团队陈学伟老师、王静老师和师兄师姐们不服输的精神一直鼓励着我。"终于，在团队的帮助下，在自己不断尝试、不断失败、不断调整、不断重复中，解决了难题。

水到渠成

有了丰富的积淀，出成果就是一件水到渠成的事。

2018 年 9 月 7 日，国际顶尖学术期刊 *Science* 在线发表了四川农大与中国科学院遗传与发育生物学研究所、加州大学戴维斯分校合作完成的研究论文 "A single transcription factor promotes both yield and immunity in rice"（水稻转录因子 IPA1 促进高产并提高免疫），王静为论文第一作者。该论文的发表实现了学校在 *Science* 杂志发表论文零的突破，也让王静走进了大家的视野。

熟悉王静的人都知道，这项研究的时间可不短暂。早在 2006 年进入中国科学院遗传与发育生物学研究所攻读博士时，她就开始了对 IPA1 基因的关注与研究。IPA1 是中国科学院遗传与发育生物学研究所李家洋院士团队早期在水稻中克隆得到的一个调控理想株型建成的关键基因，它对水稻理想株型的建成起核心调控作用，IPA1 的功能获得性突变体植株具有多种优异的农艺表型，包括茎秆粗壮、无效分蘖数减少、穗子变大、产量增加等，在实际育种中已经得到大量运用，引起了学术界的广泛关注。

"我们在实际育种中，发现 IPA1 除了能促进高产，也可以在一定程度上提高基础抗性。这是一项非常有趣的发现，我们觉得非常有必要去深入解析这一现象背后的具体作用机制。"王静说。

猜想很大胆，要弄清它作用的机制，则面临诸多困难。"有两年的时间我们可以说处于极度困惑中，一直找不到突破口，尝试了很多方法，都以失败告终。"王静对这段曲折的研究过程记忆深刻，一次次失败，一次次推倒重来，他们没有放弃，起早贪黑，周末、节假日都奉献给了实验室，根据新数据，建立新假说，不断调整优化实验方案和思路。每周团队的交流汇报会，都是一次"头脑"峰会，"团队讨论非常多，大家都各抒己见，有时候一讨论就是一天。"

田间实验相当考验人的意志。盛夏时节，大家头顶烈日，连续一个月，每周有 4 天都泡在田里。每天带着一身泥回家，王静的家人都笑称她是"农民博士。"

正是这样的坚持，终于迎来了希望的曙光。2017 年初，他们慢慢接近真相，发现了 IPA1 的磷酸化修饰是平衡产量与抗性的关键调节枢纽。这是他们最激动的一天，整个实验室兴高采烈，陈学伟和大家一起围着实验结果看了又看，兴奋不已。"得知论文被发表时都没有这么激动。"

"发表 *Science* 论文不是终点。"王静说，"发表 *Science* 论文是激励我们继续在科研的道路上往前走，做自己感兴趣的研究。IPA1 的信号途径其实很复杂，还有很多奥秘有待我们去继续挖掘和解释。我们期望通过继续努力，更好地完善 IPA1 的分子机制及工作模型，揭开让水稻抗病高产的秘密。"

李学伟：一个川农人的养猪事业与梦想

张　惠

人物简介：李学伟，教授、博士生导师，动物科技学院院长，动物遗传育种学专家，四川省学术和技术带头人，国家"千百万人才工程"百千层次人才，四川省跨世纪青年科技学术带头人，享受国务院特殊津贴；教育部科学技术委员会学部委员、教育部动物生产学教学指导委员会委员，全国动物遗传育种学会分会副理事长，四川省委、省政府科技顾问团顾问。先后发表论文 100 多篇，其中 SCI 收录的论文 25 篇，论著 5 部。获四川省科技进步一等奖 2 项，农业农村部和教育部科技进步奖二等奖 2 项，四川省科技进步三等奖 3 项，第五届大北农科技奖励之"科技成果"奖，四川省优秀科普图书一等奖等诸多奖项。

"现在养猪学会的负责人，80％都是我们自己培养的学生，每每看到这些年轻人，我就感到由衷的自豪，也看到了养猪事业的未来和希望。"

谈及此处，李学伟的喜悦之情溢于言表。在川农大工作的 38 个年头里，他无时无刻不将培养养猪传承人作为自己的奋斗目标，如今他也欣然实现了这一梦想。

目标明确　一心寻遍知识殿堂

"我从来没有想过会从事养猪事业，但是人生就是这么美好而奇妙。"1978 年，年仅 15 岁正读高一的李学伟，抱着试一试的心态参加了当年高考，没想到一考就中，被川农畜牧专业录取了。

然而作为一个来自城市的学生，李学伟最初的内心是抗拒的。"去农学院干什么，养猪吗""我都不好意思给别人说我是学畜牧专业的"，这是来校报到前，李学伟最真实的内心独白。

在老师的鼓励下，李学伟了解到农学院的畜牧专业在全国名列前茅，并且可以招录研究生时，他才下定决心来雅安求学。

入学初期，李学伟对专业课兴趣并不太大。然而榜样的力量是无穷的，刘相模、邱祥聘、肖永祚等老一辈川农人无私奉献、严谨治学、甘当人梯的精神，逐渐影响了李学伟。慢慢地，他开始真正爱上了这个专业，并立志将养猪作为自己的终生事业。

1982 年毕业时，学校让品学兼优的李学伟留校任教，并且让他师从肖永祚老师继续攻读在职硕士研究生。对此，李学伟无比感恩，这也是他后来留学海外，却始终心系故土，坚持将养猪事业传承下去的内在动力。

留学归来　全身心扑在养猪上

四川农学院虽然偏居西南一隅，但学校的氛围却是开放进取的。1984年，21岁的李学伟被派往德国哥根廷大学攻读动物遗传育种科学博士学位，成为学校第一批留学生中最年轻的出国人员。

然而国外的留学生活并非一帆风顺，首先就要面临"语言关"和"考试关"两大难题。尽管出国前，李学伟已经在四川外语学院学习了半年德语，但进入一个完全陌生的语言环境，生活学习还是存在诸多不便，好在他善于学习，到达德国后，很快就克服了语言方面的难题。

此后，专业学习便成了他留学生活中最大的拦路虎。因为国内外的教学内容存在一定脱节，数量遗传意味着要从头学起，李学伟每天超过12个小时都对着电脑屏幕，甚至连做梦都在操作计算机，原本很好的视力，也在那期间成了近视。

"但我不后悔这段经历，正是国外的留学生活，让我看到了国内外的巨大差距，也更加坚定了学成归来后，报效国家和学校的信心、决心。"1988年获得博士学位后，李学伟又于1993年和1994年两度前往加拿大奎尔夫大学进行博士后研究。

1995年，李学伟被加拿大国际发展署聘为"中国加拿大瘦肉型猪国际合作项目"的遗传育种技术负责人，他运用对方的先进仪器设备，做出了加拿大相关研究人员没能做出的遗传参数，并在国际上沿用至今。当时加拿大官员找到他，再三邀请道："我们买你，你们全家都可以成为加拿大人。""不，我不愿意。""为什么？我们给你20万加元年薪！""不可能，这个项目的技术产权是属于我们国家的。""那我们买二分之一？"李学伟笑笑，还是摇了摇头。他清楚地知道，这是一个民族尊严问题，其中还饱含着中国青年学科带头人对关爱自己成长的祖国的浓浓深情。

然而留学归来初期，面对没有电脑等先进的仪器设备，甚至连基本科研经费也缺乏的困境时，李学伟挽袖当起了"杀猪匠"。他说，那时就一个信念，就是靠杀猪卖肉筹集资金，也要把教学科研搞上去。

1993年，李学伟破格晋升为教授，虽然那会儿教学科研条件已有了一定的改善，但开展项目仍然异常艰难。因为规模化养猪场大多集中在外地，每年三分之二的时间都要在外地出差，成都招待所也就成了他们长期的驻扎营地。

功夫不负有心人。在越是艰难越向前的磨砺下，李学伟主研的"荣昌猪瘦肉型品系选育"项目，经过十年攻关育成了一个种质特性好，瘦肉率高，生长快，耗料省，肉质优良的新品种，有较高的种用价值和推广价值，1995年经济效益达557万元，到1997年已创社会纯效益8771万元。随后他牵头研制的种猪产肉性能和母猪年生产力的遗传评估软件以及建立的猪场网络信息系统，为地区性或全国性遗传评估和联合育种提供了关键技术，在猪性能综合评定和网络信息系统研究方面处于国内领先水平，全国一半以上种猪场都在推广使用。

甘为人梯　薪火传承养猪事业

"以前我们的学生只出不进，几乎没人会留校读博，现在生源质量越来越好，而且我们现在还是中国农大、华中农大的联合培养单位。"言及此处，李学伟感到由衷的自豪。

20世纪八九十年代，学校的科研条件还不成熟，培养出来的学生大多都是前往联合培养单位中国科学院昆明动物研究所继续深造，面对此情此景，李学伟立志将人才的自我培养作为他们那一辈川农人的奋斗目标。

为了实现这一目标，在学校的大力支持下，李学伟联合团队不断划拨科研经费购置先进的仪器设备，持续完善科研条件。"90年代读书那会儿，学校还没有计算服务器，为了确保我们的项目能够正常开展，李老师在科研经费本就不充足的情况下，还专门为我们购买了设备。如果没有李老师，我恐怕连毕业都成问题。"唐国庆充满感激地说道。

李学伟要求学生必须深入生产一线，从生产中发现问题，再回到实验室寻求解决问题的方法。"研究生入学面试时，当李老师得知我从没养过猪后，第二天就安排我去了实验基地猪场，一边实习，一边完成生产实验。一待就是一年，而他每个月都会来到猪场，现场教我如何整理和分析生产数据，提炼科学的结论和提出需要进一步深入研究的科学问题。"朱砺说道。正是李学伟传递的这种从生产实践中发现和提炼科学问题的研究方法，以及鼓励学生积极探索未知领域的人才培养方式，成为朱砺从事科研和带领团队的不二法宝，接连取得了一系列科研成果，并于2019年实现了四川首次将非基因编辑体细胞克隆技术运用于地方猪资源保护的研究工作。

为了保障养猪事业的发展壮大及薪火相传，李学伟在带领团队期间，特意在年龄梯度和知识结构方面进行了精心谋划，现在的"猪儿团队"中，"60后"到"90后"各个年龄段的人才均衡分布，各自深耕不同研究方向，如数量遗传、分子基因、猪舍环境等，目的就是构建一支结构合理的人才培养团队。

为了使团队青年人尽快成长起来，李学伟不断给年轻人创造平台，从经费、资源、时间等各方面给予全方位保障。李明洲对此深有体会，他在北京大学攻读博士后期间，仍然担任着猪研究室主任的职务，为了使其全身心投入科学研究，李学伟为其揽下了所有学院层面的行政事务，并先后投入了上千万元的科研经费。"我现在取得的这一点成就，全都是李学伟教授手把手培养出来的。他从学识、科学道德等方方面面影响和帮助着我。"

也正是李学伟不断把年轻人推到科研第一线，团队屡屡创下新战绩，连续在国际顶尖学术杂志《自然－通讯》《自然－遗传》发表两篇研究论文，并不断催生出新的科技成果，为养猪事业开创了崭新局面。而受他影响的众多学子，目前也正沿着他开拓的道路继续前行。

周永红：不断进取　时刻准备

李劲雨

人物简介：周永红，博士生导师，研究生院院长、发展规划与学科建设处处长、西南作物基因资源与遗传改良教育部和四川省重点实验室主任；首批新世纪国家百千万人才工程国家级人选，第七届中国青年科技奖获得者，教育部优秀骨干青年教师，享受国务院政府特殊津贴，四川省学术和技术带头人，四川省首届教学名师，国际小麦族协作组成员，中国学位与研究教育学会第六届农林学科工作委员会副主任委员，《四川植物志》主编；选育小麦、中药丹参和牧草新品种 10 个；获国家自然科学二等奖 1 项，四川省科技进步一等奖 2 项、二等奖 3 项和三等奖 3 项。

科研方向的坚定选择

1983 年，周永红从南京大学生物系植物学专业毕业，来到学校植物教研室从事教学工作后，基础课程教师的发展受限，他不知道个人发展的未来在哪里。

分析了自身优势，结合学校的特色，他于 1988 年在职报考本研究室主任杨俊良和颜济教授的硕士研究生，专业是作物遗传育种，从事小麦种质资源与育种。遗传育种不是他的优势，但他在植物资源的分类与演化研究上拥有不错的基础，曾经在南京大学系统学习了禾本科植物的分类与系统演化，师从于耿伯介先生。

从此，小麦族与他结下了一辈子的缘。

在颜济教授和杨俊良教授的门下，他攻读了博士学位，1998 年获到博士学位。

经典植物分类是一项基础研究，很难有大的科研项目支持，一般省级科研部门不会支持，只有争取自然科学基金。他于 2000 年开始撰写基金申报材料，年年写，年年失败，第四次终于成功了，获得第一个关于仲彬草属分类的自然基金面上项目。至今，他主持过 6 个关于小麦族分类的自然基金面上项目。随着团队人员增多，自然基金项目的资金也不多，让他在研究方向上又有了迷茫。

时任北京大学生物科学院副院长顾红雅师姐鼓励他："永红，你就坚持在这个领域，形成自己的特色和优势！"

从此，他确定了方向：小麦族生物系统学与资源创新利用。

科学研究的执着追求

大多数小麦族分布在中国西部青藏高原等地的茫茫戈壁草原、巍巍崇山峻岭，条件十分艰辛。他跟随导师颜济和杨俊良两位导师，在海拔 3000～5000 米的高原上收集小麦族种质资源，出现了严重的高原反应，头痛、缺氧、吃不下饭、睡不着觉。70 多岁的导师、国外老教授在野外精力充沛，干劲十足，相比之下，他内心觉得有愧，吸着氧气，坚持做下去。

后来，他带领自己团队的年轻老师和研究生每年至少有一次野外采集和考察，20年过去了，他跑遍新疆、青海、甘肃、宁夏、内蒙古、川西高原、西藏部分、东北等20 余个省（区），以及加拿大、美国、日本、德国等地，收集了大量小麦族植物资源，建立了亚洲唯一的小麦族植物标本室和资源库，也是收集和保存小麦族野生资源收集最广泛、种类最多的种质资源资源库。

大量野外调研，为后来的基础研究和应用研究奠定了坚实的基础，在国家和四川省项目支持下，通过近百名师生的艰苦努力，他们获取了小麦族植物的系统分类、资源评价和创新到资源开发利用的宝贵材料。他在国内外重要学术刊物发表大量高端学术论文，主编或副主编学术著作，选育小麦、中药丹参和牧草新品种，斩获了国家自然科学二等奖，四川省科技进步一等奖、二等奖和三等奖。

他获得了许多荣誉。

科研团队的精心培育

周永红说，一旦确立了科研方向，就要思考组建科研团队。

他最早建立了植物资源与创新利用大课题组，包括生命科学院杨瑞武、丁春邦、张利、王晓丽、刘静、廖进秋和小麦研究所的张海琴、康厚扬、凡星、王益、沙莉娜，运行了 5～6 年，发展很好，大多数成为教授和博导，各自手下也有了一些人员。他将团队细分成 3 个小团队，他领导一个小团队，做小麦族生物系统学与资源创新利用；丁春邦领导一个小团队，做特色植物资源分类与开发利用；张利领导一个团队，做丹参植物及其综合开发利用。3 个团队运行良好，逐步形成"有基础、有传统、有特色、有优势"的团队组合。

培育团队十分辛苦，周永红要思考的问题有很多，比如，团队近期和长远规划和目标任务，找研究课题、找科研经费，思考团队的发展、成员的发展。对团队成员的全方位关心，更是稳住团队人心重要的基石，心稳住了，心情愉快了，才能用心干事，努力干成事，个人才能发展，团队才能进步。

他常告诉大家："在学校工作，你就要看职称和岗位晋升条件，按照高于基本条件去准备，你就能成功。填写申报表，里面内容自己都可以填写进去，就差得不远；如果一些填不上去，有很多空的，最好不要填写申报，没有希望。"

在他的办公桌上，有一张特殊的表格，记录着团队每一个人的成长进程：谁该评副教授、教授了，还差什么条件，缺几篇论文，都一目了然。他常常传导压力给大家，有压力才会有能力，更多的是管理和鞭策。除了强调"个人学术"外，他强调，更重要的是"个人品性"，即人品。个人素养、为人处世、友爱和谐、淡泊名利等，都需要向周边人学习，向优秀的人学习，才能实现"个人大发展、团队大繁荣"。

教师职业的初心热爱

教师，是周永红从小尊敬和崇拜的职业。

成为高校的一名老师，是他一辈子的骄傲和荣幸，十分珍惜。无论他当了教授，还是成为所长、院长、校区常务副校长，都希望学生称他为老师。曾有一位刚考上研究生的同学，叫他周教授，让他觉得很生疏、陌生，他在任何场合别人都称呼他"周老师"，内心会自豪和感动。

作为教师，无论是植物学、植物分类学、普通生物学等基础教学和实验课，还是后来给硕士和博士研究生上现代生物学理论与技术、禾本科植物学、小麦族生物系统学、专业英语与科技论文写作等学位和专业选修课程，每一次讲授都需要很长的备课时间，他尽可能让学生们学习知识，增长才能，培养兴趣，讲授生动而不死板，受到师生好评，成为四川省首届教学名师。

他认为，作为教师，需要不断地进行教育教学改革和创新研究。他建立教学团队，编写《普通生物学》和《植物学》教材，创建国家级、省级精品课程，主持的以精品课程建设为突破，加快生物学学科建设，获得四川省教学成果一等奖。他和团队编写出版《普通生物学》教材（高等教育出版社）时，精心策划，反复研讨，历经3年终得出版，得到使用教材的老师们的好评。在他心目中，出一本教材，一定要出精品，让使用者发出好评，否则就不要出书了。

他认为，作为教师，要关爱学生，成为学生成长成才的引路人和指导者。他每年要在团队大会奖励"三会、四勤、五讲、六多"的学子，即"会做人、会做事、会做成事""勤读书、勤实践、勤思考、勤交流""讲学习、讲纪律、讲效益、讲团结、讲奉献""多一点勤奋和努力、多一分理解和鼓励、多一缕奉献和合作、多一颗关爱和宽容、多一丝沟通和微笑、多一些产出和成果"的学生。他常以一段话勉励学生："不是英雄无用武之地，首先看你是不是英雄；不是这个世界没有为我们创造机遇，而是要看我们每个人是不是会发现机遇，创造机遇，并紧紧地抓住机遇，利用机遇。"

他认为，关爱学生要落到实处，从他们的实际情况考虑，为他们着想，关心他们发展和成长，让他们在学习期间收获最大值。他指导毕业博士研究生35名、硕士研究生70名，其中1名博士学位论文获得2008年全国优秀博士论文提名，3名博士论文获四川省优秀博士学位论文。这些毕业的博士大多数都在高校和科研单位从事教学和科学研究，成长很快，都有较好的发展。

管理岗位的无私奉献

周永红从小麦研究所所长、成都科学研究院常务副院长、成都校区常务副校长、研工部部长、研究生院院长到发展规划和学科建设处处长，身份不断在变，不变的是对工作的热爱、无私的奉献和对职工的关爱之心。

在他看来，管理工作需要做好"责任""担当""付出""协调""经营"5个关键词。这几年，他全身心投入到学校的学科建设、学位和研究生教育的管理中，为更多的人赢得时间、赢得精力，助力他们在业务中出人头地，产生国际国内学术影响。他带领的管理部门做到"每个人有分工，但分工不分家"，协调出色完成相关工作。他把带领的团队打造成"团结协作、相互帮助、协同发展"的工作模式，让大家愉快工作和生活。

同时，他担任教育部西南作物基因资源与遗传改良重点实验室主任和国际联合研究中心主任、作物基因资源与遗传改良四川省重点实验室主任、中国学位与研究教育学会第六届农林学科工作委员会副主任委员、四川植物学会副理事长、四川省作物学会副理事长、四川省学位与研究生教育学会常务理事。这些社会兼职对提升学校声誉和影响发挥了作用。

黄玉碧：做传承"川农大精神"的"实干家"

农学院

人物简介：黄玉碧，教授、博士生导师，国家有突出贡献的中青年专家，享受国务院政府特殊津贴专家，四川省学术和技术带头人。现任四川农业大学农学院院长、西南作物基因资源发掘与利用国家重点实验室（筹）党委书记、中国作物学会理事、四川省作物学会副理事长。获国家技术发明奖二等奖2项，国家科技进步二等奖1项，四川省科技进步特等奖1项、一等奖3项、二等奖5项，中华农业科技奖二等奖1项，河南省科技进步奖一等奖1项，获得四川青年五四奖章、2013年四川省优秀共产党员、中国农学会青年奖等荣誉。主要从事西南生态区玉米自交系选育和杂交种组配，玉米淀粉遗传及生物合成机理和转基因玉米新品种培育等方面的研究。

作为百余年名校川农大的农学院院长，如何带好具有深厚办学底蕴的农学院，如何带领全院百余名教职工在各项工作中取得实效？农学院院长黄玉碧的回答是"不畏浮云遮望眼""实干兴院""实干强院"。

15年如一日，他躬身细耕，以"川农大精神"为指引团结班子，施展智慧，将"做好引领，当好干将"的治理理念落实到推动学院全面发展的各项工作中，以力促学院、学科转型升级为抓手，做好顶层设计、突出"实干兴院""实干强院"，在学科建设、人才培养、本科生"双创"等各方面取得了优异成绩。

终身学习党性修养　做爱国敬业的"干将"

10多年来，无论工作有多忙，业务有多繁杂，黄玉碧一直坚持认真学习，研读报纸杂志，特别是党报党刊，深刻领会党在新时期所制定的路线、方针和政策。

他坚信"一个人要保持思想上不退步，要适应形势发展的要求，与时俱进地开展工作，就得学习、学习、再学习"。

他率先探索建立学院二级中心组学习制度，与学院领导班子带领二级中心组成员一起学习，"领导干部学习不学习不仅仅是自己的事情，本领大小也不仅仅是自己的事情，而是关乎党和国家事业发展的大事情"，他常用习总书记的"终身学习论"鼓励大家把理论学习作为一种追求、一种爱好、一种健康的生活方式，做到好学乐学，用理论武装思想，用学习提升修养，用知识指导实践。

心系学院不畏艰难　做艰苦奋斗的"干将"

作为农学院院长，黄玉碧深知一个"百年大院"发展的不易，他总能在学院发展的每一个关键时刻发挥关键性作用，打赢"关键之战"。

既是指挥员，又是战斗员，是黄玉碧的一贯作风。

2010年9月，学校进行建校100多年以来最大规模的校区结构布局调整，决定将农学院率先调整到成都校区。几千师生想不想搬？怎么搬？怎么安全地搬？面对学校的安排，他大到学院的师生动员会议，小到实验室仪器和师生行李打包，事事过问、件件关心，最终率领农学院几千师生首批从雅安顺利搬到温江区，为成都校区的正常运行成功探路，为学校战略布局顺利推进奠定了基础。

顺势而为，他利用农学院整体搬迁成都校区的大好机遇，及时提出"发挥成都校区区位优势，打造高端作物学科平台，培养农科专业卓越人才"的三位一体发展构想，同学院班子一起抓本科人才培养工作，取得了不俗成绩。

2018年11月底，全校都在为迎接本科教学审核评估做最后的冲刺，作物科学国家级教学示范中心的迎评工作却遇到了前所未有的困难。作为筹建的一员，黄玉碧亲自带领示范中心的青年教师，共同修改汇报材料、提炼特色、制作展板，一熬就是3个昼夜。

2018年12月3日早上9点，前一晚不停打磨讲稿的黄玉碧仅睡了不到4小时，仍然精神抖擞站在第二教学实验楼门口迎接评估专家组，详细而生动地展示了评估"第一站"——作物科学国家级教学示范中心，得到了审评专家的高度认可。

勇挑重担顾全大局　做团结拼搏的"干将"

"双一流建设"是学校工作的重中之重，作物学科建设一直是黄玉碧的"心病"。作为作物学科的一员"猛将"，由于业务能力突出，工作作风过硬，黄玉碧多次被学校临危委以重任，总能以"功成不必在我，功成必定有我"的决心和干劲圆满完成。

2017年5月，黄玉碧受命担任"双一流"建设申报工作组长。面临时间紧、难度大、任务重、部门多、难协调等困难，他以超强的组织协调能力、亲和力，积极协调农学院、小麦所、水稻所、玉米所、动物科技学院及动物营养研究所等7个单位相关老师开展工作，不知熬过了多少个不眠之夜，老师们协作攻关，通过夜以继日的反复研究和科学论证，形成了完善的农业学科群申报方案，为学校顺利跨入"双一流"学科建设行列奠定坚实基础。

2018年6月，学校启动省部共建国家重点实验室申报工作，黄玉碧又被委以重任，作为正处级建制的国家重点实验室执行主任，负责组织"一院三所"教师团队开展筹建工作。他带领同志们在短短的半个月里高强度工作，熬红了眼睛、熬白了头发，数易其稿，最终顺利完成了申报书等系列材料。随后，他又马不停蹄地投入到实验室平台建设中，将分散在各课题组的80余台（套）价值数千万元的仪器设备集中到1200平方米公共平台，牵头建立系列运行管理制度，实现了平台的高效运转。

作为国家重点实验（筹）执行主任，他既要做规划又要做实事。为了国家重点实验（筹）工作顺利、安全、高效地推进，他带着后勤和办公室的同志把成都校区二教的10层楼不知道走了多少遍。这位身高1.83米的大个子院长曾经创下一个多月平均每天3万多步的纪录。当所有人进入梦乡时，他还在公共平台进行一次次的汇报演练。作为执行主任的他，以行动践行着在国重实验室（筹）成立暨班子任命会上的表态：坚决执行学校党委的决定、坚决执行陈学伟主任的有关决策、坚决执行作物学科各位领导老师对实验室建设的集体决议。

2019年7月16日，省部共建西南作物基因资源发掘与利用国家重点实验室建设方案以高分顺利通过科技部组织的专家论证。时任校长郑有良、党委书记庄天慧关切而心疼地看着面露疲态的他，郑重地表扬"被需要是幸福的"。

事实上，他自从担任农学院院长等职务以来，深夜回家已是习惯。

他被人戏称为"以院为家，没了自家"，而他的潜台词是："鬓微霜，又何妨？会挽雕弓如满月。西北望，射天狼。"

真抓实干与时俱进　做求实创新的"干将"

"做实事、敢创新、求实效"是黄玉碧一贯的行事风格。这种风格体现在他对科学治院、人才培养、学生创新创业的重视上。

为深入贯彻落实学校"学术为天，学科为纲，学者为上"的办学治校理念，充分发挥教授在治学和推进学院学科建设、人才培养等方面的作用，2017年9月，黄玉碧牵头成立农学院教授委员会。3年来，他与教授委员会成员一起，连续多年组织学院的国家自然科学基金申报专题会议，从申报材料的题目、摘要、立题依据、研究内容与方案、技术路线、拟解决的关键技术、特色与创新、研究进度安排、经费预算等各个方面结合项目实际情况，逐一进行指导，帮助修改。

近年来，学院教师自然基金申报率50%以上，申报成功率呈现逐年上升趋势。2019年度到位纵向科研经费2749.41万元，位居全校第一；年度横向合作项目226项，共计经费1037.85万元，较上一年增加201.35万元，经费位居全校第二，一流农学院建设正稳步推进。

2015年5月，学院大手笔一举推出4个"十万工程"，从教学、科研、考研、就业4方面构建人才培养奖助体系。同时，着力把本科生导师制、专业技能提升计划等多项计划落到实处，鼓励本科生拓宽学术视野。多年来，"农学院高端学术讲座"已经成为品牌活动，学院学风优良，近两年连续两次被评为"学风建设示范学院"，本科毕业生的深造率从不足30%上升到2019届的50%以上。

从担任农学院院长开始，黄玉碧一直致力于带领辅导员狠抓学生创新创业工作，形成了教学科研协同、一二课堂协同、本科研究生协同的"三协同"教学运行机制，树立起了农学院学生"双创"工作品牌。

无论工作再忙，"双创"工作项目选拔答辩、大赛总结交流，他都会抽时间参加。

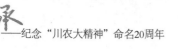

2015 年 6 月，他被共青团四川省委聘为四川省大学生创新创业专家导师团副主席，指导川内各高校学子积极投身创新创业。

近 10 年，农学院学生在全国大学生"挑战杯"课外学术科技作品竞赛和"创青春"创业大赛等比赛中，获国际级奖励 1 项、国家级奖励 14 项、省级奖励 99 项，参与大学生创新训练计划国家级 25 项、省级 27 项，大学生科研兴趣培养计划 310 项，参与学生达到 2000 余人次。

为培养"知行合一"的新农科人才，2015 年，他又带领学院积极加入"全国农学院协同发展联盟"，主动承担起西南片区联络单位的职责，以寒、暑期社会实践为抓手，投身"全国万民农科学子联合实践行动"，走进乡土乡村，助力精准扶贫，让更多农科学生以"兴中华之农事"为己任，在实践中受教育、长才干、做贡献，学生团队获评团中央、团省委表彰 20 余项，社会反响良好。

黄玉碧在思想上一直有一个认识：四川农大党委是一个基层党委，下面的各级人员没有"领导"一说，都是办事员，都是一线战斗员，每个人都应该全身心投入到实干之中。

"稻花香里说丰年，听取蛙声一片。"这就是黄玉碧实干与服务的愿景。

吕秀兰：脱贫致富路上果飘香

张　喆

　　人物简介：吕秀兰，女，博士，教授，硕士、博士生导师。任中国葡萄学会常务理事、中国果品流通协会、柑橘学会和四川省专家智力促进会理事。入选四川省学术和技术带头人、成都市天府新区生态农业国家级领军人才。荣获全国脱贫攻坚先进个人、科技部首批优秀科技特派员、全国科技助力精准扶贫先进个人、四川省三八红旗手、龙泉驿区能工巧匠、四川农业大学科技扶贫工作先进个人和首届师德标兵等表彰。担任国家现代农业产业技术体系四川水果创新团队首席专家兼葡萄岗位专家、四川省科技扶贫万里行水果产业技术服务团首席专家、甜樱桃育种攻关及羌脆李研究负责人，科技部三区人才和同心服务团专家，四川公共乡村频道甜樱桃、葡萄和李等水果高质量发展技术传播主讲人。

　　长期从事果树新品种选育、高品质生产全产业链关键重点领域共性技术研究与配套技术成果转化推广工作。主持国家重点研发项目、国家和省部级重大科技支撑计划等国家级、省部级及横向项目 60 余项。主持审（认）定、鉴定果树新品种 27 个，撰写水果地方标准 28 个，完成地理标志认证和绿色认证各 1 项；发表论文 150 余篇，其中 SCI 收录论文 30 余篇；主持鉴定成果 8 项；获国家授权专利 28 项；主持获四川省科技进步二等奖 1 项、三等奖 2 项，主研二等奖 2 项，主持获科技部创新创业大赛二等奖 1 项。主编、参编出版专著和规划教材 3 部。

　　在贫困地区，茂县凤仪镇水西村村民梁习全 11 亩 "羌脆李" 年收入 40 万元，南新镇罗山村 75 岁村民胡明贤 6 亩 "羌脆李" 年收入 20～28 万元。

　　在经济发达区，彭山农户杨志明 300 亩葡萄园年收入 700 余万元，双流四友葡萄农庄 45 亩农休旅融合基地年效益 400 余万元。

　　农民朋友的喜讯从各地纷纷传来。他们都说要感谢川农大的吕教授让自己脱了贫，致了富。他们口中的吕教授便是学校园艺学院吕秀兰教授。

　　在刚刚结束的科技特派员制度推行 20 周年总结会议上，吕秀兰教授获得全国通报表扬，并作为四川省获通报表扬代表赴北京参会。这是对她担任科技特派员 11 年，倾情服务 "三农" 的一份褒奖。

以问题为导向　开展科学研究

在农民朋友的心中，吕秀兰教授是大名鼎鼎的"吕樱桃"。吕秀兰能与甜樱桃结缘，其实来自一场危机。

甜樱桃是个"洋货"，20世纪70年代从欧洲引入中国，80年代引入四川，90年代末期为了恢复生态才开始作为经济林木在四川规模栽培。当时汉源等地在引进甜樱桃品种后，出现了树势高大，八九年不开花或者开花不结果的情况，当地群众开始大量砍树。

1996年，吕秀兰等专家到当地帮助村民查找原因、分析对策。他们首次发现汉源白樱桃可以作为甜樱桃的授粉树，有效解决了授粉品种搭配不当的问题，让甜樱桃成功结上了果。

研究并没有止步，汉源甜樱桃由于缺乏科学种植技术，裂果非常严重，极大影响了种植户的收入。吕秀兰等人通过多年努力，进行了甜樱桃安全丰产优质集成技术研究与应用示范。这套技术于2009年通过省级成果鉴定，让裂果率从25％～30％下降到5％以下，此项技术能把每个品种的成熟期相对集中到3至5天采收，对于恶劣天气的抵抗能力更强。

2010年，冬春交替时天气大旱，后期遭遇低温，甜樱桃成熟期又遇天天下雨，采用原方式种植的甜樱桃减产，每亩产量只有200～300斤，而采用新技术种植的甜樱桃产量却实现了翻三番，达到了每亩1500斤。一时之间，"吕樱桃"成了吕秀兰的代名词，在农户心中，她就是和"丰收"一词联系在一起的。

"要聚焦当地特色农业产业发展，努力开展科技攻关，解决产业发展中的技术瓶颈，才能促进产业提质增效。"吕秀兰教授是这样说的，也是这样做的。多年来，除了甜樱桃，吕秀兰团队还自主选育了新品种"羌脆李"，短短7年在选育地茂县面积由不足1万亩增加到7.3万亩，产值10亿余元，辐射到全省30个贫困县，推广率达63％。团队开展的四川葡萄集成技术与模式创新研究和示范居全国领先水平，18个品种产品先后获全国优质葡萄评比金奖。团队累计推广新品种、新技术、新模式600余万亩，每年产值高达130亿元。

带动产业发展　奋战脱贫一线

"真心感谢吕教授帮助我们不仅脱了贫，还致了富。"广安市前锋区虎城镇村民李春霞说道。

2012年，李春霞响应政府号召回乡创业，在省级贫困村——虎城镇茶花村建立合作社，发展起了葡萄产业园。创业之初，李春霞当属农业种植的"门外汉"，第一次的投入，几乎全部打了水漂。也正是这个时候，当地党委政府参与其中，帮助李春霞对接上了吕秀兰专家团队。短短两三年时间，葡萄园不仅产量猛增，还发展起了6个葡萄新品种。按照2018年的收入计算，合作社全年产值约为80万元，其中支付村民土地收益

6万元，支付劳务收入 30 万元，支付产业保底分红 1.8 万元，统计来看，李春霞的合作社将 37.8 万元，也就是约 50％的产值留在了村里，有效地带动了村民致富。

"通过建一个基地，浓缩成一个样板，成为一个看点和亮点，带动一方产业，辐射整个行业。"除了广安前锋，近 20 年来，吕秀兰和团队已在精准扶贫区汶川、茂县、汉源、大凉山等地和经济发达区彭山、双流、龙泉等地建立示范基地 30 余个，基地成为技术、机制、模式展示窗口和辐射平台。

如今，西昌已成为全国优质晚熟葡萄基地，现有面积 10 万亩，投产面积 6 万余亩，产值约 10 亿元，可每年带动约 20 万人增收致富、脱贫奔小康。

宜宾市屏山县现有茵红李 12 万亩，2019 年产值达 5 亿元，通过科技特派员工作后实现提质节本增效，产值可逐年提高至 10 亿元以上。

尽管已是知名专家，但吕秀兰依然忙碌在田间地头。每年 2—8 月生产关键季节，她每月 20 余天奔赴乡村，解决生产实际问题，培训全产业链实用技术，发放周年管理历，年均培训 3000 人以上，带动 4000～5000 人脱贫增收致富。

"以农业问题、产业需求为导向，不断探索，加强科技成果的研发、推广和应用，服务地方经济发展，为广大农民致富奔小康提供智力支持。这就是我的使命。"吕秀兰表示，将不忘初心、牢记使命，为热爱的"三农"事业再立新功。

张新全：西南草业的守望者

张　惠

人物简介：张新全，教授、博士生导师、牧草栽培育种专家、四川省学术和技术带头人，教育部新世纪优秀人才，享受国务院特殊津贴；四川省草学会理事长、中国草学会原副理事长。先后发表论文 200 多篇，其中有 25 篇为 SCI 收录。撰写教材专著 5 部。获四川省科技进步一等奖 2 项、二等奖和三等奖 1 项，并获教育部科技进步二等奖 1 项。获全国模范教师、四川省有突出贡献的专家、四川省教书育人名师、教育部霍英东基金会青年教师奖等多项荣誉。

日前，由张新全教授选育的"长江 2 号"多花黑麦草通过了北美 AOSCA 认证协会的专业认证，这是我国第一个在美国获得认证并进行商业化转化推广的牧草，而这也标志着我国自主选育的牧草品种走向了国际。

"习近平总书记提出绿水青山就是金山银山。草业前景广阔。而我只是将自己的热爱变成了事业，每次看着那些绿油油的草，就仿佛走在希望的原野上，也正努力将草业事业发扬光大。"谈及对目前研究成果的看法，张新全如是说道。

潜心求学　找寻人生奋斗新方向

1986 年，年仅 21 岁的张新全从川农农学专业毕业后，面临着何去何从的艰难抉择。正当他一筹莫展之际，时任农学系团总支书记的于伟主动找到他做思想工作，为其指出了一条从事草业研究的崭新道路。

"那会儿草学还是一个新领域，不清楚它未来的发展走向，所以最开始我是很犹豫的。"但在于伟的耐心劝导下，张新全了解到我国草地总面积近 60 亿亩，占国土面积的41%，是全世界第二草地大国，并且牧草是牲畜的口粮，也是发展畜牧业的重要物质基础。那个年代从事草业研究的人员极度稀缺，在一定程度上阻碍了我国畜牧业的快速发展。毕业留校后，他便成为 1986 年第一届少数民族预科班草原专业学生的专任教师，从此翻开了从事草业研究的新篇章。

1987 年，在学校大力支持下，张新全前往内蒙古农牧学院进行了为期半年的进修。作为全国第一所开办草原本科专业的高等学院，拥有雄厚的师资队伍和丰富的教学经验，张新全在那里进行了系统全面的专业学习，填补了该领域的知识空白。"如果说之前只是萌发了从事草业研究梦想的话，这次进修则让我的梦想落地了，也更加明确了未来的发展方向。"

为了使草业研究这条路更加行稳致远，张新全不断精进自己学业，在1992年获得了本校草原专业硕士学位后，又于1993年继续攻读本校博士研究生，师从颜济和杨俊良教授学习作物遗传育种。也正是这段导师高标准、严要求的博士求学经历，使张新全的知识结构有了质的飞跃。

谈及博士研究生的求学经历，最让张新全刻骨铭心的是两次外出考察的"万里长征"。一次颜济教授从本就紧缺的科研经费中，资助他沿着都江堰、甘南、兰州、宁夏的南线去采集资源，这让他感受到了导师的信任与温暖；另一次则是跟随杨俊良教授跋山涉水环绕塔克拉玛干沙漠、横穿柴达木盆地实地考察，其间杨俊良教授渊博的知识让随行的张新全钦佩和敬仰。

正是这两次走出去的特殊经历，让张新全全面了解了各地不同的自然地理条件，也积累了不少研究素材，在全国都还没有对博士研究生设置毕业条件的情况下，他接连发表了4篇SCI论文，而这也为他后来破格晋升教授奠定了良好基础。博士毕业之后，张新全继续前往瑞典农业大学作博士后。2000年正值畜牧学科遴选为一级学科博士点，草学作为二级学科方向开启了博士招生，在学校发展最需要的时候，他毅然回国，担负起了新的重任。

"最让我感动的不仅是老先生们授予了我知识，更是他们身上闪耀的'川农大精神'时刻鞭策着我。"野外考察期间，杨俊良教授不畏艰苦、迎难而上的精神深深触动了张新全。而颜济教授70多岁高龄时，仍然经常在实验室亲力亲为开展科研工作。正是老先生们对工作的全情投入及严谨认真，让张新全无形之中受到了感化，而传承下来的精神也成为他日后带领团队的不二法宝。

苦心科研　开创西南草业新局面

从事草业研究初期，我国西南地区牧草产业发展较为落后且人才紧缺，张新全心中便暗暗立下誓言，势必要开创西南地区草业的新局面。

"那个时候又苦又穷，没人没钱没场地，真正愿意跟我到田间干的就是农场工人。"谈及刚开展科研的岁月，张新全感慨地说道。

面对仅有的一台老式电脑、一块农田、几把锄头等常规农具，张新全没有气馁，因为他知道农田就是他最大的财富，只要他坚持，就一定可以结出累累硕果。

博士毕业后，张新全在杜逸先生的保举下，成功申请到了学校的自选课题，而这1000元课题经费也正式开启了他对鸭茅长达30余年的不懈研究，为他日后主持获得四川省科技进步一等奖等多项奖励奠定了坚实基础。日前，他所带领的牧草育种团队已经完成了鸭茅全基因组测序工作，这是我国首次在牧草领域完成的第一个基因组测序，将为选育出更多优质、高产、适应性强的牧草提供有力保障。2020年，他领衔的"西南区草种质资源创制利用"团队遴选为国家林业和草原局创新团队。

珍贵的材料来之不易。一次，张新全带领团队前往泥巴山采集鸭茅材料，路上突遇暴雨，山洪暴发，一些山路被冲垮。来不及多想，一行人立马下车，穿上雨衣，徒步向

深山进发，只为不耽误研究进程。在深山里走了3个多小时，最终凭借张新全丰富的野外采集经验，终于找到泥巴山二倍体野生鸭茅材料，为基因组测序提供了重要材料。

"我很庆幸自己选择对了方向，也坚信牧草品种选育是日积月累的结果，就算前路再茫然，条件再艰辛，也一定要坚持下去，因为这才是我们最有优势的'拳头'产品。"功夫不负有心人，在张新全及团队的不懈努力下，他们不仅完成了鸭茅全基因组测序工作，还成功申报了5个国家自然科学基金项目，作为首席专家主持四川省"十一五""十二五""十三五"饲草育种攻关，并获得农业农村部国家牧草体系岗位科学家项目资助，科学研究的道路越来越广阔。

除了鸭茅，张新全还带领牧草育种团队系统评价了横断山区重要野生牧草资源近5000份；研发白三叶、黑麦草、牛鞭草等适宜亚热带地区的配套栽培技术；宝兴、滇北鸭茅及合作选育的高羊茅系列成为西南喀斯特地貌区石漠化治理首选品种；育成国审牧草品种19个；研究成果先后获省部级科技奖10项，其中3项获省部级科技进步一等奖；科研成果在南方10多个省（区、市）累计推广近2600万亩，创经济效益近50亿元；主持选育的"长江2号"多花黑麦草不仅在我国建立万亩种子基地，也通过了北美AOSCA认证协会的专业认证，成为我国第一个在美国获得认证并进行商业化转化推广的牧草。

如今，拥有全国草品种审定委员会委员、中国草学会副理事长、享受国务院政府特殊津贴、全国模范教师、教育部新世纪优秀人才等诸多头衔和荣誉的张新全，已经成功开创了西南草业新局面，也正逐步将其推向全国乃至世界。但他深知，科学研究永无止境，而他要做的，就是持之以恒地奉献毕生精力，将前辈传承下来的事业延续下去，为我国草业事业发展注入源源不断的动力。

用心育人　培养草业发展新传人

"严师出高徒，汗水浇硕果，这是亘古不变的真理。"谈及培养学生的方式方法，张新全如是说道。

之所以对这句话有如此深的感触，得益于他跟随颜济和杨俊良教授的读博经历，两位老先生对学生要求非常严格，凡是未在国外重要专业刊物发表文章的学生，一律不同意毕业答辩，正是这样高标准、严要求，他们才培养出了一大批优秀人才。

在恩师传帮带的影响之下，张新全也给学生规定了毕业条件，硕士至少发1篇SCI论文，博士发表单篇影响因子为5或累计12的SCI论文才能毕业，要求学生每周都要进行读书报告和试验进度交流。也正是在这样的严格要求之下，他的8位博士、1位硕士研究生先后获得"中国草业王栋奖学金"，3位博士研究生连续3年获得校级优秀博士论文。

尽管对学生严格，张新全自身更是严于律己、以身作则。几乎不过周末的他，每天的行程都是满满当当，每周准时参加研究生组会，实时掌握学生实验动态。如果学生在实验过程中遇到瓶颈，他甚至会麻利地穿上实验服亲自指导学生操作。

"张老师经常告诉我们，草学是一门应用基础学科，只有走到田间地头才能出成果。

他自己也率先垂范，每周都要下田。每位研究生报到后的第一件事都是去农场锻炼一个月，或者去野外采集种质资源，张老师都会亲自一一指导，帮助我们迅速了解及熟悉草学。"谈及对导师的印象，他的一位博士生回答道。

"以身作则，严慈并济"，这也是学生们给予张新全最多的评价。来自贵州农村的杨忠富，家庭条件不好，当初通过助学贷款来校攻读研究生。张新全在了解到他的家庭情况后，主动为其设立勤工助学岗位，让他在完成学业之余，协助做一些实验管理等相关工作，以此获得一定的生活补贴，而这也让杨忠富甚为感激。

除了关心学生的生活，张新全也关注学生的兴趣。有博士提出想做青贮研究，他亲自为学生联系国外专家联合培养；学生要去企业考察，帮忙安排人员接送；实验室设备不全，马上想办法自购或联系其他实验室。

对于缺少科研启动经费的新进青年教师，张新全主动指导申请项目，尤其是自然基金项目亲自把关，同时也向科研经费不足的青年教师提供资金支持。"在张老师眼里，青年教师要发展离不开科研成果，而经费不能成为限制青年教师科研的因子，所以他总是尽全力为年轻教师解决科研经费问题。"毕业留校的青年教师们满怀感激地说道。

桃李不言，下自成蹊。回首在川农大的 34 个年头，张新全感慨良多，他说："正是在老一辈专家学者的耳濡目染下，我才有了今天的成就。未来我将继续竭尽全力，将老一辈留下来的事业传承下去，为我国草业事业发展培养更多优秀人才。"

王际睿：为粮食减损出谋划策

小麦所

人物简介：王际睿，小麦研究所教授。四川农业大学—加拿大农业部联合培养博士，美国加州大学—戴维斯博士后，国家重点基础研究发展计划（973计划）项目首席科学家、四川省学术技术带头人、四川省突出贡献专家；入选教育部新世纪优秀人才支持计划，霍英东青年教师基础研究支持计划；2016—2022年担任"国际谷物穗发芽大会"主席。主要从事作物种子发育—萌发研究。在 *Plant Biotech J*，*New Phyto*，*PNAS*，*Cell* 等杂志发表论文50余篇；获四川省科技进步一等奖2项、四川省青年科技奖；获授权发明专利2项、制定地方标准6项、参与作物新品种选育2个；培养毕业研究生8名，其中博士4名，1篇博士论文获四川省优秀学位论文。

谈到小麦研究所的王际睿，跟他接触过的人都会对他乐观严谨的工作态度和对人对事的格局留下深刻印象，而这些特质都是源于他对工作、生活的热爱。王际睿在小麦研究所学习、工作近20年，这20年的成长是"川农大精神"激励川农学子奋发进取的一个缩影。

2001年王际睿考取硕士研究生，进入小麦所后师从郑有良教授。当时的小麦所位于都江堰，学生宿舍、实验室、办公室和试验田都是在一个大院子内，生活条件虽然艰苦，但老师和学生们同吃同住，让在这个院子里面学习工作的每一个人都很有归属感。在都江堰学习的几年，他跟随导师并在同学帮助下从实验室到田间地头学习作物学相关知识，受到研究所郑有良教授、周永红教授、刘登才教授、魏育明教授、颜泽洪教授等老师艰苦奋斗、求真求实的科学态度的熏陶，逐渐开始认识了小麦研究并养成了科研思维。

2004年来到雅安校区后，他发现了更广阔的一片天地，常常穿梭于实验大楼和实验基地之间。2007年他成为学校首批公派出国进行联合培养的留学生，赴加拿大农业及农业食品部著名的小麦育种专家GeorgeFedak博士实验室学习。在加拿大学习期间，从事小麦穗发芽研究的Kent Armstrong博士刚退休，留下了大量与种子萌发相关的文献，这为打开王际睿研究种子发育和萌发的大门创造了契机。种子穗发芽是指籽粒在收获时间，遇到阴雨天气在穗上发芽的现象。籽粒穗发芽现象在禾谷类作物中会显著降低籽粒的品质及价值，也会降低种子在翌年的发芽率，从而造成极大的经济损失，该问题一直是全球禾谷类作物面临的一个大难题。我国长江中下游麦区、西南麦区由于小麦收获季节经常降雨，且伴随气温升高，是小麦穗发芽重灾区之一。因此，王际睿开始考虑今后从事种子发育和萌发的研究工作。

2008年小麦所整体迁至成都校区，新的环境既带来了不少的机会，也带来了挑战，同时，也使王际睿意识到做好研究需要不断提升个人水平，开阔视野。2011年，王际睿赴美国加州大学戴维斯分校罗明诚博士实验室开展节节麦基因组及群体遗传的博士后研究工作。其间正值颜济教授、杨俊良教授在戴维斯著书论著。闲暇之余，他经常听颜济教授和杨俊良教授介绍小麦育种、创建小麦研究所、开展小麦族生物系统学研究的老故事，也向他们请教在解决"繁六"及其姊妹系材料穗发芽问题上的经验……这一段经历让他深深感受到老一辈专家的人格魅力和心系中华之农事的大格局，同时也为他们排除万难，不为名利、潜心专研的精神所折服。

2013年回国后王际睿继续将研究方向和重点放在作物种子上。为了能在促进农民减损增收、保障国家粮食安全、维护食品安全基础和助力建设小康社会等方面做贡献，王际睿博士开展小麦穗发芽抗性基因发掘、抗性资源创制、芽麦引起的品质劣化研究。同时，深入基层、走访农户与储粮机构，为减少粮食产后损失、保障原粮品质、增加农民收入做宣传。在此基础上，王际睿成功申请到国家重点研发计划项目，成为国家"973计划"首席科学家。他还致力于加强与行业内专家的交流合作，逐步与以色列、日本、澳大利亚、美国、加拿大、阿根廷、哥伦比亚等国际同行建立了合作关系。由于其研究受到了同行专家肯定，王际睿教授被选为国际谷物穗发芽大会第14届（2019年，中国成都）、第15届（2022年，日本筑波）的国际组委会轮值主席。其中2019年8月在成都顺利召开的第14届，有效扩大了我国相关研究的国际影响力。

王际睿在都江堰、雅安、成都三地的学习、工作，见证了学校一校三区办学模式的建成，让他有机会感受前辈们心怀天下事、不畏困难、潜心做研究的大家风范，并跟随老师学习到了作为科研工作者团结奋进的精神与服务社会的责任。王际睿教授谈道："在川农这些年，我有幸能近距离感受几代川农人的创业精神和大家风范，并得益于大家的悉心教导和鼓励，'川农大精神'是每一个川农人最宝贵的精神财富，这笔财富成为我继续迎接挑战、求实创新的内在动力。希望'川农大精神'在新一代川农人中继续传递、发扬，无论在什么地方都能做有贡献的人。"

陈其兵：亮丽风景践行者

吕冰洋　王丽萍

人物简介：陈其兵，博士，教授，国务院政府津贴获得者，四川省学术和技术带头人，四川省突出贡献专家，四川省工程设计大师，国务院学科评议组成员，中国林学会园林分会秘书长，中国风景园林学会教育专委会副主任，中国风景园林学会园艺疗法与园林康养分会副主任，中国竹产业协会文旅康养分会主任，中国林学会竹子分会副主任；长期从事风景园林教学研究和人才培养工作，研究领域为风景园林规划设计与竹林风景线融合。主持和主研项目获国家科技进步二等奖 1 项，省科技进步一等奖 3 项、二等奖 6 项、三等奖 8 项，其他奖 8 项；发表学术论文 200 余篇，其中 SCI 收录 30 余篇，出版学术专著 7 部，主编全国统编教材 3 部，省教学成果二等奖 1 项、三等奖 1 项，先后指导博士、硕士研究生 200 余人；先后主持各种规划设计项目 200 余项，其中获国内外规划设计获奖 20 余项。

敬业　敬职　敬责

1984 年，陈其兵从四川农业大学林学专业毕业后，便留校从事教学工作，从那时开始，教书育人就成了他一生的事业。从最初的林业专业开始，他带着学生深入大凉山的高原草甸草场，收集高原林木种质资源，靠着一腔热血，克服艰难险阻，带着学生跋山涉水，餐风饮露，用实际行动诠释着"川农大精神"。学生们没有一个叫苦，因为他们前面有一个始终坚毅的老师在领导着大家前行。后来学校增设新学科风景园林学，他一边探索学科建设，一边不断地培养适应社会新需求的风景园林学子。常听他的学生谈起，陈老师是一个始终热情饱满、不断学习、严于律己的人；陈其兵教授也常把一句话挂在嘴边："我最大的成就就是我的学生。"

清晨 7 点刚过，伴着薄雾晨曦，陈其兵老师的办公室前总是会看到有序排队的学生，"学生一般会在 8 点半之前到达我的办公室，进行面对面的交流。"陈其兵说。已经年近 60 的他，每天总是第一个出现在风景园林学院的工作岗位上，这样的工作方式一坚持就是近 20 年。正因为他的守时和对自己的高要求，学生们耳濡目染，也养成了早起学习与老师交流的好习惯，所以每天早上的 7 点到 8 点半，在他的办公室前总是会看到排队的学生，或处理事宜，或交流学术、推进科研。

刻苦　克难　恪守

90 年代初期，伴随着国家城市化建设步伐的加快，园林行业开始兴起。最初，陈其兵被分配到了"林学系"，几年后成为系副主任。1993 年川农"林学院"和"园艺学院"合并，成立"林学园艺学院"，同年成立"园林系"，正式招收专科学生。1995 年面向全国开始招收本科学生，这一年陈其兵调往"园林系"担任系主任。"我就是如此从林学转向到风景园林学专业的。后来我们又成立了四川农业大学园林研究所，再后来就有了如今的风景园林学院"。这既是"四川农业大学风景园林学院"的发展轨迹，也是陈其兵的发展轨迹，可以说，陈其兵正是"四川农业大学风景园林学院"的开创者和奠基人。在专业初创时期，作为林学专业出身的教师，陈其兵教授没有怕苦怕难，而是以饱满的热情承担起了新的重任，他刻苦钻研，敢于克难，带领着学院和研究团队大踏步前进，短短 7 年，园林专业实现了从专科到本科、再到硕士点的跨越式发展。如今学院师资力量强劲，具备一级学科硕士、博士授予权，该一级学科在 2012 年学科评估中并列全国第四位，2017 年学科评估为 B（第四位）。

在几十年的从教从业过程中，陈其兵教授对学科有着深刻的认识："风景园林是个很宽泛的领域，涉及园林植物、花卉树木、规划设计及建筑营造等很多学科领域。我们川农最早、最强的学科之一'林学'，是 20 世纪 30 年代四川大学的分支。20 多年来，风景园林最吸引我的是它解决人居环境和人类精神层面乃至更高层次的追求和享受。在我看来，如今的世界，人们在解决了温饱问题之后，需要一个好环境，无论在国内还是在国外，无论人们居住的是城市还是乡村，大家需要的都是一个优美环境，这是核心。"如今已是"四川省工程勘察设计大师"的他实现了个人从林学到风景园林学的"华丽转身"，以一个风景园林实践者的身份，恪守心中的执着，践行这份美丽的风景。

整合　融合　联合

"现在的风景园林学，来源于'林学''建筑学'和'城市规划学'，是这几个学科的综合和创新。"陈其兵教授常提到这个新兴学科需要整合，发展离不开"创新"。陈其兵教授结合林学优势，将研究的重点放在我国的特色林业资源之一的竹类方面，凭着对林学和风景园林学研究的执着和热情，诞生了许多极富价值的创新研究成果和竹类新品种研发，并获得国家科技进步、梁希林业科学技术奖等多项专业奖项和多项发明专利。伴随着新学科发展成为新学院，陈其兵教授将科研的目光锁定在风景园林的综合学科发展和跨学科发展领域，先后主持国家部、省级创新科研项目 30 余项。近年来，他又将目光聚焦在环境与健康领域，整合最新的康养医学理论，积极引进先进设备，深耕细作，勇于创新。如今已经形成了系统化的竹林康养融合创新成果，先后在国内外具有影响力期刊发表论文 20 余篇，在该领域处于领先。

除了学科的整合，学院和社会、企业也需要融合，"这个学科，社会能不能认同，同行业认不认同，学生满不满意，这是我们最关心的，也是我们的责任所在，压力很大!"陈其兵教授说。他非常重视产学研融合,把科研成果落地视为重中之重。他常说风景园林学科是一门综合应用型学科,不能闭门造车,而要重视成果应用。从教至今,他积极搭建校企合作平台,建设学生实习基地,促进科研成果落地,由他主持或参与的规划设计项目已有上百项。在一件件优秀作品的背后,是他一致坚持院企、院地融合的思路,让学院成果得以输出,学校人才得到锻炼,企业和社会得到高水平专业服务。"川西林盘""西蜀园林""竹林康养",一张张具有地域特色和学院专长的名片被行业熟知,真正做活了川农大风景园林专业,打响了招牌。

"在教育行业,我们每年都会举办各种会议,国家也会对学校学科进行评估审核。我们学院博士点目前全国排名并列第四,这表明我们学科在全国处于领先地位,同时也倍感挑战。"而如何扩大优势,走出国门与世界发达国家共同办学,这是陈其兵教授近年思考最多的。从2011年亲自赴美筹备中美联合办学开始,"联合"的步伐就从没有停止。2011年举办"绿心之旅:中美园林联合办学暨绿心联盟筹备会";2013年与美国路易斯安那州立大学签订校际合作协议书及学院交换生项目合作协议书,主持中美合作班暑期夏令营集训;2016年联合美国路易斯安那州立大学并主持申报四川省科技计划项目"基于LID的湿地公园生态修复关键技术引进研究与示范"立项;2017年与法国波尔多国立高等建筑景观学院签署学生交换项目合作协议书;2011—2018年共邀请中、法、美、日、韩、加拿大的知名学者合计20余人,来校进行学术讲座及国际学术研讨会10余场。多年来,派出老师、学生10余人出国访问深造,引进国外科研团队,共同完成了许多优秀的规划设计作品,真正体现了"走出去,引进来"。

陈其兵教授工作30余年,推动着风景园林学院稳步发展。作为一个园林人,他时刻不忘"川农大精神",并付诸实践,而他自己,也成为川农大一道亮丽的风景。

李伟滔：勇攀科技高峰

张 喆

人物简介：李伟滔，博士生导师，水稻研究所副所长。四川省细胞生物学学会理事。获四川省杰出青年科技人才称号。从事水稻抗稻瘟病相关基因的发掘与机制解析的研究，在 *Cell*，*New Phytologist* 等主流期刊发表 SCI 论文 20 余篇；获四川省青年科技奖。

从普通一线教师到囊括四川省杰出青年科技人才称号、第十四届四川省青年科技奖等荣誉，虽然荣誉越来越多，但水稻所李伟滔教授始终不忘肩负的使命和责任。他说："作为一名水稻领域的科研人员，我将继续拿出敢于跳起摸高、勇于争创一流的魄力，传承和发扬好'川农大精神'，聚焦水稻抗病研究领域关键问题，继续将论文写在大地上，写在稻田里，为把祖国建设成为农业科技强国贡献自己的一分力量！"

坚守科研初心

本科毕业后，李伟滔考入学校小麦研究所，开始了研究生阶段的学习。"那是 5 年半重复、忙碌，却至今仍让我感激不已的难忘时光。在这个阶段，有第一次独立完成实验的喜悦，有第一次撰写英文文章的煎熬，有第一次为师弟师妹传授科研经验的细心与耐心……这再次明确了自己想要从事科研工作的决心。"

读博期间，在学校和导师魏育明教授的支持下，李伟滔赴澳大利亚进行了 1 年半的联合培养博士学习。在那里，他增长了见识，明白要做好科研就必须具备国际化视野，也取得了较好的成绩，获得了学校的优秀博士论文。2011 年，李伟滔学成归来，加入水稻研究所陈学伟教授团队，从事专职科研。"这是我科研生涯的新起点，也是事业发展的关键期。"

"作为一名科技工作者，最美的誓言是报国。"虽然从事专职科研，李伟滔仍然积极承担本科生和研究生的多门课程。在课堂上，他常常结合自身的留学经历和所知所学所感，厚植爱国主义情怀，融入思想道德教育和社会主义核心价值观，让学生领会"科学无国界，而科学家有国界"的含义。

作为水稻研究所的党委副书记，他分管研究生教育，鼓励学生积极学习跨专业知识，特别是与本专业紧密相关的交叉学科知识，培养学生的综合素质和创新能力，着力培育"思想道德正、爱国主义深、专业能力强、综合素质好、三农意识深、适应能力

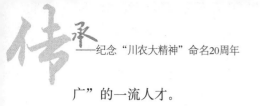
广"的一流人才。

勇克科研难题

2017年6月29日，全球顶尖学术期刊 *Cell* 在线发布了学校为通讯单位、陈学伟为通讯作者，李伟滔、硕士研究生朱紫薇、加州大学戴维斯分校 Mawsheng Chern 博士、学校水稻所尹俊杰博士、硕士研究生杨超和冉莉为本论文的共同第一作者的论文"A natural allele of a transcription factor in rice confers broad－spectrum blast resistance"（一个转录因子的天然变异赋予水稻对稻瘟病的广谱抗性），实现了学校乃至整个西南地区高校在 *Cell* 主刊发表论文的零突破。能被生命科学研究领域的顶尖学术期刊认可，与这项研究的突破性不无关系。

"稻瘟病是水稻重大病害之一，主要危害水稻的叶片、茎秆和穗部。水稻受稻瘟病危害，一般减产10％～30％，严重时甚至绝收。"李伟滔介绍说，实践表明，培育抗病品种是克服稻瘟病危害最经济有效的方法，而稻瘟病抗性相关基因的挖掘与机理解析能够为抗病育种工作提供基因资源和理论基础。

水稻材料"地谷"是研究稻瘟病抗性的重要材料，已从中克隆几种优秀的抗病基因，却面临一个问题：这些抗病基因仅对少数几个稻瘟病菌生理小种具有抗性，并不具有广谱性。然而，这也成了李伟滔打开新世界大门的"钥匙"。了解到科研突破点后，在陈学伟教授的带领下，团队从2011年开始进行研究，花了近6年时间，终于发现了一个新的稻瘟病抗病遗传位点，对稻瘟病菌具有广谱抗性。

编码 C2H2 类转录因子的基因 Bsr－d1 的启动子——这个陈学伟教授研究团队发现的水稻天然变异位点，其作用正是可以有效提高对稻瘟病的抗病免疫能力，水稻癌症防治路径也从"服预防药式"变为"提高免疫水平式"。

"与此前不同，这一位点是水稻本身存在的，纯天然的，而不是外在的导入变异，非常罕见。在这一变异位点提高抗病性的同时，对产量性状和稻米品质没有明显影响。"陈学伟教授介绍，如果这项成果运用到实际生产中，对作物内在来说，不仅能够提升作物的整体抗性，还将缓解因病原菌进化导致的作物抗病能力失效。"对种植环境来说，既能有效减少农药使用，又保护附近的生态。"

该项研究成果成功入选2017年度"中国生命科学领域十大进展""2017年中国农业重大科学进展"。

"发表 *Cell* 论文，更像一个 PCR 过程，将杂乱无序的一个个碱基组装成一个完整的、能够行使功能的基因序列，是一个发生了从量变到质变的过程。"李伟滔说，"这既是为自己几年的工作做了一个小结，更是为以后的科研事业打开了一个新的局面。"

他常常以自己的亲身经历教育学生："要做好学术研究，必须不畏艰辛。当其他人正纳凉休息时，你们却需要顶着炎炎烈日在田间授粉；当其他人正在享受和家人团聚的寒假时，你们可能却要长期驻扎南繁基地。要做好学术研究，必须耐得住寂寞，需要几年如一日的埋头苦干。从一名入学成绩垫底到学校优秀博士论文的获得者，从工作起始的默默无闻到 *Cell* 文章的发表，这些经历告诉我们，'绳锯木断，水滴石穿'的这份毅力必不可少。"

"我们的川农大，有院士，有长江，有杰青，有优青，以及其他各类优秀科技人才。"李伟滔希望学生们在如此优秀的导师团队带领下，秉承"爱国敬业、艰苦奋斗、团结拼搏、求实创新"的"川农大精神"，进行扎实、严谨的学术训练，为学校的"双一流"建设而努力，为祖国的科研事业奉献青春。

冯琳：努力成为更好的自己

周宇萱　杨　雯

人物简介：冯琳，1980年4月出生，四川农业大学二级教授，博士生导师。入选国家百千万人才工程、国家优秀青年基金获得者、国家有突出贡献中青年专家、国务院特殊津贴专家、四川省学术与技术带头人、省有突出贡献专家、四川省青年科技创新团队带头人，任中国动物营养学分会副秘书长、四川省动物营养学会秘书长。近年来主要聚焦营养调控淡水鱼健康和肉质领域的研究，以第一作者或通讯作者发表SCI收录论文115篇，其中ESI全球热点论文3篇，JCR一区88篇，中科院一区68篇。目前担任 *Aquaculture Research* 的特邀编辑，*Aquaculture*、*British Journal of Nutrition* 等10余个国际期刊审稿专家。近年来获国家科技进步二等奖2项、省科技进步一等奖2项、二等奖1项，中国水产青年科技奖、霍英东青年教师奖及颐和青年科技成就奖。获授权发明专利17件。

从一名川农学子到一名川农博导，冯琳已与川农大结下20余年的不解之缘。她脚踏实地满怀热情，凭着不懈努力开拓自己的科研热土，带领年轻学子走进科研殿堂，也让自己不断遇见更好的自己。

幸遇良师　薪火传承

冯琳说："我最幸运的，是在川农大遇到了最好的老师，给予我最好的指导。"

刚进入川农大，她就遇到了一批"能影响一生"的好老师。在开学典礼上时任副校长的郑有良教授充满激情、幽默、精彩的讲话就给她的人生上了最好的一课，激励着她一路努力奋斗。动医学院的邓俊良授课精彩纷呈，深受学生喜爱。周小秋教授为冯琳所在的班级讲授两门专业课程——"动物营养学""饲料学"，"课堂上除了写字的声音，其他声音都不能有"……严师出高徒，精彩的课堂背后是严格的要求。同学们好奇为什么周老师讲课从不用PPT，但知识点却能条分缕析地讲出来，让人听得津津有味。冯琳一直牢记周小秋教授当时的回答："量变引起质变。只要脚踏实地，一步一步往前走，你们也能成为这个行业特别厉害、特别优秀的人！"一句话让她对未来人生充满了信心。

冯琳自本科和周小秋老师结下了师生情谊，此后的硕士、博士阶段更是选择一路跟随，并在导师的指引下不断前进。"读研究生的重点在于能力的提高，顺便拿个文凭。"读研入门，周小秋教授的以身垂范、耳提面命让冯琳明确了学习的目的和方向，也获得了更多拼搏的动力。

多年来，她跟随导师聚焦营养调控淡水鱼健康和肉质领域的研究，科研上取得了系列突破性的进展，成果在多家饲料企业转化应用，取得了良好的社会经济效益。

2013年和2019年，作为课题参与人之一，冯琳跟随导师周小秋两次获国家科技进步二等奖。近年来，她以第一作者或通讯作者发表SCI收录论文115篇，其中ESI全球热点论文3篇，成为国家优秀青年科学基金获得者、国家有突出贡献的中青年专家、四川省学术和技术带头人，担任10余个国际期刊审稿专家，同时还收获省科技进步一等奖2项、二等奖1项，中国水产青年科技奖、霍英东青年教师奖及颐和青年科技成就奖等。

闪亮的成绩单须以拼搏为笔，以心血汗水为墨。回忆起无数日夜的艰辛付出，冯琳禁不住感慨万千："太不容易了！一项大奖至少是十多年的沉淀。""十年不一定磨一剑！"但她也一直感觉自己"运气好"，用她自己的话说就是"特别幸运在本科阶段就遇到了自己学习上的老师、精神上的导师"。

多年来的科研生涯，团队协作的精神、拼搏奋进的习惯、严谨细致的作风伴着时光一起，在冯琳身上烙下了深深的印记。"团队每个人都很拼，常常一个方案要分析论证十多次，做实验、分析数据到凌晨……"她已习惯了与团队一起拼搏奋战，"真让我休息两天什么都不干，会操心得更多，甚至会觉得比不休息还要累。"

创新育人　做"真"教授

作为一名教师，冯琳有着自己的育人理念。受周小秋教授的影响，在她看来，教师应当致力于让学生成长成才，对学生的关心关爱一定要区别于保姆式的爱。

如今，追求自身能力的提高也成为她对自己和学生的严格要求。她以身作则，告诉学生要学会沉心静气地钻研，"科研很重要的一点是'聚焦'，就是要在一平方米的土地上挖地三尺。""也许会有外界各种怀疑的言论，研究这么久怎么还没有什么成果？但你自己一定要像一颗钉子一样钉住，沉得下心，耐得住寂寞，不然获得最终的成功是不可能的。"

"带学生也要与时俱进。"在日新月异信息爆炸的"快时代"，不同学生的个性禀赋往往差异很大，冯琳特别注意时常更新自己的教育方式、方法，始终注重对学生科学思维的训练，提升他们用科学方法解决问题的能力。

冯琳特别乐于倾听学生新的想法并共同探讨，引发自己的思考，碰撞出思想的火花。这种氛围之下，学生也乐意与她分享所思所想。在学生胡阳阳印象中，"冯老师从不会否定我们的想法或者直接告诉我们想法不合理。我们都很乐意一有新想法就去和她交流，她也会特别感兴趣地听我们说，甚至还鼓励我们积极去做探索。"

冯琳用百分之九十以上的精力思考和实践如何使学生成才，她对学生的爱护也从来不缺席。学生生病，她嘘寒问暖，还体恤学生生活不易，发放补贴。学生马耀斌的成长让她特别有作为老师的成就感。研究生入学时，因为对研究生学习生活不适应，马耀斌一心想退学，作为导师的冯琳多次找到他"聊天"，一边指导他的学业，一边做着思想工作，还用自己的亲身经历鼓励他，告诉他读研的重要性，让他放下包袱，不要怕困难，做好当下事。考博期间，冯琳帮助他分析院校，推荐适合他的研究方向和性格的导师、院校，写推荐信，在他一度想放弃的关键时刻鼓励他继续尝试……如今马耀斌已顺利考入厦门大学攻读博士。至今回忆起与导师相处的点滴，他依然充满感激，直言冯琳是人生的贵人，改变了自己命运的轨迹。

34岁时冯琳已经获评教授职称，但她却说："我最远大的目标就是当一个真正的教授。"在她心中，当上教授仅仅是获得一个职称，要成为一个真正的教授，那么学术水平和教书育人的能力必须都配得上教授这个职称所代表的高水平。冯琳说："这是个需要靠不懈努力去无限趋近的境界，我仍然在继续努力。"她满怀奋斗的激情，朝着自己想成为的样子前行。

陈舜：精进人生传精神火炬

吴　仪　叶嘉灵

人物简介：陈舜，教授，博士研究生导师。中国畜牧兽医学会禽病学分会理事，四川省细胞生物学会理事。获授权国家发明专利 6 件。主研项目获国家一类、二类新兽药证书各 1 项；获国家技术发明奖二等奖 1 项，教育部技术发明奖一等奖，农业农村部神农中华农业科技奖优秀创新团队奖、四川省科学技术进步二等奖各 1 项。以第一或通讯作者在 *Pharmacology & Therapeutics*，*Journal of Virology*，*Journal of Immunology* 等 SCI 期刊发表学术论文 67 篇，其中，中科院分区大类 TOP 期刊 13 篇，代表作最高影响因子 10.557。获教育部"霍英东教育基金会高等院校青年教师奖"，首届四川省"新青年"等荣誉。

这是一位"80 后"女教授，四川首届"新青年"。她伴着团队、带着学生，在研究鸭病的科研之路上，不忘"'为小鸭健康、为农民小康'保驾护航"的初心，秉持着川农人的特有品质，锐意创新，踏实前行。在国内外知名学术期刊上发表研究论文 60 余篇，单篇最高影响因子达 11.127，累计影响因子超过 120。她就是动物医学院的陈舜。

"哪有什么所谓'惊天地泣鬼神'的故事，我只是最平凡的川农人，用自己的分分秒秒做着川农人该做的事。"谈及个人经历，陈舜始终保持着谦虚平易的态度。

俯身前行二十载　恩师引领薪火传

"与其说是受川农大的影响，不如说我是受'川农大精神'的指引与感染。"陈舜说。

她是川农大生物技术专业（动物方向）2000 级学士、预防兽医学（禽病学方向）2004 级博士，目前担任动物医学院副院长。她笑称自己是"'如假包换'的川农人"。

对陈舜而言，记忆中最难忘的川农大片段，还要从 20 年前她刚走进川农大时那无数个清晨的 7 点钟说起……"大三上生理学实验课，我至今记得雅安校区的六教一楼生理学实验室……"她回忆道，"我们的上课时间总是特别早，7 点左右就要去实验室准备实验相关物品。每次去，我总能看到一位老师已经在办公桌前开始工作，任何吵闹也丝毫不会影响他。"陈舜坦言，如此勤奋的老师，当时觉得长这么大还是第一次见。在后来保送研究生选导师时，她毫不犹豫地选择了这位老师——程安春教授。20 年如一日，如今，陈舜还能记起那时清晨实验室走廊里空气的味道，那些清晨里老师专注投入

的身影至今仍让她在困境中保持热血沸腾。

"有些人不会突然改变你,却足以在潜移默化中影响你的一生。"陈舜说,"进入实验室以后,程安春、汪铭书两位老师数十年如一日地早早到岗工作,他们勤奋而忘我的状态对我产生了非常深刻的影响。"在后来与两位老师的共事中,陈舜发现,他们对刚参加工作的年轻教师的信任与栽培,特别是在精神上的鼓励与价值观上的引领,成了团队里不少年轻教师勇于挑战、敢于试错的支撑。

而如今作为研究生、博士生导师的陈舜,在学生们眼中又是怎样的呢?

"实验室里不容忍一丝懈怠,每周组会不允许丝毫敷衍应付,写文章时要求向领域内顶尖成果看齐……"一丝不苟的她给学生们的第一印象是自律和用心。她还会挤出时间,定期发邮件或找学生面谈科研困惑,讨论解决路径;会在参加学术会议时顺便为学生买回需要的实验用品和纪念小礼物……热心周到的她常常让学生们收获意外的惊喜与感动,科研、学生时时刻刻都在她心头最重要的位置。她所指导的学生们一致认为,她身上有着川农人最典型的品质,用一个词概括那就是"敬业"。

数千个夜以继日　扎根科研为民生

四川是水禽养殖大省,为全川乃至全国提供优质的禽肉蛋产品。作为2011年"四川省优秀博士学位论文"获得者,陈舜带着"高效低价解决老百姓实际问题"的纯朴理想,带着课题组成员一头扎进对水禽病原致病机理方面的基础研究和科技创新工作。近十年来,她在水禽病毒领域的科研成果可谓喜人,在"聚光灯"看不到的地方是她带着团队日积月累的艰苦奋斗。

在大量水禽抗感染免疫基础理论未知,无商品化实验材料的困局下,陈舜带领课题组率先克隆了鸭与鹅20余个免疫基因,解析其生物学与免疫学功能,制备和储备相应抗体,建立系列标记物的定量定性检测方法,为后续揭示病原与宿主互作提供了技术与材料保障。

为了深入揭示病毒关键基因的分子致病机理,陈舜把目光锁定在了种鸭产蛋的"克星"——鸭坦布苏病毒上。这一病毒是2010年才首次从产蛋量下降的鸭卵巢中分离鉴定出的新型禽类黄病毒。该病毒不仅已严重危害我国蛋鸭养殖业,而且已被证实可人工感染哺乳动物,具有重要的公共卫生意义,因此对其防控及致病机理的研究意义重大。

确定研究方向后,陈舜带领课题组潜心搭建了鸭坦布苏病毒的反向遗传学操作平台,包括能用于快速且大量药物筛选的病毒复制子与报告病毒的分子操作平台;能进行定向改造的病毒感染性克隆体系;能监测病毒吸附、入侵、包装、释放等不同生命周期阶段变化的假病毒系统。这些病毒体外操作平台的成功搭建,不仅标志着实验室技术水平的提升,更重要的是开启了学校人工定向改造与测试重组病毒的"新时代"。

陈舜和全体团队成员一样,没有常规双休地重复着一天天的研究。她的一天,从到实验室一坐下开始到站起来离开,可能就是白天到黑夜的转变,唯一不变的是她和团队不怕苦、不怕累的坚韧。

几千个夜以继日的工作,陈舜课题组不断对新的领域进行系统的探究。他们提出

"利用特定蛋白活性抑制剂而限制病毒的免疫逃逸从而控制病毒感染"的新观点，为开发既"精准杀毒"，又无毒副作用的新药提供了新思路，常规抗病毒药物的"杀敌 1000 自损 800"难题或将成为历史，相关研究成果于 2018 年 6 月刊登在了 JCR 分区医学类 1 区的学术杂志上。

因在鸭坦布苏病毒研究上的杰出贡献，受 *Journal of General Virology* 杂志邀请，陈舜撰写了题为"新出现禽源黄病毒的研究进展"的综述，并作为当年唯一一篇综述收录进"禽病学"专题，受到众多同行的关注、引用。2020 年 5 月，陈舜团队一篇阐释新发的水禽黄病毒（鸭坦布苏病毒，DTMUV）的免疫抑制新机制的论文又出现在病毒学顶级期刊上。此外，她参编的著作《鸭标准化规模养殖图册》与《动物疫病防控出版工程：鸭瘟》也及时填补了该领域的空白。

"科研工作就是一个日积月累的过程，任何一个'闪光灯'的背后都有一段很长的路要走。我想这或许正是为什么说是'川农大精神'在背后指引我们前进。"陈舜颇有感触地说。

科研是一场漫长的征程，一个人往往走不远。在数年的科研中，陈舜明白，恩师的引领，新鲜血液的加入，一次次集思广益的研讨……"大家团结起来才能解决一些事情或者突破一些瓶颈，进而攀上那些看似不可能的高峰。"

"年轻人要有冲劲，因为年轻就意味着有足够的资本去拼搏。"陈舜心里的"团结拼搏"一直被放在首位。在她看来，年轻人应该有拼搏精神，不应在奋斗的年纪选择安逸。"年轻时精力旺盛、学习能力强，有资格'试错'。"她说，"与其徒留遗憾，不如锐意进取。"对于如何定义"年轻"，陈舜笑称自己正值金色年华，因为越奋斗，越青春。

田孟良："田药师"让特色产业成为脱贫"利器"

李劲雨

人物简介：田孟良，博士，教授，博士生导师，四川省科协委员，四川省青联委员，中国中药协会中药材检测认证专委会委员，现任新农村发展研究院副院长，新农村发展研究院雅安服务总站副站长兼中药材产业部部长；任雅安市科协副主席，遂宁市百益新农村发展研究院院长，四川省"10+3"产业体系川药科技特派员团团长，四川省中药材创新团队岗位专家；入选科技部《把论文写在大地上》全国100个典型案例，被评为全国优秀科技特派员，受到科技部表彰。

进入秋季，宝兴县崇兴村的两千亩川牛膝枝繁叶茂、郁郁葱葱，数百名村民在田间忙碌着，放眼望去，一片片秋收的喜人景象。

"要得，要得，我这两天就上（山区）去。"这是学校博导、中药材专家田孟良教授电话里常说的一句话。

两年来，他的科技扶贫、产业扶贫之路累积超过20万公里，踏遍四川贫困"四大片区"，哪里有中药材种植、哪里有药材科技需求，哪里就有他的扶贫身影。

"从事了这份职业，就得实实在在为老百姓做一点啥子"

山高坡陡，路途险峻，阿坝州金川县玛目都村是高原特困村，人均年收入约2000元。年轻力壮的村民喜欢翻山越岭，寻找野生中药材，换点儿零花钱。近年，村镇引进了中药材种植企业、成立合作社，组织农户种植中药材，以图早日脱贫困摘帽，但苦于没有技术，村民们看不到发展前景。

受川农大委派，田孟良担起了科技扶贫的担子，选择品种、整理土地、培肥地力、购买地膜、搭建遮阳网、精细种植、田间管理……他亲自制定方案、亲自指导、参与实施。春夏秋冬转了一轮，田孟良带领研究生15次去现场做技术指导，两次遇到雨后塌方，一次飞石差几厘米就砸中了他所开的汽车。

一年过去了，田孟良成了玛目都村村民的老朋友。

玛目都村以高原中、藏药材人工栽培及野生抚育示范基地、高原特色水果示范园、"农旅结合"特色花卉示范带等为龙头的扶贫产业集群已然形成，直接带动50多户农民脱贫，户均增收8000元。

后来，四川省高原地区脱贫攻坚现场会在玛目都村召开，从产业规划、技术指导、市场营销等各个环节深度参与精准扶贫的科技模式，得到时任省委副书记刘国中等人的高度赞扬。

大小凉山的会理、布拖，高原地区的理塘、巴塘、色达、九龙，乌蒙山区的雷波、马边、峨边，秦巴山区的达川、平昌、苍溪、旺苍等地，都留下田孟良指导药材种植的扶贫身影。

在达州市达川区申家乡青竹村，田孟良帮助"回乡创业女工"程玲成立农民合作社发展中药材种植，引进金银花新品种，采用绿色防控技术防治病虫草害，通过肥水运筹延长开花期，确定最佳的初加工技术参数。

在田孟良精心指导下，金银花为贫困户换回了"真金白银"，成为脱贫致富的"利器"；在凉山州会理县法坪乡法科村，他帮助地方政府引进兰州百合进行有机种植的产业项目，引进企业流转土地进行规模化种植，农民以土地入股、参与务工等方式实现脱贫增收；在世界高城理塘，他指导当地牧民种植川贝母、红景天、大黄等中药材，雪域高原上几千年来靠"养牦牛、挖虫草"为生的藏民们传统生活方式悄然改变……

"把解决生产问题、老百姓得收益作为检验工作的标准"

田孟良教授热衷研究中药材是出了名的，他对作家金庸的武侠小说又如数家珍，同事喜欢喊他为"田药师"。

几年前，他被选派赴雅安宝兴县担任科技副县长，适逢"5·12"汶川地震重建后，百废待兴，中药材种植是当地农民的主要收入来源。调研中，农民的贫困、产业的落后，深深触动了他，当地农户种了几年药材，收入不到外出打工的三分之一。很快，他摸清了品种落后、基原混杂、品质低劣、病害严重等问题严重制约着产业发展。

从此，田孟良的科研团队开始向应用研究转型。

他的科研团队中，不乏海外留学归来的博士、院士嫡传弟子，一些人在国际高端学术期刊上发表过论文。在他影响下，团队从服务药材华重楼生产的种子萌发调节手段研究，到川牛膝新品种的选育和真伪品的区分、鉴定，再到白芨种苗繁育、病虫害防治，无一不解决了困扰当地老百姓实际生产的重大难题。

田孟良兑现了良心承诺，宝兴县早已完成对原本劣质伪品头花杯苋的淘汰，重新恢复了原品川牛膝的种植，大大提升了全县生产川牛膝的市场认可度，收购价格和药农种植收益都比原先高出一两倍。全县川牛膝种植户都因此实现了脱贫致富。

在精准扶贫、科技扶贫、产业扶贫浪潮中，田孟良能够针对贫困地区的自然和社会条件，精准选择项目、精准高效实施、精准对接市场，正是得益于长期"立足生产做研究"的坚持与坚守。

"想发展，必须得有产业，能自主造血！"

在参与精准扶贫过程中，田孟良凝练出一套"产业扶贫经"。

在他看来，四川省四大集中连片贫困区域是由多种原因造成的。历史原因导致基础薄弱、交通不便增加产品成本、地理条件限制经济结构、长期补助助长"贫困依赖"、文化差异加剧扶贫工作困难，而困难又进一步导致贫困现状。诸多因素互相纠缠，似乎形成了一个死疙瘩。

他创新了一套解决方案：选择一个当地有基础的高价值作物品种，形成种植业本底，然后深挖产品附加值，发展产地加工和文化特色旅游，形成一个三产联动的良性循环。核心手段就是："要实际进去看，你不走进去实际看，你晓得个啥子嘛？你咋个让别个老百姓信你嘛？""要让扶持对象从心底萌发自信，先要让大家实实在在地看到希望。"

在四川天全县 36 个贫困村之一的爱国村开展扶贫工作时，他多次实地走访，组织学校多位专家，为爱国村精准定制了茶产业扶贫开发规划，确定"要以产品升级、品牌树立来促进脱贫的实效性、长效性，从而站稳市场，进而把长期分散的农户变成有组织的现代职业农民，增强贫困者参与市场的主体性，让贫困户平等分享市场经济的好处"的核心思路。

他带领专家们，坐下来和村民们谈技术、谈观念、谈思路，让村民们学习制茶工艺，掌握制茶标准，精心指导茶农在产业发展上做到"8 个统一"，保证村民们从茶叶前端栽种、中端粗加工与精加工，到后端的品牌包装、以企业和合作社为核心的市场开拓，环环都可参与，每个人都是品牌的拥有者与维护者，全面激发村民的产业脱贫热情。

不到一年，爱国村茶叶科技试验示范基地已成为全县茶产业全产业链科技扶贫示范基地。

田孟良尚未满足，"对于产业扶贫开发，既不能灰心丧气，也不要盲目乐观"，在与村、乡负责人进一步商讨脱贫对策时，他冷静地亮了观点。

他利用学校资源为合作社开展技术培训，"量身定做"技术员，帮助合作社建立源自销售收入的扶贫专项基金，以确保贫困户与合作社形成紧密的利益共同体。

他积极协调，促进合作社借助公司力量与央视网商城签订优选品牌战略协议，在央视网商城重点推广宣传"爱国绿""爱国红"两款茶叶产品，帮助拳头产品取得良好的宣传效果，为提高茶叶附加值奠定基础，力促扶贫产业进一步升级。

"扶贫首先得扶精神。"田孟良是这么说的，也是这么做的，他用行动践行着脚踏实地、勇于创新的扶贫精神。这样的坚持与奉献，也是战斗在精准扶贫第一线的一大批科技人员的真实写照。

何军：下"笨功夫"练真本事

陈　琪　杨　雯　赵艺菲

人物简介：何军，博士，二级教授，博士生导师，科技部"创新人才推进计划"中青年科技创新领军人才。现为中国畜牧兽医学会动物营养分会常务理事，四川省畜牧兽医学会动物营养与饲料分会常务理事、副秘书长，四川省饲料工业协会理事；先后主持国家自然科学基金、教育部霍英东基金、农业农村部公益性行业科研专项等 20 余个项目的研究工作，在猪营养与健康及饲料生物技术方面取得了系列创新性研究成果。在本领域著名刊物发表 SCI 论文 100 余篇，作为主持或主要研究者获部省级以上科技奖励 9 项，授权专利 11 项。

要想真正干成一件事就必须脚踏实地。有人说："古往今来有大成就者，诀窍无他，都是能人肯下笨劲。"学校动物营养所何军教授的经历也许正印证了这句话。

热心事业　承继前辈薪火

2005 年，从南京农业大学获得硕士学位后，带着对"动物营养研究圣地"的向往，何军来到了学校动物营养所工作，一段奇妙的缘分就此开始。

当时动物营养研究所拥有国内屈指可数的国家重点学科，但因扎根小城雅安，又受到 20 世纪 90 年代商业大潮冲击，一度科研人员紧缺，仪器设备不足，且不在中心城市，与外界交流也比较少，不少工作的开展都遇到了困难。"刚开始时条件真的非常艰苦。"回忆起刚落脚雅安的感受，何军至今仍感叹，但当时研究所里良好的氛围却让他留下了深刻印象。

那时，动物营养学界泰斗级的老前辈杨凤先生已年逾八十，还常骑着"二八圈"的自行车来所里交流，关心科研进展；好几位老先生尽管即将退休，仍坚持一丝不苟地把手中最后一届学生带完、带好；有的老教师把自己通过给企业做技术服务获得的为数不多的经费全部用于学生培养……让何军特别佩服的是，在艰苦环境中，有限的条件下，老师们却立足产业，瞄准国际研究前沿，让这里多个方向都走在了国内甚至国际相关研究前列。

"我们这个学科，要挣钱机会很多，要是没有奉献精神和对事业的热爱，老师们不可能不计名利在一个地方坚持奋斗一辈子。"一点一滴的所见所闻、耳濡目染，在何军的心中汇聚成一汪温暖的泉，滋润着他慢慢成长，也让他深深理解了动物营养所"奉献、协作、求实、创新"八字所训的内涵,在心里认定了"这里是个适合干事的地方",日益坚定了沉下心来好好干一番事业的决心。恰逢此时的研究所内部开始分方向、组团队,他参与到陈代文教授的研究项目中开始了事业的起步,在最初只有3个核心科研人员的团队中不断充实和完善自己。

潜心为学　勇摘科研硕果

2005年,何军进入动物营养研究所,实验条件虽然比较简陋,但是他仍乐在其中。他把"从无到有地做起来"当作一个目标,没有条件就创造条件,没有人才就培养挖掘人才,遇到困难就逢山开路,遇水架桥。

2006年,何军考上陈代文教授的博士生,主攻生物饲料研究。川农大动物营养研究所的人才培养在业界从来以严格著称。他不但要完成博士生的学习任务,所里的科研工作和事务也同时没有丢手,学业和事业必须两头兼顾。当时很多基因工程、生物方面的实验他也是第一次接触。面对陌生的东西,何军选择了最简单但最直接的"笨办法","别人下载一篇我就下两篇,别人读一个小时我就读两个小时嘛。"因此很长一段时间,他白天备课、讲课,晚上搞研究、做实验。宿舍每晚11点锁门,实验却经常需要持续到凌晨两三点。他不好意思总麻烦值班人员,只得想办法翻墙回去。时间一长,院子哪里墙高哪里墙矮他都摸得一清二楚了。

许许多多个坚持不懈、潜心为学的日子里,何军把时间抓得很紧。在兼顾教学任务的同时,他不仅只用了三年便顺利完成博士学业,还同时成功发表了5篇SCI论文。这样的速度和效率,在当时向来以严格著称的学校动物营养所也是屈指可数的。

结束博士学习后,他并没有原地踏步,而是决定继续拓展科研视野。这一年,恰遇瑞典于默奥大学在全球发布一个Kempe基金全额资助的博士后职位,何军递交了申请。经过层层选拔淘汰,全球最终仅有10人进入考察,仅有5人进入视频面试,而何军成了最终成功拿到录用通知的那个人。

国外的两年中,他依旧没有停下奋斗的脚步,继续开展生物饲料酶的创制等研究。一边是国外的博士后研究工作必须完成,一边是国内的一些研究工作要承担,这让他在国外两年仍旧保持着争分夺秒的习惯。在实验室里,常常外国同事下午三四点已经下班离开,他还一个人坚持在实验台前,直到深夜……

成果的到来在奋力拼搏后显得水到渠成。他不仅揭示了不同结构碳水化合物影响动物生产性能和肠道健康的机理,还建立了利用酶营养工程原理消除饲粮中非淀粉多糖等抗营养因子的关键技术。先后在本领域著名刊物发表SCI论文100余篇,获省部级科技奖励9项,获发明专利11项,研究成果对于丰富单胃动物碳水化合物营养理论,以及提高饲料养分利用效率,确保养殖高效具有重要意义,部分研究成果已得到应用,在行业内产生了较大影响。2010年,他入选学校"双支计划"资助第四层次,随后又成为进入全校第一批"杰青培育计划"的三个培育对象之一。在第二年的职称评选中,他凭借过硬的成果直接从讲师连跃两级直接晋升为研究员。

用心为教　情栽桃李满园

"'奉献、协作、求实、创新'是我们营养所人做事的普遍风格。"何军说。作为一名大学教师，他把科研上的认真劲儿同样用到了教书育人中。当个好老师，对学生负责任是他对自己的要求。

他的教学经验是在老教师们的"传帮带"和自己的努力下，逐渐积累起来的。至今第一次站上讲台的情形还深深留在他的脑海中。2005年，他刚参加工作不久，由于才毕业，教学经验很少，100分钟的两节"动物营养学"课，他只用了90分钟就把备课内容提前讲完了。他下来反思，认为是自己教案还准备得不够充分。于是，他做了件看起来特别"原始"的"笨事"——写教案，不是用电脑敲字打印，而是用笔把下一次课要讲的内容在纸上一字不漏地全部写下来。平均一节课，他至少要准备满满8到10页A4纸的教学内容。所以最开始他上课，既要查阅大量资料写教学详案又要做课件，这当然十分花时间。曾经有一次早晨8点要上课，他凌晨三四点还在写教案。但他说："这样最大的好处就是上一次课一辈子都记得，把教案都背下来了，以后再上课就只需要调整更新课件。"他讲过的好几门课，不仅"动物营养学""饲料学"等专业精品课程是这样准备的，连其他一些辅助课程也都如此。这让他的教学效果非常棒，广受同学好评。

作为老师，何军十分注重学生能力的培养。他经常对自己的研究生们讲："脚踏实地地把学习中的每一步走稳、走好，科研成果、学术论文等便都是水到渠成的结果。"他要求所带研究生的所有实验原始数据必须严谨且要长期保留，以备查看；毕业答辩前，至少提前一个月提交毕业论文，提前两周提交答辩PPT，因为这些他都会一一细看。曾有学生下午2点开始答辩，到中午1点钟他还在修改他的答辩PPT。他对学生严格不仅在实验和论文上，在调研、对接采购、合同签订、病毒检测等每个科研相关的活动环节都强调提升"做事的能力"，告诉学生们要"享受锻炼的过程"。

他认为，"作为导师不能光是解决学生的业务问题，还要解决思想问题。"因此他时刻关心学生，时常用自己的亲身经历引导学生，在学生们彷徨迷茫时为他们指点迷津。曾有名学生因为对专业不感兴趣，一度情绪极端低落，把自己锁在寝室。在他的指导帮助下，这位同学得以重新振作，不仅顺利毕业，而且进入高校，成为一名教师。

他重视言传身教，让学生在点滴细节中学到严谨踏实。在学生段启铭的印象中，每次到何老师办公室，都会看到他在电脑上看研究论文。而他这种不断学习和钻研的精神也影响着他的学生。

在何军心目中，动物营养研究所的所训"奉献、协作、求实、创新"也是"爱国敬业、艰苦奋斗、团结拼搏、求实创新"的"川农大精神"的缩影。寥寥八字，曾支撑着几代人从无到有地奋斗出了研究所发展的康庄大道，今后，他也会在所训、在"川农大精神"的指引之下继续前进，做好"川农大精神"新的时代传人。

高淑桃：做一名有广度的智慧型老师

黄云飞

人物简介：高淑桃，马克思主义学院研究生教学部主任，教授，硕士导师。1999年获得四川农业大学首届"正大教学奖"二等奖。2008年获得四川农业大学教学成果二等奖。2009年申报"概论"课省级精品课程获得成功；2010年8月主编《社会主义新农村建设基础知识》教材；2011年8月出版《新农村建设中的"三农问题"研究》专著。2017年作为教学团队负责人申报"概论"课校级教学团队获得批准；2017年参与申报省教育厅"概论"课程思政示范课与"管理学原理"课程思政示范课获得批准。近年在《东南学术》《探索》《理论月刊》《人民论坛》《农村经济》《理论探索》等期刊发表论文30余篇，被CSSCI收录5篇。先后获得四川省"五个一"工程论文奖1项，四川省思想政治教育研究会哲学社会科学优秀科研成果二等奖1项，雅安市政府哲学社会科学优秀科研成果一等奖1项、二等奖1项。2009年被教育部、人力资源和社会保障部联合授予"全国模范教师"荣誉称号，同时被教育部、全国妇联授予"巾帼建功标兵"荣誉称号。2019年被四川省教育厅、教育工委评为四川省首届"教书育人名师"。作为教师代表受邀参加新中国成立70周年国庆庆典活动。

主持或参与省部级科研课题10余项，第一作者发表学术论文30余篇，获省级优秀科研成果二等奖1项，先后获评"全国模范教师""四川省教书育人名师"等荣誉称号，作为教师代表受邀参加新中国成立70周年国庆庆典活动……在马克思主义学院教授高淑桃32年的从教生涯中，她取得了一个又一个令人瞩目的成绩与荣誉。高淑桃用她的实际行动铿锵有力地诠释了自己对师德的理解，更以身作则教会了学生什么叫兢兢业业，什么叫追求卓越，什么叫淡定自如。

做好一块"橡皮泥"

翻开高淑桃上过的课程表，你会惊讶于她授课范围的广度："邓小平理论概论""马克思主义政治经济学原理""金融学""商业经济""市场营销学""国际贸易""管理学原理""劳动经济学""广告经营与管理"……无论是政治学、历史学课程还是经济类专业课程，在旁人眼中她似乎都是手到擒来，游刃有余。然而，对于高淑桃来讲，要高质量完成这十几门课程的教学任务，并不是那么简单。

1988年，风华正茂的高淑桃以优异的成绩从西南财经大学经济系毕业，原本是要分配在学校经济管理学院任教，可来到学校报到时才得知被组织"相中"，安排她从事思想政治理论课教学。当时，高老师感到无比失落与彷徨：思想政治理论课教学和自己所学的经济学相差十万八千里，根本就不是兴趣所在。回想起当年被录取到自己喜欢的经济学专业时那种喜悦劲儿，她觉得万分难受，可是拒绝的话，她实在说不出口。"当时马列主义教研室的领导聂泽京老师对我太好了。我报到的第一天，他亲自领我到各个部门，向同志们介绍我，当时一起来的年轻人都羡慕得不得了。"她害怕讲不好课，聂老师鼓励她："大胆地讲，即使被学生赶下讲台也不要紧。"

这沉甸甸的信任让高淑桃老师下定决心，她发挥"橡皮泥"精神，重塑自己的学科知识结构，融合不同学科知识形态，认真学习马克思主义经典著作，尤其对自己相对薄弱的哲学、政治学、历史学的学科知识进行强化与弥补，逐渐使自己对马克思主义真学、真懂、真信。今天再谈到自己的学科背景与从事的工作之间的关系时，高老师已经有了新的理解。"其实人文社科的知识许多都是相通的，经济学的专业知识与政治学、哲学、历史学之间有着千丝万缕的联系，跨学科的知识结构有助于更好地学习理解马克思主义理论，领会党的路线方针政策。"从经济学专业背景到思想政治理论课教学的跨越，不但没有让她失去所爱的专业，反而带给她更多发挥创造力的空间。她把政治学、哲学、历史学的知识与经济学、管理学知识融合在一起，让自己的课堂教学体现出鲜明的"高式"特色——逻辑严密、思路清晰，深具学术性而在师生中广为流传。

"我最大的爱好就是读书、学习。不断地上新课，可以促使我不断地学习，然后再与学生分享学习成果，分享知识的快乐。"只要学校、学院有需要，高淑桃就会毅然扛起重任。难怪政法学院原党总支书记张禧评价她："服从组织安排，始终把学院的发展放在首位。"

做好一把"金钥匙"

"思政理论教育不是空中楼阁，会看不会用是不行的。"高淑桃在授课的时候，总是生动地将理论知识和现实的社会问题结合起来，让课堂"接地气、活起来"，令同学们记忆深刻，引领着他们打开了一个又一个知识宝库。

无论是上什么课，给谁上课，高淑桃总是兢兢业业地备好每一门课、讲好每一堂课。一分耕耘一分收获，高老师的课堂教学深受学生们的喜爱与好评。在给学院硕士研究生讲授马克思主义基础理论《政治经济学》部分内容时，由于许多同学本科阶段没有相应的基础知识，一开始听课有难度，她总是不厌其烦地为同学们讲解，并通过现实生活中的案例，把原本抽象复杂的理论知识，鲜活地呈现在同学们面前。这些案例涉及股票、房地产、物价、租金、国际交往、经济危机等。通过引入案例，对深奥的理论进行抽丝剥茧，让理论不再是空中楼阁，而是大家都能看得到、摸得着、感受得到的生活点滴，大大激发了同学们的学习兴趣与积极性，学习效率大幅提高。

"师者，人之模范也。"老师对学生的影响，离不开老师的学识和能力，更离不开老师为人处世、于国于民、于公于私所持的价值观。高淑桃老师说，在她一生的求学生涯中遇到过许多好老师，至今仍然像自己的亲人一样保持着联系。正是受他们的影响，在当年毕业分配填报志愿时才毅然决然地选择教师这一职业。她深深懂得"学高为师，德高为范"的道理。无论面对本科生还是研究生，无论是课堂还是课下，高老师都秉持着严以律己、爱岗敬业、仁爱学生的师德风尚。"年轻时学生就像我的兄弟姊妹，现在面对'90后''00后'，他们就像自己的子女。"无论是学生咨询学术问题还是人生问题，高淑桃老师都对学生循循善诱、耐心解答。"高老师是一位温柔、善良、慈爱的老师。""无论是授课还是与你交谈，她的眼神是慈爱、友善、温情的，透着智慧、透着真情。"这几乎是学生们对她的共同评价。在32年的教学工作中，高老师把备好每堂课、上好每堂课作为自己的最高目标，赢得了学生的喜爱、同事和专家的好评。在近几年学生评教中，学生的满意度均在98%以上。1999年获得四川农业大学首届"正大教学奖"二等奖，2008年获得四川农业大学教学成果二等奖。2009年申报"概论"课省级精品课程获得成功，2017年作为教学团队负责人申报"概论"课校级教学团队获得批准，2017年参与申报省教育厅"概论"课程思政示范课与"管理学原理"课程思政示范课获得批准。

做好一盏"指路灯"

除了教学工作上的优秀表现，高淑桃在科学研究、学科建设、人才培养方面也尽力地发光发热，为学校发展做出了重要的贡献。

在科学研究方面，高淑桃老师知难而进、锐意进取。改革开放和现代化建设实践中的重点、难点问题，课堂教学中需要回应的重大问题都成为她研究的兴趣所在，如对粮食安全、退耕还林、全面小康、新农村建设、和谐社会、社会主义核心价值观、民族团结、群众路线等问题都有较深入的研究。先后主持、主研省部级教学科研课题10余项，公开发表教学科研论文30余篇，撰写学术专著2部，参编教材2部。先后获得四川省"五个一"工程论文奖1项，四川省思想政治教育研究会哲学社会科学优秀科研成果二等奖1项，雅安市政府哲学社会科学优秀科研成果一等奖1项、二等奖1项。

在学科建设方面，无论是担任二级学科负责人还是研究生教学部主任，高淑桃老师都认真履行职责，从研究生公共思想政治理论课教学组织安排，到研究生教学与日常培养环节管理，她都自始至终参与其中。同时，还积极主动承担马克思主义理论学科研究生学位课"马克思主义基础理论研究""马克思主义经典著作选读"等课程的教学工作，为学院马克思主义理论学科发展做出了自己的贡献。

在人才培养方面，高淑桃老师甘做人梯、无私奉献。无论她在办公室还是在教室，常常有认识或不认识的学生，包括一些青年教师前来求教或咨询，她无一拒绝，或解惑答疑，或讨论学术问题，或探讨人生真谛。高老师现已培养毕业研究生26人，在校研究生5人。同时，还担任本科班主任工作，已带出2届毕业生。对待本科生，高老师总是把教书与育人结合起来，既从学术上帮助学生理解教学内容，又从成人成才的视角帮助学生分析解答人生困惑，引导他们制定人生规划。对所带的研究生，常常是利用周末或节假日对他们进行生活上的关心和学习上的指导。作为一名资历较深厚、阅历较丰富的老教师，她还无微不至地关爱青年教师，在教学科研工作上给予指导性建议，在个人生活上给予关心，赢得了青年教师的普遍尊重。

此外，高淑桃老师长期担任教研室主任、支部书记、教代会主席等职，对每一项服务工作都尽量热情周到、尽职尽责。2009 年被教育部、人力资源和社会保障部联合授予"全国模范教师"荣誉称号，同时被教育部、全国妇联授予"巾帼建功标兵"荣誉称号。2019 年被四川省教育厅、教育工委评为四川省首届"教书育人名师"。

陈惠：探寻生命奥秘的引路人

张　惠

人物简介：陈惠，博士，博士生导师，生命科学学院教授，中国生物化学与分子生物学会农业生物化学与分子生物学分会理事，四川省生物化学与分子生物学学会理事。从事微生物酶的分子进化，酶工程及其应用，金龙胆草资源评价及其次生代谢物质开发。主持国家自然科学基金项目1项、四川省科技厅支撑项目2项、国际合作项目2项、应用基础项目3项，主研科技部"十五"科研项目各1项。在国内外学术刊物发表论文100余篇，其中SCI收录30余篇。主持"基于易错PCR技术提高内切葡聚糖酶的活性的方法"和"一种利用SCAR技术鉴别金龙胆草及其混淆品的SCAR引物及其方法"获国家发明专利。2015年主持的"新型饲用植酸酶和纤维素酶的创制及其应用"获得四川省科技进步三等奖。

"生理生化，必有一挂，逢生必死，逢理必挂。"这是在学生群体中广为流传的一句口头禅，虽然只是一句调侃，但也客观反映了生物化学课程的难度非比寻常。

如何讲好生物化学这门晦涩难懂的专业基础课程，带领学生去探寻生命奥秘，阐释生命现象，成为生命科学学院陈惠教授数十年如一日的奋斗目标。

爱校如家：回归母校的川农人

1984年，年仅22岁的陈惠从四川农学院土壤与农业化学系毕业后，前往荥经县农业局土肥站担任技术干部。一个机缘巧合的机会，她于1987年调回了学校基础部生化教研室工作。

这次回归，她面临很多困难，她怀孕7个月，孤身一人住在没厨房没卫生间的宿舍里，生活极不方便，这些咬牙克服。最大的困难是土壤与农业化学专业和生物化学专业存在极大差别，要完全掌握也不是一件容易的事儿。"为了帮助我尽快熟悉生物化学领域，时任生物化学教研室主任的端木道先生，安排我随班听他的课，学习'高级生物化学'和其他老师的'细胞生物学''生物统计'等一系列生物学课程。端木道先生知识渊博，讲课时循循善诱，让人在轻松中学到了知识，无形中长了见识，他的授课方式也潜移默化地影响到了我。而其他老先生们也在工作和生活中给予了我很多关心，让我倍感温暖。"回忆起这段经历，陈惠充满感激地说道。

也正是这段跟随端木道、刘守恒、杨婉身等老先生学习的经历，让她明白教学容不得半点马虎，没有足够的知识储备和教学技能，绝对不能随意走上教学课堂。从助教到讲师，经过了三年多的刻苦钻研、勤奋学习，陈惠终于踏上了三尺讲台，从踏上讲台的那一刻，她便立志要认真做好教书育人这一良心工程，带领学生去探寻生命的奥秘。

教学科研：专业基础课程的带头人

生物化学是一门从分子水平探讨生命现象本质的科学，是生命科学发展的前沿学科，加上学科本身重难点多、直观性差、知识点繁杂，不仅学生学起来费劲，老师如何把晦涩难懂的生物化学知识阐述明白，让学生易学易懂，也是一个极大的挑战。

"不能就理论讲理论，必须将理论与实际应用联系起来，这才是讲好生化课程的首要秘诀。"谈及如何讲好生化课程，陈惠如是答道。例如在讲到嘌呤代谢时，她会抛出"人为什么会痛风？痛风是由什么原理导致的？如何预防痛风？"等一系列问题，在启发学生思考和讨论后，再详细阐释痛风是体内嘌呤代谢紊乱及尿酸排泄减少所致的关节急性疼痛，需要通过摄取碱性食物降低血清尿酸浓度等方式预防痛风，使学生在有趣实用、富有思考的练习中，从更高层面上来认识和理解生物化学专业知识。也正是在陈惠不断的探索实践下，生物化学这个曾让许多人学起来倍感枯燥、乏味的课程，在她的课堂上变得活泼、生动了起来。

"听陈老师上课是一种享受，她总是能够启发我们思考，也特别注重和学生互动，节奏把握得特别好，让我们在轻松愉快的学习氛围中就掌握了那些难懂的专业知识。"一位听过陈惠课程的同学反馈到。

"生物科学的发展日新月异，只有不断充实新知识，才能让学生真正受用。"对于从教 33 年的陈惠来说，对教学内容已是非常熟悉，即使不用备课，也可以信手拈来讲上一整天，但她并没有这么做，而是认真对待每一堂课。每次上课前，她总要提前花一些时间，很认真地梳理一下课堂内容，及时补充一些相关领域的最新研究。

生物化学是学校农学、林学、动科、食品和生物等相关专业的一门重要专业基础课，学生数量庞大、基础参差不齐是一个毋庸置疑的事实，如何唤起拥有不同知识背景的学生对该课的兴趣，启迪他们积极思考，这就需要因人而异、因材施教。日常生活中，陈惠会花费大量时间去主动学习生命科学相关领域前沿知识，并根据不同知识背景的学生，灵活运用到课程教学中。她说，上完一堂课很简单，但要上好一门课却很不容易，只有花大气力认真地备课，才有可能将理论知识了然于胸，讲课时才能做到融会贯通、游刃有余，也才有可能增强教学的吸引力和感染力。

也正是在陈惠及其带领团队的共同努力下，"基础生物化学"于 2004 年被遴选为省级精品课程，并于 2015 年入选第一批省级精品资源共享课程。作为精品课程负责人，陈惠深知教学与科研互为因果、互相促进，只有不断地将自己的科研成果转化为教学内容，才能激发学生的兴趣，也才能更好地培养学生。

谈及 2006 年主持的国家自然科学基金项目"饲用植酸酶热稳定性的定向进化"时，陈惠无限感慨。因为当时国内尚无适合植酸酶活性和热稳定性突变体高通量筛选的技术平台，面对没有参考学习的困境，陈惠便带领团队从无到有自筹自建。他们用培养细胞的96孔板进行微量培养，微量测定，在不断的试错与改进中，历时三年时间，终于建立了植酸酶基因定向进化、高通量筛选的技术平台，并利用定向进化技术，筛选出酶活和热稳定性提高的产植酸酶突变菌株。

通过多年努力，她已经在学术上形成微生物酶工程和植物次生代谢调控科学研究方向，发表论文100余篇，主编、副主编和参编著作6部，主持国家自然科学基金项目1项、四川省科技厅项目8项，获四川省科技进步三等奖1项，获国家授权发明专利4件。通过科研实践，陈惠将研究成果充实到课程内容之中，将唯物辩证的科学思维融入课程体系，将严谨的科学态度和求实创新、存疑的精神带入课程教学，在学生群体中广受好评。

人才培养：成长成才的引路人

"陈老师是我们整个团队的灵魂人物，带领我们在知识的海洋中遨游，去探寻生命的奥秘。""和陈老师在一起，没有压力感，很随和，也很亲切。""陈老师对我们很尊重，很愿意和我们交流，能做陈老师的学生很开心，很幸福！"……谈及对导师陈惠的看法，学生们幸福甜蜜地向笔者说道。

与大多数导师不同，陈惠管理学生的方式较为独特，用她自己的话说就是"松散管理"，不要求打卡、不做论文发表要求、学生熬夜做实验还要劝他们早点回去休息。但学生们却个个目标明确，以"不破楼兰终不还"的拼劲，高标准、严要求地对待自己的学业，连发多篇高水平论文、现就职于上海交通大学的刘默洋便是一个很好的例子。

而学生们之所以目标明确、高度自觉，则是缘于陈惠与每个人的那场特殊谈话。每一个刚报到的学生，陈惠都会与他们做一次直击灵魂的谈话，帮助他们明确学习是自己的事情，在校期间需要夯实和提升自己的综合能力，否则无论直接就业还是继续深造，都没有核心竞争力等现实问题，从而调动学生的主观能动性来学习。"每个人的人生都由自己把握，我不会帮他们做决定，但我会在他们做决定的时候，帮忙拨开那一层层迷雾，让他们更清楚地看见自己的目标和方向。"陈惠说道。

松散不等于散漫，也不等于不闻不问。尽管陈惠不会对学生做学业上的硬性要求，但她时时刻刻都在以身作则、言传身教，用自己的人格魅力去潜移默化地影响学生。课余期间，陈惠总是准时出现在办公室和实验室，了解大家的实验进展情况，随时为学生解疑释惑。

2020年寒假前，博士生孙文君在植物房种植了大量实验材料，原本以为回家过了春节很快就能返校，却不曾想因为疫情，整整5个月没有回来。而这些植物一旦死了的话，就会影响到自己的实验进度，甚至毕业也会受到影响，正当她无所适从的时候，陈惠主动提出去给植物浇水、拍照，解决了她的燃眉之急，也让实验得以顺利开展下去。

"科学研究本就是一个不断试错的过程，我容许你们的实验失败，但失败了一定要总结原因，找到问题的症结所在。"这是在每周的读书报告和进展报告会上，陈惠经常对学生说的话。对于每一个实验进展不顺或者实验失败的学生，陈惠从来不会劈头盖脸地骂大家，总是就事论事，与大家一起查找原因，共同解决问题。如果是欠缺某领域的知识技能，那就邀请该领域专家前来授课；如果是实验经费不足，那就赶紧追加经费；如果是仪器设备不达标，那就帮忙协调更高端的仪器……如此种种，陈惠总是倾尽全力为学生开辟更加宽广的道路。

而在生活中，陈惠更是给予了学生们无微不至的关爱。2013年芦山地震时，刘默洋恰逢研一，没有经历过地震的他，被这场地震吓坏了，正当他们惊魂未定、不知所措的时候，陈惠很快就来到了他们身边，一边安抚他们的情绪，一边为他们联络新的住所，在安顿好大家以后，还特意开车拉来了整整一后备厢的食品，保障了他们后续几天的食品供应。"那一刻觉得地震一点也不可怕了，因为陈老师对我们的关爱就像春日里的阳光，给人无限温暖。"回忆起当年那一幕，刘默洋充满感激地说道。

作为一名资深教师，陈惠对课程组新进的青年教师进行"传、帮、带"活动，既严格要求，又百般呵护，相互听课，探讨教学问题，努力为青年教师的成长营造一个温馨、和谐、宽松的氛围。

此前，一位来校工作不久的青年教师，因为本身并非生物化学专业出身，再加上教学经验不足，被学生投诉要求取消授课资格。出于提携后辈、关爱新人的本心，陈惠主动找到学院求情，请求保留这位青年教师的授课资格，并为其承担下了"最难搞"班级的授课，也挨着去听该教师所授的其余课程，及时给出改进意见。正是在陈惠的指导和帮助下，这位青年教师的授课水平有了显著提升，获得了学院青年教师讲课大赛一等奖，现已成为生物化学课程的主力军。

时光荏苒，岁月如梭。在引导学生探寻生命奥秘的道路上，陈惠已经走过了33个年头，如今她的学生大多供职于科研院所和生物研发机构，正循着她的脚步继续探寻。她也期望自己能够培养出更多优秀的生化人，让他们在探寻人生奥秘的道路上学有所成，造福社会。

王芳：做个有静气的人

杨 雯

人物简介：王芳，博士，教授，博士生导师。教育部新世纪优秀人才，四川省学术和技术带头人，国家科技部入库专家，中国农业技术经济学会理事，中国林业经济学会理事，中国草业经济与政策专业委员会理事，四川省注册咨询师协会高级注册咨询师，四川省教育厅"资源约束与农业可持续发展"科研创新团队负责人，四川省研究生教改创新项目团队带头人，四川农业大学农林经济管理学科博士授权点负责人。长期从事农村资源利用管理、农业循环经济、农业经济理论与政策等方面的教学与科研工作。主持、主研国家级课题10项，省部级课题19项，国际合作项目2项，市级课题1项；教育部农经教指委教改项目2项，省级教改重点项目2项，校级教改重点项目2项；负责2项国家级农业科技园区规划与成功申报，50余项地方农业产业发展、农业示范园、科技园区规划与建设指导工作。获四川省哲学社会科学优秀成果二等奖1项、三等奖2项等省部级奖励8项。发表论文70余篇，其中收录论文30余篇，单篇最高影响因子7.044；出版专著7部，教材7部，培养研究生37名，其中博士生6名，留学生3名。

她是学校人文社科学者中唯一入选的教育部新世纪优秀人才，她是学校包揽国家自然科学、社会科学、教育部三大重要基金课题立项的第一人。

这么牛的女博导怕不是挺严肃刻板的"灭绝师太"吧？管理学院王芳教授会告诉你："我分明不是这个样子。"

下功夫的平凡人

没有教授给人的严肃印象，也没有博导给人的苛刻之感，温婉端庄，沉着大气，这就是王芳给人的第一印象。但在国内学界一说起循环农业经济研究，王芳是公认的领军人物之一。

自1998年留校成为一名助教开始，她一直耕耘在农村资源利用管理、农业循环经济、农业经济理论与政策等领域，先后主持、主研国家自科/社科课题10项，国家星火重点项目2项，发表学术论文70余篇，其中单篇以7.044高居学校人文社科文章影响因子榜首。

令人佩服的成绩不仅在科研上。

作为学校农林经济管理学科博士授权点负责人，2017年她带领农经学科获得教育部学科评估 B— 的好成绩，而农经本科专业则入选国家级本科特色专业和省级一流建设本科专业。

作为四川省研究生教改创新团队带头人，她承担了多门本硕博前沿高难度课程，近 5 年教学 7859 课时，教学满意度 100%；近 5 年指导本科生在 A 类等核心期刊发表论文近 10 篇；她担任班主任的本硕班获评学校"优秀班集体"，32% 的学生升学攻博；她指导的项目在"挑战杯"中进入全国决赛并获得学校首个该赛事的人文社科类二等奖，还有多个大学生创新创业项目获国家级立项。

作为四川省农业农村智库专家，她为相关部门撰写政策建议报告 10 余份，其中 3 份被四川省委省政府采纳。

"我只是花的功夫多些。"令人刮目相看的成绩背后是她绵绵用力、久久为功的坚持和努力。在信息技术不发达的年代，如今电脑一秒完成的数据她可以熬夜算上整整一个星期。在 2002 年欧盟项目的研究中，她带研究生去彭州乡下调研，每天早出晚归，步行到每一户人家，整个星期过着"忙起来不知什么时候有饭吃"的日子。夏季，她曾顶着烈日"三顾茅庐"，了解企业生猪生产情况，也曾在海拔 3000 多米的川西北高原上的两个牧户间一走就是一个多小时。身怀六甲时，她克服身体诸多不适，咬牙坚持拿下了国家自然科学基金项目……

"王老师总在工作。"同事眼中的王芳认真负责，晚上十一二点加班是常事。虽然也感叹"一天 24 小时做事都不够用"，但忙碌在王芳这里似乎沉淀为了一种从容、沉静和坚毅，"人要先完成自己的责任，再享受生活。我只是在按照自己的节奏，坚持做自己喜欢的事。"

有情怀的学者

从事农经研究和教育事业 20 多年，工作在王芳这里从一开始的完成任务，到越来越深的责任，再到今天，已经逐渐酝酿成了一种情怀。要通过自己的研究让中国的农村更美，用自己摸爬滚打的所得帮助学生成长得更快更好，渐渐成了她越来越强烈的理想信念和使命。

作为多地农业智库专家，王芳指导 3 个国家农业科技园区成功申报，50 余项国家农业产业园区规划建设；担任 10 余家合作社首席顾问，为三省 20 余地提供农村建设咨询服务。这其中很多工作是义务的。比如邛崃市绿环畜禽粪便收集服务专业合作社从成立到发展至今 5 年多，她一直为其提供免费的咨询和帮助，现场指导 20 余次。

农经学科保持不错的发展势头，背后有她倾注的大量心血，因为"学科发展了，才有更多的人为农业农村的发展做事情"。农经学科点所有博士论文，无论是否自己指导，她都会一一读过多遍。为了把关学生预答辩论文，她从繁重的学科事务和科研中挤时间，与博士生挨个谈话，帮助他们做好送审前的论文框架调整。最多的时候，她曾一天内完成了对 7 名博士生"私人订制"式的指导，若不是提前对论文了如指掌，这根本不可能办到。还有其他相近专业的研究生，甚至本科生的创新创业训练、科研兴趣培养、毕业选题、调研实践……只要学生愿意来请教，她从不推脱拒绝。"现在的学生可能是学习的能者，但他们缺失了很多东西，比如体能、健康，又比如一些天性。"在她看来，老师应该给予学生更多细致的关心和指导。即使身在国外，学科的事她也不曾松懈。因为时差，为了在国内的工作时间把学科各种事务处理好，在荷兰做访问学者期间她几乎是每天凌晨3：00起床，以至于回国后大半年才把紊乱的生物钟纠正回来。

"社会是棵大树的话，良好的教育体系就是自然界的肥沃土壤，土壤出问题，树也会枯萎，而老师就是土壤中的有益微生物。"她习惯把目光放远来思考自己从事的事业，尤其是从荷兰访学归来，心中的使命感变得更为强烈。关注各类社会新闻，关注农民的生存状态，关注教育的发展，关心身边每个学生的状态和想法……她自嘲是进入了"忧国忧民"的状态。

爱智慧的人生

"工作、家庭、兴趣爱好……人需要构建自己的世界，构建自己生存的不同圈层，圈层越丰富，构建起来的生态系统才越健康，人才能越完整。"与王芳的交谈会发现，她的一些看法透着智慧的光芒。

她极爱读书，即便成为术业有专攻的专家后，阅读的习惯她也一直保持，而且最爱读的仍是哲学。与她聊天，亚里士多德、谢林的名字会在不经意间出现。

她从小在康巴山区长大，为了生计，母亲要求孩子们空余时间都帮忙做计件劳动，补贴家用。那时，书对于王芳就是稀缺资源，读书是发自内心的渴望。当她因山体滑坡封路而徒步走到雅安，穿着糊满泥巴看不出本色的裤子迈进川农大时，她才"走向新生"。大二，她开始泡图书馆，一排排书架挨着读。在当时社会环境的影响下，她还和朋友开展了一场持续半年的关于"检验真理的标准"的讨论。

王芳这样总结大量阅读带给自己的改变："读书让我变得更平静，也让我有了思想和想法，开始学会一日三省反思自己的状态，变得能包容接纳更多东西。"此后，无论是面对工作的压力还是生活的重担，或者是人生不同阶段的各种际遇，她都尝试以开放的胸怀、平静的心态去接受。

"几个世纪/星云储载的灵魂/让我遇见……沟通两个世界的存在/形而上，抑或纯粹理性/化身教堂的钟声/如海涅说，没有什么生平……"这是她在一首《致康德：纯粹与美》中写下的句子，像这样分享感悟和生活的小诗不时出现在她的朋友圈。

不仅是写诗，她还蹦迪、练书法、搞微商、学黑客编程，她能在篮球场上纵横，敢在羽毛球场上单挑非专业男生，她可以用一小时跑完10公里马拉松，也愿意花两三天完成一个纯手工木盘，还能抽空天天当网站版主"爬格子"写诗歌和音乐鉴赏评论……你能在意料之外的许多圈子遇见王芳，她富于"人味儿"和"烟火气"的生活离人们印象中的博导相去甚远，但不可不谓十分精彩。说起自己广泛的兴趣爱好，她粲然一笑，"要表示自己还活着嘛"。

其实，各种兴趣爱好积累的丰富经验帮助王芳大大提升了工作质效。运动让她有足够的体能应付高强度工作；懂计算机让她自己就能轻松解决电脑变慢等问题，处理大量科研数据时省时省力；了解微商的具体运营流程，让她在指导学生学业和创新创业等方面更为胸有成竹，游刃有余……

读万卷书，行万里路。"多读好书、积累丰富的体验，这些才能成就一个人独一无二的生命，那是其他人无法复制的。"对于王芳来说，保持开放心态，充分体验、用心感受书本和生活教给的一切，这样才能让有限的生命更丰满，同时也让作为教师的自己能教给学生更多。

黄富：优质超级稻宜香优2115的育成人

农学院

人物简介：黄富，农学院教授，主持育成的高抗优质杂交稻新品种宜香优2115，结束了"蜀中无好米"时代，被农业部确认为超级稻；获省部级科技进步奖一等奖2项、二等奖2项、三等奖5项，主持创制16个水稻新恢复系、4个新不育系通过省级鉴定，主持育成31个、主研育成15个新品种通过国家或省级审定，获植物新品种授权8项。先后被遴选为四川省跨世纪杰出青年学科带头人、首批四川省学术和技术带头人后备人选，获评四川省有突出贡献的优秀专家、四川省杰出青年技术创新带头人。

结束"蜀中无好米"时代

1986年，从西南农业大学植物保护专业毕业后，黄富被分配到四川省农科院水稻高粱研究所从事水稻、高粱植保科研工作。从此，他与水稻结下不解之缘。后来在学校攻读作物遗传育种学博士后，他更是爱上了水稻抗病育种，他说："活到老、学到老。"10年一个台阶的学习经历，不断地从理论到实践、再从实践到理论的螺旋式进步，促使他积累了坚实的专业理论和丰富的实践经验，敏锐把握相关领域科技发展方向，通过长期刻苦钻研、不懈努力，在科技创新、成果转化和教学工作中取得了显著成效。

他主持育成的高抗优质杂交稻新品种宜香优2115米质达国标优质二级，2011、2012年分别通过四川省和国家审定，取得了杂交稻优质、高抗、高产、高效新品种选育的重大突破，大米外观品质优、食味好，结束了"蜀中无好米"时代。2015年被农业部确认为超级稻，成为西南稻区首个国标二级优质超级杂交稻品种，14次连续多年被遴选为国家、省级主导品种，3次被四川省政府和农业主管部门确定为"重点推广的优质稻品种"，6次荣获中国"最受喜爱的十大优质稻米品种"和四川省第六届"稻香杯"优质米特等奖等荣誉称号，30余次被CCTV7等媒体宣传报道，引起了社会广泛关注。

宜香优2115抗倒性强，适宜机插机收，深受新型农业经营主体和农户喜爱，米好看、饭好吃，已成为西南稻区大米加工企业打造优质大米名优品牌的优选品种，深受城乡各类消费人群喜爱。2016年成为西南稻区年推广面积最大的品种，已累计示范推广1300余万亩，生产优质稻谷67.6亿多公斤，新增社会经济效益58亿多元，大幅度减少了农药和化肥用量，实现水稻生产资源节约、环境友好和可持续发展，生态效益显著，为水稻产业供给侧结构性改革、精准扶贫、农民增产增收、新形势下水稻产业绿色转型升级和乡村振兴发挥了重大作用。

艰苦奋斗谋创新

1986 年参加工作以来，黄富在四川省农科院水稻高粱研究所跟随老前辈开展"四川省高粱穗部害虫区系研究""稻瘟病抗源筛选和病菌生理小种监测及应用""杂交稻粒黑粉病发生流行规律及综合防治技术研究"，并取得明显成效，多次荣获省部级奖励。1999 年开始牵头组建科研团队，在植物病理学与作物遗传育种学的交叉领域开展稻瘟病抗源筛选及改造利用研究。2003 年黄富在"川农大精神"的感召下，作为人才引进来到四川农业大学农学院从事植物病理学教学、科研工作，在稻瘟病、稻曲病常发区雅安雨城区草坝镇设立试验基地，在海南三亚市崖州区设立南繁基地，系统开展水稻抗病育种研究。作为一名水稻稻瘟病专家转向开展抗病育种，也遭到业界的质疑，因为四川水稻三系育种水平已处于国内领先地位，竞争十分激烈，"半路出家"搞育种，难有成效。确实最初几年他申请参加省区试的新品种"斗不过""大牛们"的"高科技产品"，节节败下阵来，2004 年—2009 年连续 6 年没有一个品种通过审定。作为人才引进人员，他承受了来自各方的巨大压力，是放弃还是坚持？

黄富教授通过系统分析、总结和反思，认为不改研究方向就只能变思路，寻找新的突破口。他敏锐地发现，以四川为代表的西南稻区寡照、高湿、昼夜温差小，容易导致稻瘟病、稻曲病流行，对水稻品种抗病性要求更高。过去为了解决温饱问题，高产育种长期成为水稻育种的主攻方向，导致生产上推广品种多数外观和食味品质较差，难以满足市场需求。随着人民生活水平的不断提高，优质稻米品种必将市场前景广阔。于是，他将主攻方向聚焦到抗病和优质，一方面发挥自身专业优势，另一方面在稻米品质上抢先发力。思路决定出路、想法决定办法。他首次提出抗病与大粒、优质相结合的技术路线，通过与中国农业大学彭友良教授团队长期合作研究，创建了一套抗稻瘟病基因鉴选的技术体系，鉴选出改良水稻品种抗瘟性的有效基因 Pi2 等，从 3000 余份国内外种质资源中，历经 10 余年的系统评价，发掘出含有 Pi2 等抗瘟基因，兼具高抗稻瘟病、大粒和低垩白等优良特性的种质资源 IRBN92-332，利用高配合力、优质而感病的恢复系泸恢 17 作为主体亲本与 IRBN92-332 杂交和回交，集成运用抗性精准鉴定、南北穿梭选育、早代配合力及米质测定，又历经 10 余年的艰辛打磨，成功创制出高抗稻瘟病、中抗稻曲病、兼具大粒优质、高配合力、高肥效及抗倒伏等优良性状的超级稻恢复系雅恢 2115，育成了以先锋杂交种宜香优 2115 为代表的系列优质抗病杂交稻新组合。

黄富教授还讲述了几个在雅恢 2115 创制过程中的小故事。2005 年 9 月，在室内开展杂交稻新组合米质检测过程中，他发现了一个大米外观品质极佳的新组合（该组合就是后来的先锋杂交种宜香优 2115），追溯其父本发现，由于根据当时的传统观念植株叶片偏长在田间选种时已被淘汰，加上最初经验不足和条件有限，所有科研材料没有备份，他敏锐地感觉到这份材料可能就是自己日思夜想的优质新材料，于是不辞辛劳到雅安草坝基地田间寻找到该株系稻桩，再搬运到海南繁种，幸运的是这个株系就是后来的高抗优质超级稻恢复系雅恢 2115，他感叹说："偶然中有必然，不然至少还要煎熬 10

年，甚至一事无成。"2006 年 4 月初在海南基地，水稻逐渐成熟，由于田里的水干了，他穿着拖鞋就下田了。正在田里观察选种，突然感觉小腿剧疼，一看，有条蛇咬在小腿上，慌忙中用力一甩，也没看清是条什么蛇，只见伤口鲜血直流，"幸好不是毒蛇，后来想起来真有点害怕。"2016 年 8 月的一天下午，在雅安草坝基地突遇狂风暴雨，在晒场抢收科研材料的过程中，由于地面湿滑，他不幸摔了一跤，头顶鲜血直流，在医院缝了 4 针，他说："幸好没有伤到后脑壳，不然就惨了。"第二天他又带着伤痛冒着酷暑陪同来访客人到草坝基地，和兄弟单位到郫县、温江基地考察水稻，还差点晕倒在田间。他说："搞农业科研，长期在田间地头，要想做出成绩，不仅要流汗，有时还要流点血。"

黄富教授主持完成的科研成果"高抗优质超级稻恢复系雅恢 2115 的创制与应用"荣获 2018 年度四川省科技进步奖一等奖、中国作物科技奖和 2019 年度神农中华农业科技二等奖。他说："成果是过去努力的结果，科技创新无止境，新材料新品种创制没有最好，只有更好。"目前，他带领团队与隆平高科、荃银种业、金色农华、丰乐种业、中种集团等国内知名企业广泛开展合作，在多抗优质水稻新材料创制和品种选育的"稻"路上继续前行。

汤瑞瑞：扎根一线　青春作证

农学院

人物简介：汤瑞瑞，农学院讲师。2008 年 10 月进入四川农业大学担任辅导员，先后担任 5 个本科生班级班主任。个人获得第四届四川省高校"辅导员年度人物"、"四川省高校名辅导员"称号，第八届四川省高等教育优秀教学成果二等奖等各级荣誉 30 余项。所在集体获得四川省"五四红旗团总支"、校级"五四红旗团总支"、"社会实践先进单位"等多项表彰。

2008 年 10 月，从澳门大学硕士毕业，通过公招考试选拔，汤瑞瑞与四川农业大学结缘，扎根辅导员岗位，12 年如一日躬身细耕，以"川农大精神"为指引，坚守"与学生一起成长"的初心，奋战在学生工作的第一线，用爱心、耐心、热心及执着、奉献、创新，成就了学生成长成才，书写了辅导员精彩的青春年华。

辅：与青春同舟，全心全意做学生成长护航人

辅，是辅助，辅所以益辐，使之能重载。"有事情，找汤亲"，同学们在遇到困难时，总会第一个想到她。她始终不抛弃不放弃任何一个学生，"人"和"心"都时刻与学生在一起，做学生成长的护航人。

12 年来，因为处理学生突发事件和心理危机干预，汤瑞瑞曾到过精神卫生专科医院、派出所、检察院，"小女子"练就了一颗"大心脏"。作为国家三级心理咨询师，她先后完成心理个体咨询百余例，第一时间成功处理重大危机事件 12 次，一般突发事件 80 余次，将危机一次次化解在初发状况，并从人文关怀的角度，陪伴和帮助困难学生度过最艰难的时刻。2009 年 12 月，一名学生在寝室突发心理异常，为了保障学生的人身安全，汤瑞瑞自告奋勇在学生宿舍和助班一起陪护学生整整一晚；2016 年 9 月，一名学生在寝室行为异常，她迅速赶到宿舍，稳定学生情绪，陪护学生到专科医院诊治；2019 年 10 月，一名学生罹患抑郁，她敏锐察觉异常，第一时间赶到现场开展危机干预……做一面纯粹的"镜子"，做一个温暖的"树洞"，做一台有力的"发动机"，在每一次危机干预中，她帮助学生接纳自己、正视问题、实现蜕变，在爱与被爱的每一个细节中与学生共同成长。

"被学生需要，是一种幸福；被学生信任，更是一种肯定。"汤瑞瑞曾担任农学院植保（农药）08-2 班、农区 08-4 班、种子 09-1 班、农学 13-1 班、农学 17-3 班五个

小班的班主任，从"80后"学生口中的"瑞瑞姐"到如今"95后"学生的"汤亲"，她用爱心、耐心、热心和细心，以"打好基础""分类培养""阶段引导"的措施贯穿于小班管理的全过程。大一"写给四年后的自己"，用一封书信初探目标和适应环境；大二"一对一谈心谈话"，指导学生更有针对性；大三"分类培养"，为不同类型的学生找到"定制朋辈"；大四"重点提升"，强化就业指导。她时常鼓励学生们"静心、博学、笃行"，及时解决他们的困惑和问题，将班主任工作开展得有声有色。

她所带的班集体涌现出大批优秀学生：陈雪雪两度获得国家奖学金，高成旭获得最高学生荣誉"优秀学生标兵"，刘斌祥获得校级"优秀共产党员"。他们也曾困惑满满、自信不足，是她陪着他们夜以继日地打磨参赛作品；他们曾因为答辩紧张身体哆嗦，是她送上大大的拥抱，给他们力量和温暖。每每走下领奖台，他们第一个跑过去拥抱的必定是她。因为班风淳厚、学风浓郁、学生优秀，她所带的班集体曾获评"学风建设优秀小班"，毕业率、授位率、签约率、就业率四项100%，学生获得校级以上奖项百余项。她个人也获评了四川农业大学优秀班主任、农学院优秀班主任，两度获得四川农业大学"优秀辅导员"殊荣。

导：为青春解惑，开拓创新做学生知行引领人

导，是引导，道在心中，路在脚下。修身立学，德育为先，在学生成长的道路上，辅导员的工作无时无刻不在传递着价值观和信仰。汤瑞瑞坚信"你相信什么，你的学生也一定能从你的身上学到什么"，她始终将言传和身教相结合，做学生知行引领人。

她主动思考，将习近平新时代中国特色社会主义思想的理论学习与学生的成长需求结合起来，依托第二课堂开展思政教育，组织开展"我与书记共话十九大""我对两会有话说"、学生发展论坛等系列活动，主动带领学生党员和团员青年在轻松的氛围中学习理论，在生动的形式中实践理论。她还牵头申报校级党建创新项目2项，主持团建创新项目1个，参编《阡陌众行——全国农科学子联合实践行动纪实录》，强化理论研究，更好指导实践。

她还善于把握"90后""95后"学生的特点，以"引领而不迎合"的原则，主动占领思政新阵地，创新推出"农院月报""哝哝茶馆"等学生喜闻乐见的宣传形式，讲述农院故事，传递农院能量。学院官微、官博实现了从无到有的突破，"粉丝"数量从零到数千人，全方位展示了"下得了水田，写得了诗篇"的多元化农院人新形象，助力学院宣传工作蝉联校级一等奖。

2012—2015年，依托作物学科的优势，汤瑞瑞围绕学院"以双创活动为抓手，一二课堂协同发展"的全员育人思路，探索实施"挑战杯项目储备计划"，为学生双创项目搭平台、汇资源，分梯度、分层次培育和选拔项目，从计划书和答辩稿的撰写，到答辩技巧培训等多方面指导学生团队。在"大众创业，万众创新"时代新号召下，几年间，学院超过10%的学生参与到"挑战杯""创青春"等各级"双创"竞赛和专业技能提升计划中，项目获得包括GSVC全球社会企业创业大赛中国赛区第二名、"创青春"大学生创业竞赛国家级银奖等在内的70项各级别荣誉。她参与完成的教学成果《以创

新创业能力为引领的植物生产类本科实践教学改革与应用》，获得第八届四川省高等教育优秀教学成果二等奖。

乘着"双一流"建设的"东风"，抓住"实践育人"的新契机，从 2016 年起，她积极组织师生社会实践小分队赴四川省凉山州、江西省井冈山等地开展社会调研和帮学支农实践活动，带领百余名学子参与到由团中央、教育部、中宣部、中央文明办、全国学联等五部委联合发起的"全国万名农科学子联合社会实践"行动中，引导广大农科学子更好地深入实践、奉献社会，聚焦精准扶贫，助力乡村振兴，投身于"三农"事业，也生动地诠释着农院人"不怕太阳晒，不怕病虫害"的坚毅品质。连续 5 次获得四川农业大学"暑期社会实践优秀指导教师"，获得全国农科学子大学生农业创新创业大赛先进工作者和全国农科学子联合实践先进工作者称号。

员：和青春结伴，尽心做"川农大精神"传承人

员，是成员，同道而相益，同心而共济。寒来暑往的 12 个年头，工作对象在变，工作内容在变，在汤瑞瑞心中，唯一不变的是作为一名"川农人"的使命感和作为一名农院人的荣耀感。她始终以老一辈农院人为楷模，与农学院师生同心同德同向同行，团结拼搏，永创一流，做"川农大精神"传承人。

2009 年 4 月，当校运会十三连冠的传奇成为过去，学院师生一起抱头痛哭，悲壮而坚定地喊出"农学院必胜"，"川农大精神"像一颗充满魔力的种子，深深烙印在汤瑞瑞的生命里。她从校运会全面感受"团结拼搏，永创一流"的农院精神，从老一辈川农人的光荣事迹中感悟"爱国敬业，艰苦奋斗，团结拼搏，求实创新"的"川农大精神"，并不断积蓄持续前进的动力，将践行和发扬"川农大精神"作为自己的责任和使命。每一年的新任学生干部培训，她都会跟学生动情地讲起校运会的经历和农院人的故事，强化他们的身份、责任和担当意识，让"川农大精神"和农院精神在更多学生心中生根、发芽。

辅导员向来是一支"召之即来，来之能战，战之能胜"的铁军，农学院辅导员队伍更是一直秉持着优良的传统和作风。

2010 年，学校迎来了发展的重大机遇，随着校区结构调整，农学院师生从雅安来到了温江。新校园尚在建设，校园周边环境复杂，在时任农学院党委办公室主任黎明艳的带领下，汤瑞瑞与同事共同组成"三人先遣队"，艰苦奋斗，攻坚克难，为学生安全稳定工作做出了突出的贡献。她曾在二教楼下的临时办公室熬夜加班，在曾经的"光灰"校园奔走于大大小小的学生活动，在公寓值班室里解决学生困难，在食堂拿着喊话器开学生干部大会。那一年，她一个人圆满完成了两名辅导员的工作量，牵头的综合测评、评优评奖、困难认定等 6 项重要学生工作，没有出现一起投诉。在她的陪伴、影响和带动下，学生们快速适应了新校区的学习和生活，实现了"零事故、零违规、零挂科"。

2020 年 1 月 20 日，一场突如其来的新型冠状病毒肺炎疫情席卷了全国。在学院领导的指挥下，汤瑞瑞与学院辅导员众志成城、迅速反应，制定《农学院防控新型冠状病

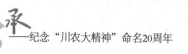

毒感染的肺炎工作方案》,大年二十九仍在一一致电湖北籍学生,叮嘱安全事项。一声声"加强防护,随时联系,新年快乐",串联起浓浓的师生情,在疫情的阴霾中,传递给学生温暖的正能量。

正是在农院精神的指引下,她和辅导员们同舟共济,所在的集体几乎包揽"四川省五四红旗团总支"、校级"五四红旗团总支"、"社会实践先进单位"和"优秀青年志愿者队伍"等多项团内表彰,成为学校最优秀的集体之一。

十二年风雨兼程,十二载春华秋实,在"川农大精神"的滋养下,汤瑞瑞在一线辅导员的平凡岗位上,从自己的青春年华一路走来,与青春同舟,为青春解惑,和青春结伴。她将继续用理念以德服人,用真心以情感人,用梦想以志励人,为学生的成长成才撑起一片蓝天,守护她一生无悔的事业!

肖维民：醉心科研、潜心育人的工学新星

江　丽　罗丹妮　余亚霜

人物简介：肖维民，中共党员，工学博士，副教授，土木水利专业硕士学位授权点负责人，为建筑与土木工程专业、土木水利专业的建设做出突出贡献，曾获评学校"优秀共产党员"。到校 5 年，主持国家自然科学基金项目 2 项，四川省教育厅青年基金项目 1 项，承担横向委托课题 3 项。

低调谦和　人人点赞

作为学院乃至都江堰校区的第一位引进人才，他不仅没有一点架子，而且其低调谦和在师生中有口皆碑。"让人有安全感，是可以放心把后背交给他的战友"，研二学生傅业珊如此评价自己的导师。"低调随和，工作任务再繁重，也从无怨言"，这是土木工程系主任郭子红对肖维民的评价……提起肖老师，几乎人人都会竖起大拇指。

肖老师的性格温润如玉、极具耐心，"从没有见过他生气""总是鼓励我们"。研究生达不到他的要求时，他从不会横加指责，而是不断鼓励、耐心引导。给学生讲解科研难题时，他会细心地观察同学们的反应，但凡感觉学生还有一点没有理解透彻的，他都会不厌其烦地一遍一遍的讲解，直到学生弄明白为止。

他还是本科生口中的毕业论文答辩小组"五星好评"老师，很多同学会因为答辩组的评委里有肖老师而没有那么大压力，他总是温和地指出同学们论文或者设计中的不足，并会根据同学们的实际情况提出一套可行的解决方案，同学们很是受益。

此外，在与学生的日常相处中，肖老师也是一个有"人情味"的暖心老师。他从不觉得找研究生帮忙是天经地义的事儿，偶尔找学生帮忙，也会连连道谢，"麻烦你""谢谢你"这样一些简单的言语却也表达着对学生的尊重；听到学生咳嗽，肖老师会悄悄地关掉办公室的空调；学生家中遭遇重大变故，他组织募捐并带头捐款，持续帮助学生及其家庭共渡难关……

肖老师平时并不多言语，也很少在公开场合抛头露面，可他却凭借自己的一言一行获得了师生的广泛赞誉和高度信任。每年同学们选研究生导师或是毕业设计指导老师时，前来找他的学生络绎不绝，有的是通过师兄师姐以及同学间的口耳相传，有的是班主任老师推荐，不少学生就是循着他的好名声有幸成为他的门下弟子。

精耕细作　润物无声

当然光有好名声还不够，专业过硬、学养优良、高度责任感才是根本。学院研究生培养工作起步晚、基础薄弱，"一定要打好基础，把学生培养好"，这种朴素的信念支撑着他在研究生培养上精耕细作、忘我工作。

研究生入学时，肖老师会在第一时间将自己的在研项目划分出一些子课题，列成一张大表，供学生自主选择。学生入学后，他十分注重过程培养，每个学生的科研进度他都了然于心。每周一次的例会他从不缺席，无论刮风下雨还是寒来暑往，即使在疫情期间也从不间断。与别的老师召开集体例会不同的是，肖老师采取的是"一对一"的科研小会，每人每次至少一小时，7个研究生指导下来，常常要耗时一整天。为了留足时间，他早晨6点就从成都出发，8点不到就会准时来到办公室，中午趴在办公桌上打一个小盹，然后继续工作。"他态度谦和却自带一种不怒而威的气质，唯有跟上他的步伐才觉心里踏实"，每周主动汇报早已成为他所带的学生的一种习惯。

他对学生的指导精细、高效，遇到科研难题，他会画出各种工程图和学生一起探讨，帮助学生理解并且找到突破口。他讲解问题总能一针见血，让学生茅塞顿开。在科研论文的撰写中，他要求学生注重细节、精益求精，他甚至会从格式排版这项最基础的技能教起，逐步演示如何使用visio流程图、mathtype公式编辑器等专门软件使排版更加协调、美观。他对毕业生论文的要求更是严格，一个标点都不放过，一遍一遍地看，反复指导修改，一篇论文至少经过10遍以上的打磨才能过关。

正是这样的严要求和高标准，所有学生每天自觉泡在厂房里做实验、写论文，不敢有丝毫松懈，他们也都像自己的导师一样静得下心、沉得住气，刻苦钻研、努力精进。短短三年时间，目前在读的每位研究生已均在岩土工程领域高水平期刊发表1篇以上EI文章。

不仅是对自己的学生，作为土木水利专硕点负责人，他对所有研究生的过程培养都十分关注。担心疫情影响学生的科研进展，他将原本在11月举行的中期汇报提前至暑假前进行，以此督促研究生紧张起来，尽管没有做任何要求，但几乎所有准毕业生们都选择留在厂房度过了一个无比充实的暑假。

淡泊名利　业务精湛

说起来到川农的经历，肖老师坦诚地讲，当初对川农并没有深入的了解，是时任院长的诚挚相邀让他觉得川农的老师有点不一样——非常坦诚靠谱！2015年入职后就接受了学院给的重担，担任了建筑与土木工程专硕学科点秘书，彼时学院研究生工作刚刚起步，处于摸着石头过河阶段，学科点建设的大量工作亟待展开。从制定人才培养方案到规范研究生管理，从凝练团队方向到加强队伍以及条件建设，他尽职尽责地协助学科点负责人做好各项打基础的工作，并高质量地完成了学科点专项评估以及变更申请等重要工作，为建筑与土木工程专业、土木水利专业的建设做出了突出贡献。

　　尽管学科点建设已占去他不少时间，他的教学科研也一样出色。他会合理分配时间，提高工作效率，充分利用上下班路上的时间养精蓄锐，到学校和回家后就可以立即进入工作状态。作为一名一线教师，心中始终绷紧教书育人的弦不敢松懈。为此，他花了大量时间备课，无论是必修课、选修课或实践课，同学们都可以明确感受到肖老师的认真敬业，上课所用的 PPT 格式工整、用不同颜色明确标注了重点、结合视频和图片加深理解，不会落下任何一位同学。本科生找到他指导科研项目，尽管已经忙到不可开交，他也欣然应允、绝不推脱。现保研到哈尔滨工业大学的陈寅圳，正是在他的指导下一路成长，获得省级创新创业奖项 5 项，荣获学校创新创业典型，"是肖老师引领我进入科研的殿堂，是他身体力行教会我今后如何走好科研的路。"说起肖老师，这位已毕业的大男孩儿充满感激。

　　能者多劳，工作任务繁重，科研工作也曾在 2016 年时受到较大影响，可他没有一句怨言，"人手紧张，责无旁贷"，简单的回答却是他在面对集体与个人利益冲突时做出的选择。尽管如此，到校 5 年间，他仍然先后获得国家自然科学基金项目 2 项，四川省教育厅青年基金项目 1 项，在如此高强度的工作节奏以及并不算十分优越的科研条件下，已实属不易。

　　尽管各方面的工作都可圈可点，也为学院发展做出了积极贡献，可他却从不向学院提任何要求。不仅如此，对于本科课堂教学质量奖和优秀本科毕业设计等评优评奖，尽管早已符合条件，可他却从不申报，他总说自己离优秀教师还有差距，唯有再接再厉、继续努力。

　　这就是肖维民，像一块璞玉朴实无华，认识他的人都说，在他身上"有点境界""有点精神"。